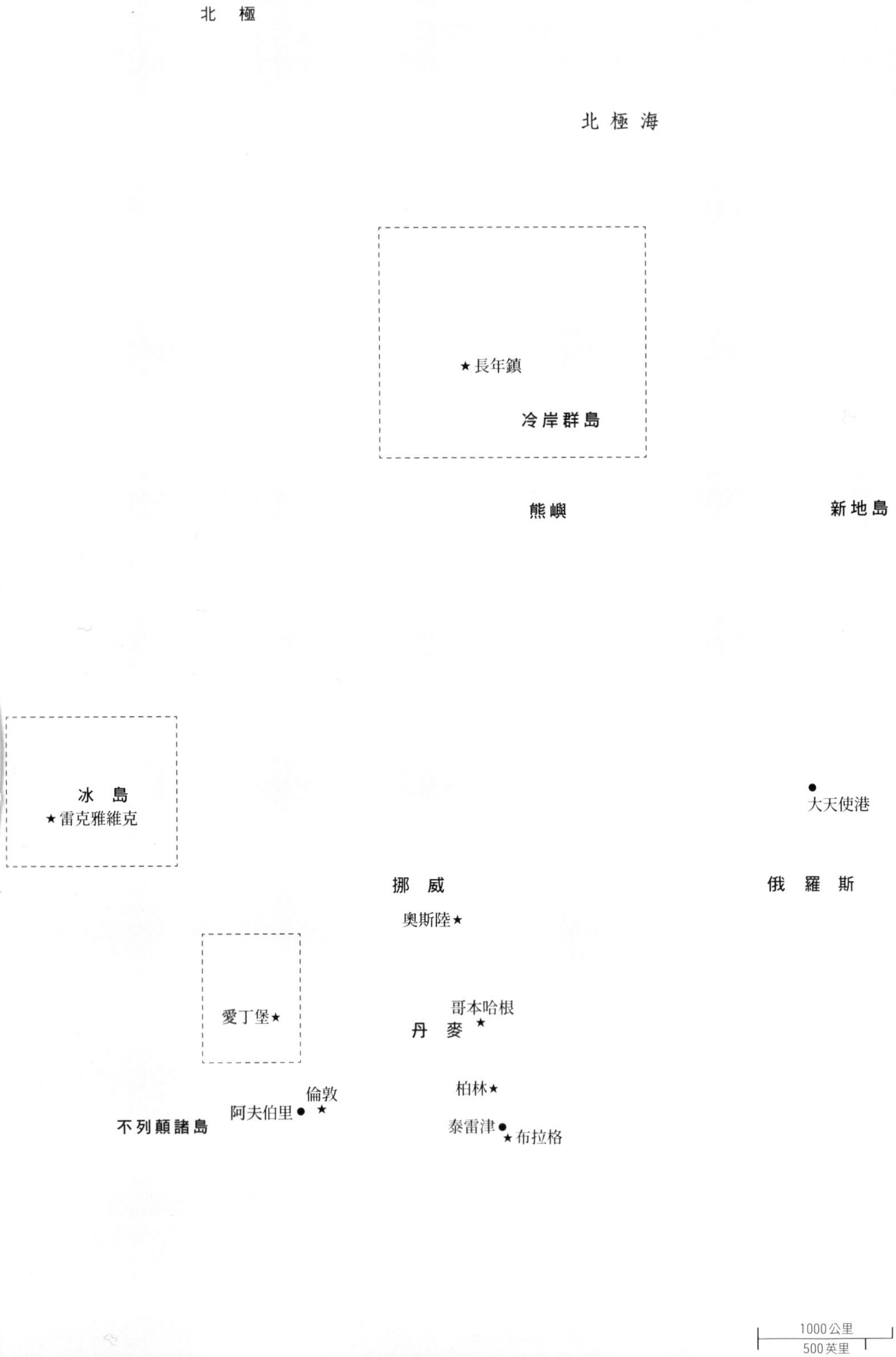
北極
北極海
★長年鎮
冷岸群島
熊嶼
新地島
冰島
★雷克雅維克
大天使港
挪威
俄羅斯
奧斯陸★
哥本哈根★
丹麥
愛丁堡★
倫敦★
阿夫伯里●
不列顛諸島
柏林★
泰雷津●
★布拉格
1000公里
500英里

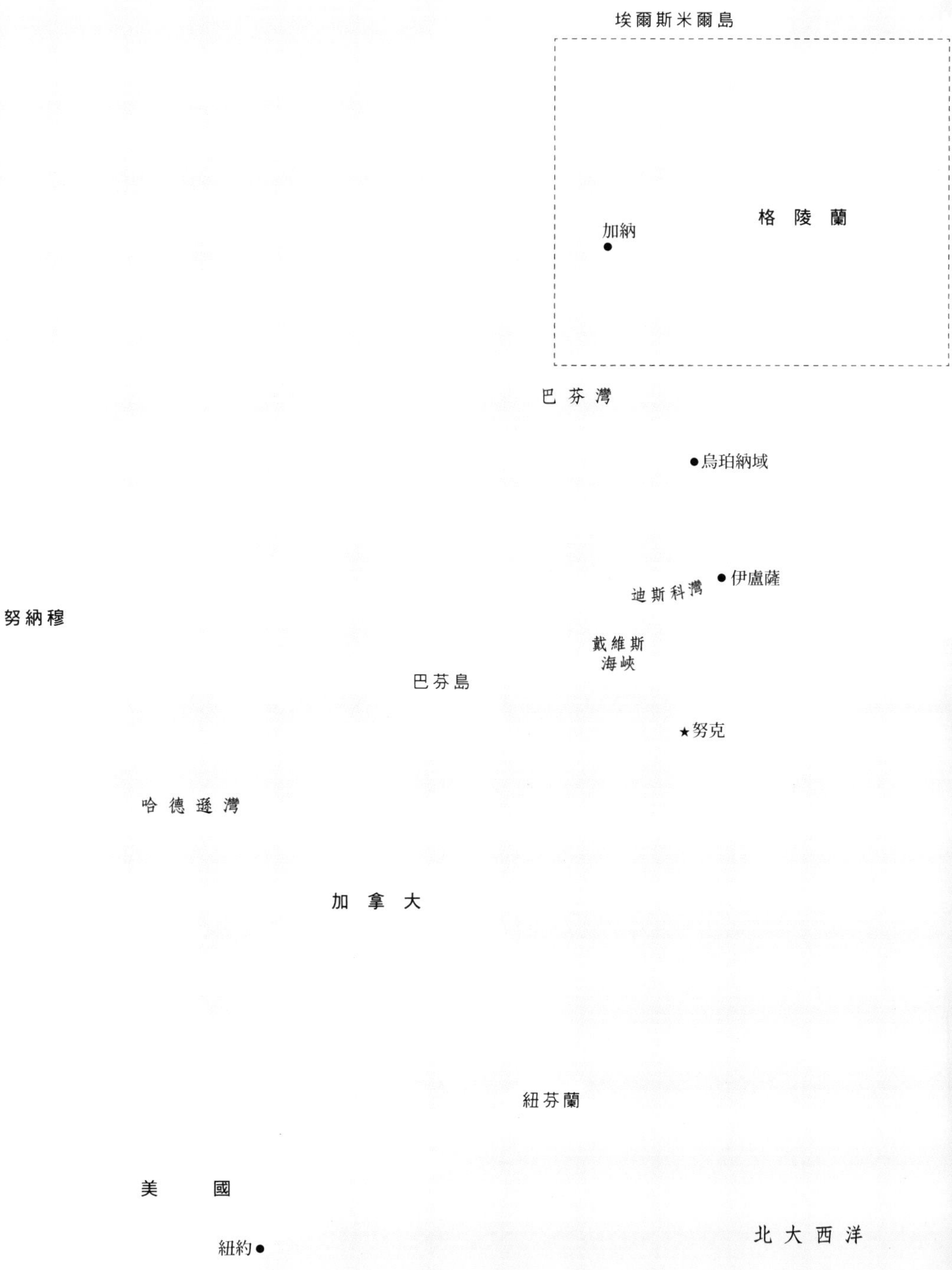
埃爾斯米爾島
格 陵 蘭
加納
巴 芬 灣
烏珀納域
伊盧薩
迪斯科灣
努納穆
戴維斯
海峽
巴芬島
努克
哈 德 遜 灣
加 拿 大
紐芬蘭
美 國
紐約
北 大 西 洋

各界讚譽

2023年 J.I. Staley 人類學著作獎
《紐約時報》每週精選
A Kirkus Reviews Best Book of 2020
A Literary Hub Favorite Book of 2020

徐振輔——《馴羊記》作者

這是一位人類學家對人類的反省，也是一個說故事的人對時間的沉思。作者採用近乎考古學的方式，以岩礦為引，向讀者揭露多重歷史的沉積過程。一般而言，石頭是描述地球歷史最大的時間尺度，很難解釋人類社會的因果，但作者從人與石頭的交會處，將動輒千百萬年的地質現象、幾個世代的殖民侵略史、個人生命經驗等不同尺度的時間軸纏繞在一起，展現如同小說家編織時間的技藝。在「人類世」概念日漸流行、專家們宣稱人類已然介入地質歷史的此刻，這本書選擇從石頭出發，開啟另一種看待人類的新鮮視角。

黃瀚嶢—《沒口之河》作者

斷裂的時間，終了的生命，破碎的記憶……其實無限的潛能，正蘊藏在那些不連續之處——等待多年後，或許億萬年後，才終於降臨的新地層——新的動能犁開歷史，翻攪次序，敘事得以重新銜接，湧現出總在事後才逐漸呈顯的意義。正如尋寶者在紐約街頭，一粒粒挖鑿的古老礦物；正如我們總在回溯過往點滴之時，找到前行的力量；一如作者從緘默的石頭中，召喚出這本沉重深邃的書寫。

蔡政修—台大古脊椎動物演化及多樣性實驗室

沒有生命力之外，石頭給大多數人的印象就是硬梆梆、冷冰冰，也因此除了理性的科學相關研究，似乎很難連結到人文、帶有感性的一面。但作者透過了常被忽略到也有自身歷史的石頭們、加上他個人的人生經驗，交織成一本讓石頭也有滿滿生命力的書籍。這是一本有著人文學者的視野，融合人類史和地質史的書。作者不斷嘗試提醒讀者去瞭解與思考呈現在我們眼前、但似乎經常會被遺忘的背後深遠的歷史。我自己身為一名古生物學家，基本上就是以生命化成了石頭的「化石」為主要研究對象，讀著這本書讓我有滿滿的感觸，尤其是作者利用他身為人文學者的角度來替看似冰冷、堅硬的石頭注入了感受的一面。有趣的是，我們古生物學家研究的並不是一直以來都是冰冷的石頭，而是原本有著無限活力的生命，但在生命走到了盡頭之後、加上天時和地利的環境狀況下形成了的化石，這些化石最後在我們人類活動下重見天日，而後我們嘗試藉由深入的研究工作賦予他們第二生命。相信讀者從這本書可以感受到石頭不只帶有看似堅硬不移的理性，也能含有打動人心的感受一面，這也可以回過頭來提醒大家：台灣消逝的生命所形成的化石，一方面等著我們投入更多的基礎研究心力來揭開其「理性」的面貌，但同時透過歷史研究與個人的交會也能擦出令人流連忘返的感性體驗。

伍啟鴻 譯

一位人類學家關於沉積、斷裂和失落的遐想

the Book of UNCONFORMITIES

石頭記

Speculations on Lost Time

修・萊佛士
HUGH RAFFLES

目次

獻給　莎朗

長船的游舌

事後才浮現——

....

它說：「躺下吧
在詞庫中，在地穴裡
在你那皺巴巴的腦袋
千迴百折，金光熠熠。

在黑暗中創作
期待極光
長途探索
獨不見連串光芒。

睜大你雪亮的眼睛
猶如冰柱上的泡沫
相信你的手，它已知道了
粒粒寶藏的感覺。」

——希尼（Seamus Heaney）

……時間，彷彿不是長河，而是不遠處的地震。

——博拉紐（Roberto Bolaño）

楔子

一九九四年十二月，我最小的姐姐弗蘭姬（Frankie）生雙胞胎大出血，在愛丁堡意外身亡。三個月後，在倫敦附近，大姊莎莉（Sally）把汽車排氣管故意堵起來，在家裡車庫自殺。過了不久，我便開始出發，探尋岩石、石頭，和其他表面看似堅固的物體。我想，這世界既然飄忽不定，何不把這些東西視作錨定，以更廣闊的故事來理解在我身邊發生的一切。這些故事得從最基礎、最引人遐思的歷史開始說起，他們關乎地質學、考古學與早於人類歷史的各種歷史，並且無可迴避地訴說這世上的各種缺憾；不僅只是關於礦石的，也是關於人類的、動物的、植物的各種缺憾。

地質學家把不連續的沉積物稱為「不整合」（unconformity）。它是地質紀錄中的間隙，是一個物理特徵，標誌著時間的中斷。只要你知道往哪裡看、如何去看，就很容易讀懂它。最著名的例子就是愛丁堡附近的西卡角（Siccar Point）不整合現象。一七八八年六月，身兼地質學家的哈頓醫師（James Hutton）想要證明「深時間」（deep time）的存在，便相約好友普萊菲爾（John Playfair）和霍爾（James Hall）一起划船到那裡去。他認為，地球的年齡事實上遠遠超過六千年，與當時的常識相反。正如哈頓後來曖昧地說：「那裡沒有開始的痕跡，也看不到任何結束的徵兆。」[1]在他眼前的不整合地貌，既是空隙，又是裂縫：海相泥質砂岩（gray-wacke）直接斜躺於六千五百萬年後形成的紅砂岩（red sandstone）水平層之下，顯示出一條無法彌補的斷痕。姐姐們相繼離世後，我沉迷於卡蘭尼什（Callanish）的立石群之中。這是位在外赫布里底群島（Outer Hebrides）路易斯島（Isle of Lewis）上著名的新石器時代遺跡。一九七〇年代，弗蘭姬曾在這些石頭旁住過幾年，它們從此聳立在我對她的思念之中。她比我大四歲，在二十出頭的時候，便已經在這星球上卓然獨立：一個老菸槍，也是返土務農的酷兒女性主義攝影師，整個人充滿矛盾（像我們大多數人一樣），但也是我生命中一股強大的力量。弗蘭姬對卡蘭尼什的石頭沒啥興趣，對那些從南方慕名遠道而來的人更是嗤之以鼻。相反，我那時還年輕，對所有新事物都很敏感，便爬上她家的後山坡，走在石林間，觸摸石頭的表面，想辦法了解它。直到多年以後，二〇一〇年六月，我才坐渡輪穿過明奇海峽（Minch）到斯托諾韋（Stornoway），開車到現在為人慣稱的卡蘭奈斯（Calanais）。這是我幾趟北方之行中的一次。就是在這時候，我與這裡的人、事、物相遇，然後我認識到，姐姐們相繼去世只是世上諸多苦難的冰山一角，但無論如何，對她們最親近的人來說，即便是再微不足道的恐怖也會改變接下來的一切；我認識到，這世界上再巨大的恐怖，也是由個人的失落與悲懷所組成。我認識到，即便是最堅固、最古老、最基本的物質，也像時間本身一樣活潑、無常、任性、冷漠；我認識到，生命中充滿不整合現象，讓人看見時間中的洞，也是感覺、知識和理解中的裂縫；這些洞不停地吸引著人類探索與想像，但又總是拒絕符合、療癒、或服從於我們希望或者以為我們需要得到的解釋。有時候那洞實在太大，我們所丟失的人、生命、物件、與世界已經退得太遠；我們的時間太少，遺忘又太長。一夜無眠的漂泊，讓人眩暈，跌落無涯的深淵。

於是我離開公寓，前往擁擠的早晨地鐵，在百老匯地下搖搖晃晃，擠在所有這些紐約人的軀體之間，在這屬人的體溫與可能性中，感受到一股親暱的、令人放心的、串連起這座城市與地球以及其中包括你我在內所有過客的連結。

大理石之一

These caves were the homes of the first
inhabitants on Manhattan Island.
Inwood Park.

從戴克曼街（Dyckman Street）到曼哈頓島的頂端，地鐵行經地面，在厚厚的英伍德（Inwood）大理石層上嘩嘩作響。這正是紐約市第三大基岩層。

曼哈頓片岩（Manhattan schist）。福特漢姆片麻岩（Fordham gneiss）。然後是英伍德大理石。這是一條有五億年歷史的地層，從北卡羅來納州延伸到佛蒙特州。英伍德大理石是一種柔軟的白雲石（dolomite）石灰岩，質地粗糙、多孔，容易產生粒化，或稱為糖化。一旦粒化便無法挽回。它一方面太軟，無法承受這裡的冬天和酸雨，另一方面卻又太粗糙，無法與來自佛蒙特州的大理石進行商業競爭。佛州的大理石適應力強，光滑細膩，隨著新鐵路而到來，迫使紐約市最後的大理石採石場在十九世紀四〇年代中期停產[1]。然而這轔轔火車要駛向的，究竟是屬於曼哈頓的西北角，還是布朗克斯的西南端？

一切都在形成，分解，又形成。這種石灰岩，即古老的巨神洋（Iapetus Ocean）的地質層，就是由原先棲息於上的無數海洋生物所形成，即使是輕度酸性的水也能將它溶解。這特性卻正好幫上了忙，讓斯普伊滕－杜伊維爾溪（Spuyten Duyvil Creek〔以下簡稱「斯杜溪」〕）開闢出一條經過曼哈頓丘峰的河道，並和哈德遜河、哈林河和東河一起流過其泛濫的谷地，環繞此島。也正是這種柔韌的性質，讓美國陸軍工兵部隊在一八九五年開鑿了圍繞大理石山南麓的哈林運河。他們爆破了五十萬噸碎石，修建了一條寬四百英尺、深十八英尺的航道，短暫地將曼哈頓的這一角變作五十二英畝的獨立島嶼，位處百老匯大道的一端，讓大船從東河迅速通向

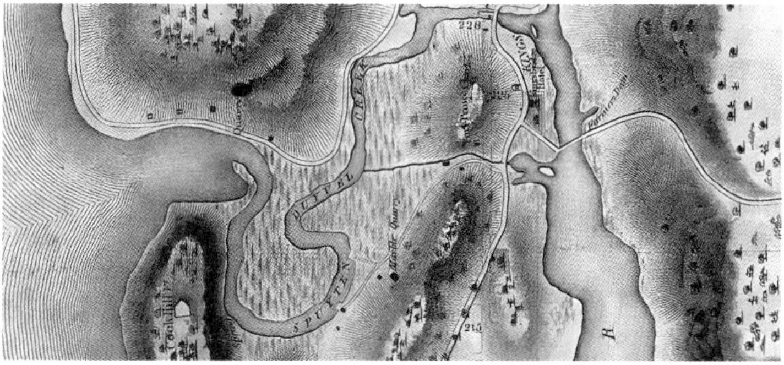

1832

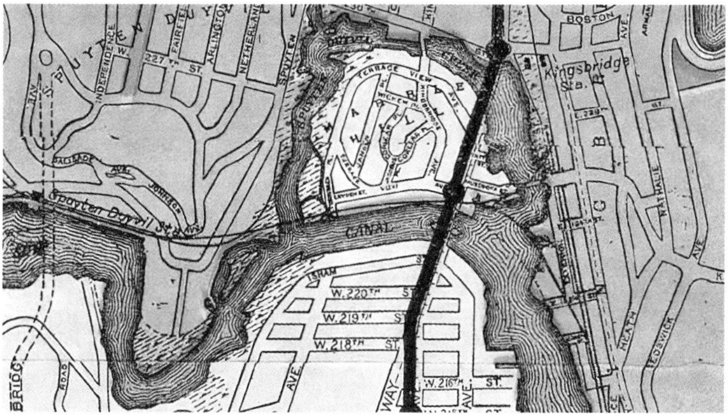

1897

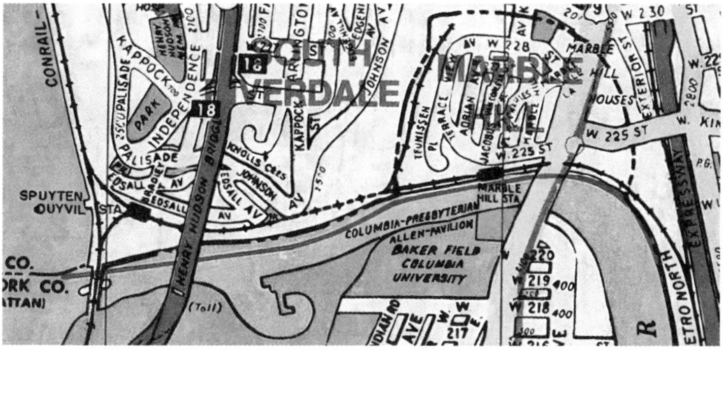

1979

哈德遜，再從那裡通向伊利運河和美國西部那些廣闊的市場[2]。

運河才開通二十年，工兵便又回來了。他們利用新河道中挖出來的廢土，填進斯杜溪，同時把菲利普斯（Frederick Philipse）在一六九三年建造的國王橋一同掩埋在歷史裡。菲利普斯建造這橋，原先是為了通向他剛購置下來的菲利普斯大莊園（Philipsburg Manor）。這是一片五萬二千英畝的土地，跨越布朗克斯區和威徹斯特郡。菲利普斯在萊納普（Lenape）印第安人大概已使用了很久的「涉水地」（Wading Place）搭建這座橋，當時這裡四面八方都還是田野與森林，但新興殖民貴族與他們的政治盟友們已經急著搶奪這塊沃土上他們能搶的一切，企圖瓜分它的未來。[3]。然而在十七世紀末的布朗克斯鄉下，具有獨立精神的移墾者們才不甩菲利普斯，他們拒絕支付國王橋的過路費。為了把他們的農產品運到曼哈頓下城的新興城鎮，就在現在的二二五街修建了免收過路費的戴克曼橋，成為曼哈頓通往美國大陸的第二條幹線。一七八三年十一月，當喬治．華盛頓邁過國王橋，結束英國對紐約七年的佔領時，菲利普斯老人早已不在人世，他的保皇黨後裔也因革命戰爭而失去了土地和眾多奴隸。紐約市成了新美國的首都。但現在一七〇街以上的百老匯大道正是早先舊稱的國王橋道，此路正是「萊納普徑」的最後一段，也就是過去從二十三街附近蜿蜒而上，穿過曼哈頓，再從涉水地進入布朗克斯的那條路。在有「萊納普徑」之前，這條路則是森林動物們的獸徑，牠們才是這片土地上最早的漫遊與開路者。[4]

你可能會認為，在一八九五年的工程中，工兵部把大理石山隔開，使它跟布朗克斯連結起來，這做法肯定打破這地區對曼哈頓的依賴。但實際上，它們的聯繫超越了地理，也超越了邏輯。的確，大理石山的郵政編碼是一〇四六三，區號是七一八，都屬於布朗克斯。的確，它的消防、警察和公衛服務都是經由北方從陸路過來的，但它的郵寄地址卻依然是「NY, NY」。此地居民至今依然是曼哈頓政治人物的選民。這些選民中有些人還記得一九三九年三月的一場騷動，當時善於操縱媒體的布朗克斯區長里昂斯（James J. Lyons）在雅各布廣場的大理石柱插上了他的旗幟（編註：代表他嘗試將此區併入布朗克斯，但遭當地居民反抗未果）。不止如此，甚至連林肯解放黑奴、希特勒吞併蘇台德都被

他搬了出來。《紐約時報》最後把他諷刺為布朗克斯區的「Führer」（元首），跟著他一起鬧，態度輕佻，可見報社還沒能意識到這些事件在歐洲的嚴重性[5]。你可能也會認為，工兵部既然把那麼多的石灰石投在斯杜溪，這條曾經如此重要的水道照理已被擺平了吧。然而，當地鐵駛進二二五街時，河灣卻還在那裡。但沒有水，沒有涉水地，沒有橋，也沒有標示。取而代之的是混凝土，一種「失憶症的顏色」，彷若一條不在場的小溪仍在流淌，只是現在它流過的是U-Haul搬家車的修車廠與一堆停車場，也流過大家都不喜歡的臭椿樹下，最後再將它在都市裡的牛軛銘刻在寬廣的二三〇街，而那條街的北緣正是曼哈頓和布朗克斯的官方地界[6]。

• • •

「〔在紐約市，〕沒有哪個地區比得上國王橋附近的大理石山脈，那樣廣泛地採石，」康克林（Lawrence Conklin）這樣寫道。他長期在曼哈頓從事礦物收藏和交易。他所提到的事雖已成往事，但確實是英伍德，包括大理石山，過去之所以有名的原因[7]。康克林還記得上世紀四〇年代，在上百老匯的童年。他曾坐在人行道的大理石上，用鎯頭和鑿子敲敲打打，挖出一顆顆透輝石。這時候，一個大老粗警察走過來，威脅要以毀壞罪逮捕他[8]。在這之前的半個世紀，工兵部在二二〇街和百老匯大道上傾倒廢土，像康克林這樣的收藏家，便會到藉由哈林運河所運來的瓦礫堆上挑挑揀揀。

他們在尋找彩虹般的藍色磁黃鐵礦、精緻的珊瑚色霰石、有光澤的白鐵礦、不透明的煙燻石英、半透明的方解石、全透明的岩石晶體、血紅色的金紅石、毛片狀的山皮石棉、寶石級的棕色電氣石、五光十色的石膏、片狀的白雲母、絲狀的透閃石、銀色的葉狀滑石，以及許多其他的寶物，都是在這塊大理石長出來的。他們特別會在石灰岩與雲母片岩相接的那些裂縫中尋找。現在，這些礦石放置在美國自然史博物館的古根漢礦物館（在中央公園的西側）裡，任何想看的時候都能看到[9]。在大多數地方，紐約市的岩石地基位於粘土、沙子、礫石和冰磧層之下，礦物採集者根本不得其門而入（像在市中心的杜安街，片岩便被埋在距地表一百八十三英尺以下[10]。）但基岩的確是會露面的，例如在三十三街上那一小塊地方，以及在英伍德和大理石山。在這區域露出的基岩是最光彩奪目的。看來，這城市也算得上是寶石天堂，有心人只要多注意縫隙、礦脈和堤壩，偶爾便能看見奇幻光芒。而百老匯大道，這裡不僅是二十世紀早期的煩囂都會，也「出產了許多異常珍稀的精美礦石」，收藏家曼徹斯特（James Manchester）這樣寫道，並以紐約人特有的誇示法補充說：「沿線發現的礦物種類繁多，沒有任何一條公共大道能與之媲美[11]。」

曼哈頓的礦物收藏家在一八一四年開始公佈他們的發現清單。一八八六年，他們正式成立紐約礦物學俱樂部，總部設在剛成立的自然史博物館裡。

J. RÖSCH, PHOTO　　PLATE No. 118　　(1887)

LIMESTONE WASTE PILE
Harlem Ship Canal, Manhattan Island, N. Y.

他們組織夏季實地考察，如探勘哈林運河廢棄場，每月召開會議，「討論礦物學相關論文[12]」。隨著城市基礎設施快速發展，他們亦愈趨活躍。踏入世紀之交，地鐵首度闖進上城區，曼哈頓北部成了大量挖掘和建設的地方。田地和草地被道路覆蓋，山丘被整平，下水道被開挖，公寓大樓紛紛落成，質量參差不齊，以安置快速增長的移工和中產階級。曼徹斯特就住在華盛頓高地的上城區，但他本人卻注意到以下這個弔詭的情況：市區不斷爆破和鑽探，無疑為他們這種「自然礦物愛好者」提供了新機會，但基岩上方很快便蓋起了公寓大樓，又把這些機會永遠地關上[13]。這固然只是極短暫的窗口，但解釋了為什麼哈林運河廢棄場曾經如此受寵，也解釋了為什麼今天收藏家們依然在島上河岸梭巡，搜索填土，又憑著三寸不爛之

舌，得以進出建築工地和公共工程。當然，他們無法擋住炸藥和隧道挖掘，岩石不分青紅皂白地被碾成無名齏粉。最後到底能否成為某戶人家的礦物標本，還得靠地質學家的眼光和隧道工人的智慧[14]。

這些收藏家也經常出入採石場。從十九世紀中葉的地圖，我們能看到英伍德和大理石山的大理石採石場，斯杜溪上也有切鋸石灰石塊的工廠，以及窯爐，這些工廠遍及整個地區，可將石頭燒成生石灰，製成灰泥和石膏，不但是淨化鐵的助熔劑，也是肥料中的鉀肥[15]，但在建築中卻很少用到它。曼哈頓氣勢恢宏的大理石建築，包括：特威德（Tweed）法院、紐約公共圖書館四十二街分館、華盛頓廣場拱門，都是由威徹斯特郡和佛蒙特州的大理石建造而成。但要注意有一個例外，那就是：巴洛克式

的西曼大宅（座落於二二五街和二一八街之間的二十五英畝莊園之中），以及在國王橋道上莊園入口的拱門[16]。這座豪宅建於一八五五年，由瓦倫丁・西曼（Valentine Seaman）的兒子約翰・T・西曼（John T. Seaman）建造。瓦倫丁・西曼是一位開明派的醫生和公共衛生倡導者，他將詹納（Edward Jenner）的天花疫苗引入紐約，並為十八世紀末驚動紐約的黃熱病繪製了一幅疫情地圖。

為了給帕克台花園的中產公寓大樓讓路，西曼大宅在一九三八年被拆除。今天，當你走在百老匯大道上，真的要花點精神才能找到過去那恢宏的入口拱門。這縮小版的凱旋門，不知為何，它躲過了大鐵球，成了現存最大的英伍德大理石結構。它被覆蓋在灰漆與塗鴉之下，並且與這座城市的紋理以及二一七街上的巴里拖修車廠（Brito Body Shop）緊密地交織在一起。

西曼－德雷克拱門是現存最大的英伍德大理石結構，但它不是唯一的一個。在有採石場以前，大理石是直接從地表的礦脈中開採出來的。像這條礦脈，一直延伸到伊沙姆（Isham）公園的西北角，石匠們很有可能就是從類似的礦脈中取來大理石，用於建造市中心的以色列餘民塞法爾墓園（Shearith Israel Sephardic cemetery）。它位於今天唐人街聖詹姆斯廣場，是紐約第一個墓地，也是該市地標，不知為何也從開發商手上倖存下來。

但現在墓園已經上鎖，雜草叢生。當我爬上牆頭穿過鐵柵欄拍照時，經過的人停下來，問我這是什麼地方。他們想必已路過這裡千百次了。墓碑被徹底糖化，名字和日期都被侵蝕，難以辨認。但有些大概早在一六五六年，從那塊地一開始被祝聖時就在那裡了[17]。

那是在亨利・哈德遜（Henry Hudson）從新地島

（Novaya Zemlya）冰封的水域撤退，第三次試圖強行開闢一條通往中國的北方航線之後不到五十年。他把荷蘭東印度公司「半月號」（Halve Maen）的叛變船員引到了斯杜溪口，目的是平息一場風暴，但卻引發了另一場風暴。他在萊納普人的眼皮底下下錨，被迫面對那些「不知體面、化外的野蠻人」。幾十年後，一位年輕的荷蘭殖民地律師提供了第一份書面報告，說到萊納普人如何回憶起（應該說是敘述）那一刻。他們「在深沉而莊嚴的驚訝中望著哈德遜的船，想知道它是鬼魂還是幽靈，是從天上下來的，還是從地獄上來的。」我們應該把這證詞理解為隱喻，而不是神學的陳述[18]。

• • •

繼續沿著大理石岩層的表面露頭，你會穿越海員大道，進入英伍德丘公園。這裡有一片高地森林，也是僥倖被保存下來。如果一六〇九年九月十一日，哈德遜和他的二十名荷蘭和英國水手有從斯杜溪附近短暫停泊上岸，他們便會走進一片樹林，看到的景象和這裡差不多，如同當年他們在幾天以後，往上游走到奧爾巴尼（Albany）所看到的森林一樣。哈德遜的大副朱特（Robert Juet）寫道：那邊是「種植穀物和其他花園草藥的好地方……大量的甜木樹，以及大量的建屋用石板和其他好石頭」，這如夢境般的美地，友善到讓他們願意想像有一天可以在此停駐與定居，以此為家，卻完全不知道這條海岸線與大多數的曼哈頓，都已經歷經世世代代萊納普男人與女人的營造，種植與移植許多他們喜愛的物種，並曾在大約百分之九十的土地上放火燒林。這種管理方式在前哥倫布時代的美洲很普遍，並也因此創造出新世界大部分地區，包括曼哈頓島，在美學上

與經濟上對早期航海家和殖民者充滿吸引力[19]。

但他們那天並沒有走入密林。相反地，他們在岸邊疑神疑鬼，小心翼翼（「這地方的人向我們走來，向我們示好，給了我們煙草和印第安小麥……但我們不敢相信他們」），他們劫持了人質（「我們抓起了兩個人，看著他們，給他們戴上紅帽子，不願意讓另一人靠近我們」），於是順流而下回到了曼哈頓時，他們進入一個現在已轉趨敵意的地景，面對「兩艘滿載人的獨木舟，帶著弓箭」，「向我們船尾施襲」，朱特這樣寫道。他的部下用火槍回擊，殺死了「兩三個人」。這時，「一百多人來到一個地方，向我們射擊[20]。」他們是哈德遜和朱特在這次航行中遇到的最後一批美洲人。想著這裡發生過的事，我離開英伍德的中產住宅和店面，沿著萊納普小道進入丁香谷斑駁的陽光，並穿過英伍德丘公園的林間小道，這是一種奇特的體驗。這可能會讓人感覺像走進了一個古老的荒原，回到了過去。但這只是現代人的幻想。這片樹林現在有灰松鼠、兔子、靛藍鵐、毛啄木鳥、黑帽山雀、白胸鳾、木鶯、胡麻斑雀、荷蘭人的山毛櫸、三葉草、血根草、虎鳳蝶、歐芹鳳蝶、藍粉蝶、弄蝶。但是上世紀二〇年代，這片樹林是垃圾傾倒場，到處是汽車和船零件、磚頭、木材、碎玻璃、傢具和其他無用的東西。後來公園委員會和當地的戴克曼研究所把這些垃圾拖出來，在樹林邊挖些深坑，全部埋進去。這片古樹林奇蹟般倖存下來，就像它外面、位於樹蔭之外的球場和野餐草坪一樣，都是人類和自然的混合體。

哈德遜停泊之處旁有一處土丘，也就是美國陸軍工兵部從曼哈頓開鑿的五十二英畝土地，一八九一年正式被命名為大理石山——這是紐約市房地產律師克羅斯比（Darius C. Crosby）精打細算的結果。十七世紀初，住在哈德遜和德拉瓦（Delaware）河谷的印第安人，現在被稱為萊納普人、芒西人和德拉瓦人；他們是「所有阿爾岡昆人（Algonquin）的祖先」；他們是最早開始說阿爾岡昆語（今稱芒西語）的人。人數也許有一萬五千，也許是三萬、五萬或六萬五千人，其中大約一千人除了冬天之外，整年都在曼哈頓島上度過，其餘季節則在海岸和內陸營地之間移動；他們依共識做決策，並致力於個人自由和宗教信仰的互相尊重（我可以自由地相信我所選擇的對象，你也可以）；他們尋求和平，但也不排除在必要時發動恐嚇和暴力。他們創建了一個廣闊網絡，由「親屬、婚姻、朋友、貿易和怨恨的無形關係」所形成，將該地區的許多村莊串連成聯盟；這些聯盟拒絕推舉單一領袖，但聲稱對周圍地區擁有主權，並在面臨外部威脅時形成更大的組合。這個更大的組合由三個強大的母系氏族（火雞、海龜和狼）組成網絡；在網絡中，婦女們挑選領袖，並托管氏族的田地和房屋。這些曼哈頓萊納普人知道「萬物有靈，天生就有生命，能對周遭事物產生影響。」他們「把自己看作自然界的一部分；自然界中充滿了幾乎無窮無盡的各種動植物、昆蟲、雲朵和石頭，每一個都擁有靈性，不亞於人類」，他們明白萬物「能夠跟我們人類分享或傳遞給我們他們的靈性，以多種方式幫助我們生活」；他們會在夢中得到啟示；他們會攜帶護身藥包，裡面有羽毛、動物的牙齒和貝佐爾石（bezoar stones；就像一九九〇年代初的印第安治療師，他們在紐約市照顧感染愛滋病原住民時也配戴類似的藥包）；他們擁有兩個獨立的靈魂。他們懂得也懼怕巫術；他們燃燒煙草，引導他們的祈禱進入靈界；他們以熏蒸、齋戒和汗蒸房來淨化自己和他們的物品；他們探索幻覺；他們愛講故事；他們遵循每年的節日和儀式；他們用蛾螺和硬殼蛤蜊來製作神聖的「華貝串」（wampum），是一種「來自靈界的美麗禮物」，作為荷蘭人、英國人和他們自己之間的共同貨幣。他們的財產在死後會被分配；他們打的戰爭都是短兵相接，傷亡不大，卻不遺餘力地公開折磨和肢解那些已達戰鬥年齡的男性俘虜。他們狩獵和覓食對象包括：鹿、熊、蛇、青蛙、鰻魚、烏龜、鸕鷀、天鵝、家鵝、鴿子、火雞，許多種類的魚和貝類，還有橡實、韭蔥、洋蔥、野葡萄、藍莓、蔓越莓、栗子、核桃，以及許多其他野生和藥用植物和草藥。他們種植南瓜、豆類、甜瓜、黃瓜、煙草、向日葵，還有玉米；他們用魚的殘骸施肥，把這些農作物做成succotash（豆燉玉米）、糕點、玉米碎和粥。他們在今天哈林區的位置開闢寬闊的草地狩獵場。他們雕刻石斧、箭鏃、鋤頭、針、錐子、弓和箭；編織籃子、墊子和繩子；燒製陶器。他們不僅會划樺樹製成的獨木舟，還會把巨型鬱金香樹挖空，做成擁有大桅桿的海岸船；他們用鹿皮和野火雞羽毛製作外套，住在圓棚（wigwam）或長屋裡。他們用紋身、鮮艷塗料和驅蟲油覆蓋身體；他們在今天的布朗克斯區和皇后區風浪較小的地方越冬；從他們的貝殼堆和墓地來看，他們喜歡吃牡蠣，重視狗。這些曼哈頓印第安人，當哈德遜於一六〇九年秋天駛入紐約灣時，他們生活在一個名叫萊納普霍京（Lenapehoking）的領地內，面積達十二萬平方英里，從卡茨基爾山（Catskills）一直延伸到康乃狄克州，橫跨賓夕凡尼亞州中部，一直延伸到德拉瓦州以南。這些人的祖先，可能早在一萬一千年前就已經登陸曼哈頓。這些人可能是被他們祖先驅離的人，也可能是被他們祖先驅離的人的祖先。在威斯康辛冰川末期，他們就生活在這裡，與乳齒象、猛獁象、恐狼、海象、巨狸、麝牛和地懶作伴為鄰。在巨大的融冰水力衝破末端冰磧以後，該島通往大西洋的水路便暢通無阻。融水從五大湖區湧下，經過哈德遜河和莫霍克河，衝破了布魯克林（Brooklyn）和史坦頓島（Staten Island）之間現在被稱為狹谷隘口（The Narrows）的地方，也就是現在維拉扎諾大橋（Verrazano-Narrows Bridge）所跨越的缺口[21]。那些曼哈頓萊納普人（或他們的祖先，或他們祖先所驅離的人，或他們祖先所驅離的人的祖先），在某些時候一定和房地產律師克羅斯比有同樣的想法。雖然毫無疑問，他們的動機完全不同。因為那些人也曾給英伍德以北的那五十二英畝土地起了一個因石頭而起的名字，而石頭正是該地最顯著的特徵。當斯杜維桑（Peter Stuyvesant）來到時，萊納普人稱這裡為Sabbeleu-aki，英語通常譯為「閃耀之地」[22]。

我們知道這一點，因為在一六六九年九月二十八日的一份契約中，這個詞被音譯，然後被轉化成Saperewack。荷蘭人和英國人在長達幾個世紀的政治、經濟和軍事行動中，跟該地區原居民打交道時常用到這一類契約。在此期間，萊納普人利用他們長期以來建立聯盟和外交的經驗，在面對入侵和佔領時重新安排和重組社會秩序；為鄰居和外來者提供庇護和住所；劃界、租賃，甚至在有利可圖的情況下出售土地；但在被迫出售時，會盡一切努力討價還價，更常常限制出售土地後續所讓予出去的權利，堅持以契約約束雙方義務，例如讓他們繼續享有居住權和狩獵權。他們選擇性地採用歐洲技術；通過強調貿易和共存來防止衝突；與外國勢力及其他印第安人結成戰略聯盟，以保護他們自身利益（如支持一六六四年攻佔新阿姆斯特丹，推翻荷蘭人統治，這不僅是英國人的企圖，也是萊納普人的目標；又如在一七五四至一七六三年間的法國和印第安戰爭中再次站在英國人一邊；而在一七七

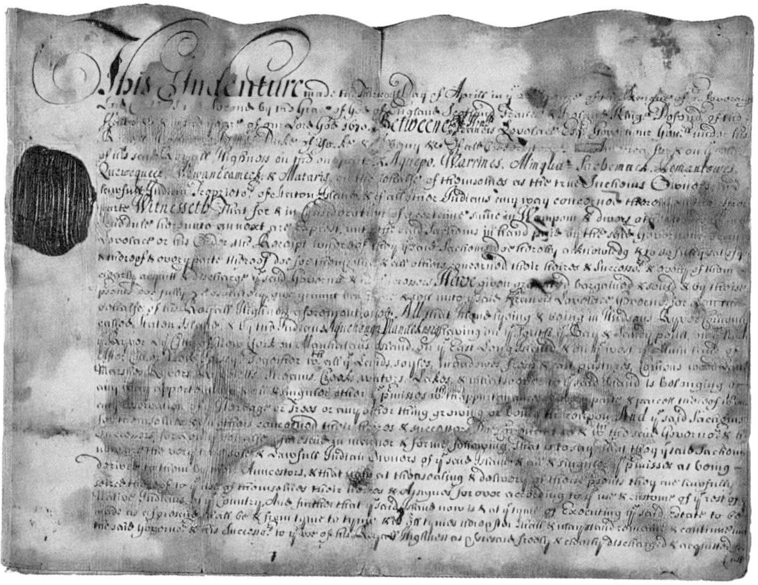
This Indenture

八年《皮特堡條約》中與新美國結盟，雖然結果徒勞無功），然後，由於殖民者的牲畜擠壓了土地和幾代人的生計，他們轉向沿海地區發展，利用他們的海洋知識和技能，啟動了美國的捕鯨業，而且非常成功，以至於在一六七〇年至一七四〇年間從殖民地的沿海水域捕殺弓頭鯨，並開啟印第安海員、逃亡的奴隸，以及自由的黑人的就業機會。這是一門危險、剝削性，且不安全的行業，但無疑製造出某種自由和友愛精神。這些人在十八世紀的時候乘船出海，追隨抹香鯨和弓頭鯨愈走愈遠，到了南、北大西洋，後來又為了追趕鯨魚，穿過南、北太平洋和印度洋[23]。

即便如此，早在一六三〇年代起，移墾者的勢力已經超越了擅於貿易的原居民。一六三九年，新阿姆斯特丹的總督基夫特（William Kieft）已經開始要求萊納普人向他們以玉米、華貝串或獸皮納貢。而就像今日的紐約生活永遠不會回到二〇〇一年九月十一日之前一樣，當年的紐約生活也很明顯地不會再回到一六〇九年九月十一日之前的樣子了。（摩拉維亞傳教士海克威德（John Heckewelder）在一八〇〇年報告說，芒西人的歷史學家告訴過他：「他們跟白人一天比一天熟，白人甚至已提議和他們一起生活。白人只要求他們提供公牛皮所能覆蓋（或圈起）的土地。公牛皮被帶到他們面前，鋪在地上。他們很爽快地答應了這一要求，於是白人拿起刀，從這張皮的一個地方開始，把它割成一根繩子，不比小孩子的手指粗，當整張牛皮被割完後，已經變成一疊堆得很高的細繩了。這條牛皮繩被拉得很遠，然後又拉回來，讓兩頭相接。白人小心翼翼地避免把繩子弄斷，圈起了一大片土地。他們（印第安人）對白人的高超機智感到驚訝，但並不想跟這些人爭奪一小塊土地，因為他們既有的已經足夠。」一寸寸，一步步，一塊塊，一招一式，曼哈頓、哈德遜谷，以及萊納普霍京的其他地區都陸續被整編、被重新概念化和轉移，就在報復性的暴行中被強奪，比如在新澤西州的帕沃尼亞（Pavonia）屠殺塔潘（Tappan）和維希加吉（Wiechquaesgeck）的難民一樣。就在一六四三年二月二十五日的這一晚，觸發了「基夫特戰爭」，以兩年時間消耗了整個省，導致超過一千名印第安人死亡。正是由於萊納普人的抵抗，基夫特才在新阿姆斯特丹以北的地區重新引入移民。當初，荷蘭農民就是為躲避萊納普人的襲擊而逃離這地區的。基夫特批准了一六二六年到達新阿姆斯特丹的十一名黑奴的請願，讓他們在萊納普人被趕走後在原地工作，解放他們和他們的配偶，讓他們獲得自由。或者更確切地說，只是「半解放」他們，因為他們的子女和後代將重新為奴，而他們自己也必須每年向荷蘭西印度公司交納貢品，以免再被奴役。就這樣，他們被半解放了，並獲得在法律上稱為「黑人土地」的緩衝區土地。這些被解放的男男女女創造了「北美洲第一個合法解放的非裔社區」，以向逃亡者提供庇護而著稱。這個安排複雜但務實。荷蘭人既可避免照顧年老、不能工作的奴隸，又能獲得一批人的效忠；另一方面，這樣安排以後，過往的奴隸重新得到了某種自由，卻離不開勞動和兵役，只能拿著斧頭和長矛，與依然是奴隸的人並肩作戰。在基夫特那一場殘酷的戰爭及其凶猛的餘震中，這些半解放的黑奴是在這樣的情況下參與保衛殖民地，對抗叛亂的萊納普人[24]。

荷蘭商人德弗里斯（David de Vries）目擊帕沃尼亞大屠殺，他寫道：「嬰兒從母親的乳房被硬扯下來，當著父母面前砍成碎片，被扔進火裡和水裡；其他乳兒被綁在小木板上，被砍、被插、被刺穿，屠殺方式慘不忍睹，再鐵石心腸都難以不為所動[25]。」萊納普人以牙還牙，以游擊戰威脅聚居地以外散居的荷蘭農民。戰事在沿海地區蔓延，最後遭遇殖民軍隊壓倒性的打擊才告一段落。一六四五年八月停戰後，基夫特的政策在荷蘭引起了不安，被召回阿姆斯特丹。但在此之前，他將至少兩名萊納普俘虜作為禮物，分派給他人，一個送給百慕達大總督，另一個送給荷蘭

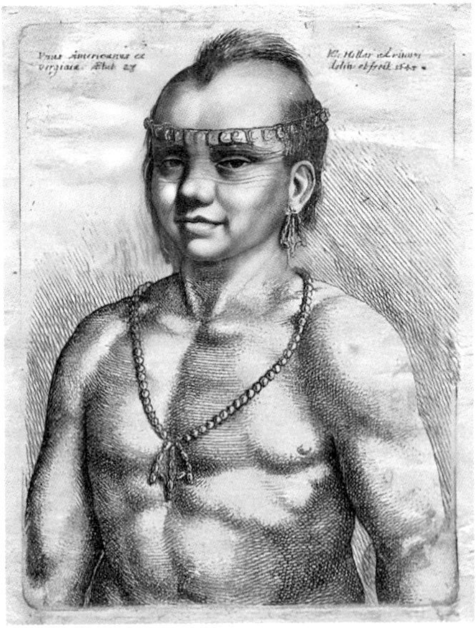

西印度公司的兩個士兵，其後他們把這位「名叫雅克的野生印第安人」帶到了阿姆斯特丹，也可能是倫敦。或許就是在那裡，捷克雕刻家霍勒（Wenceslaus Hollar）把他畫了下來，也或許，那裡是他被展出的城市之一（可能是按照霍勒的指示所打扮的），利潤由該兩名士兵和當地的經理人攤分，而年輕的萊納普奴隸則獲得了食物、衣服，還有荷蘭語和基督教的教育[26]。

等到基夫特戰爭結束時，新尼德蘭殖民地已經退到曼哈頓下城，圍繞著山腳下的要塞，由半自由緩衝區和東印度公司的駐軍提供保護。曼哈頓萊納普人因暴動和天花而人口大減，他們的生活形式從哈德遜停泊新阿姆斯特丹的那一天開始就起了根本變化。地景也在改變，大部分森林被開墾為小農場，港口城市和駐軍每年都在增長[27]。一六六五年，殖民地由英國接手，制定第一部法典，承認荷蘭奴隸制的原則，否定奴隸之間婚姻的合法性。不久之後，紐約迎來了來自加勒比海巴貝多（Barbados）的種植園主。歷史學家霍奇斯（Graham Hodges）就說過，經歷過奴隸叛亂，這些人「已準備好用他們在加勒比地區磨練出來的無情鎮壓，來對付奴隸的倔強。」一六七九年，紐約議會對叛亂暴動有所警惕，便開始禁止奴役印第安人，也預示日後一七〇六年的法律規定：「只有黑人才是奴隸。」[28]隨著勞動制度變得愈來愈制度化，愈來愈嚴酷，愈來愈聚焦於黑人，原住民在地理上反而愈來愈被邊緣化。此時，距哈德遜在紐約灣下錨已逾七十寒暑，當初他先是感受到熱情和好奇，後又迎來衝突；之後又過了十年，Saperewack（Sabbeleu-aki，閃耀之地）的稱號才出現；然後，又過不久才從布朗克斯來了約二十位維希加吉居民組成的代表團。荷蘭人在曼哈頓擴張，英國人又侵佔新英格蘭，維希加吉人因為受到了擠壓，於是請求紐約總督允許他們返回在英伍德的玉米地。請求獲得批准，但條件是「只能在斯杜溪附近的島的北角……沒有別的地方[29]。」到了一七〇〇年左右，與塔潘人、尼衛辛（Nevesink）人和該地區的其他人一樣，維希加吉人已經「不能算是嚴格的民族或政治組織」，與曼哈頓人、卡納西（Canarsee）人、瑞卡瓦萬（Reckgawawancs）人一樣，他們所有人現在都被視為曼哈頓萊納普的一員。土地轉變成白紙黑字的字母符號，成了可渡讓的財產，就這樣，他們被剝奪了土地。他們於是放棄了島嶼，和其他印第安人棲身在一起，被迫重組族群和重新想像他們的世界，開始了漫長的流亡之旅，終於漂泊西部，深入北國[30]。

但是，這故事大可換個說法，不是以幾個世紀以來的族人散落作為結束，而是從今天開始講起。這樣的話，便可以把我們帶到完全不一樣的地方。比方說，在奧克拉荷馬州、堪薩斯州、威斯康辛州、俄亥俄州和安大略省已經有一萬六千名萊納普人安家落戶，現今也有來自各國的十萬二千名原住民來到紐約市定居（「這城市使我們煥然一新，我們要把它變為我們的城市」）[31]。二〇一八年十一月十八日，在曼哈頓公園大道軍械庫，第一屆聯合萊納普民族俳舞（Pow Wow）和立足地研討會（Standing Ground Symposium），就是「自十七世紀初被迫遷徙以來，該地區分散的萊納普長老首次聚會」，這是一次沒有哀歌的體驗。（「在高樓大廈的

擴張中，在無名群眾的流動中，在無休止的交通喧囂中，我們並沒有迷失方向。我們找到了彼此，成立了印第安人中心，帶來了我們的家庭、我們的俳舞、我們的歌聲、我們的珠飾。」）

「我們將不再只是這國家歷史的腳注，」萊納普教育家斯頓菲什（Brent Stonefish）在擴音機上如此宣稱。禮堂裡擠滿了舞者，身著盛裝，有的是真正的傳統服飾，一絲不苟，有的則推陳出新，穿得閃閃發光，讓色彩、運動、鼓聲和歌聲不停碰撞；在其他的會議室，主要圍繞著傳統、更新、抵抗而進行辯論，務求讓族人認識到：恢復和重塑歷史，其任重而道遠。尤其是當很多事物在物質上和心理上都已被掩蓋和埋葬，以至於若還存留任何跡象，也是以扭曲、拐彎抹角、甚至受盡折磨的形式浮現，彷彿昨日的閃爍微光，但就像在市區升起的大理石一樣，即使在地鐵、

公共汽車或信步可達的日常場所中，依然露出他們存在的痕跡。[32]。就在英伍德丘公園內，在球場必須讓路給受保護林地的地方，放著一塊帕利塞德（Palisades）輝綠岩石，是威斯康辛州冰川發生冰進時被推送到這裡來的。這塊巨石上貼著牌匾，標誌曼哈頓最大的前歐洲人聚居地索卡樸（Shorkapok），也就是他們在維希加吉的駐紮點。依照牌匾上的說法，「據聞」，一六二四年，新尼德蘭殖民地的第三任總督米尼特（Peter Minuit）就是在這裡，用價值六十荷蘭盾的貨物，買下了這座島；在這裡，亦曾矗立著一棵鬱金香樹，它年高二百八十歲，一百六十五英尺高，但在一九三八年被颶風吹倒。直到今天這塊官方牌匾都還寫著：它是此地與曾經住在這裡的印第安人之間「最後一道活的連結」。[33]。

・・・

當科學家關注現代世界加速發展的同時，不僅僅只有曼哈頓的礦物引起了他們的關注。在十九世紀末二十世紀初，考古學家和民族學家乘坐新的地鐵來到百老匯，與礦物學家一起到英伍德和大理石山，他們同樣急於在混凝土澆注之前把手伸進泥土，同樣急於找回一些稀有的、過時的東西。大多數情況下，卡爾弗（William Louis Calver）、博爾頓（Reginald Pelham Bolton）和其他「週末考古學家」都是獨自一人在道路切口和下水道溝渠中工作；有時，像礦物採集者一樣，他們徵召家人和朋友，利用晚上、週末和他們不用做工程師的時候，把挖掘工作當成出外野餐。他們覺得，這是一種公民責任。一九一八年，經過近三十年的時間，紐約歷史協會終於同意召開田野探索委員會，這是一個由「從事緊急搶救的歷史學家」組成的流動團隊，由卡爾弗擔任主席，博爾頓充當秘書。《泰晤士報》寫道：這團隊的「做事方式和消防隊一樣迅速」。這是搶救文物的緊急服務，一旦有任何一位建築工人或英伍德居民發現一些古老而不尋常的東西，都知道該找誰[34]。在這幾十年裡，紐約比世界上任何城市都更先示範了以下這些事，直到一九八〇年代後的中國城市起飛才能與它看齊：不懈的自我消耗以追求新事物、破壞式創新，以及城市技術資本破壞一切的能量。面對這無情的現代化漩渦，卡爾弗和博爾頓發現自己正在力挽狂瀾，企圖恢復一個苟延殘息的世界。他們建立起歷史考古

學，作為搶救行動，它是一項緊急的拯救計畫，恰好遇上當年的第一批民族學家，當時這些民族學家正從自然史博物館和各大學四散至全美各地的印第安保留區。當時第一批民族學家合作，從自然史博物館和各大學部門開始，擴散到全國各地，為保留印第安文化而串聯起來。這些民族學家包括北美專業人類學的創始人鮑亞士（Franz Boas）和他的特林吉族（Tlingit）合作者亨特（George Hunt）（下圖為一八九四年在溫哥華島拍攝的著名照片，他倆就在裡面。不知名的Kwakwaka'wakw婦女身穿前殖民時期衣服，被單則是為了遮住哈德遜灣公司的貿易站）。他們也認為自己是在肩負更重大的公民責任；身為收藏家，為未來擋下歷史的海嘯。他們所做的一切，實際上足以記錄所謂最後真正的印第安人的生活、語言和物質文化。

就在此時，在美國自然史博物館的館刊上，美國西部攝影師柯蒂斯（Edward Curtis）發表了〈亟需製作美國印第安人文獻紀錄〉。這篇文章長達三頁，生動地描繪了原住民作為浪漫的原始人的普遍觀點，也談到它如何被腐敗的文明所遺忘。柯蒂斯寫道：「就民族學家而言，這種族不僅正在消失，而且幾乎已經消失了。我們就像在長日將盡前的餘暉裡工作，知道時不我予。每個月都有一些老族長過世。隨著他們的離去，知識的寶庫也會隨之消失，沒有什麼能取而代之[35]。」

因此可以想像，一九一四年，年輕的阿莫斯・奧奈羅德（Amos Oneroad，因為後來和奧奈羅德一家人住在一起，故稱呼其為阿莫斯・奧奈羅德），哥倫比亞大學的聖經師範學院和神學院的學生，同時也是達科他州的錫塞頓－瓦佩頓（Sisseton-Wahpeton）族人，當他口中操著英語，在博物館裡頭徘徊時，那些館長是多麼興奮。（美國博物館雜誌報導說：「阿莫斯・奧奈羅德先生——或者用他真正的印第安名字來稱呼他：Jingling Cloud——確實是有趣的訪客，他本身對博物館也很感興趣。雖然年方二十六，但他對東達科他州的風俗習慣有著驚人的了解。因此，斯金納（Alanson Skinner）先生和洛維（Robert H. Lowie）博士認為，為他作口述筆記，將會對許多民族學問題大有裨益[36]。」）不久，斯金納和奧奈羅德便一同展開博物館收藏之旅，在南達科他州錫塞頓的特拉弗斯湖（Lake Traverse）保留地，與奧奈羅德的家人住在一起[37]。有段時間，奧奈羅德成了博物館工作人員，身兼印第安人社區的長老會牧師，以及民族學的田野工作。他名義上是助理，卻經常搶先斯金納一步。威斯康辛的梅諾米尼人（Menominee）給斯金納取名「小黃鼠狼」，可見他對原住民的物品是多麼孜孜以求。兩人於是收集了達科他和蘇族（Sioux）保留地的物品和故事（斯金納寫信給博物館裡的民族學館長戈達德（Pliny Earle Goddard），裡頭提到：「我有一個機會，可用五十美元買下鹿族的Kânza戰鬥包。此乃天賜良機，如果你拿得到錢……希望能馬上寄來。印第安人說這是部落裡最後一包了……」），而他進行收集之時，正值《印第安人犯罪法》執行的背景。此惡法由內政部於一八八二年頒佈，並沿用至一九三〇年代，包括禁止原住民任何儀式、盛宴和治療活動，不能擁有宗教物品，也不准講述傳統故事[38]。（「我不知道你對古早儀式的確切感受，因為你當然對基督教的傳播感興趣。」這是斯金納在一九二四年寫給奧奈羅德的。那一年，這位族人正式取得了美國公民身份。但「無論一個人對這些古老儀式的感受如何，無論是否贊成，都無法苟同此刻我國各地正在對印第安人進行的系統性撒謊與誹謗[39]。」）斯金納作為專業民族學家和考古學家，聲譽蒸蒸日上；奧奈羅德則用其博物館收入來支持他自己的宗教研究，並補充他的傳教津貼。兩人變得親密無間，類似於斯金納在梅諾米尼族中跟某位叔叔所建立的親戚關係。在遇到奧奈羅德後不久，斯金納就給這位叔叔寫信：「我有跟你說過嗎？有一位非常優秀的年輕蘇族人住在紐約。他是我的好朋友，我們甚至結成了義兄弟。他在南達科他州的錫塞頓保留地認識了一位梅諾米尼印第安姑娘。他覺得她很棒，我們來替他說句好話吧。」[40]

對兩人來說，這是在極度克難的環境下進行保存，搶救工作已經刻不容緩，奧奈羅德甚至收集了祖父的宗教物品，包括祭壇和煙斗。他們在平原區大有所獲，又在英伍德和布朗克斯的窄頸（Throggs Neck）進行挖掘，後來把東西賣給了德裔美國金融家海耶（George Heye）。他當時正在籌建美國印第安人博物館，這不但是驚人的收購事業（海耶在他六十年的收藏生涯中，積累了大約八十萬件印第安人物品），同時也是倉庫和避難所[41]。但這避難所只能算是出於無奈：對於主要在博物館內發展早期人類學的管理者、考古學家和民族學家來說，原住民痛失這些物品，代表他們本身的衰落，再無力保衛自己的文明遺產。「紅鴉」米爾頓（Edward Milton）在一九九四年向人類學家安德

森（Laura L. Anderson）說明：「那些把文物或故事『賣』給斯金納和奧奈羅德的家庭面臨著兩難處境。要麼隱藏他們的文物，隱瞞自己的故事，要麼把它們交給斯金納和奧奈羅德，並獲得報酬……當時任何一個家庭，面對經濟艱難時期，又憶起已然消失的生活方式，想到需要購買食物，都會同意出售物品。這些都是可以理解的，畢竟這些物品如果被發現在自己身上，隨時可能被印第安特工警察充公和銷毀[42]。」

• • •

一九一九年秋，斯金納和奧奈羅德離開海耶的美國印第安人博物館，從一五五街和百老匯乘地鐵到英伍德，在二〇七街下車。近百年後，我也幾乎做了同樣的事。他們當時走了十分鐘，來到「可能是紐約潮水區最著名的印第安人村落遺址」。斯金納寫道，三十多年來，收藏家「在這裡的貝殼堆和岩棚中進行了漫無目的的挖掘」，為博物館和私人收藏增添了「數百件」物品[43]。他報告說，該地區僅存印第安人堡壘的殘餘，但該遺址已被以前的調查人員「嚴重切割」，因此他和奧奈羅德將注意力轉移到附近的河床上。在那裡，他們發現了骨錐、錘石、陶片、綠碧玉屑片、一片燧石、一把錛；此外尚有鹿角、箭鏃、廚殘菜渣和皂石煙斗的碎件，使他們懷疑「古代的曼哈頓，人們是否可能在這裡舉行過某種儀式，可能是亡者的盛宴，習慣上要求參加儀式的人隨後將抽過的煙斗丟棄或折斷，以便永遠不能再用[44]。」就近，他們又挖出了若干石墜、一個研缽、一把缺了刀刃的骨柄刀、三十五根海螺柱子，還挖出了一把骨漁叉、半截紅石戒指、五顆荷蘭殖民時期的子彈和一個玻璃瓶的瓶頸。現在看起來，這一切更像是垃圾堆而不是寶藏，是一組可悲的殘骸和碎屑。在可見的未來，斯金納、奧奈羅德和其他同時期在全國各地做印地安民族考古的人，將一方面尋求增加業外收入，一方面遵循鮑亞士的學術傳統。（亨特在不列顛哥倫比亞省展開了田野工作，接受鮑亞士的指導：「我們應該是寧願少收幾件，也要記下每件背後的故事。我們不希望搜羅一切，然後不知道這些東西意味著什麼[45]」）。一九二五年八月，斯金納和奧奈羅德在北達科他州，再次為海耶搜索物品，當時博物館已在三年前開幕。在魔鬼湖（今稱神靈湖）保留地上行駛時，奧奈羅德的福特車在路上打滑，翻車，三十八歲的斯金納當場死亡，也就此切斷了奧奈羅德跟紐約所有博物館的聯繫。奧奈羅德意識到他再也無力徵召紐約大都會的龐大機構，讓它們為保護印第安文化而出力（哪怕是在白人社會的條件下），自此便專心於傳教工作[46]。

同年，卡爾弗和博爾頓以戴克曼研究所理事的身份，與紐約市公園委員會磋商，好讓他們擔任新近收購土地（即現在的英伍德丘公園）的「名譽管理人」。不久之後，他們開闢了印第安人生活保留地，展示了維希加吉村落該有的樣子。依據考古學家推斷，這村落兩個世紀前便座落在索卡樸。他們聲稱，這裡「重現了原住民的生活，比美國任何地方都更完整、更準確」。族人後裔組成演員，引導遊客了解他們祖先的生活方式。一九二六年一月，《紐約太陽報》寫道：

這些後來的阿爾岡昆人……將不會被要求生活在那種驚人的艱苦環境下，就像過往常常那樣。他們將獲得現代小屋、現代食物，保持足夠距離，以免村莊本身受到任何現代化的影響。但在訪客到來期間，他們將打扮得跟祖先一樣，並磨礪石器，大概也會像過去一樣投擲漁網[47]。

在這張有折痕的照片上，娜奧米・肯尼迪（Naomie Kennedy）公主是切羅基族（Cherokee）後裔，受僱為看門人，穿上觀光服裝，站在小屋兼禮品店外。她來自奧克拉荷馬州，途經新奧爾良，和她的拳擊

手兒子一起來到公園居住。娜奧米公主在英伍德很有名氣，而且，從各方面來看，都很受歡迎，當地名人包括羅梅羅（Cesar Romero）和斯凱爾頓（Red Skelton）都是她的朋友（「她很有個性。她一直穿著戲服，但一到禮拜天，就通通脫掉，在二〇七街附近蹓躂蹓躂，做什麼都行。」）娜奧米公主還主持了一年一度的勞動節英伍德俳舞大會。可是，她是唯一一個在曼哈頓保留地安家的印第安人，卡爾弗和博爾頓的憧憬並未實現。一九三八年，羅伯特．摩西（Robert Moses）移走了倒下來的鬱金香樹，整治了哈林運河的河道，把哈德遜公園大道開闢到英伍德丘公園；和其他被發現住在那裡的人一樣，娜奧米公主被驅逐，不曉得她後來怎麼樣了[48]。

•
•
•

只要有機會，不妨坐地鐵去大理石山，參觀船舶運河，過橋去英伍德，尋找西曼－德雷克拱門（以及位於百老匯和二〇七街停車場的後牆，那塊露出地面、引人注目的大理石），還有坍塌在伊沙姆公園角落的地表縫隙，也可花點時間在英伍德山公園裡走走。或許它不過是被高速公路包起來的文物，但它仍然是曼哈頓的歷史勝地，最接近城市扎根前的景象和聲音。多年前，在我搬來紐約之前，便聽說了曼哈頓充滿活力（當然是這樣沒錯），而它之所以在一天中充滿活力那麼多小時、運作得那麼勤快，是因為它的基岩：曼哈頓片岩。我認識的每個人都稱它為花崗岩，是它把城市的能量集中起來，就像陽光照射在透鏡上一般，促使它的居民煥發燃燒火焰一般的精神。可是，往上城方向，在曼哈頓的一端（也就是它另一端的南邊，在那較遠的一方，地理上依然含糊地屬於布朗克斯），一直到英伍德山公園，大部分的基岩都是英伍德大理石：柔軟、沉默，易於糖化。如果你走過紀念索卡樸、總督米尼特和那棵高聳的鬱金香樹的牌匾，如果像我喜歡的那樣，你沿著樹影斑駁的萊納普小徑進入樹林，那麼很快，當樹木靠在你身後時，你就會到達，在你的左邊，斯金納和奧奈羅德在一九一八年挖掘的貝殼泥土。差不多在對面，你的右手邊，在山坡的背風處，你會看到一排洞穴或岩棚。在這裡工作的人和常來的遊客都知道這地方。那是十七世紀曼哈頓萊納普人使用過的地方，當作捕魚或狩獵旅行途中，或甚至更長時間的停留之處，也很可能是他們在一六〇九年向哈德遜發動反擊的營地的一部分。這些洞穴是切諾威斯（Alexander Chenoweth）挖掘出來的。他是業餘考古學家，也是克羅頓水道（Croton Aqueduct）的總工程師，當時正好搬進附近的房子。（「切諾威斯先生挖開了泥土，直到發現一個較容易進入的空間，能勉強彎腰匍匐前行。室內很乾燥，地上的泥土很柔軟。切諾威斯先生開始用他的鏟子翻動它[49]……。」）那時候是一八九五年，同年哈林運河穿過了這裡以北的地方，已經沒有人知道它把什麼東西從這片柔軟的土地上沖走了。挖掘結果表明，也許是那些十七世紀萊納普人的祖先，在六千年前（即考古學家口中的晚古時期（Late Archaic））在這些洞穴中生活過。當時海平面仍然比今天低六十英尺，而曼哈頓雖然很快就會變暖，但當時應該更涼爽，而且離海更遠。但報告並沒有說到，曼哈

頓島的第一批居民是什麼時候發現這裡的。那些石板可能是在冰川退卻後不久，在岩石滑坡中形成這樣的排列，而人們在一萬一千多年前到達紐約內陸的淡水湖泊和森林後，在任何時候都可能來到這裡遮風避雨。唯一可以肯定的是，人們在晚古時期就來到了這裡，而在晚期林地（Late Woodland，即從公元一千年左右開始的考古時期，一直到一六〇〇年左右；或者更準確地說，一直到一六〇九年的秋天），其他的人（也許是萊納普人）依然不斷來到這些地方[50]。二十世紀初，博爾頓就是站在這裡遙想過去，任其思緒天馬行空：

在這裡，只能感受到荒野的孤獨。在前幾場寒冬的大雪中，岩棚內點起營火，在貝殼覆蓋的小丘上搭建的樹皮屋內，人們很容易想像居住者裹著毛茸茸的熊皮、海狸絨毛皮或絲般柔滑的鹿皮，擠在啪啪作響的木材旁，一邊搗玉米、煮雜豆粥（sapsis）、刮獸皮、劈開鵝卵石和火石，盼望春天快點回來[51]。

但有些東西是博爾頓在一九二四年當時看不到的，而且壓根兒想也不會想到。就在這張照片的框框外，在右邊，有一家人正在拍照。在淡淡的陽光下，我們一起站在這裡聊天，混雜著英語、西班牙語。過了一段時間後，他們走回球場，又剩下我自己一個。我開始探索這些洞口。在那裡，在懸空的門楣下，我驚奇地看到了水瓶（當時是夏天）；在水瓶旁邊，還有細心地綁著整齊的塑料袋。塑膠袋。這讓我明白，每個洞穴始終都是安身之所，也是一個家。

• • •

在蘇格蘭東海岸的「西卡角」，一條小徑沿著懸崖陡峭，通向哈頓不整合地貌的所在。一七八八年六月，在這個難忘的日子裡，哈頓（James Hutton）向數學家普萊菲爾（John Playfair）和實驗地質學家霍爾（James Hall）爵士展示兩塊岩石之間的接觸線。這是時間不連續的物理證明：在這裡，顯示了四億四千萬年前形成於巨神洋（Iapetus Ocean，南半球的古海洋）邊緣海底的志留紀灰岩，表面經河流不斷侵蝕沖刷，於是在六千五百萬年後鋪上了泥盆紀的老紅砂岩，當時最有可能是熱帶洪泛區。

多年後回憶起那一天，普萊菲爾寫道：「往時間的深淵看得如此之遠，頭腦似乎變得暈乎乎的，一陣天旋地轉。」我記得，即使在懸崖頂的草叢安全處，當我從那個斜坡上望過去，我的腿也變成了果凍，顫抖不停[52]。後來我才想到，這是多麼矛盾的事。眩暈雖是哈頓和萊爾（Charles Lyell）等人的基本經驗，但他們其實卻是所謂的「漸變論者」（gradualists）。他們認為，現在發生的地質過程，在過去一直都是如此在起作用；一切變化都是在巨大的時間範圍內以普遍穩定的速度緩慢發生的。跟這些理論相較起來，自然學家居維葉（Georges Cuvier）的想法更明顯地令人目瞪口呆，頭暈眼花：藉由對化石的研究，他表明自然災難的尺度可達全球，而不限於局部，換言之，地震

和火山爆發等事件可能有其地質學的意義。居維葉的思想在今天這個猛然、極端的環境變遷時代重新流行起來。漸進主義和災難主義不再是矛盾的；時間既深不可測，又莫名顯淺，既是久遠的遷延，又是瞬間的動盪。其實，居維葉不僅是災難論者，也是種族理論家；是地質學家兼民族學家。他的想法本身便釀成了災難。他依據比較解剖學，提出有等差的人類起源說，影響深遠。正如他所感嘆的：「自然法則冷酷無情，似乎藉著扁平而壓縮的頭顱，把某些人種判為永遠低人一等。」他認為人種固定不變，而且有等次排名，只要檢查和比較屍體骨骼和頭骨，便可加以確定和證明。而且人們普遍認為，他們的特質得自於環境和氣候（非洲人的「懶散」源於熱帶的烈日酷暑，伊努特人的「倦怠」則起於北極的冰天雪地；後者大概也是美洲原住民的特質，因為當時人們認為，他們在穿越白令吉亞（Beringia）的旅程中，曾在冰川中長期逗留）。斯托金（George Stocking）是一位傑出的人類學歷史學家，他的評論很直白：居維葉「對野蠻人呈現出盜墓者的居心，而不是慈善家的態度。事實上，就比較解剖學的科學目的而言，幾乎可以說，唯一好的印第安人是一個死人[53]。」

當地鐵終於停在大理石山時，放眼望去，夏日明媚的天空，讓人歡欣。人群從高架軌道的掉漆的台階上散開，熟練地穿過百老匯大道的購物者和車流，跨越哈林運河的金屬橋，下到英伍德，在那裡，我獨自朝著大理石、公園、牌匾、丁香谷、洞穴和所有的一切，包括新的與舊的地方，冉冉走去。當我們探查自己的過去，我們常像遊人一般，隔著玻璃凝視世界，彷彿我們的經歷都來自遠方，只是別人的故事、遙不可及的事件，讓我們不受影響，不受牽連，不受傷害。現在我意識到，我在一九八四年初乍到紐約，也是這樣生活的。我渴望成為新人，卻又不假思索地堅持著舊習慣。只要紐約依然像它舊時的樣子，我這些習慣便會被放大，變得更強烈，卻也將更危險地獲得回報，彷彿永恆的春天，世界亦不斷以新的方式，意外地展現眼前。我在翠貝卡三角區的一家高檔義大利餐廳找到了服務員的工作，全是大理石地板和金盤子，我覺得自己活在史柯西斯的電影裡，卻不知《殘酷大街》和《計程車司機》的世界已經被更不祥的東西所取代。比如說，我還記得，有一天晚上，偌大的餐廳裡只坐著一桌客人，為首的正是羅伊・科恩（Roy Cohn）。他老態龍鍾、皮黃骨瘦，無精打采地坐了好幾個小時，兩邊是五個人高馬大、體格魁梧、打扮時髦、金髮碧眼的年輕人，都在博取他的注意力。這一幕在當時看來就像某個垂死秩序的最後喘息，而我現在才明白，它其實屬於一條截然不同的時間軸，預示了美國法西斯主義的眾生相。我還記得有一天，我和朋友文斯在曼哈頓上東區打工。文斯給上流公寓刷漆，這份工作很特殊。我說服他我也會做，他便偷偷把我帶到那裡。他讓我去拋光主臥室的掛架，但我覺得無聊，手腳也慢得可怕。隨著時間過去，他愈來愈急，最後把我拉到大理石浴室，在洗臉盆上灑了一道ＭＤＡ，幫助我集中注意力。後來，回到他市中心的公寓裡，他又開始在桌上弄藥粉。我看到他玻璃桌面下的那張黑白大照片，便問他那是什麼。那是一所監獄的院子，裡面擠滿了人，個個神情堅定；許多人舉起緊握的拳頭敬禮，所有人都向同一個方向望去。我猜想是朝著一個臨時舞台的方向，照相機並沒有將它拍進來，拍攝的人似乎是站在梯子上或牆頂上。「是我哥哥在阿提卡監獄拍的，他們想找黑人攝影師。」他一邊說，一邊還在低頭工作。幾年後，我正試著了解更多美國史上那一幕毀滅性的插曲（阿提卡監獄暴動），它已成了當代的象徵，跟現今生活愈來愈有關係。然後，偶然地，我看到一則報導：在騷亂發生十八個月後，一位跟文斯同姓氏的新聞攝影師，被紐約州最高法院下令到大陪審團作證，協助調查事件。他和同事試圖抵制傳票，因為依照第一修正案，他們有權保護消息來源。但最終沒有成功[54]。我得知，在公寓裡跟文斯對話以後一年左右，家人便把他送進新澤西州的一家醫院，以度過愛滋病併發肺炎的最後階段。在這整件事中，我記得最清楚的部分是：在那次搬家後不久，文斯的朋友史蒂夫剛出荷蘭隧道，在往醫院的路上，遇到一個高大的人影在公路上逆行。他形容憔悴，但意志堅定，薄薄的醫院長袍在他裸露的雙腿上舞動，靜脈注射架拖在身後。雖然瘦骨嶙峋，但據史蒂夫說，他的臉上映現出燦爛的光芒。那是八〇年代中期，那人當然就是文斯。他後來逃到曼哈頓，死在屬於他的地方。

之二 砂岩

一九七〇年代末，弗蘭姬住在外赫布里底群島（Outer Hebrides）的路易斯島，房子就在卡蘭尼什「北方巨石陣」的下面。我會在夏天和過年前後去看望她。我經常爬上山頭，去看那些神秘的巨石。它們被脆弱的鐵絲網和生鏽的「禁止擅入」告示牌束縛著，感覺被遺棄，被遺忘，但也是休眠著，等待著。偶爾，會有一兩個人在那裡紮營，像朝聖者一樣長途跋涉而後到達；但大多數時候都只有我一個人。

弗蘭姬離世後，我發現無法停止思憶那些日子，於是決定回來。我依然不能明確說出這是為了什麼。即便如此，這也是我回到倫敦的原因。六月底的倫敦又濕又冷，我瑟縮在牛津街上一家星巴克裡，靠著蒸氣騰騰的窗戶坐在凳子上，還不知該如何填滿這個夜晚。

凱勒（Patrick Keiller）執導的《倫敦》剛好在國家電影院放映，所以我濕漉漉地擠上了地鐵，到達堤岸站。低著頭，忍著斜雨撇打的刺痛，眼見河面勾勒的輪廓已黑，但河面更黑，我匆匆趕到南岸。電影院本身走水泥粗獷路線，與電影恰成一體：無情的鏡頭、哀傷的旁白，是遙遠世界的遠景；長長的靜態鏡頭下，上映起荒蕪的街道和心不在焉的行人，被忽視的古蹟和空置的房地產、道路工程、交通，還有鉛灰色的河水蕩漾著。時值一九九二年，那灰暗的倫敦見證著柴契爾時代之後沒完沒了的衰落[1]。

隔天早上，我被同樣的雨聲驚醒，彷彿走進了前一晚電影的畫面：汙穢的街道、匆忙的上班族、徘徊的警車、垃圾堵塞的下水道。我乘環狀線到市長官邸站。一出站便落入前往上班的雨傘流中，沿著威廉國王道，經聖斯威辛巷，進入城市的正中心，倫敦最古老、至今仍最具影響力的街區。在坎農街一一一號，一棟不起眼的辦公大樓外，我凝視著倫敦石。這塊風化了的鮞狀石灰岩（oolitic limestone）由玻璃圍著，我在凱勒的電影裡見過它。一五七六年，威廉．坎登（William Camden），伊莉莎白時代最偉大的古物學者，也是今日歷史學家和考古學家的先驅，也曾走過坎農街。他一心想著君士坦丁大帝，然後宣稱這塊石頭正是羅馬帝國當年的里程標誌。一百五十年後，威廉．斯圖克雷（William Stukeley）在馬車上繞過它，裁定它為*lapis milliaris*：零里程石（lapis milliaris，編註：其他里程碑所標示距離，即以此石為基準算起）。又過了一百六十年，狄更斯宣佈它不僅是倫敦的中心，而且是「羅馬時期英國理論上的中心」。坎登把他的判斷發表在《不列顛尼亞》中，這是有史以來第一份調查不列顛和愛爾蘭地理的詳盡報告，他和其他人文主義的同事鑽進古墳，攀爬堆石標，逐一記載所發現的物品。舊不列顛於是被挖掘出來，這裡曾住著凱撒大帝筆下所描述的藍紋戰士。現在，這個不列顛已遠遠超出當時羅馬人的範圍，進入了一個蠻荒而陌生的世界[2]。

同樣，在一五七六年，海盜馬丁．弗羅比雪（Martin Frobisher）剛完成西北航道首次試航，回到了倫敦。此時，世界在距離和時間上都在開放，不僅僅是對歐洲人如此。弗羅比雪的「加比利號」（*Gabriel*）從巴芬島（Baffin）返航，駛上泰晤士河，船上載著一塊有決定性影響力的黑石和一位不知名的伊努特人俘虜。這是大多數歐洲人見過的第一個來自極北地區的人，而

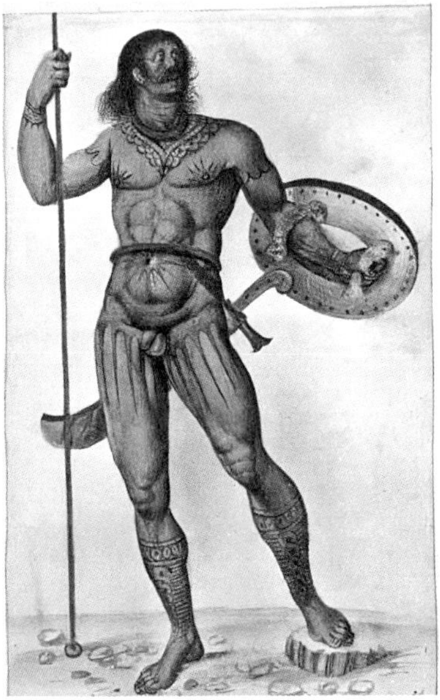

他則是最早見證歐洲人創造如此世界的美洲人之一。第二年，弗羅比雪第二次北極航行歸來，坎登看到他帶回來的阿娜（Arnaq），當時讓他大感震驚的是她的紋身（「她在眼睛周圍和顴骨塗上了深深的天藍色，就像古不列顛人一樣。」他這樣寫道[3]）。

古物學家和傳記作家約翰．奧布里（John Aubrey）的想法是：那些古不列顛人「要比美洲人少兩三分野蠻」。但像美洲人一樣，他們也被神話和奧秘所籠罩，尤其集結在像倫敦石這樣的物件上。傳說雅典娜的木像保佑了特洛伊，直到奧德修斯和狄俄墨得斯闖入城堡，偷走了女神木像，才使得特洛伊被希臘人攻陷，倫敦石就是原先女神雅典娜的

木像基座嗎？公元前一一〇〇年，埃涅阿斯的曾孫布魯圖斯（Brutus）建立倫敦，稱此地為新特洛伊，當時他將一塊石頭運過愛琴海，那塊石頭就是現在矗立在聖保羅大教堂遺址上的那一塊嗎？如果是，那倫敦石就是古英國歷代國君加冕向其宣誓的石頭囉？它就是倫敦最初的象徵性奠基石嗎？所有最重要的儀式都是在這塊石頭上舉行的。一四五〇年，農民叛軍攻入首都，它就是傑克．凱德（Jack Cade）當時用劍擊打的石頭？它是否還是這現代城市命運所繫的護身符？它可能全都是，也可能全都不是[4]。

坎農街一一一號正在施工，倫敦石擺在計畫管理辦公室的展示架後面，周圍是建築師的草稿、時間表和平面圖。

外面的人匆匆而過，正眼也不瞧一下，就像凱勒電影裡一樣。但石頭還在那裡，經歷了火災、戰爭、暴亂、公眾的冷漠和官方的忽視。或者說，至少還有一塊石頭在那裡。一六六六年，奧布里和朋友羅伯・胡克（Robert Hooke）一起參觀倫敦。當時倫敦大火仍在燒，這位博學的實驗科學家朋友被任命為三大測量師之一，負責監督這大都會的重建工作。在奧布里的手記中，有一些關於倫敦石的簡要紀錄。他寫道：「倫敦石並非所謂的『零里程石』，它曾扎根於十英尺深的地方，是一種類似方尖碑的東西，矗立在倫敦中央，即路德門（Ludgate）和傲德門（Aldgate）之間。這塊石頭仍然存在，但現在很少露出地面上」；此外，「現在立在那裡的一塊只是模擬石頭；我還知道以前有一兩塊被馬車輾壞了[5]。」

伊恩・辛克萊（Iain Sinclair）也提出他的地理心理學觀點：「關於倫敦石，重點在於：雖然大家都認為它意義重大，但沒有人知道為什麼。」他敦促說：「我們來砸爛玻璃，打碎石頭。如果它被視為殖民戰爭的戰利品，像滅火器一樣被包起來，那麼它早晚會要求獲得公正對待[6]。」我想到了一張地圖：歌登（E. O. Gordon）在一九一四年依據前基督教的地理觀點揣想過泰晤士河上新特洛伊，她說，那是以土丘為界的祭祀圓形

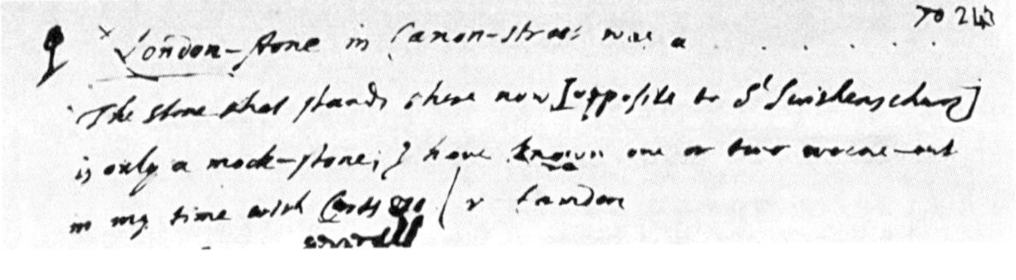

劇場，如此象徵性的力場「毫不遜色於今天的倫敦」，且曾有不少「未經斧鑿的德魯伊教圈巨大石塊」點綴其中。她斷定說，它們就位於聖保羅大教堂的位置上，倫敦石則是今天唯一的見證[7]。在歌登眼中，現代英格蘭的單調色彩可比作墨西哥：基督教征服者在異教寺廟的廢墟上高舉他們的標準，泛神論的微弱脈搏只能在資本鐵輪的輾壓下奄奄一息。這是一種民族主義的幻想，在以懷舊為動力的民粹時代蠢蠢欲動，在今天，這類幻想仍然引起共鳴。現在的倫敦市中心已煥然一新，資本的車輪還是照樣的無情，霍克斯莫（Hawksmoor）設計的教堂依舊在迷霧中隱約現身，放任房地產市場的結果，迫使我認識的每個人都躲進郊區；都市化計畫進行下來，似乎只在一夕之間，藍領街區便按都更的模型重整，被排擠在這光鮮亮麗的高端社區以外。每個人都在滑手機，每一寸土地都被鏡頭監視著，每個人不是窮困潦倒，不然就是汲汲營營，或者招搖昂貴地玩樂著。雨還沒停。我在康普頓老街的一家咖啡館裡，伏在桌子上，正計劃該如何逃往北方。

•••

卡蘭尼什在赫布里底群島中，雖位在路易斯島，但我決定到達該地最好的路線是經過蘇格蘭東北端的奧克尼島（Orkney），因為我知道，奧克尼島也有很棒的新石器時代遺跡，而且它和路易斯島一樣，是新石器時代沿海貿易世界的一部分，這些沿海貿易路線曾經把這些北方島嶼和現在的蘇格蘭、愛爾蘭和布列塔尼聯結在一起。奧克尼島也像路易斯島一樣，曾經是偉大的諾斯（Norse）帝國的一部分，從挪威一直延伸到中世紀的北大西洋彼岸[8]。換句話說，參觀完奧克尼之後再去路易斯島將會更有意義。但老實說，真正的原因是，我還沒有準備好去卡蘭尼什。

我從國王十字街坐火車到格拉斯哥，入住車站附近一家七彩繽紛的新酒店，之後又沿著克萊德河散步，為已逝的造船業暗自哀悼。仲夏之夜，接近晚上十一點，沒下雨，天也沒黑。一台蕉黃色的車在拐彎處飛馳，輪胎吱吱叫，貝斯砰砰響。它在一家酒吧外停下，車門飛快地打開，一名高瘦的傢伙穿著青綠色的運動服跳了出來，開始為三個站在路邊拿著飲料的女人展露賣弄風騷的舞步。他很逗趣。她們也向他逗回來。這是星期六晚，人人都在搞笑，我很高興自己來了。

隔天早上，我去租了一台草莓紅色的車，一路開到斯克拉布斯特（Scrabster）。那裡已經是路的盡頭，我買了洋芋片和船票，準備坐二十六英里的輪渡去奧克尼本島。我坐在港口的牆上，腳後跟踢著剝落的油漆，一邊看著大卡車載著供應島嶼的物資，從南邊開來。當船起航時，幾乎沒有一絲風，空氣清新，天色湛藍。航行到半路，我們滑進大霧中，溫度驟降，根本看不清船舷。霧號吹響，大家都撤到下面去了。在休息室，他們正在倒威士忌，吃炸魚排、薯條，還有豌豆泥；有幾個人看起來很不舒服的樣子。回到後甲板上，霧氣像來時一樣突然散去，穿過海浪，再過去就是陸地。船長宣佈霍伊島老人石（the Old Man of Hoy）出現了，他身高四百四十九英尺，是一根條紋狀的紅色砂岩柱子，頭頂蓋著綠草。我們擠在欄桿旁，大西洋的風吹著頭髮，鹹鹹的海鹽噴在臉上，笑聲此起彼落，相機咔嚓作響，看著那高聳的岩柱駛過。有人說：「現在真有夠平靜的，不比冬天波濤洶湧。那位老人看起來很穩健，但他不會永遠在那裡的。」在斯特羅姆內斯（Stromness），我把車緩緩開上碼頭，按照伯爾（Aubrey Burl）的《英國、愛爾蘭和布列塔尼石圈指南》來

走。伯爾沒有漏掉什麼，他是個博學、有條有理的好伙伴。他振奮地寫道：「奧克尼群島上有的是巨石奇觀[9]。」

狹窄的道路、平緩的山丘、低矮的樹籬、疾行的雲朵，極目四望，是海平面、石南花和泥炭土，綠的、灰的、棕色的。我驅車北上，來到哈雷湖（Loch of Harray）和新石器時代奧克尼中心的聯合國教科文世界遺址。這是一個以布羅德加內斯（Ness of Brodgar）為中心的遺跡群，包括布羅德加環的巨大石圈、巴恩豪斯（Barnhouse）聚居地和斯卡拉布雷（Skara Brae）的村莊遺跡，令人悵然懷古。此外，還有斯滕尼斯（Stenness）的立石和馬斯豪（Maes Howe）的大通道墓穴：時值一一五三年，奧克尼尚在諾斯帝國治下，哈拉爾德（Harald）伯爵和他的維京人伙伴避難至此，此刻仍留有刻字塗鴉。這裡是新石器時代構造的集中地，大概世界上沒有任何地方能與之相比[10]。卡德（Nick Card）在這裡主持考古研究，他說：「研究新石器時代，便需要把英國地圖顛倒過來。倫敦可能是今天英國的文化命脈，但在五千年前，奧克尼島才是英倫諸島的創新中心[11]。」

的確如此。在近五千年的時間裡，直到一八一四年的聖誕節之前，這個地方一向立著一塊高大的砂岩板，而且不知何時成為了著名的奧丁石（Odin Stone）。十八世紀的古物學家敢於從蘇格蘭穿越而來，從他們所繪製的圖片顯示，這塊單體石高八英尺，呈錐形，從底下算起約四分之一處有一個橢圓形的開口。

這個開口不大尋常，卻並非獨一無二。即便在奧克尼這裡，在最偏遠的北羅納賽島（North Ronaldsay）上，還有一塊較小的石頭矗立著，同樣被穿了洞[12]。米爾恰・埃利亞德（Mircea Eliade）是二十世紀著名的宗教學者，殷切地想在遙遠的時代和地方找到相對應的信仰：他描述了古印度人和現代歐洲人都讓新生兒從類似的洞中穿過。埃利亞德認為，這類石頭代表著太陽、神聖的子宮或*yoni*（陰道），通過它「意味著藉由女性的宇宙原理得以再生[13]。」馬威克（Ernest Marwick）是奧克尼作家和民俗學家，在二十世紀中葉蒐集了一些故事。這些故事表明，奧丁石同樣關係著健康、生育和忠貞；而且同樣地，奧卡德人（Orcadians）藉以進入一個更廣闊的宇宙，將超自然的可能性帶進日常生活，不但解除神話與歷史之間的現代鴻溝，更解套那種一逝不返的時間觀。因此，這石頭確實就是埃利亞德所說的「聖顯」（hierophany）之物，讓人得以進入*il-*

lud tempus（彼時），神聖的非歷史時刻[14]。馬威克寫道：當地人靠奧丁石來預防和治療疾病，而情人則通過洞口做「牽手」（hand-fasting）儀式，向奧丁石宣誓——連奧克尼海盜約翰．高夫（John Gow）也曾經這樣做過。高夫是海盜黃金時代的人物，惡名昭彰，卻在丹尼爾．笛福（Daniel Defoe）和華特．司各特（Sir Walter Scott）筆下永垂不朽。一七二四年，他在掠奪中途離開伊比利亞半島，到奧克尼修船。他當時二十七歲，以商船船長的身份路過，與芳齡十七的海倫．歌登（Helen Gordon）談起了戀愛。兩人都來自斯特羅姆內斯，他們通過奧丁石的開口交換了一塊破爛的六便士，以此互許終身。不過此時已邁入黃金時代的後期，像高夫這樣的海盜玩得太過火，在西非一帶搜刮了太多奴隸船，惹起了英國議會關注，畢竟這有礙人口販賣，損害那些議員的龐大收入。英國議會於是制定了一套新的反海盜法，並調派皇家海軍作為執法者。到了一七二三年底，總共有一千多名海盜被逮獲或殺害。高夫登陸奧克尼島後還不到幾星期，就被揭發和拘捕了（司各特寫道：「〔儘管〕在法庭上被嚴刑逼供，他依然倨傲如故，寧死不從」）。海倫．歌登跟隨他到了倫敦，打算撤銷他倆對奧丁的誓言，以防日後跟別的男人約會時心驚膽顫。但她來晚了，沒能看到傳說中的絞索斷裂事件：〔絞索斷了，〕在匪徒一片喝采聲中，高夫撣掉身上的灰塵：「他神色自若」，再次攀上絞刑架，進行第二次（也是最後一次）繯首。相反，她直接去了瓦平階梯（Wapping Stairs），等著退潮後露出他沾滿柏油的身體。當愛人浮出泰晤士河時，她握住他冰冷而臃腫的手，正式宣佈離婚，任務完成，

出發踏上了艱辛的回家之路[15]。

我很清楚這故事。十幾歲時，我在倫敦經常徘徊在一樣的河邊。那裡聳立著陰森的倉庫，綁著滑輪和電纜；狹窄的鵝卵石街道沒有燈光，充斥著破爛地窖的冷空氣，還有來自殖民地的肉桂、丁香和肉豆蔻的溫暖氣息。後來初抵紐約，錢伯斯街周圍還有不少香料倉庫，濃郁的氣味夾雜在建築物的升降平台，有時化解了大西洋兩岸從港口到港口的距離。所以，尤其是天黑之後，杜安街（Duane Street）便成了往日的瓦平高街（Wapping High Street）。想起我從垃圾滿佈的地段和生鏽的鐵鍊柵欄旁走過，卻要小心翼翼地繞過那條躍躍欲試的看門狗。某天晚上，牠逃了出來，往我手臂處咬。想起我走在惠特比展望台的矮天花板下，經過那些酒鬼（那裡也是判刑的法官傑弗里斯〔Jeffreys〕曾經喝酒的地方），再到拉姆斯蓋特鎮（Town of Ramsgate）。我可以沿著窄巷轉到瓦平舊階梯；汩汩浪花依舊拍打河岸，我看到了（或想像看到了）刑場船塢。新門監獄裡的海盜們被帶到這裡絞死，塗上柏油，鎖著，連同破舊的台階、光滑的石板、不規則的磚塊、沾滿泥巴的河石、海鳥不達的內陸，直到三遍潮水沖刷，回流，漂向大海。高登故事的另一個版本：海倫．歌登從未踏足瓦平階梯，甚至從未離開斯特羅姆內斯。相反，她坐定奧克尼島，家人和暖爐都圍在身邊，然後找人把海盜的手送過來，當場宣佈婚姻無效。兩個版本都在奧克尼島流傳著，說明奧卡德人曾經嚴肅地看待奧丁石的誓言，認為承諾具有約束力，只能用握手來解除關係。或許，在這嚴肅的諾言裡頭，還隱藏著對諾斯文化的記憶。諾斯人長期佔領這些島嶼，可溯至公元九世紀，甚至到八世紀。他們橫越北大西洋，從挪威西部開始建立了一個大帝國：首先是奧克尼群島、設得蘭島（Shetland）、蘇格蘭大陸上的薩瑟蘭（Sutherland）和凱斯尼斯（Caithness），然後是赫布里底群島、法羅（Faroe）群島、冰島（公元八七〇年）、格陵蘭島（公元九八二年），最後是紐芬蘭島（公元一〇〇〇年）。最後以奧克尼島為據點，持續到一四七一年被蘇格蘭併吞為止。或許，在這回憶中，亦潛藏著對奧丁的仰慕之情。這位古日耳曼–斯堪的納維亞最強的神明，他蓬首垢面，縱然被撕得四分五裂，仍百折不撓；這位巫師，他將勇士們變成一個個可怕的、無敵的狂暴戰士（或者讓他們相信這一點），然後看著他們走向毀滅。這位奧丁為尋探盧恩文字（runes）的奧妙，被自己的聖矛刺穿，倒掛在世界樹（Yggdrasil）上；這位奧丁的單眼，就像他的石頭上的單眼一樣，是遠見卓識的標誌；這位奧丁，甚至在華格納的《指環》第一幕升起之前，就已經拔出了自己的眼睛，以換取智慧，讓世界出錯，讓命運漂流[16]。

許多考古學家，包括阿德里安·查蘭德（Adrian Challands）、馬克·埃德蒙（Mark Edmonds）和科林·理查茲（Colin Richards）等人，他們都承認新石器時代的立石「對考古學的解釋提出了挑戰。」他們寫道：「這些例子偶爾單獨或成對出現，孤零零地兀立在輝煌的謎團之中。」立石吸引我們猜測，甚至要求大膽猜測。它們提出的問題雖多，卻沒有提供什麼答案[17]。理查茲帶領巴恩豪斯據點的發掘工作，他認為，石圈或石排可能是祖先崇拜的表現形式，儘管顯現出對稱美，但整體形式可能不是重點，相反，這些石塊比較可能是一個個分開加上去的。或許是在各別不同的場合升起，目的是為了紀念個人和展示家庭或宗族的力量[18]。奧克尼島的立石可能想觸及天空，想要搆到什麼重要的東西。也可能想比照周圍的山丘，想跟它們一同盤據谷地。也可能想跟霍伊老人石一樣的岩柱遙相呼應。這些想法借鑒自人類學，尤其是對於世界其他地區現代巨石建築的敘述（考慮到各地不同的歷史，只能用作推測，不一定可靠），以及橫斷面、地層學、製圖學、化學測定和電阻調查的結果[19]。木圍（woodhenges）經常出現在石圈以前，但石頭跟木頭不同，石頭很耐，或許可一直存在，只待被賦予生命。但令人沮喪的是，考古學的活化能力有限。說到底，我們需要的是重建當時人們如何賦予這些石頭生命，卻只能依賴今天的概念和理論（符號象徵、模仿、歷程、解釋學、現象學、結構主義）。這些當代理論概念跟當初人們相信巨石有靈的思維相差太遠又太過於理性，以致於這項任務難以達成。不過，儘管難以填補，這些石頭的確展示了誘人的缺口，或證據。在奧丁石由下往上四分之一的地方，是遺失已久的缺口，從這裡得以一窺更寬廣的宇宙。這是重要的標誌。

時間往往是問題所在：當寫下的成為歷史，口述的就不被當成歷史；神話和傳說後退成背景，然後消失。剩下來的只有物質，它從考古學家那裡喚起了「考古詩學」，也向地質學者召喚地質詩學，更從詩人處召喚詩意詩學。千年時光由此得聚，在這些與那些石頭中，揣摩生命的意義。

・・・

我正在參觀斯滕尼斯（Stenness）的立石。導遊小姐桑德拉來自世界遺產護林服務處，她正在講述她小時候跟朋友玩耍，走在斯卡拉布雷（Skara Brae）村中的新石器時代廢墟裡。讓大家感到好笑的是，在那個年代（應該是八十年代吧），根本沒有人想到要保護這些石頭。桑德拉說，事實上，大多數的農民都會定期把這些古石犁起來，把它們移到田地邊上，或者拿來做建築材料。她還提到，人們普遍認為，在

這些島上，只要你願意花點力氣去找，用不了多久就能找到石器時代的、鐵器時代的、諾斯文化的遺跡。過去是這樣，現在也是這樣。我便請教她奧丁石的位置，她指著農舍前方的一片田地，告訴我們，石礎就在那裡，旁邊還有兩塊類似的構造。也許，這組石頭形成一個通道，領人進入某個斯滕尼斯的石圈？也許，那個石圈本身是祭祀中心的入口[20]？

從老紅砂岩的基岩上開鑿出來後，奧丁石可能是用木滾輪，也可能是在潮濕的海草床上，從西菲鄂丘（Vestra Fiold）山頂採石場拖過來的。人們在離這六英里的地方，發現了類似大小的石板還躺在小石塊上，好像在等待新石器時代的工作團隊隨時回來[21]。奧丁石是在採石場就被鑿穿的嗎？如果是後來才鑿的話，是在多久以後？選擇這塊石板是因為它本來就有開口嗎？這一切都無從得知。這塊石頭一度是健康和忠貞的保證，直到十八世紀初，教會開始對島上的異教活動找麻煩，古物學家和自然學家也開始把它歸入遺跡之列。即便還有奧卡德人帶著信仰和願望去看它，他們也不再說出來了[22]。我不能說奧丁石失去了力量，只能說當地人不再公開地求助於它。當然，這並不意味著他們不再相信它，但今日它確實已經消失了。我跟隨桑德拉手指方向，進到空曠的田野裡，以她的故事來填補巨石消失後的空白：讓時光倒流，回到考古學家、古物學家、海盜、戀人、新生兒、瘸子和病人；回到英國人、蘇格蘭人、諾斯人和皮科特人（Picts）。回到鐵器時代的堡窠（broch）興建者、青銅時代的墓崗（barrow）建造

人、新石器時代的石圈、石穴和墓穴通道，以及中石器時代的狩採隊伍，他們都在無人島上小心翼翼地摸索。再回到第四紀，冰川時代和現代人類；再回到新近紀，類人猿（hominids）一個個靈巧地從樹上滑落；更回到古近紀，出現了鯨魚和第一批靈長類動物；再回到白堊紀，開花植物出現，陸生恐龍滅絕；再回到侏羅紀，有了長頸蜥腳類動物、超大型鱷魚、鯊魚、蕨類和鳥類；再回到三疊紀，有了珊瑚、小型哺乳動物和盤古大陸的分裂；再回到二疊紀，盤古大陸誕生，還有已知最大規模的滅絕；再回到石炭紀，有了含煤森林、爬蟲類，最初被羊水包覆的卵。一路回到四億多年前，回到泥盆紀，那乾燥的森林，巨型的鎧甲魚，以及兩棲動物和節肢動物的先驅，走出水面，向著泥濘的土地踏出了蹣跚的第一步。

這麼長的故事，愈往後愈模糊：無限的後退，無限的重複，無限的時間間距[23]。大約三億九千萬年前，在中泥盆紀的艾非里（Eifelian）或吉維齊（Givetian）亞紀的某個時候，隨著所謂的加里東造山運動（Caledonian orogeny）塵埃落定，巨神洋（Iapetus Ocean）終於閉合，只留下一條狹長的白色條痕，沿著曼島（Isle of Man）尼亞比爾（Niarbyl）咖啡館停車場旁的懸崖斜向上延伸；而格陵蘭島和歐洲碰撞，將蘇格蘭、挪威和斯瓦爾巴的山峰推高，奧克尼島則躺在赤道以南約十度的地方，成了歐美超大陸上的一片乾旱沙漠[24]。

維管束植物到達了旱地，無脊椎動物緊隨其後。很快地，接著是脊椎動物，牠們把空氣吸進肺裡，其中一些還飛上了天空。大約二億五千萬年前，二疊紀伊始，歐美大陸（Euramerica）與其他陸塊結合在一起，即盤古大陸。一億年後，在侏羅紀時期，它帶著恐龍、鸚鵡螺、鯊魚、魟魚、蕨類、銀杏和針葉樹，與北部超級大陸勞拉西亞（Laurasia）一起脫離盤古大陸，逐步打開了大西洋。到了六千五百萬年前的白堊紀末期，勞拉西亞分崩離析時，歐美大陸也隨之瓦解。昔日的勞拉西亞向北美洲進發，昔日的波羅的大陸（Baltica）則碰碰運氣，與歐亞大陸湊在一塊；阿瓦隆尼亞（Avalonia）被夾在中間，被撕成了兩半。歐美大陸亦稱老紅砂岩大陸，因其厚厚的砂岩沉積物而得名。這些沉積物係從橫跨大陸的卡利多尼安（Caledonian）山脈中風化而成。老紅砂岩是所有這些泥盆紀岩石的名字。在奧克尼，它幾乎是所有島嶼的基岩，大部分的藍灰色岩石，在奧卡迪（Orcadie）湖沉積、固結、壓實和層壓。這是一個淺層淡水湖，充滿了早期的生命，幾個世紀以來，這些生命充斥著奧卡迪盆地的廣闊空間。而這個窪地則從莫雷灣（Moray Firth）一直延伸到設得蘭島[25]。

五千年前，奧克尼島的石匠們注意到優雅的藍灰色旗石（flagstones）。這種斯特羅姆內斯旗石是大約三億九千萬年前在奧卡迪湖形成的老紅砂岩的一種。他們用這種材料在布羅德加內斯（Ness of Brodgar）切割了許多立石，其中可能還有奧丁石[26]。在六月的一個下午，狂風大作，我們登上了西菲鄂丘。黃毛茛襯著深綠色的草地上，雲層平鋪在地平線上，我想像新石器時代的石匠們，攜帶石器，用力感受每一塊石頭。他們穿過山坡，選擇和確定石板的尺寸，並在下方村民的幫助下拖到海角。頂著陣風，牛群瞪大眼睛，包圍我們。四周是帶電的柵欄，下面是平坦而冰冷的金屬色海洋，山坡上有著巨大的廢棄石頭。我想像石匠們找到了奧丁石，在石上穿鑿出那個遺失已久的孔洞，打出一扇時間之窗。在這片美麗的地方，不可知的事情讓我充滿了非理性的幸福感（「幸福感湧現等於一首贊歌，等於鴿子雲散開，等於河水在歌唱」）。我揮手告別牛群，跑下山坡，回到來時的路[27]。

・・・

到了今天，在斯滕尼斯的十塊石頭中，尚有五塊屹立在那裡。從它們之間的差異，以及遺留的石礎材料來看，這十塊石頭可能來自多達五個不同的採石場[28]。其中三塊石頭很高，至少達十五英尺，呈錐形；儘管它們很重，但看起來相當優雅，異常精緻，在島上濃重的空氣中，甚至覺得是在風中飄搖。這些石頭的選擇、豎立和擺放方式，呈現出某種藝術性，這是顯而易見的。這許多個世紀下來，就像被安在湖泊之上，被框在連綿起伏的山丘之中，與周遭遺世獨立的場

景有所共鳴。當然，那時候的一切跟現在已大不相同。五千年前，氣候比較溫和，地形也發生了變化，這一帶是「一個人口密集的龐大建築場址」。在這裡，石頭一度屬於繁華村落的生活日常，而非我們今天看到的那些孤立的崗哨[29]。

斯滕尼斯的石圈中心本來是一座房屋，後來牆體被拆除，房屋意象則被凝聚成一座紀念性質的爐台。關於這座爐台，按照理查茲的推測，圓圈所表現的，是當地人的一種宇宙觀。房屋和爐台作為世界的軸心（*axis mundi*），是天與地之間的聯繫。他的想法跟埃利亞德一樣。埃利亞德也將第一座房屋理解為一種自我意識中的世界形象（*imago mundi*），是宇宙的體現[30]。斯滕尼斯從未形成過一個完整的石環，儘管如此，從墊石和石礎深度來看，製造者當初的確有想過讓它永垂千古[31]。畢竟，這些脆弱的生還者還能在這幾千年裡完好無損，足以證明製造者的技術和遠見。可是，即便我們與石碑的誕生相隔五千年，但這時間也只是斯特羅姆尼斯旗石年齡的八萬分之一，相較起來根本微不足道。

• • •

一八一四年十二月二十五日，當時馬爾科姆．萊恩（Malcolm Laing）正在奧克尼家中吃聖誕晚餐。關於這位萊恩，正是司各特筆下那位「才子」，《蘇格蘭史》四卷本的作者；他同時也是追捕海盜高夫的人的孫子；是冰島傳奇故事第一位英文譯者的弟弟；是激進的輝格黨政治家查理．詹姆斯．福克斯（Charles James Fox）的摯友；而且直到兩年前，他還是奧克尼和設得蘭島的國會議員。他這頓飯被打斷了。他收到消息，一位來自凱斯尼斯的新佃農，威廉．麥凱（William MacKay）上尉，正要炸毀斯滕尼斯的石碑[32]。

萊恩只有四十九歲，但體弱多病。他在當地形成一股力量，像律師亞歷山大．彼得金（Alexander Peterkin），最近被任命為代警長，就被他拉攏。迅速地，他們召集了所有有影響力的朋友，並向麥凱送達了延停令（Sist and Suspension）[33]。他們去救奧丁石時已經太遲了。它和斯滕尼斯石圈中另一根高大的旗石一樣，就像彼得金說的，已經被「砸得稀巴爛」[34]。第三塊石頭被推倒，但沒有斷裂（並在一九〇六年重新豎立，整個石圈也開始受到國家保護）。麥凱以現代農民的作風行事；萊恩則以當代古物學家的興趣來回應。他寫道：「保護公共文物關切到整體利益，毀壞這些石頭，即損害整個社會，也對具好奇心的文化界人士造成傷害[35]。」

斯滕尼斯是個特別的地方，能讓你的心神感到既自由卻又專注，與高聳的石頭就近接觸，用你的手撫摸它們風化的表面，近距離、仔細地審視，找到十九世紀遊人所刻的名字，以及麥凱上尉裝火藥的小圓孔。

這些小孔可能會提醒你，擾亂古石往往會付出代價：在阿蘭島（Arran），一場龍捲風襲擊了盜墓者的房子；在德文郡，一場神秘的爆炸摧毀了瞎搞石棺的牧師的家；在牛津郡、蒙

哥馬利郡（Montgomeryshire）和曼島，不明原因的疾病和死亡降臨到褻瀆者及其家人身上；在阿伯丁、班夫（Banff）和康沃爾（Cornwall）的農場，牲畜突然發病；在伯克郡（Berkshire）、坎布里亞（Cumbria）和梅里奧內斯（Merioneth），石頭被毀壞以後，駭人風暴便隨之而來。有時，用掠奪來的石頭建造或修理門檻，牛馬會拒絕跨過去；有時，石造的廄門再也關不上，牲畜於是離去；有時，牠們乾脆不再工作。在阿蓋爾（Argyll）的巴勒格根（Balegreggan），立石忽然靠在盜墓者身上，把人嚇跑；在阿伯丁的柯提坎（Corticram）的石頭壓死了一個在石基上挖土的人；在南威爾斯，卡馬森郡的菲汀巨石（Carreg Fyrdin）也做了一樣的事。也許麥凱從未聽過這些故事；更有可能的是，在一個實用科學正在重塑物理、經濟和道德觀的時代，他根本受不了這些鄉野傳奇。他告訴警長彼得金，遊人參觀石圈，踐踏牧場，他忍無可忍；他告訴他，他想拿石頭來造牛棚；他說他想整平田地；他寫道：「我認為，我只需要對地主負責，而且由於……〔他的代理人〕似乎跟我一樣，沒有聽到地主提出過任何反對意見，我們便同意只讓其中兩、三塊留著，即半島角落上的一塊，和田地上的另一塊。我認為這便足以用作示範，而不會影響到我[36]。」

然而，因應麥凱的到來，流離失所的勞務佃農（cottars），早就對他心存芥蒂；現在加上石頭遭受破壞，更加深了他們對這個從蘇格蘭「擺渡過來的人」（ferry louper）的厭惡，同時也加強了他們對農業「改良」、圈地，以及當地生活和傳統喪失的憂慮——包括奧丁石的傳統[37]。

自一七九〇年代以來，奧克尼群島已收到消息，高地清洗已經展開，當地部族受到無情打擊。大規模的變化來得較晚，但一旦發生時，便牽涉

整個制度的變革。在接下來的五十年裡，奧克尼島上幾乎百分之四十五的公有地將整個被沒收，佃戶和勞務佃農的傳統放牧權亦將隨之消失。麥凱的地主阿瑪代爾（Armadale）勳爵便邁出了這第一步：他在斯滕尼斯教區進行了奧克尼的第一次劃分。這是漫長的過程，麥凱打起石頭主意的當下，正是這過程即將完成之時。斯滕尼斯的勞務佃農對新政表現出不安全感，他們的反應與英國各地依賴農業的人一樣：他們試圖用陰謀和縱火，恐嚇土改的人，逼他們離開土地。曾經兩次，麥凱在農場縱火案中僥倖生還。他彷彿要為毀壞奧丁石付出代價。彼得金警長寫道：「麥凱上尉遭到凶狠的迫害。」此後不久，也許是為了化解日益緊張的局勢，阿瑪代爾勳爵便把他送回凱斯尼斯[38]。

• • •

縱觀不列顛諸島，所有古蹟文物都面臨類似考驗。許多古蹟都如奧丁石一般被摧毀，其中有些古蹟被縮小範圍，仍得以倖存。遭受破壞最多，也是規模最大、最令人印象深刻的一次，則是威爾特郡（Wiltshire）阿夫伯里（Avebury）村的周圍。那裡本來有壯觀的構造群，有石環、巨石和土方建築，從一三二〇年左右到一八二九年最後一次遭毀，共計將近六百塊石頭被燒毀、砸碎或掩埋，僅有七十六個存活下來，被損毀的位置被放上了小型水泥金字塔作為標記，正如奧布里·伯爾（Aubrey Burl）所說的，這些金字塔豎在那裡，「就像帕申代爾

（Passchendaele）戰爭紀念碑一樣[39]。」

一六四九年一月，奧布里與他的朋友羅伯．胡克（Robert Hooke）巡遊倫敦的十七年前，奧布里與保皇派伙伴打獵途中，曾騎馬進入過阿夫伯里村。儘管都是田野、樹籬、樹木，繁華村落從中心延伸開來，掩蓋了遺址的龐大規模和統一性，但他馬上就認出了眼前的東西[40]。奧布里這位古物學家，滿腔熱忱，他渴望聽見、聆聽和解釋這些「從時間縫隙逃出的沉船碎片」。但這是挑戰想像力的極限：「就像畢達哥拉斯，單憑腳的長度也能揣測海格力士的身材，這些遺跡也留下了一定的殘餘，足以讓人猜想我們祖先多麼虔誠、慈悲和豪邁，所構造出來的建築多麼高貴。」他還補充說：古物學家在這裡只是為了「擦掉他們挖出來的黴垢，清除垃圾。」他本人「不過是拙劣的演說家，只想讓石頭自行現身說法[41]。」

奧布里在阿夫伯里遇到的是沙爾森巨石（sarsens）。砂岩沉積物的遺跡，形成於五千萬年前覆蓋馬爾堡岡（Marlborough Downs）的溫暖海洋之中。這些石塊是由某個砂岩頂蓋風化而成，在濕暖的熱帶氣候中最終形成了一層堅固的石英外殼。它們壓在白堊上；這些白堊在上一個冰河時代連綿不斷的濕潤中軟化，巨石便被沖進威爾特郡的山谷裡。直到大約四千三百年前的新石器時代，阿夫伯里村中和巨石陣的石匠們也遇到了它們，開採工作持續了幾千年，只留下了新生代石流中的一小部分，現今仍可在費菲德岡（Fyfield Down）的國家自然保護區和附近一兩個地方得以瞥見。

在村中，奧布里鉅細靡遺地繪製了地

圖，描繪沙爾森巨石的樣貌（儘管細節偶爾出錯），並在好友、同事之間分享他的發現[42]。他三十年來做古物調查，都寫在他的《不列顛文物大全》（*Monumenta Britannica*）裡。這些手稿雜亂無章，在牛津大學的博德利安（Bodleian）圖書館沉寂了三百多年。直到一九八〇年，小說家福爾斯（John Fowles）連同當地歷史學家、鄉村運動人士萊格（Rodney Legg），集結出版了他們的另類版本，這著作才終於露面。正因如此，在一七一九年五月，年屆三十一歲的古物研究者斯圖克雷（William Stukeley），沿著奧布里的足跡來到阿夫伯里的時候，才膽敢宣稱自己發現了一個奇蹟。就像在他的前輩看來，這裡的確是奇蹟，「比巨石陣厲害多了，就像一般教堂怎能跟主教座堂相比[43]。」

斯圖克雷是古物學會的第一任秘書，同時也是醫學博士，對自然哲學（編註：可以理解為今日

的自然科學）和人文科學興趣濃厚，屬於他這個階層的英國人的典型特徵[44]。他能為遙遠的想像世界注入澎湃的生命力，某程度來說，也確實可說是阿夫伯里的發現者。在接下來的五年裡，他每年都來視察、測量、勘探和素描，記錄石頭和土方建築（包括西爾伯里〔Silbury〕丘上的新石器時代巨型石堆），精細繪製景觀、圖解，寫下奧秘的理論，都包含在他的著作《阿夫伯里：不列顛的德魯伊神廟》裡（*Abury, a Temple of the British Druids*, 1743）[45]。過了不久，他把自己裝扮成大德魯伊，自稱奇當衲斯（Chyndonax）；頂戴橡樹葉頭飾，代表唯一古老而真正宗教的苗裔，並認定這才是真正的基督宗教，堅定不移地反對羅馬教廷的「普遍汙染」，致力為基督的王國在地球上開闢道路。

斯圖克雷抨擊當時正在對遺址進行毀壞的行為。他認為當地人應該對此負責：「可憐的農民」被「可悲的無知和貪婪」所驅使；尤其一位叫湯姆．羅賓遜（Tom Robinson）的，便被他比作「阿夫伯里的赫羅斯崔圖（Herostratus）」，就是那個燒燬戴安娜神殿的以弗所縱火犯，令古代世界七大奇蹟之一就此毀於一旦[46]。他說，破壞行動好比西班牙宗教審判，異常壯觀，目的是以儆效尤。村民把稻草塞進坑裡，焚起熊熊烈火，將沙爾森巨石推倒，再用冷水澆灌其灼熱表面，以鐵匠的大錘擊碎石頭。他們在偶像崇拜的痙攣中摧毀阿夫伯里，使村子成為恐懼和無知的受害者。這是一股對非現代力量的無知恐懼。他們不了解石頭的「聖顯」功能，怕這些東西會把他們帶進黑暗的時代和生活方式。而事實上，那才是真正的啟蒙時代[47]。

然而，更神秘的事其實一直都在。在斯圖克雷到來之前的至少六個世紀，當地人將巨石埋葬，放在坑裡，然後用泥土覆蓋。這種做法在其他地方幾乎找不到，也沒有任何見證紀錄。伯爾等人將這些埋葬解釋為「不驚動魔鬼，默默做上帝的工作」，因為教會要求消除自然崇拜和其他異教儀式，在此壓力下，迷信的村民只好勉為其難遵從。但在一八五八年，古物學家朗格（William Long）來到阿夫伯里，對遺址進行盤點，並觀察到這裡的人「相信石頭會長大（並且極度頑固地堅信如此）」。如果石頭像植物一樣來自於大地，那麼埋葬它們便相當於重新種植，「讓沙爾森回到起點」，就像人類的埋葬也是一種回歸：是告終，也是開始，永無終止[48]。令古物學家感到困惑和惱火的是，不列顛諸島到處都在長石頭。在紳士週刊《紀錄與疑問》（*Notes and Queries*）中，讀者曾就「穿孔石」進行了典型的討論，其中最著名的就是奧丁石。他們就「石頭繁殖」展開論辯，很快就確定了這關係到民間所謂的「布丁石」。這種石頭是石英礫岩，看起來確實像布丁。它反過來又衍生出許多討論。包括倫敦古物學會的研究員詹姆斯．希爾頓（James Hilton），他想起有一次，在因盧頓附近的卡丁頓（Caddington）教區，重修教堂的建築商堅信古老的布丁石地基一直在長。希爾頓抱怨道：「他相信石頭變大塊了，無論我說什麼也沒用。這石頭根本沒有『生命力』，這孤立的石塊根本不可能自我增生[49]。」

石頭是物質、材料，也是物品，它擁有類似生物生命的東西，雖然具體上還不清楚是什麼。建築商是否認為這些布丁石能孕育石頭，就像在巨神洋的溫暖海水中，能生長出鯆狀石灰岩一樣？他是否認為它們就像馬爾堡岡下面的砂岩一樣生長，形成沙爾森石流，一路奔向費菲德岡？是否像哲學家西奧弗拉圖（Theophrastus）所描述的，像「生兒育女」一般？他在公元前四世紀所寫的《石論》（*De lapidus*），是古希臘現存唯一一部探討石頭的專著。

或者像老普林尼在其公元一世紀的《自然史》中提到的「嘉興石」（gassinades）那樣，必須「懷胎」三月才能生產？或者他想的是更像「鷹石」那樣的東西？這鷹石（就像其他石頭那樣）隨著普林尼，流傳到雷恩主教馬博德（Marbode of Rennes）那裡，在公元十一世紀，其廣為人知的《論寶石》（*De lapidibus*）中便有寫到它（「石肚裡懷胎；孕婦所庇賴」），再傳到公元十三世紀大阿爾伯特（Albertus Magnus）的《論礦物》（*De mineralibus*），中間經過許多轉折，一直傳到我們這裡[50]。還是說，石頭生長的起源，到底並不那麼精確，或許這些說法比較像是比喻，而非定義，只是對某種隱約可感卻抗拒描述之物，進行比擬？那些農民、建築工、狩獵者等等，他們都感受到心中那股神秘的生命親和力，所以才使用這比喻吧？或許，他們和我們一樣，有感，只是找不到語言？

・・・

麥凱的攻擊剝奪了奧丁石的生命。有一段時間，它只是個空缺，是田野上丟失之物，是又一處令人感受渴望、不公與遺憾之地；但是後來，甚至連這一點空缺都消失了，它成為今日導遊手冊中的一則不起眼的民間傳說。事實上，石頭的其中一部分曾經倖存下來。它大約五英尺長，兩英尺寬，甚至包含了那個神奇的聖顯孔洞，通向泛靈論的世界。它像戰場上的屍體一樣被拖下舞台，插進麥凱上尉的農地裡。但這樣做並非為了重新種植，也不是讓它做世界軸心，而是用作馬力磨坊的中心樞紐。到了大約一八九五年，奧克尼島的馬力被水力所取代，整個設備，包括石頭在內，通通賣給了鄰近的農場。直到二十世紀四〇年代，水力磨坊被燃油脫穀機所取代，奧丁石的殘骸於是又被連根拔起，丟棄在農田裡。民俗學家歐內斯特・馬威克（Ernest Marwick）六〇年代曾經到訪，他寫道：「有一天，當農場主人不在家時，兒子決定整理一下報廢的機器。他發現這塊石頭太過笨重，無法搬動，又對石頭的典故一無所知，於是拿起大錘子把它砸碎。老爸回來了，向他怒吼：『你沒事幹嘛來砸那塊石頭：那是奧丁之石呢！』然後他才知道自己砸毀了什麼[51]。」

之三
片麻岩

這裡是蘇格蘭的烏拉普爾（Ullapool），我正在等待渡輪，準備前往斯托諾威（Stornoway），那是路易斯島上唯一的小鎮。穿過明奇海峽需要兩個半小時。這海峽一共四十英里寬，來自於十二億年前，一顆隕石墜落在現在的蘇格蘭西北高地和西島（即外赫布里底群島）之間，炸出了一條通道。晨光熹微，我一邊坐著，一邊思索那次熾熱的隕落和猛烈的衝擊，一下子湧起了前塵往事。就在烏拉普爾，在這同一條車隊中，我們等待著喀麥（Caledonian MacBrayne）渡輪。事實上，根本是這同一艘船。我想，那是在一九七五年十二月底，我與弗蘭姬，和她男朋友馬丁，在他們過熱的車廂裡，伴隨窗口蒸氣騰騰。我們要去他倆人搖搖欲墜的農舍。事實上，這兩位馬克思主義嬉皮士正著手重建那間毀壞的農舍，地點在卡蘭尼什，就在立石群下方，當時地名還沒有恢復成蓋爾語「卡蘭奈斯」（Calanais）。烏拉普爾已經是我所去過最北邊的地方了，但我們要走得更遠，越過水面，進入我心目中無人涉足的虛無。但畢竟有弗蘭姬在一起，所以那只是前程茫茫，而不是真的一無所有。真正的失落發生在二十年之後。一九九四年十二月八日，晚上熱得出奇。當時我住在紐約的兩房公寓裡，在第二大道以西第十街的四樓，電話響了起來。姐姐艾瑪（Emma）告訴我，弗蘭姬毫無徵兆地就這樣去世了。她在愛丁堡醫院做麻醉，大出血，生下了一對雙胞胎。現在，多年來第一次回到烏拉普爾，又看到了同樣用木板條密封的建築，同樣灰色的海水，同樣的明信片風景，同樣的窄行街道，所有一切顯然依舊，卻因歲月蹉跎而變得陌生。我記得，當我接聽電話時，腦海中湧現的畫面是弗蘭姬家後面的山坡，我曾爬過的石群。在一片漆黑中，在峭壁上，大海上，房子上，面臨山巒，身在路易斯島，西島的最北端。

• • •

差不多三個月後，我接到另一通電話。莎莉走了。在倫敦郊外她家的車庫裡，她用汽車廢氣讓自己窒息而死。再一次，我深怕母親是否能忍受這不自然的事實：又一個女兒先於父母死去。

最後一次見到莎莉是在弗蘭姬的葬禮上。才不久前，姊夫帶著四個年幼的孩子離開了她。那天她明顯地失魂落魄，彷彿真的迷失在送葬者之間，渺小得像隻鳥兒，在擁擠而寂靜的房間裡飛快地從一個人跳到另一個人身上，在慌亂中不知所措，傾訴著成堆混亂的問題，彷彿找不到認路的地標，找不到安全的避風港，彷彿一隻腳已經踏入另一個世界的流沙中，找不到人拉她回來。

但艾瑪讀到本書草稿時，她說我搞錯了，我們大姊的屍體是在出租汽車裡找到的，當時停在薩福克郡（Suffolk）田邊。我想我以前從未聽過這說法。但在莎莉的葬禮上，有人告訴我，第一個進入莎莉家的人在廚房桌上發現了煙灰缸，裡面有一根掐熄的香煙，旁邊還整齊地放著一杯沒喝完的茶。我只記得這些細節，彷彿了解它們，便能解開這一切謎團。

路易斯島多麼荒涼，令人嘆為觀止。從斯托諾威到卡蘭奈斯只有十七英里，車程只需三十分鐘，我卻邊駛邊停，受不了這片靜謐、寂靜、單調的景致。

路易斯島地方雖小，故事卻多得很。四十四萬年前，這裡是冰天雪地，有的地方甚至冰封達半英里，把外赫布里底群島變成了像今天的格陵蘭島北部。冰層向東漂過明奇海峽，到達蘇格蘭，然後又回來；向西流入海洋，最遠到達離岸四十多英里的聖基爾達（St. Kilda）。它改變了島群面貌，沖刷和劈開基岩，挖出山谷和丘陵，不停前進、後退，直到約莫公元前七千年，氣溫升高，豪雨來臨。結果留下了參差不齊的地景，引人注目：羊背岩、鯨背丘、冗尾地形（crag-and-tail），乃至霜融風化的山尖；巨型的漂礫和較小的卵石遠遠被拋離源頭；荒涼的山湖地貌（cnoc-and-lochan），無數小水池鎖住北方的日光，好似一面破鏡[1]。隨著冰川時代消融，泥炭沼澤開始生成，覆蓋了今日路易斯島大部分地區。這些泥炭主要是由泥炭蘚和石南花形成的。這些植物過去被埋在濕透的酸性土壤中，在不透水的冰川土層之上被壓實。泥炭曾經是島上農民唯一的燃料，即使在今天，泥炭也會被切割、堆疊，晾乾使用。這裡的泥炭達四千年歷史，厚得足以遮掩、甚至埋沒一切古代文物。基岩就在下面，在冰川土層底下。路易斯片麻岩是不列顛最古老的石頭之一，也是地球上最古老的石頭之一。

從費菲德岡被拖到阿夫伯里的沙爾森砂岩約有五千萬年歷史，坎農街的鮞狀石灰岩塊大約比沙爾森砂岩早了一億年，從西菲鄂丘切割出來的斯特羅姆內斯旗石，大約還要更遠古個三億年。但卡蘭奈斯的人選了路易斯片麻岩來建造文物。他們採掘巨石，內含黑色角閃石，閃閃發光，而且已度過近三十億年

的歲月。這石頭的生命並非始於溫暖的淺海，它不是泥濘的沉積物，逐粒逐粒地、逐個有機體地累積起來的；事實上，它原來是岩漿，在地下幾十英里的地幔中攪動、冷卻、凝固、結晶為火成花崗岩、花崗閃綠岩、英雲閃長岩、玄武岩和輝長岩，然後，在接下來的一億五千萬年，經歷兩度重大變質造山運動，又被掩埋、加熱、剪切、再結晶、粉碎、扭曲、伸延、擠壓、折疊，反反覆覆的折磨下得以扭曲和重塑，以至於所有原岩特徵盡皆抹滅。這就是路易斯片麻岩（Lewisian gneiss），「一旦你看過它，摸過它，便畢生難忘」[2]。到了十億年前，經過幾千年的提升和侵蝕，路易斯片麻岩終於突破地表，迷幻的波浪、巴洛克式的條紋；糅雜石英、長石和花崗岩，顯現灰色、粉紅色；混合黑雲母和角閃石，呈露黑色、深綠色。

在巨神洋的邊緣，勞拉西亞海岬，這些石頭躺臥於赫布里底岩層邊沿，因此躲過加里東造山運動（Caledonian orogeny）的劇烈漂移，保存了更古老的地質學證據[3]。某個夏日的下午，我從卡蘭奈斯回來，從鋸齒狀的山坡上撿到了兩塊不起眼的石塊，手掌般大小，上面堆滿了冰川碎片，彷佛行星碰撞的殘骸。它們現在就在這裡，在這張桌子上。表面粗糙，是粗粒花崗岩。其中一塊有厚厚的、混雜的淡粉色層，另一塊是更大、更深色的基岩，露出斑駁的黑色、灰色，以及幼細的平行粉色礦脈。謝默斯・希尼（Seamus Heaney）大概會稱它為「犬牙紋石頭」，會說它嚴苛、一絲不苟[4]。這些石頭很沉，堅實無比。我很怕它們掉下來，於是緊緊地抓著，想像它們穿越冰凍的土地、漂浮的土地、熔化的土地。想像它們去過的地方，見

過的生命，追溯它們跟地球一起度過三分之二的歲月。它們遠遠超過奧陶紀的馬蹄蟹、軟骨魚，以及大規模的海洋滅絕；遠遠超過寒武紀的三葉蟲、剛出現的脊索動物，以及多細胞生物爆發，擾亂了原有秩序；遠遠超過第一個真核細胞的出現，以及大氣中氧氣的積累；更超過原生代，而進入古生代，第一個細菌、第一塊大陸板塊相繼現身，在充滿氨和甲烷的大氣層下，星球亦漸成形，卻仍處於冷卻階段，尚未穩定；它們駐足在虛空的邊緣，即地質學家所謂冥古宙的轉折處：浸漬的地表、打轉的空氣，處處硫磺和火焰，正是地獄般的冥古宙[5]。

•••

A859公路沿著黑河的水流，穿過路易斯島北部，直抵卡蘭奈斯，緊貼著很可能是新石器時代通往這些巨石文物的主要陸路。

從東邊走來，山頂上一連串的圓圈，襯著天空，形成鮮明的輪廓。沿著這條路線和第二條路線，理查茲的團隊走到了卡蘭奈斯的主文物區。這是一趟戲劇性的、精心編排的行程，他們彷彿經歷了「打開包裹的程序」。一步步靠近受保護的中心地帶，一步步揭開神秘的面紗。卡蘭奈斯是一組結構，是一個構造群，而不是簡單的圓形。這一點跟布羅德加的尼斯和阿夫伯里一樣，甚至跟其他著名的新石器時代遺址，例如蘇格蘭阿蘭島的馬赫里沼澤（Machrie Moor）和阿蓋爾的基爾馬廷峽谷（Kilmartin Glen）一樣。在這裡，主文物區居高俯瞰東羅格湖（East Loch Roag）；在湖周圍，至少有八個石圈，還有許多單獨的立石和石排[6]。理查茲和同事們認為，他們所經過的地方就像電影裡的公寓或波坦金（Potemkin）村莊一樣，是文物的模型，快快蓋完，然後任其朽壞。圓圈被壓扁成橢圓形，從下面看可增加視覺衝擊；石板因其突顯的石英脈而被選中，放置在陽光下，讓它散射光芒；大石頭用石塊支撐著，而不是安裝在石礎上，這種快速的、偷工減料的建築結構，予人欺騙和幻象的感覺[7]。相反，自從馬丁（Martin Martin）於一六九六年抵達後，遊人便認識到，主文物及其附屬構造群都是永垂不朽的作品。馬丁是附近斯凱島（Skye）的人，接受皇家協會秘書史隆（Hans Sloane）的囑託而前往路易斯島。這位史隆是古文物學家、收藏家，也是大英博物館的創始贊助人。馬丁本身則會說蓋爾語，畢業於愛丁堡大學，同時也是高地氏族酋長的私人教師。他能遊走在兩群精英之間，是理想的特使。對大多數蘇格蘭人或倫敦文人來說，這地區甚為偏遠、原始，富異國情調。他報告說，卡蘭奈斯是「異教徒時代的特定祭祀場所，德魯伊首領或祭司站在中央的大石頭附近，從那裡向周圍的人講話[8]」（我跟隨理查茲而用了蓋爾語的地名「卡蘭奈斯」〔Calanais〕。遺址以前叫「卡蘭尼什」〔Callanish〕，更為人熟悉）。場址聳立在寬闊的山脊上，有著非比尋常的十字形佈局，讓人很容易和威廉．斯圖克雷一樣，相信它是經過精心設計的。一條氣勢磅礴的大道通向一個小圓圈，中心處立著一塊將近十五英尺高的巨石；較短

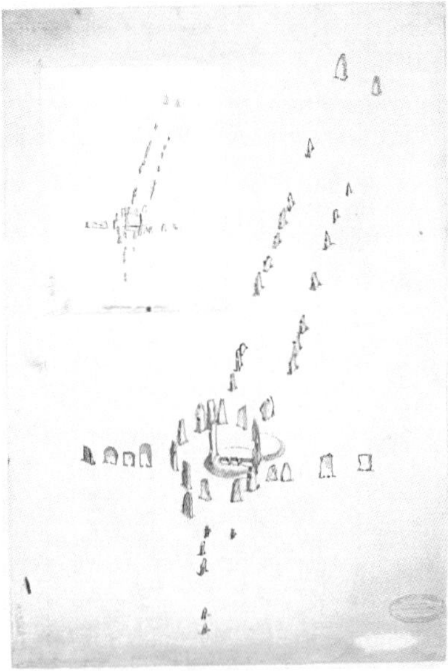

的通道從兩邊延伸出去；在南邊，一排石頭曾經一直延伸到悼傷崖（Cnoc an Tursa），海拔一百英尺，也就是我從弗蘭姬家爬上去的岩壁。

這些石頭約在公元前三千年被鋪設出來，與斯滕尼斯的高大旗石大約在同一時間，不久之後，又在中心建造了室墓。在公元前一五〇〇年至公元前一〇〇〇年之間，場址被洗劫一空，然後被耙掉了。可能是青銅時代農夫的所作所為，也許是為了抵消和去除它的力量，結果使這裡荒廢了幾個世紀。類似事情或許也發生在蘇格蘭的基爾馬廷峽谷的寺林（Temple Wood）北石圈。那裡是不列顛最古老的石圈之一，在公元前三〇〇〇年之前，曾豎起了一圈木柱，但很快就被石圈所取代，而現在只剩下低矮的樹樁。石圈甚至在建成之前就被廢棄了，甚至因河石瀉落而被埋沒，但尚能從河石一窺石板輪廓。維多利亞時代曾興起過德魯伊熱潮。波托洛的領主懋坎（John Malcolm）種下了一片橡樹林，風景如畫，並冠以當時時髦的德魯伊名字：寺林。然而，儘管如此，石圈依舊沉默不語，場景讓人感到奇怪和不安[9]。卡蘭奈斯的耙犁、寺林的河石，在在讓人想起阿夫伯里的沙爾森巨石也同樣被埋葬了。這也提醒了我，這些古物其實命若懸絲，危在旦夕，但它們的存在令人不安，同時又擁有不可思議的力量，我們該如何駕馭、抑制它們？難就難在這裡。

寺林石圈被壓在底下，讓我想起我曾在猶太人墳墓上放上小石頭，用意是緬懷，表示難以彌補的缺陷。但我也讀到過，這在過去等於埋葬中的埋葬，以防不安的靈魂不願意或不能夠好好地待在原地。這是源於猶太人（或普遍人類）對死者歸來的恐懼，或對不完整死亡的憂慮。我知道這只是揣測，畢竟材料太少，難以深入探討。這習俗似乎源於中世紀，也許是為了反駁基督教會留下鮮花的做法（基督教認為給死者的東西不應該給生者帶來快樂），也許是早期在墳上放泥土等做法的延伸，也許到了後來被解釋為從《聖經》אשר בן שבן（「那裡面有一個活的靈魂」）這句話中抽取每個字的第一個字母，拼湊出希伯來語אבן（石頭），這個字又包含了「父」和「子」的意思。因此，正如以色列學者阿維．巴列法夫（Avriel Bar-Levav）告訴我的那樣，在墳墓上放一塊石頭，僅僅意味著：在墓地裡，一切都將結束[10]。

埃利亞德寫道：「石頭本身就是存在，這是最重要的一點。」為什麼人類常常向石頭表示虔誠？他希望知道答案，於是像考古學家一樣層層挖掘，想找回意義重大的零散碎片；他也做地質研究，發掘「神聖」的規律、原則和過程，規模如史詩一般浩瀚。他寫道：「沒有什麼比得上雄偉的岩石，或傲然挺立的花崗岩，它直截了當，獨立自主，擁有完整的力量，沒有什麼能比它更高貴、更令人生畏。」石頭是「絕對的存在模式」，「它永遠做它自己，只因它自己而存在。」它的絕對性、它的獨立性，來自於它作為石頭的本質：「看見它的巨碩、它的堅固、它的形狀、它的顏色，人類驀地發現面對來自另一個世界的現實和力量，自己卻淪落俗世之中[11]。」但他說，即便如此，不管石頭的力量如何，它被崇拜的原因不是因為它自身，而是因為「它代表或模仿了別的東西，因為它來自別的地方」，「其神聖性乃源於那另一個東西，或那另一個地方，而決非出於它本身的現實存在[12]。」

他就在這裡。埃利亞德是「全世界目前最重要的宗教和神話歷史學家」。在《人物》雜誌，一九七八年三月號的一篇專欄中，在美國遭到麥卡

錫主義肆虐二十多年後，他來到這裡，就在芝加哥大學宿舍裡。誠如作者所說的那樣，這位「典型的、不切實際的書生，常抽著煙斗」；他從來沒有學會開車或打字；在原來的國家代表法西斯鐵衛隊，多來年鼓吹各種極右翼和反猶太主義之後，他最後逃離了共產主義的羅馬尼亞，來到安全的避難所。「他是老實人，保護他是我的職責」，教務長笑著說[13]。無可避免的是，我得要閱讀埃利亞德，從他浩繁卷帙之處尋找端倪和線索，比如他對於一種跨歷史、跨文化的普世「神聖性」的追尋；他對所謂現代性精神貧瘠的失望；乃至於他對「原始性」的著迷。尤其當我感到他的思想與我產生共鳴時，我感到特別不安。他的書架、桌面，他在芝加哥的辦公室的每一個表面，都埋藏著對遠古民族的描述：他們的宗教生活、隱晦的儀式、神秘的物品、難解的信仰。為探尋文化根源，他煞費思量。他不斷收集、整理、調查、分辨，從傳教士和探險家，從地理學家和人類學家，從自然學家和冒險家那裡搜集而來的筆記、文章和書籍，經過幾十年，一層又一層地累積，一件又一件的證據，將物品和材料埋得更深，其素材便好比路易斯片麻岩的原岩一般遙不可及。我終於意識到這一點。現在，我正爬上已經鋪好的小路，通向卡蘭奈斯的石頭。這些石頭被黑暗的山丘所籠罩，扎根在圓頂的天空下，在環境和規模上都極其可觀。它們直截了當、獨立自主、高貴、令人生畏，就像埃利亞德所說的一樣，進一步證明「最原始民族的宗教生活實際上是複雜的，它們不能被歸結為『萬物有靈論』、『圖騰主義』，甚至是祖先崇拜」，反之，「它們想像各個至尊無上的存有，全都擁有

造物神的全能力量。」埃利亞德這樣的說法很像在說萬物有靈論和祖先崇拜都是落後的東西，好像對全能神的信仰才是文明本身的基準[14]。但是，經過這麼多年以後我再次登上山頂，石頭倏爾現身，居然把埃利亞德和這種種想法全甩到一旁，僅只留下純粹存在的力量。

幾個小時後，眼前風景在黯淡暮光下漸次隱退，一陣陣寒雨襲來，可是我還沒打算離開。於是我盤腿而坐，拉起風帽，倚靠一塊石頭躲著，親歷亙古以來的深沉潮流，在我五內，經我周圍竄動不止[15]。終於安靜了，黑暗凝聚起來，正如多年前的其他夜晚。山脊上漆黑如故，崖下曾點燃過朦朦爐火，生命也曾好似石頭本身，堅實、穩健、永恆。

•••

三年後，我又回到了卡蘭奈斯。研究員瑪格麗特・柯蒂斯（Margaret Curtis）正在石頭之間輕快步行，我跟在後頭，背著她一個沉重的紅色背包。在青銅時代被耙掉和遺棄之後的幾千年裡，這裡積累起五英尺深的泥炭。直到一八五七年，詹姆斯・馬地臣（James Matheson）爵士下令挖開泥炭，把當地的莊稼漢通通請走，並在剛發現不久的室墓上搭建了平台，讓他的妻子和客人好好觀賞氣勢磅礡的石頭和以及潮汐在石身留下的遺痕。馬地臣在一八四四年以十九萬英鎊，從破產的麥肯思家族（MacKenzies of Seaforth）手中買下了整個路易斯島，而這只是他從怡和洋行（Jardine, Matheson & Co.）賺得財富的一小部分。他於一八三二年在香港創立怡和洋行。但與其說它是一家公司，不如說它是一個帝國，曾是最具實力的英國鴉片貿易商，如今已成為一家多元化控股公司，業務涵蓋金融服務、超市、工程、汽車、餐館、採礦、房地產和農業綜合企業。英國東印度公司從它在孟加拉的直屬種植園、以及中印度的獨立種植園生產鴉片，加工好以後再由怡和洋行運到廣州。再經由廣州把毒品走私到中國，換成白銀；其中一些白銀被用來購買茶葉。到十九世紀中葉，茶葉的進口稅足以支持皇家海軍多次出征[16]。一八三四年，英國議會撤銷英國東印度公司的貿易特許，打破了東印度公司在中國的壟斷，私人商號一擁而上，十年內鴉片從印度的出口量翻了一番，北京因而產生強烈不安

[17]。儘管鴉片貿易能產生巨大利潤，英國人對鴉片貿易的看法卻是矛盾的。在英國，某些人認為殖民事業只是手段，在此之外應該尋求更高的文明目標，反觀馬地臣正是那種令貴族感到庸俗不堪的暴發戶（雖然貴族已經沒落，處於人人自顧不暇的時代，但還沒到自我懷疑的地步）。馬地臣這樣的現代商人竟然還看低中國人，他說「這民族著實愚蠢、貪婪、自負、頑固，令人大吃一驚」[18]。

一八四二年，根據《南京條約》，中國將香港割讓給英國，並首次向歐洲人開放五個「通商口岸」。過了不久，馬地臣離開香港[19]。當時仍不過四十六歲，便退隱到赫布里底群島，建造了留斯堡（Lews Castle），一座仿哥德式的建築，聳峙於斯托諾威港。每當渡輪小心翼翼地駛入內港，便吸引無數遊人目光，旅人很容易可以瞥見馬地臣紀念碑：就在圍牆之內，一座白色新古典主義工藝品，穿過明奇海峽，遠眺希恩特嶼（Shiant Isles）。島上懸崖遠溯五千五百萬年，隨著大西洋被打開，岩漿冷卻結晶，乃形成這巨型六邊形石柱，歲月崢嶸，令人動容。馬地臣紀念碑也是石柱，是古希臘羅馬形式，柱頂上冠有罌粟花，裡頭襯托著一位仙子，嬌羞答答，擺出維多利亞時代的經典斂容。在基座上，馬地臣夫人的銘文把丈夫稱為「上帝的孩子，活於聖靈之光照」。一句話，不只道出了貫穿一切殖民事業背後的傳福音精神，也彰顯了我對這段殖民歷史曾經患上的嚴重失憶症。多年來，我走過多少遍西六十街，於百老匯轉角看見文華東方酒店，油亮的外牆、高檔的溫泉、森嚴的獅子、大堂內的明式家具；明明是

怡和洋行最顯眼的資產之一，卻毫無所知。我不曾曉得它原來是發達企業的遺產，應該說，是毒品交易的玩意兒；也不曾曉得，原來它跟卡蘭奈斯糾葛不清，又再次交纏了我的個人地理與集體時間。

我姊姊弗蘭姬是攝影師，無獨有偶，馬地臣夫人也是。她是業餘愛好者，在那個時代，貴婦人鮮少玩這些新發明，但也不是完全沒有。弗蘭姬幾乎都在拍女性的紀實寫真。這些影像具有強烈的民族誌特色，通常是工作中的女性，在俄羅斯、中國、以色列拍攝，但大多數是在蘇格蘭。影像著重力道、堅忍、柔韌、團結，也強調女性的危殆處境，經常與蘇格蘭女權主義，以及左派運動組織合作拍攝。

馬地臣夫人的照片中也看到不少婦女，但還有親戚、朋友，和留斯城中的遊人。她利用笨重的膠濕版、銀鹽紙和蛋清照片，拍攝人物肖像，從而打開了一扇妙窗，讓人得窺園內野餐、遊獵、牌局等如夢秘境。

這些人物肯定偶爾會想：為什麼偏要選在這杳無人煙的島上生活？畢竟，不過短短幾年，島嶼便慘遭瘟疫和饑荒肆虐。但無論如何，夫人的作品呈現一貫地歲月靜好，這是任何災難都無法打破的[20]。

一八四六至四七年期間，馬鈴薯幾乎完全歉收。在某些赫布里底莊園中，佃農佔近一半人口，馬鈴薯可是他們的生計。長期天氣潮濕，為致病疫霉（Phytophthora infestans）提供了理想條件。馬鈴薯晚疫病給愛爾蘭帶來了災難，在高地和島群也一樣，雖然沒有那麼極端，但也產生了許多同樣負面的影響，包括瘟疫、圈地和人口外移。而馬地臣一到路易斯就開始實施農業改革，更大大加深了這些影響[21]。在十九世紀的頭四十年間，高地和島群上四分之三的土地莊園易手。反之，馬地臣的收入並非來自莊園，而是殖民貿易、工業和其他職業。正是像他這樣的人，徹底掃除了舊地主和舊日生活方式。這些新移民把錢都花在汽船、獵屋和鄉間別墅上。多虧拿破侖戰爭，使他們有機會從蘇格蘭仕紳手中廉價收購土地，滿足他們的創業雄心和階級上升的理想。然而，真正把他們吸引過來的，到底是奧辛（Ossian）和伯恩斯（Burns）的詩歌、司各特恢奇磅礴的小說，以及維多利亞女王和艾伯特親王愛不釋手的巴莫勒高地風格，還有這裡的蘇格蘭短裙和格子呢料、這裡的風笛和麥芽威士忌，以及蘭賽爾（Sir Edwin Henry Landsee）畫筆下的雄鹿，如此等等。那些人忙於創造新工業土地之時，又渴望遠離被蹂躪過的地方，這裡便成了令人嚮往之所。這些偏僻的島嶼曾經代表著原始的異文化

（迷信的奧卡迪人和赫布里底人），現在卻是風景如畫的荒野，加上工業革命後期通信和交通進步，更能讓人恣情獵鹿，射松雞，捕鮭魚，處處閃爍著高尚的渴望[22]。瘟疫帶來了整體變革的機會，馬地臣亦覬覦適宜放牧的土地，便乾脆制定移民方案，遷移城鎮居民，以及其他欠債的勞務佃農（cottars）和農莊佃農（crofters）。拒絕前往加拿大的農民，便會遭到驅逐，失去工作，牛群充公。在一八五一至五四年期間，斯托諾威郡法院一共發出了一千二百份驅逐通知，而這島上人口還不到一萬九千人。在饑荒肆虐這十年間，將近一萬四千人離開了赫布里底群島，在北美洲展開未知的生活[23]。

瑪格麗特・柯蒂斯花了一分鐘時間找回她的木板。她在板上工整地貼上了一幅一八五四年由科爾（James Kerr，馬地臣的工程總監）製作的版畫，畫中顯示了一群理想化的莊稼漢，從巨石東排的一個深槽中收集泥炭。她躲在大石頭邊，在我背上的大包包裡不停翻找，白色長髮在路易斯的風中歡快地飄揚，巨石鑲嵌著黑色角閃石，也在旁隱隱閃亮。

版畫作成後三年，隨著馬鈴薯枯萎，馬地臣遷走了泥炭和農人，露出了三室墓穴，並將卡蘭尼什開發成旅遊勝地。英國的新興富人紛至沓來，他們被吸引到高地、島群和新鮮的古老歷史中去。三十年後，馬地臣過世，夫人為該遺址的唯一繼承者，根據新近頒佈的《古文物保護法》，將卡蘭尼什托交政府管理。這是一大勝利，不枉當初奧布里等古物學家伙伴的心血[24]。瑪格麗特希望聯合國教科文組織將卡蘭奈斯列入世界遺產。她說，畢竟這裡與巨石

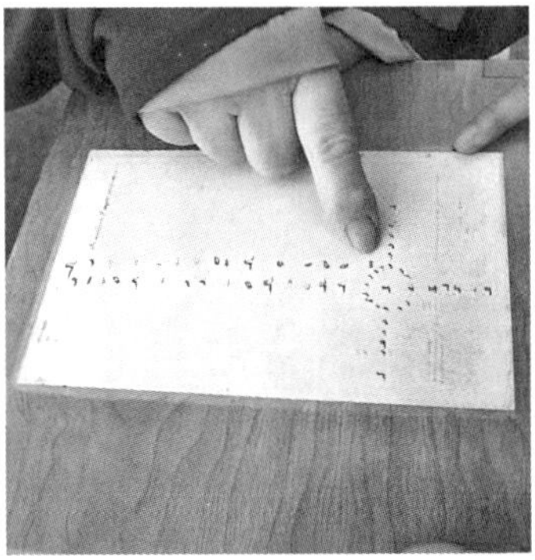

陣、阿夫伯里和布羅德加的尼斯一樣，都是重要地標。她來回參考著地圖和木板，從背包裡摸出一張張圖表、照片，如數家珍，向我指出路線和方位、前視和後視、地平線點和地磁偏角，叫我看天空、景觀和石頭。她展示了她曾如何利用馬丁和後人所繪制的調查圖，追蹤古蹟歷史。自從一九七四年搬來到這裡後，她便一頭栽入這裡的文資保存工作。當時，她和第一任丈夫傑拉德・龐廷（Gerald Ponting，他是科學教師）對英國農村的城市化感到失望，便逃離薩福克（Suffolk）農村，搬進了這裡的房子，離石頭不到一英里。他們在這裡，像弗蘭姬和她的男友馬丁一樣，追求「農莊的生活方式，養母雞、山羊、綿羊；種蔬菜、做乾草、切泥炭。」過了不久，瑪格麗特收到了一份生日禮物，是亞歷山大・托姆（Alexander Thom）寫的《不列顛巨石遺址》（*Megalithic Sites in Britain*）。儘管一開始半信半疑，但後來如她所說：「我的眼睛被打開了，看到了進一步研究的可能性。」她開始與托姆不斷通信，並在接下來的四十年裡闡述了他的觀點：卡蘭奈斯確乎是不列顛新石器時代最重要的構造群，是一座面向周圍丘陵的精密月球觀測站[25]。

托姆的書降落在考古學家中間，「就像一顆精心設計的包裹炸彈[26]」。他是牛津大學的工程學教授，自一九三〇年代以來，利用週末和暑假時間，帶著改良過的經緯儀在鄉間漫步，勘測了數百個新石器時代遺跡，其中大部分在他的家鄉蘇格蘭和西島（即外赫布里底群島）。他是考古領域的不速之客，很少關注更廣泛的文化和意義問題。但文化和意義卻是考古學的興趣所在，才因此在學科化的過程中與聚焦於物件而非脈絡的古物學分道揚鑣。而眼前這位工程學教授，則用高深的統計學和天文學來武裝自己，這些嚇人的技術專業的確是一般考古學家鮮能精通的。他心目中的古不列顛違反了既定的考古學共識。它可不是低科技的新石器農業時代，隨時間變化而形成不同的地域傳統。反之，他所謂的「巨石人」是生活在一個由科學專家組成的社會裡。他們進行了精細而長期的天文學研究，發展出標準化的測量方法（基於「巨石碼」，即〇．八三公尺）和先進的幾何學（比畢達哥拉斯早兩千多年發現勾股定理），組成高效的通信網絡，傳播知識，他們所解決的天文謎題，大概會令不少觀天者困惑不已，直至伽利略或克卜勒出現為止。很少學者會懷疑這些史前文物與天空無關。像馬丁便考察過布羅德加和斯滕尼斯，報告當地對太陽和月亮崇拜的描述；斯圖克雷亦注意到巨石陣對準著夏至點。但托姆的工作規模使他提出了更雄心勃勃的主張，認為古不列顛人所留下的，不論是石環、石排，或單個石頭，都是精巧的數學儀器，能測量太陽、月亮或特定星體運動，精確到弧分。而且它們不僅僅是象徵性地指向天空，而是在景觀特徵上進行科學微調，為複雜而精準的天文計算創造參考點。新石器時代的古不列顛人原來是工程師，是實用的科學家，就像托姆本人一樣。正如藝術史家沃伯格（Aby Warburg）所說：「對天空的沉思既是人類的恩典，但也是詛咒。」托姆對此一定也很清楚。他肩負經緯儀，穿越山丘和荒野，追隨遠祖的腳步。他們腳踏過同樣的高地，冒過同樣的勁風，作過同樣的思考。他在第一本書下了這樣的結論：「無論採取哪一種研究取向，都萬萬不能假設巨石人的思維能力比不上我們[27]。」

但對考古學家來說，問題關鍵不在於智力，而是動機：為了什麼而豎立這些文物？古代農民為什麼要花費資源，用石頭建造巨大的精密儀器？畢竟，也可以更方便地放幾根木樁，或簡單地往天空或地平線觀測，也能得到大部分相同的曆象。對於考古學家而言，這種付出是不成比例的，所以更可能的，是這些場址有其社會和象徵意義。它們或許能帶來威望，或許是用於儀式，而不是作為計算工具。某些研究人員支持這種觀點，便重新審視了托姆的踏勘。結果發現，所謂直線排列的石陣，往往只是大致湊得起來，不夠精準。[28]此外，還有方法論上的疑慮。托姆選擇性地解釋和改造數據，事先便確信石頭和前視之間的相關性（如山丘上的某個獨特形狀、某個特

定的斜坡，或地平線上的某個凹槽），然後去找相匹配的特徵和排列。也有人質疑他對證據的選擇：他對獨立石塊尤其關注，有別於考古學家更喜歡研究的室墓、墓穴和住所。相較起來，這些石塊比較容易被視為獨立於社會與文化脈絡之外，讓他忽視了工具、骨骼、爐灶等考古發現。而這些證據好歹是考古學家經過幾十年，千辛萬苦才收集得來的，並以此重建了新石器時代晚期世界的圖像。還有第四個問題：提出地球神秘運動的「另類考古學家」、相信古代有超級科學的人、新異教運動者，他們都特別熱愛托姆，在他的研究裡找到佐證，來證明普遍存在的古代智慧，那些是其他研究古代的專家所看不到，也搞不清楚的[29]。托姆有一次寫給約翰．米歇爾（John Michell），英國新時代運動中極具魅力的「新梅林」。在信中，他憶述與兒子阿奇（Archie）和四個朋友一起，在北大西洋出海旅行，首次遇見卡蘭尼什。當時是一九三三年，夜幕降臨在崎嶇的海岸線上，他們決定盡可能躲進東羅格（Roag）湖，於是在淺灘拋下了錨。沒想到，往峭壁方向抬頭一看，在月光映襯下竟呈現出醒目的輪廓——是一根石柱。夜色清朗，托姆立刻記下了石頭與北極星之間的完美方位。「但在巨石時代沒有北極星，是怎麼辦到的呢？從那一刻起，我就知道自己要面對的是某種高度發達的文化，而此後我所發現的一切都為我提供了證據[30]。」米歇爾最暢銷的反文化經典是《俯瞰亞特蘭提斯》（*The View Over Atlantis*, 1969），他用靈線（ley lines）、神秘點、能量場等神聖幾何學重繪不列顛國土，吸引年輕一代的神秘主義者一探究竟。彷彿古物學家都以嬉皮的身份回來了，而且依然熱衷於挖掘古老土地的新故事。很快地，嬉皮變成了新時代旅人和後龐克異教徒，並在朱利安·克柏（Julian Cope）身上找到了自己的形象。他是一九八〇年代的流行歌手，後來成了薩滿名人。斯圖克雷自詡為「大德魯伊」，克柏則說自己是「現代古物學家」。他也寫到瑪格麗特，說她是「通靈女王……巾幗不讓鬚眉」，簡直「叫我五體投地[31]」。

現在是夏天，路易斯島上狂風大作。她帶著我繞石頭走，留連不捨，好像這是我們在地球上最後一天似的。但她動作很快，迅速闡述了石陣能如何用作天文殿堂：每隔十八·六年，適逢托姆所謂的「月球大休止」，月亮每月擺動幅度最寬。此時站在石排大道的北端，觀眾便能目睹巨大滿月，偎傍在這裡的緯度的地平線上，掠過南邊的山丘，形成所謂的睡美人（像是背靠地仰躺的女人），然後漸漸消失，幾小時後又戲劇性地在圈內「再度閃現」——它通過了北邊克里杉（Clisham）丘陵上的一個深凹口[32]。瑪格麗特於一九八九年和蘇格蘭工程師羅恩·羅恩·柯蒂斯（Ron Curtis）結婚，共同進行研究，加上和前夫龐廷一起工作的日子，在卡蘭奈斯總共勘測了數十年，是推動構造群復原的主要動力。只要是關於這場址的考古論文，都會提到她的研究[33]，即便這些研究幾乎不提考古天文學。在場的官方告示牌寫著：「這些石頭的用途依然是謎……在其他地方，建造者顯然是根據天文事件，如仲冬的日出和日落而排定石碑如何坐落。目前還不清楚卡蘭奈斯的情況是否如此。」但瑪格麗特毫不氣餒。她向我展示了她發現的一塊石尖，是由場址周圍牆壁上的碎石重新接合起來的；以及另一塊被

埋沒的石頭，她後來找到了它並讓它重新豎立。在遊客中心喝茶吃蛋糕時，她告訴我，自從她和兩任丈夫開始工作以來，女神信眾和信仰神秘地球的人絡繹不絕，紛紛湧向卡蘭奈斯。她在這裡遇到靈媒和美國印第安人治療師，這些人對場址反應強烈，甚至出現幻覺，看見身穿藍色長袍、留著經血的女人成群走過。聽她說話時，我突然意識到，弗蘭姬的房子也因此被拆掉了，正是為了讓路給我們現在坐在其中的玻璃咖啡館。瑪格麗特說：「重要的是圓圈裡的縫隙，不是石頭。」她似乎注意到我神思恍惚，便拿出一幀相片，巨碩的紅月亮正向石陣傾瀉火光。

瑪格麗特自己蓋房子，接待學校團體和業餘愛好者。這是非官方的博物館，展示著她發現的物品，牆上貼滿海報，內容涵括考古學、地質學、自然史。她向我介紹眼前的沙盤、石頭和繩子，解釋巨石時代的人如何使用簡單的技術創造出托姆石圈分類學裡頭那些各式各樣的圓環。走到外面的花園裡，她操作起自製的繩索和滑輪系統，演示那些人是如何把石頭升起來的。後來，差不多時候要走了。但我依依不捨。是這地方有什麼神秘魔力嗎？還是因為瑪格麗特的關係？我終於開車回到斯托諾威，在港口附近看見新落成的安蘭泰爾（An Lanntair）藝術中心，便進去買了幾本她精心編製的刊物。

・・・

石陣南端通向悼傷崖，這裡是懸崖的突兀部分，一大片路易斯片麻岩露出地面。瑪格麗特和理查茲一致認為，過去曾經有過一排石頭，甚至一條石頭大道，從石圈一直延伸到這裡。雖然現在有一堵現代石牆，將它與主遺址隔開，但一旦指出路線之後，明眼人一看便知這峭壁是整個構造群的高潮和焦點所在，它的地位似乎是無可爭議的。悼傷崖被一條裂縫直接穿過。正如瑪格麗特秀給我看那樣，從上面看，它形成一條直線，直指向睡美人；從石圈走過去，從正面看，卻是一個黑洞，正如理查茲所說，那似乎是進入岩石本身的入口[34]。

曾經有一大塊石碑就立在這洞口的正前方。它後來被移走了，但有證據表明在同一地點曾發生過火災和其他活動，在峭壁頂部還有兩個室墓。也許就像許多考古學家所相信的那樣，卡蘭奈斯是赫布里底群島和新石器時代北部海洋世界的中心，其中包括奧克尼島、愛爾蘭的

博因（Boyne）河谷和布列塔尼的卡納克（Carnac），而悼傷崖便是卡蘭奈斯的神聖中心[35]。也許一切都通向這裡，又一個石縫，引人進入又一個平行世界。骨折的北歐英雄在世界樹上擺盪、冥古宙的硫磺味、褪色的相冊，再死氣沉沉的東西也展現頑強的生命力，但不過又是另一個世界軸心，連接著不同的世界。就像五千年前一樣，這些世界今天依然不可突破。始終如一地不可突破，也不可企及；但也沒有比此更不可企及，即便這二十五年過去，姐姐們都離我而去。我站在時間邊緣，感覺他們穿流過我。如果這道石縫能張開嘴把我也吞掉就好了。如果我知道需要怎樣的儀式就好了。有些纖弱的什麼，悄悄地破碎了。在這個我不得其解的世界中，我還能確定些什麼？還能對什麼抱有信心？[36]

之四

磁鐵礦

迪泊隆灘塗（Djúpalónssandur）。冰島西部的斯耐山半島（Snæfellsnes）上有一片礫石灘，由黑色火山沙和潮汐打磨過的玄武岩組成。現在是隆冬，零下，每天只有幾小時微薄陽光。厚厚的藍綠色冰板在凍結的池塘上喘息著，裂開了，深入到長滿苔癬的熔岩地帶。三趾鷗唧唧呱呱，掠過北大西洋。這裡尚有其他東西：一九四八年三月十三日晚，英國林肯郡的格林斯比（Grimsby）的拖網漁船靄冰號（Epine）遇上暴風雪，在九級大風中失事，如今生鏽的殘骸散落海灘，彷彿紀念十四名遇難海員。

該年九月，沉船調查在赫爾（Hull）河畔金斯頓（Kingston）展開，從格林斯比出發，穿過英格蘭東北部的坎伯（Humber）河口，航程很短。調查很快就查到，船長阿爾弗雷德．洛夫蒂斯（Alfred Loftis）將值班工作交給了兩名菜鳥船員，

這在當時其實是很普遍的作法，但委員會卻不得不認為船長該對這場災難負責。對法官奈斯比紳士（J. Naisby, Esq.）和他的三名同事來說，這是個困難的決定，故而在法庭上感到心煩意亂。對生還者來說也是萬般不忍，他們作證說，他們作證說，在風暴最猛烈的時候，救生艇被打碎了，大浪席捲著結冰的甲板，船長把自己的救生衣給了一名船員。明知劫數難逃，卻依然陣守橋樓，不停大喊：「顧好孩子！顧好孩子！」

奈斯比和同事們聽見他們這樣說，或許還加上在《格林斯比電訊報》上讀到了總工程師從冰凍的索具中被救出的消息。工程師本人稱洛夫蒂斯是「了不起的人物，頂呱呱的船長，任何人都適合跟他一起航行。」委員會終於正式宣判：那裡的每一個人，包括船長、船員，以及來自周圍村莊的冰島救援隊（他們千辛萬苦把纜繩連到靄冰號，用馬褲浮圈（breeches buoy，一種救援裝備）將四人拖上岸），他們都克盡厥職，「完全恪遵各自崇高的使命」[1]。

十年以後，在激烈的鱈魚戰爭中，各國為爭奪冰島漁場而爆發衝突。一九七六年，在寡不敵眾的情況下，冰島依然成功地將英國的拖網漁船、護衛艦和補給船逼退到兩百英里的禁區之外，威脅要關閉北約在凱夫拉維克（Keflavik）的基地，招致成員國擔憂蘇聯的擴張[2]。當時，水產品已佔冰島出口收入近百分之九十，是全國的經濟支柱。一九〇二年，第一台馬達被安裝在冰島漁船上，自此以來，冰島的經濟來源已經從艱苦的農村畜牧業果斷地轉移到沿海地區[3]。冰島近海漁場格外富饒，有深海魚苗和大量鱈魚、鯡魚、黑線鱈、柳葉魚等等；

寒流從北極而來，與南大西洋過來的暖流交匯，在此漩渦中，這些重要的商業物種便靠浮游植物和浮游動物茁壯成長。這些漁業資源過去曾經取之不盡、用之不竭，後來卻受到工業化捕撈新法的巨大壓力，變得不可靠和不可預測；擴大禁漁區的目的便是讓冰島人既能保護資源，又能壟斷開發[4]。英國的沿海社區也依賴這些魚群，格林斯比的捕魚船隊曾經一度是全世界規模最大的漁隊，但失去遠方的北大西洋漁場後，漁船數量便驟降到個位數[5]。鱈魚戰爭失利，加上歐洲共同體漁業政策的影響（包括噸位配額和海上天數限制），實際上意味著英國必須結束工業化捕撈，但事實是，英國漁業並沒有終結。二〇〇八年，夢幻般的金融業崩潰之後，冰島重拾漁業，彷彿又回到了實體經濟的安全港灣。格林斯比重生，成為歐洲最大的魚類加工中心之一，由冰島拖網漁船提供現撈的北大西洋鱈魚、黑線鱈魚，並由冰島大量投資承擔。

而迪泊隆的黑沙灘、灰海洋、生鏽的金屬，緊挨著迪礫域（Dritvík）。這是一個同樣黑色的、荒涼的、半月形的海灣，有破碎的石頭廢墟，還有，從懸崖頂上俯瞰，可看見鏤刻在泥土裡的一個詭異的石頭迷宮。始於十六世紀中葉，三百年間，迪礫域一直是冰島最大的春季漁場，洗魚、晾魚，熙熙攘攘，大約有六百名漁民帶著魚餌和魚線，駛著大約六十艘漁船乘風破浪。漁船以槳為動力，木質船身，沒有甲板，沒有發動機。這些人不畏艱險，向著大陸棚邊緣的魚群進發。由於沒有裝備，無法夜航，只能在離岸兩三英里的地方停駐。在晴空萬里的日子裡，仍然可看到迪礫域的小屋和迪泊隆被燒燬的石柱。當時無比熱鬧，現已人去樓空，餘下孤零零的紀念碑，日夜朔風吹拂，紀念著各方救援人員。他們分別來自阿納塔彼（Arnarstapi）、海利斯灘塗（Hellissandur）、海納爾（Hellnar），以及十四名格林斯比水手（他們被

捲至遙遠的海岸線）。人們還在地圖上以船錨圖案、名字、日期來標示，代表許多葬身冰海一去不返的船隻（鳳凰號、女畫師號〔*Anne Dorothea*〕、威洛比號〔*Willoughby*〕……）。

• • •

海上冰塊伸展，吱吱作響，吸引我穿過殘骸滿佈的海灘，一探究竟。我彎下腰，撿起一塊長方形的大黑石。我不假思索地彎下腰，就像謝默斯・希尼（Seamus Heaney）當年一樣。希尼當時在多尼戈爾郡（Donegal）的伊尼索萬（Inishowan）碎石灘，彎下腰，去撿那塊「細密、磚色」的砂岩塊，上面帶著令人厭惡的「一抹挫傷」。我的這塊石頭比我想的要重，比它看起來更密、更冷、更硬[6]。我拿著它，觸摸它的光滑，感受它的冰冷和堅硬，想像它和其他地方的石頭放在一起，出現在我位於九十一街的窗前的拋光木壁架上。與其說那是世界地圖，不如說是世界本身。那裡頭還有：亞利桑那州的雪花黑曜石，安徽的靈壁石，尼日的特內雷（Nigérien Ténéré）的沙漠玫瑰石膏，佛羅里達群島的漂白珊瑚絲，米洛斯（Milos）採石場的閃閃發光的黑曜石，還有曼哈頓北部的一小塊灰白色大理石——炎夏傍晚，淡紫色的天空，鳥兒和蟋蟀爭鳴，孩子們奔跑、彎腰，被那塊蒼白柔軟的石頭吸引。

烏漆抹黑的石頭，青綠色的冰。那片海被認為深不見底，直探萬丈深淵。我拿出手機，記錄冰塊延伸：風的喘息聲像一群驚鳥，翅膀拍打著麥克風，然後突然裂開，像一聲槍響，接著是被拉長的水花，彷彿一條巨大的冰川正在往冰冷的水面上鈣化，就像那一刻，正有一條冰川，隱跡在北方浩瀚汪洋的某個地方。然後，回到車裡，啥都不靈了：紅色的「車門打開」圖標在儀表板上怒目圓睜，警報器尖叫，讓人神經緊張的金屬聲入侵了那淒涼的、黑色的、寬闊的岸景，壓倒了一切風聲、冰聲、海聲，海鳥被嚇得高高盤旋，融進一片灰色之中。

夜幕正低垂。方圓數里沒有人，連路都沒有。我檢查了門，檢查再檢查。車門開了又關，開了又關。我不知道該怎麼辦，於是啟動引擎，戰戰兢兢地開走。但警報聲有增無減，燈也愈閃愈凶。過了幾百碼後，我受不了了，便在熔岩地中間停下來，下了車，從副駕駛座拿下那塊美麗的、冰冷的、長方形的黑石頭。它不想去紐約，我也不忍與它分離。小心翼翼地把它放在路邊後，我關上車門，屏住呼吸，發動引擎，開走了。我慢慢地開，一切悄無聲息。

•••

我把這樁怪事告訴冰島的朋友。人類學家先說：「恭喜你！你已經成為本地人了！」後來藝術家也說：「太好了！歡迎來到冰島！」最後，有先見之明的朋友也眉開眼笑起來，說：「這很正常，所有東西都有生命嘛。嗯，除了塑膠之外。」確實，一旦回到紐約，那塊黑石頭就不會放過我了。它的確存在。不是說什麼東西顯靈，而是真的，真真實實地存在。我始終無法忘懷，在任何我認為可能找到它的地方，我都盡力尋找那塊斯內斐石：《埃邇民傳奇》

（*Eyrbyggja Saga*）、《鮭谷民傳奇》（*Laxdæla Saga*）和《吟遊采風》（*Bard's Saga*）；儒勒．凡爾納的《地心遊記》；冰島大作家哈爾多爾．樂斯內（Halldór Laxness）的小說；約翰尼斯．卡亞華（Jóhannes Kjarval）充滿活力的風景畫；冰島西部捕魚業的歷史記載；威廉．莫里斯（William Morris）、約翰．湯馬斯．斯坦利（John Thomas Stanley）和其他旅行者的故事；區域地質的技術描述；一直到我回頭看一九四八年的沉船報告，才發現一些以前沒注意到的事。在調查洛夫蒂斯船長的時候，陪審團便注意到這段特殊的海岸線。也許因為玄武岩中含有大量的磁鐵礦顆粒，眾所周知，一般儀器在這裡根本派不上用場。船隻只好被迫依靠最有經驗的船員，在沒有指南針或其他輔助工具的情況下，像盲人般摸索航行。

海難報告其實是這樣說的：

> 眾所周知，擱淺地點周圍可能存在異常的磁干擾。靄冰號的指南針在多大程度上受到影響，本庭無從知曉，但預知這種磁力擾動的可能性下，更不能將導航工作交給一般水手；即便他已清楚崗位任務、手持航海圖，也萬不能讓他獨自去做[7]。

•••

傑出的人類學家吉斯利．帕爾松（Gísli Pálsson）是我朋友，一九六三年，他當時還只是十

幾歲的小伙子，住在海馬伊島（Heimaey）上。那是西民群島（Vestmannaeyjar）中最大的、也是唯一有人居住的島嶼；群島由一連串島嶼和零碎石礁組成，從冰島南岸向大西洋地平線延伸出去[8]。

西民群島，因十名愛爾蘭奴隸（當時人稱「西民」）殺死了維京人若里佛（Hjörleifur）而得名，那十個人後來又被其兄英歌佛·亞納遜（Ingólfur Arnarson）尋仇、屠殺。英歌佛建立了首都雷克雅維克（Reykjavík），也是第一個定居冰島的諾斯人。他追蹤那些愛爾蘭叛徒，越過十二公里長的海峽，找到原屬於若里佛的長船、貨物和他們的妻室。在某個島嶼上，趁他們吃飯時出其不意突襲，「嚇得他們四散奔逃」，把他們趕至某個懸崖，通通殺光。後來這懸崖稱為「杜夫赫角」(Dufthaksskor)，就是以這些人的頭頭杜夫赫來命名的。在前一年，維京人對愛爾蘭施襲，杜夫赫跟其他人一起被俘。那一年春天(很可能是公元八七四年，也就是冰島人假定的定居年)，若里佛手邊沒有牛，便命令俘虜頭人杜夫赫去拖犁[9]。

這一切都記錄在十二世紀的《遷徙源流》(*Landnámabók*)裡，書中記述了六十年間的冰島移民史。北歐農民來自奧克尼、赫布里底群島和設得蘭島等地，在中世紀暖期追隨英歌佛來到白樺林海岸線。或許這一切就是這樣發生的，或許不是。也許那時西民群島已經有人居住了。但根據編年史記載，在維京人之前，冰島上唯一的人類是幾個鐵錚錚的愛爾蘭隱修士。他們泛著皮製輕舟，隨著跨越冰洋遷徙的大雁而來，蹲在石室念咒

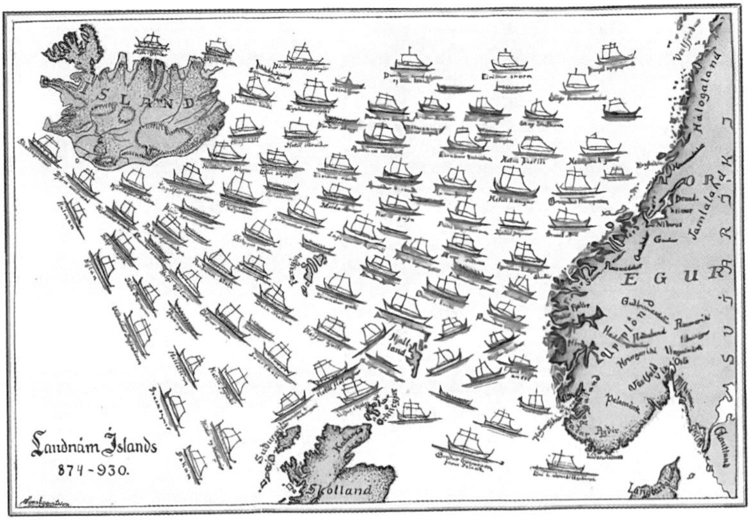

語，把自己關在天涯海角[10]。

海馬伊島還容得下一個西民鎮（Vestmannaeyjar），一九六三年約有五千人居住在那裡。這深水良港能容納冰島最大的漁船，它那高聳的懸崖是候鳥密集之地，最有名的莫過於海鸚鵡。島上居民，尤其是男孩和男人，都喜歡捕獵。他們爬上岩壁，追捕這些趣怪的小動物。牠們能子彈一般飛翔，在地上卻很笨拙。一把網就把牠們困住，當然，也就把牠們吃掉了。那年十一月，在毫無預兆下，海馬伊島西南二十七公里處的海底開始噴發熔岩，幾天之內，一座新島嶼強行闖出水面，便成了速特西島（Surtsey）。島名借自巨人速特：「末日之時，他必慨然就義，擊倒諸神，將世界付諸一炬。」《散文埃達》（*Prose Edda*）裡如此記述。該書編寫於十三世紀，作者斯諾里．施特魯松（Snorri Sturluson）是冰島貴族、詩人、政治家，該書日後成為記載古諾斯神話的原始文獻，也是古諾斯吟唱手冊。在當時，傳統的口頭詩歌體稱為「詩交達」（skald），不久以後便被書面的散文體傳奇所取代[11]。斯諾里肆意發揮了早期《詩體埃達》（*Poetic Edda*）中的暗黑開篇詩〈巫之預言〉（Völuspá）。薩滿先知伏爾娃（völva）使用幻象，向奧丁展示世界和諸神起源、萬神之父，以及他自己的毀滅。他將在戰鬥中被芬里巨狼（Fenrir）吞噬，牠一張嘴，天地從此永隔。這樁可怕怪事發生在「諸神的黃昏」（Ragnarök），是宇宙再生的暴力前奏。速特的潔淨之火以後，洪流迅猛而至，等到潮水終於退下，大地又嶄現一片太平，鬱鬱蔥蔥，造就新一代英雄[12]。

煙霧、火焰和大量熔岩從海洋傾瀉而出（後來成了速特西島），持續三年半以上。然而，沿著一萬六千公里長的大西洋中脊，本來就是一道裂縫。它就像縫合不嚴的傷口，將各大洲分割開來，海底火山和海溝不斷擴大，從北冰洋一直延伸到好望角以下。這一切始於兩億年前的侏羅紀早期，盤古大陸分崩離析，勞拉西亞與歐美大陸（老紅砂岩大陸）分離，形成一個缺口，最終成為大西洋；現今每年仍以約兩公分的速度擴大，北美板塊向西，歐亞板塊向東移動。分離板塊邊界被拉開，使岩漿滲入，並在幾個孤立的島嶼上突破地表。更全面地說，冰島本身是個不斷被拉扯的國家，海床不斷擴展，同時製造卻又破壞了土地。這一過程很可能是由地函熱柱所推動的，那是一個靜止的熱點，釋放出大量玄武岩漿，在過去的六千五百萬年裡，產生了北大西洋火山帶。這是一個從格陵蘭島一直延伸到挪威和赫布里底群島的海底地域，冰島是其中最年輕、最活躍的部分[13]。地質學家索萊佛・艾納森（Þorleifur Einarsson）寫道：「沒有其他地方能有這麼多的岩漿到達地表」；也沒有其他地方，大西洋中脊能在水面上行走如此之遠，將這個國家以壯麗的景觀一分為二，包括中威利（Þingvellir）那一望無際的山谷，其懸崖峭壁、萬丈深淵和天然岩石平台，被先民選為建造阿爾庭（Alþingi）新議會的絕佳地點[14]。

當速特西島還在成形的時候，就被列為禁區，除科學家以外閒人不准靠近。這是研究人員的實驗室，可就近觀察島嶼如何蠟化和消亡，動、植物如何試圖涉足扎根，惡浪怒濤如何

如何衝擊不斷膨脹的熔岩[15]。十年後，吉斯利成了曼徹斯特大學的學生。那時，我的家人已經從曼徹斯特搬到了倫敦（也就是我們北方親戚口中的「煙霧」）。但我依然清晰記得曼徹斯特多雨的街道，一排排兩層樓房，寬闊空曠的地段，濕漉漉的馬路上堆疊起紅色的剎車燈，利物浦球迷從奧脫福球場外的大巴上丟磚頭，滿地玻璃碎片……或者說，我以為我還有印象。至今我還能想像得出吉斯利告訴我的畫面：一九七三年的某個晚上，必定是一月的最後一個禮拜吧，他從大學回家，經過賣電視機的店。櫥窗裡擺著一排排螢幕，這玩意兒當時還算新奇，畫面充滿色彩，轉個不停。但他被眼前的景象嚇呆了，一次又一次地，他看到了半個地球以外的海馬伊，自己的島嶼家園，一次又一次地在螢幕上，烈焰紅漿從黑土蹦跳出來，彷彿來自速特的火焰之劍。

一月二十三日，快要淩晨二點，城東最後一排房子後面的田地打開裂縫，綿延一千六百公尺，展露一百五十米高的烈火帷幕，將熔岩和火山灰愈推愈高[16]。三十分鐘內，第一艘船滿載逃難者，撤離了港口。當晚，島上五千三百多人中有五千多人被運載到大陸，其中大部分由當地漁船隊接走。也純粹是運氣好，只因前一天颳十二級強風，漁船隊才躲回港口。艾訥生寫道：「儘管災難如此突然，意外地降臨到居住地，撤離者卻相當平靜。」在熔岩噴發期間，他在島上待了十個星期[17]。在西民鎮上，珊海馬（Sagnheimar）民俗博物館的照片見證了那動盪的一晚，亦充分證明了艾訥生所說的：人們看上去很疲憊、很迷茫，但也很平靜。然而卻不難想像，這種平靜大概離不開震驚：禍福無常，變幻莫測，面對完全

無法招架的力量，誰都意識到日子再也不會一樣。

四十年後，我在海馬伊島遇到的人仍然強調這件事多麼出其不意。好像一六二七年七月當時那樣，三百名海盜在英國水手的指引下，躲過鎮上防守，登上無人的黑沙灣。他們不期而至，「像獵犬一樣靈敏，像狼那般嚎叫」，迅雷不及掩耳地湧進小島，能抓就抓，抓不到就殺，結果帶走了二百四十二名島民，什麼年齡都有，幾乎是島上一半人口，把他們賣到阿爾及爾的奴隸市場。（「如果有人能秤量我的痛苦，他將發現海裡的沙加起來都沒它重！」奧拉菲爾埃吉生（Ólafur Egilsson）牧師這樣形容這場無妄之災[18]。）拉納爾・羅格納（Ragnar Óskarsson）曾任西民鎮中學校長和地方議員，他慷慨地陪我一起在島上度過了一個下午。一月的天氣，寒風凜冽，我們登上埃德斐（Eldfell）焦土色的火山口。火山本身是一個馬蹄形的炭渣錐，隨著熔岩溢出小鎮而堆積，不斷攀升。我們在懸崖上迎風而立，俯瞰港口，偶然間，一群鯖魚把一大堆幼鯡魚趕進海港，又招來了一群虎鯨、一頭座頭鯨和數百隻、也許是數千隻尖叫的海鷗。牠們像漁叉一樣，帶著某種狂喜一頭插進碧綠冰洋之中。羅格納把我帶到海盜登陸的現場。他說：「島上的人現在都習慣講『爆發前』或『爆發後』。」接著他又說：「根據資料，在一六二七年被海盜襲擊之後，居民也開始講『襲擊前』或『襲擊後』。」也許只是小事一件，但第二天在民俗博物館裡我又想起了它。當時館長海嘉（Helga Hallbergsdóttir）告訴我，二〇〇〇年六月十七日冰島國慶節那天，她正在人群中，參加一年一度的戶外音樂節，卻發生了地震。岩石從山坡滾滾而下，向他們砸來。可是海嘉卻望向另一邊，朝向艾德菲火山。她說：「生活在埃德斐，這場事故時刻在你腦海，無法忘懷，但你會決定繼續過日子。誰做不到這一點，便沒有回來。」

一九七三年一月二十三日，羅格納本來在雷克雅維克，探望岳父、岳母，但第二天就回來了。他說：「當時一片混亂，難以形容，我們一直在擔心，也許這個島會被毀掉，那就完了……但不知怎麼的……」他想了一下，繼續說：「我無法解釋，我們就是感到很安全。」也許是因為儘管情況特殊，每個人都團結在一起。數千噸的黑灰將房屋掩埋和推倒；熔岩巨大威脅下，港口隨時會被關閉，摧毀島上生計；火山口有時逸出藍色毒氣；沸騰的蒸汽穿過房屋；重達兩三百公斤的炭渣和熔岩不停轟炸；詭異的巨岩堆不可預知地漂浮著，人稱「浮游山」（Flakkari），行進了超過一公里，終於在三月下旬停下來。也許這種安全感也來自於居民最終成功撤離。儘管有四百多棟房屋被熔岩淹沒，整個鎮上的東邊部分，包括吉斯利從小住到大的房子，都失去了蹤影，可是在整個火山爆發過程中，畢竟沒有人命傷亡。我們站在艾德菲火山口，低頭瞰視鎮東一帶，羅格納對我說：「有時候，你還會夢見以前的樣子，還在上面走路。還會記得那些房子，它們看起來如何如何。有時候，在夢裡，我夢到我年輕時，比如說，在這下面一百公尺處玩耍。這很……嗯……很好玩。」

從八七四年至一九七三年期間，西民群島唯一的火山活動記錄，便是速特西島形成的那

一次。在海馬伊，最新的熔岩幾乎也有六千年歷史，是來自海格菲山（Helgafell）的那種光滑的、有褶皺的緞熔岩（pahohoe）。那是一座盾形火山，莊嚴雄偉，鎮上那些白簇簇的房屋現正矗立在它的岩漿上，吉斯利、羅格納、海嘉小時候便在休眠的火山口玩耍。可是，西民群島畢竟位處東火山帶（Eastern Volcanic Zone）南端；這是一條寬達二十至五十公里的弧形裂縫，向東北延伸，直達北極圈邊緣，並穿過冰島最活躍的一些火山系統，其中包括：中世紀歐洲的「地獄之門」海克拉火山（Hekla），還有卡特拉火山（Katla）。在過去一千年裡頭，這兩座火山之間至少爆發了三十五次。此外，還有巴達本加火山（Bárðarbunga-Veiðivötn），於二〇一四年八月爆發，蔚為奇觀；艾雅法拉冰蓋火山（Eyjafjallajökull），二〇一〇年噴發，造成歐洲空域一片混亂；埃爾德焦河火山（Eldgjá），爆發於九三四年至九四〇年間，是過去一千年中全球已知最大的噴發；其他還有：格里姆火山（Grímsvötn）、托爾法冰川火山（Torfajökull）、拉基火山（Laki）[19]。冰島自有人定居以來，有記錄的火山爆發共有兩百多次，百分之八十以上發生在東火山帶。由於人口稀少，大多數噴發都沒有實質影響，但有時候卻頗具破壞性，如埃爾德焦河火山那一次，以及發生於一七八三至八四年，拉基火山爆發的熔岩流。拉基火山的熔岩流為期八個月，覆蓋面積達八千平方公里，產生濃厚的硫磺雲，冰島一半以上牲畜死亡，摧毀了內陸和近海漁業，因此全國鬧饑荒（史稱「霧霾饑荒」），接近四分之一的人口死亡，大大拉高了北歐的死亡率，更波及斯堪的納維亞、歐洲和北美等地的氣候、植被、農作物[20]。簡單算一下，自從兩千四百萬年前的爆炸將冰島帶出海洋後（大概跟形成速特西島那一次同樣壯觀），冰島一共發生了多達五百萬次的噴發[21]。在這壯闊場面面前，「其他一切都顯得渺小」。正如康德所說：「崇高感」是一種「想像力不足以呈現一整個概念的感覺」；矛盾的是，這種感覺也是情感滿足的來源，排斥理智的同時，又吸引理智，這也是該景致本身的一種特質[22]。無論是「崇高」這個詞抑或其概念本身，都被過度使用、弱化而流於平庸，跟「神奇」沒什麼兩樣，兩詞都渴望捕捉當下、直接、非中介的自然力量。人們也常常以別的方式來馴服它，包括追蹤它的歷史，在知性上已有如朗基努斯（Longinus）、伯克（Burke）、康德等前人的沉思，地理上則有歐洲的「壯遊」（Grand Tour）傳統，以及阿爾卑斯山、維蘇威火山、冰島等絕地探險，然而，儘管如此，這樣一個詞本身，有時依然是我們僅有的、表達對於超越渴望的唯一憑據。[23]。

〈巫之預言〉是對冰島火山最早的描述。這一首史詩描繪世界末日，可能就是卡特拉的火山噴發，標誌著眾神的死亡：「白晝無光，陸沉海洋；璀璨辰星，潛跡何方。煙火障天，生育之源；怒焰狂張，直抵天堂[24]。」景觀具有強烈生命力，一切都指向超越人類的靈性，萬物都彼此相應。地質學家托爾・索達生（Thor Thordarson）和奧曼・霍庫松（Armann Höskuldsson）說過，冰島有三十一個活躍「火山系統」，由裂縫群或中心火山或兩者構成，是地下岩漿儲藏的地表表現[25]。在海馬伊島，海格菲火山一度死寂，沉睡了五千年以後，如今又蓄勢待發。羅格納

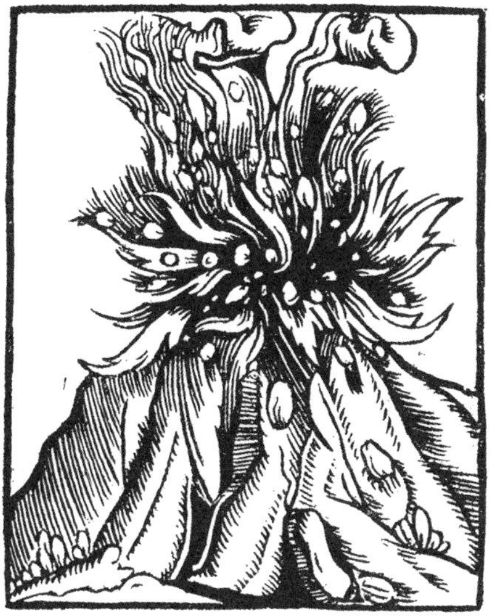

眼看面前的鵜鶘，一隻隻把頭探進水裡，忽然說：「說的沒錯，它已經不活躍了，可是它一直都在那裡啊。」

・・・

我從來沒有經歷過火山噴發，也希望自己永遠不會遇上。但有一次，在二〇〇五年，我和朋友ＣＪ在東京一家沖繩餐廳用餐。在樓上擁擠的空間裡，有低矮的木質天花板、柱子和樑柱，給人一種樸素的鄉村感覺。那是一個悶熱的傍晚，擠滿了家庭、情侶，吵吵鬧鬧，年輕服務生進進出出。大多數人都在喝酒，氣氛很好，很輕鬆。我和ＣＪ正等著上菜，聊著當天的事，沒想到地震就來了。每個人都停止交談，神色凝重，注意力瞬間往外轉移，每個人都將手伸向桌子間那些密密麻麻得有點誇張的成排木柱，手掌輕輕觸摸震動中的木頭，彷彿我們的手是最精緻、最細密的測量儀，當然，它們的確是。用這些不熟悉的姿勢，我們呆呆地坐著，觀察周圍，房間在顫抖、搖晃。然後停下。幾秒鐘後，彷彿地球剛才呼了一口氣，我們又動了起來，才一下子，就像定格的電影一樣，被按下播放鍵，現實又恢復了色彩。大家又開始說話。然後喝酒、吃飯。就這樣結束，也許只有六十秒。這世上除了我以外也沒有人再記得這件事了。

不久後，我住東京站附近一家酒店，在八樓的房間裡，我被搖醒。房間有落地窗，可看到對面幾公尺外的同一層，是一間辦公室，裡面是年輕男女，全穿著白襯衫和深色套裝。那是一個清晨，當第一波震動湧上大樓時，我看到對面辦公室裡每個人都本能地僵住了，伸出雙臂，尋找平衡；然後我看到自己也是這樣站著，僵住了，雙臂彎曲，陷入迷茫。我意識到，在地震時，空間中的確有些東西改變了。此時此刻，我們每個人都懸在那裡，受地球巨大能量的影響，一同被困在一個不穩定的能量空間中，彼此唇齒相依，不單需要面對威脅生命的事實和可能性，死神還會隨時到來。在這樣的空間裡，時間也發生了一些改變。它破碎、裂開、分崩離析。類似的事情經常發生在千鈞一髮之間：當你的汽車失控，或者你從腳踏車上摔下，或者你意外收到親朋死亡的消息，或者，毫無疑問，當你拉開窗簾，看到紅色的熔岩噴泉從地面湧出。時間斷裂，名副其實地「懸空」了：時間減慢，直至「空」無，讓人「懸」在那裡，不知所措。如同微粒濺出水面的瞬間，無處著陸，因為陸地已不成其為陸地；也無法掌握平衡，空間矩陣已不復在，感官於是無從定位。在《無人．無物》（*Nothing, Nobody*）中，作者愛蓮娜．波妮多嘉（Elena Poniatowska）寫到一九八五年墨西哥城大地震，她描寫自己在臥室裡被地球能量扔來扔去，被攫住，搖晃，無處可逃[26]。她終於離開房間，但此時每個人或多或少都知道，外面世界已經面目全非。

日本藝術家小谷元彥設計多媒體裝置《沉睡的死人》，一顆加熱過的鋼珠以超慢動作和極大特寫，在透明液體中墜落。墜落的緊張感，呈現出極端不確定的瞬間：張開雙臂，身體彎曲，在懸空中等待著從床上被甩落，穿過窗戶，被埋在廢墟中；這一切彷彿地震中的人體。鋼珠有時會撞向有色玻璃架子，架子有時只會抖一下，還撐得住；有時卻會撞穿架子，碎片向四面八方彈射，碰撞的震撼衝擊下，產生銀色氣泡的蘑菇雲，令人歎為觀止。正後方擺著一塊相同的垂直屏幕，鋼珠在液體中不停來回擺動，標誌著慣常的、延綿不斷的時間。但災難當前，感覺它是在反覆提示我們：所謂正常的時間隨時會戛然終止，安全的日常其實十分脆弱，一切都只在等待，等待受擊、粉碎、消散。

• • •

我參觀了位於亨吉爾（Hengill）火山

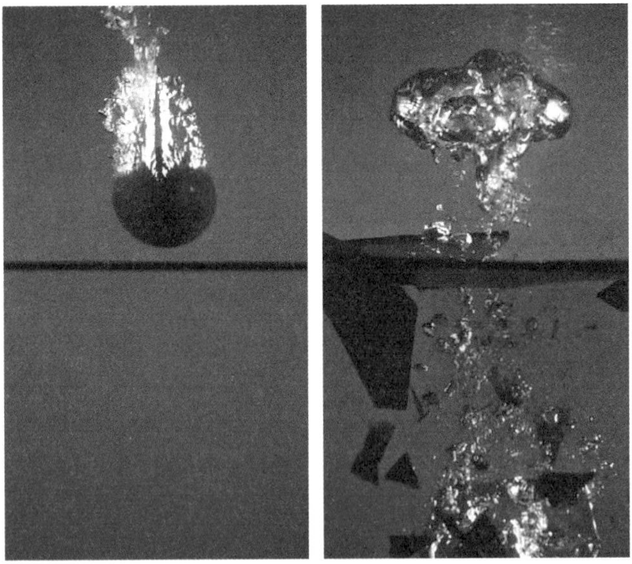

區的地熱發電廠，離雷克雅維克不遠。導遊叫克里斯汀，他把我帶到台架上，下面有一個閃閃發亮的日本大型渦輪機，令人印象深刻。他低聲說：「聽，火山在呼吸呢。」

‧‧‧

老普林尼寫過：「大自然賦予岩石一種聲音，可以回應——或者說，打斷人聲。」他在公元七十九年寫下了這句話，維蘇威火山大概就在幾周後噴發，徹底打斷他本人在龐貝附近的生活。普林尼極好發散式的連結，他所寫的《自然史》學問淵博，千迴百轉，凡事好奇，是一個百科全書式的頭腦的表現。他對磁石特別感興趣：

有什麼能比頑石更無動於衷呢？然而我們看到，〔大自然〕卻賦予磁石以感官和雙手。有什麼比硬鐵更頑固不靈呢？我們看到，它卻被贈以雙腿和本能。鐵被磁石吸引，物質戰勝一切，湧入空中，一旦接近磁石，就會向它躍去，被磁石抱住，緊緊地擁在懷裡[27]。

「自然界中，理性難得一見，而滿載意欲[28]！」普林尼的箴言令人難忘，磁石正是如此。我能怎麼解釋呢？迪泊隆灘塗的黑石把我抓得很牢，當時無論如何都不肯放手。六個月後，我又回來了。

正值仲夏之際，白晝無窮無盡，光明永不休止。我回到斯內斐半島，在那座神秘的冰川火山腳下繞行。樂斯內寫道：「這座山特異非凡，在一天中的某些時刻……被一種特殊的光輝照亮，籠罩在金光之中，散發耀眼光環，除了它，一切都變得微不足道。這座山彷彿不再參與地質史，而變成了離子[29]。」過了一段時間，在海利斯灘塗上，成千上百隻北極燕鷗在外面空曠的馬路上俯衝尖叫，好似被無止盡的白天逼瘋了一樣。一間荒蕪的土耳其咖啡館裡，一名憂鬱女子獨自工作著。她告訴我，她可從窗口看到這發光的冰川，它是「世界的心臟」。

斯蒂基涵（Stykkishólmur）是半島上的主要城鎮，我稍事停留，參觀了由著名地球科學家哈拉杜爾．施古生（Haraldur Sigðursson）於二〇〇九年開設的火山博物館，裡面收藏了火山主題藝術

品，有安迪．沃荷（Andy Warhol）、墨西哥畫家Dr. Atl、大衛．西奎羅（David Siqueiros），還有幾幅葛飾北齋[30]。這間博物館實在耐人尋味，處處出人意表。施古生就在主廳擺設展品，我便告訴他那塊黑石頭的事。他說那是本莫雷石，因本莫雷（Ben More）火山而得名。火山位於赫布里底群島的穆爾島（Mull）上，大約七千年前從斯內斐冰川山頂火山口流出的熔岩侵蝕而成。他耐心地聽完我的故事，然後哈哈大笑。他說，民俗學家喜歡這種東西，他們最愛無法解釋的事。但這當然是無稽之談，跟超自然力量無關。所以是磁力嗎？我問。大概是同樣的磁場，讓像靄冰號這樣的船在沒有GPS的情況下陷入險境吧？哦，不，他說，磁力不能解釋這事。你需要在車內安裝一台大型發電機，才能破壞那麼大的系統，你的石頭不可能做到。這些石頭確實特殊，但系統故障只是巧合。你應該帶著那輛車回到現場，找到那塊石頭，然後重複實驗。如果這一切再次發生，那些民間傳說就真的有意思了！

我的確又回到迪泊隆灘塗。而且就在當天晚上，十一點左右到達，天色明亮，跟中午差不多。海灘依舊一片荒涼，海面仍然灰蒙蒙的。我沿著岸邊出發，起初走得很慢，走著走著，我愈來愈焦慮，愈來愈不自在，心緒越來越激動難平。我開始奔跑，但又不知道該往哪裡跑，想逃，卻又不知道要逃避什麼。為什麼？是唧唧呱呱的鳥兒，是高聳的熔岩柱，鋸齒狀、翻滾中的岩石，抑或是這裡暴戾的過去和未來？忽然，我的眼角捕捉到了什麼。我停下腳步，彎下腰，被吸向一塊光滑、有光澤的石頭。

鯨脂石

之五

斯梅倫堡（Smeerenburg）是十七世紀的捕鯨據點，現在已被棄置。它位於阿姆斯特丹嶼（Amsterdamøya），在史匹茲卑爾根島（Spitsbergen）西北角，該島是冷岸群島（Svalbard，位於北極圈，屬於挪威領土）中最大的島嶼。海灘上散佈著一種非比尋常的黑色團塊，是鯨脂石。這些鯨脂凝塊是人類地質學的傑作：數千頭鯨魚被放在三公尺寬的銅鍋裡煮，溢出了油，與沙子、礫石和煤炭凝結在一起，形成石塊。煤炭放在煉爐底下加熱，是熬煮鯨脂用的。石頭仍然反映出大鍋輪廓。既是脂肪、燃料、金錢的裝甲混合物，因著捕鯨業的興盛而闖進早期現代世界經濟體系，同時也是結合動、植、礦物的濃縮能源。提煉地就在這裡，地理上雖在邊緣，從地緣政治看，卻離世界中心不遠。

• • •

一六〇七年，在駕駛「半月號」進入紐約灣的前兩年，哈德遜當時為位於倫敦的莫斯科（Muscovy）公司服務，連同十一名船員，開著八十噸重的「好望號」（Hopewell）離開格雷夫森德（Gravesend），先是沿著英國和蘇格蘭的海岸線航行，然後經過奧克尼島和設得蘭島，駛向北方的開闊海面，希望能在世界頂端找到無冰海域、光明和煦之地[1]。哈德遜於是駛向史匹茲卑爾根島。早在十一年前，荷蘭航海家巴倫支（Willem Barentsz）經過這裡，即以其嶙峋的山脈來命名它，並繪製西海岸圖。當時他正在尋覓東北航道以通往富饒的「東方」，卻見碧

水如綠，冰山像天鵝一樣飄來（船副德維爾（Gerrit de Veer）回憶裡如此說）。巴倫支在新地島遇上無情駭浪而身亡，探險之旅自此告終。船員亦身懷壞血病，無法脫身，被迫在嚴苛條件下越冬。他們用浮木搭建避難所，靠燃燒煤塊救回麻木的雙腳[2]。

沿著史匹茲卑爾根島海岸，哈德遜駛著「好望號」進入一陣濃霧，在卡爾王子島（Prins Karls Forland）的背風面上，正好一陣狂風吹過，將船引導出來，才躲過了冰海觸礁的危險。為此，哈德遜寫道：讚美上帝，渡人苦厄。一六〇七年七月十四日，哈德遜駛向避風港，迎面而來的是破爛高牆；入口處看見一個島，因為是水手長發現的，便以他的名字來命名，稱為柯林斯角（Collins Cape）。終於進入港灣，他們在那裡目睹鯨魚，成千上萬的鯨魚。其中一人垂下魚線、魚鉤，準備捕魚，不知怎地讓鯨魚卡在龍骨下。哈德森寫道：還好上帝施恩，我們命不該絕。鯨魚掙脫了，我們只失去了魚鉤和三部分魚線，總算安全無恙[3]。哈德遜從船艙小弟做起，開啟了他的海上生活，並像巴倫支一樣葬身在北冰洋。一六一一年，他第四次北航。他那群手下筋疲力盡、飢腸轆轆、飽受凌虐，被他多次拒絕放他們回家。後來他們終於忍無可忍，將哈德遜和他那十幾歲的兒子約翰，連同七名病殘船員，扔在艇上任其漂流。擁擠的小艇逐漸消失在地平線上，兵變者則升起主帆，在今天稱為哈德遜灣的地方趕上狂風，「像逃離魔掌似的」，迫不及待駛回歐洲[4]。比起他間接造成的災難，哈德遜自身的遭遇還不算太慘。他把那個破敗的史匹茲卑爾根島峽灣命名為「鯨魚灣」，等於向他的倫敦主雇們釋出信號，從而展開了一段跨洋連結與資源榨取的慘痛歷史，冷岸群島及其附近水域至今依然沒有擺脫其影響[5]。

二〇一六年八月，傍晚，在史匹茲卑爾根島，俄羅斯的採礦點巴倫支堡，我站在堤岸，俯瞰一旁的煤炭裝卸碼頭，一片黑麻麻的。下面，在離岸邊幾碼遠的地方，光滑的白色物體在清澈的水面上不緊不慢地移動著，是白鯨，至少有七十頭。牠們以五頭或十頭為一群，向伊斯峽灣（Isfjorden）游出。在浮出水面之際，牠們躬著身，時而改變路線，魚貫而入，於空闊河道中間畫出寬廣曲線。隔天喝下午茶時，我便興高采烈地將此事告知我兩位博學、慷慨的朋友，一位是古樂秀（Vitaly Kulyeshov），俄羅斯科學院巴倫支堡研究站站長，另一位是妮庫琳娜（Anna Nikulina），俄羅斯水文氣象局南北極研究所的地球化學家。她們向我解釋說，或許是鯨媽媽在向幼鯨示範如何包圍其他魚群，像北極鱈、綠鱈或柳葉魚等等。寒風迎面而來，但看著這群鯨游近我，卻讓我深感安慰。沒有人知道牠們在冷岸群島的數量，空中調查遠遠不可靠。現在看到一大群鯨已經不稀奇了。儘管國際自然保育聯盟依然將其列作「瀕危物種」，但事實上，自一九六一年挪威水域禁止商業捕獵以來，晚春從巴倫支海來到這裡的種群數已經大致恢復[6]。不過，沒有人認為我還能看到昔日盛況：當時一群白鯨施施然進入峽灣，綿延三十二公里，也就是一九一〇年至一九二〇年之間九月的某個明媚日子裡，挪威捕獵者樂依斯（Hilmar Nøis）所看到那樣[7]。現在，如果你駛入貝爾灣（Bellsund，位於史匹茲卑爾根島西海岸，伊斯峽灣以外的另一大海灣），沿著它寬闊的南向航道，你很快就會到達班熊部（Bamsebu）遺址。這是北挪威特隆瑟（Tromsø）獵鯨人斯文森（Ingvald Svendsen）於一九三〇年代建立的站點。你會看到他建造的三座建築、他的兩艘大划艇、一些生鏽的工業設備，還有，散落在海岸線上的白色斑塊——你慢慢就會發現，那是五百五十頭白鯨的雪白骨頭，其中大部分是夏季捕獲的小鯨，當時到達峽灣的幼鯨和雌鯨比例特別高[8]。斯文森用划艇將大網從岸邊拖出，鯨被困住後，再以某種方式將其拖回，想想這多費力。斯文森和手下將掙扎中的白鯨拖向淺灘，用長矛射殺或刺殺，分割屍體、剝皮，再將鯨脂提煉成油，做成肥皂和潤滑劑[9]。

從一八六六年起，到九十五年後頒佈禁捕令期間，挪威獵人在冷岸群島殺死了一萬五千多頭白鯨[10]。他們在其後追隨的俄羅斯波莫爾人（Pomors）狩獵隊，在幾個世紀前便從諾夫哥羅德（Novgorod）和上伏爾加（Upper Volga）抵達極北地區。自十二世紀開始，毛皮貿易推動了拓殖浪潮，席捲整個北極地區。十六世紀中葉，隨著大天使港（Arkhangel'sk）的建立以及西歐和鄂圖曼帝國宮廷對毛皮的追捧，浪潮勢不可擋，對西伯利亞西部及原住民造成莫大衝擊[11]。十九世紀，波莫爾人從大天使港和白海的其他港口出發，十二到二十人一組，通常來自同一個家庭。他們加入區域貿易公司的探險隊，組織者還包括波莫爾商人，以及東正教修道院。區域貿易公司的組成，是仿照英國股份公司做法；如莫斯科公司，當時便在彼得大帝的國家主義改革下蓬勃發展。

波莫爾人會用預先砍下的原木和其他材料來建造夏獵營地，以捕獵海象、海豹，也會建造冬季前哨站。那些小屋離營地一百多公里，一、兩個人會在那裡過冬（這是目前已知在冷岸群島過冬的第一批人類）。他們有充足柴火，吃雲莓來對抗壞血病。他們捕捉狐狸、北極熊，以獲取珍貴的冬季毛皮，獵食馴鹿，在暗淡無光的幾個月裡，不斷製皮、縫鞋，讓自己保持活力[12]。柏斯參（Sigismund Bacstrom）是外科醫師兼藝術家，一七八〇年，他注意到那些俄羅斯人「留著長長的鬍子，頭戴毛皮帽，身穿棕色羊皮夾克，外披羊毛，腳著靴子，身旁帶著長刀」，他們追蹤各種各樣的獵物：白鯨、馴鹿、鳧鴨，還有海象、海豹、狐狸和熊[13]。

目前還不清楚波莫爾人什麼時候到達史匹茲卑爾根島（或他們所謂的勘曼特（Grumant）），但第一次明確記載是在一六九七年[14]。離我觀看白鯨緩緩經過巴倫支堡的地方不過幾步路，古樂秀帶我看了一間重新建造的波莫爾小木屋：厚厚的半截木頭塞進木框架，用苔蘚填縫，這是一個完整尺寸的複製品。捕獵者的首領斯塔羅金（Ivan Starostin）曾在這峽灣越冬三十多次。第一次是在一七八〇年，最後是在一八二六年，那一年他死在羅斯凱拉（Russekeila），是一個大型波莫爾營地，位在伊斯峽灣河口，離這裡不遠。小木屋對面是巴倫支堡體育文化中心。這是一座現代化的兩層建築，服務對象為煤礦工人、飯店和餐廳員工、清潔工、煤炭公司經理、建築工人、科學家，以及所有生活在這聚居點的人。一九七〇年代中最鼎盛時期，這裡曾是一千多人的家園，到目前只剩不到五百人。中心設有健身房、半奧運規格的游泳池、音樂廳，樓上還有圖書館和巴倫支堡波莫爾博物館。斯塔科夫（Vadim F. Starkov）是博物館創辦人之一，在進行俄羅斯狩獵站的考古發掘之餘，亦研究大天使港的檔案。他認為，波莫爾人到訪冷岸群島，時間比巴倫支早得多，也許相差幾百年。一六一九年，羅曼諾夫王朝第一代沙皇費多羅維奇（Mikhail Fyodorovich）強行關閉俄羅斯北極海岸線上三千英里海路，使人無法從大天使港通往曼加澤亞（Mangazeya）（此地是傳說中的毛皮和象牙中心，富甲一方，但直到一九六〇年代才被重新發掘出來），此後不久，波莫爾獵人便開始在島上有系統地工作。斯塔科夫推斷，沙皇的措施迫使俄國獵人把目光投向更北的地方，越過公海去史匹茲卑爾根島。他們當時大概已接觸到荷蘭和英國海員，這些人曾追隨巴倫支和哈德遜出航，但也可能是他們獨自發現這片土地的。然而，挪威和其他學者對於俄羅斯人先訪冷岸群島一說提出強烈質疑，他們不相信斯塔科夫的方法和解釋。冷岸群島的主權一直模糊不清，北冰洋航道受到地緣政治高度關注。加上北極高緯度地區經歷一連串史無前例的高溫，隨著冬季冰層變薄和消退，這場爭議的利害關係便更加顯著[15]。不過，話說回來，在十九世紀末之前，注意力尚未轉向煤炭，當時人們所覬覦的並非史匹茲卑爾根島本身，而是島上、島內的物產。

史匹茲卑爾根島氣候不佳，地勢險惡，既是無主之地（*terra nullius*; no man's land），也是屬於所有人的地方：它不適合人居住，卻任人自由進出。因此，海岸線上立起了顯眼的波莫爾十字架，既是象徵式但也是實際佔有的儀式。情形就像遠洋征服美洲（像哈德森和後來的人）

Russisk Etablissement paa Öst-Spitsbergen.

一樣。但即便如此，要維持佔領這地方卻要付出極大代價，因為那裡跟美洲和格陵蘭不同，並沒有先民的智慧可供他們學習如何生存（然後再將先民趕走）。其實，他們爭來爭去的是一塊空地，或者說，是一處無人之所。在史匹茲卑爾根島上，有的是動物（鯨脂、海豹皮；海象的體脂、皮膚、長牙、生殖器；狐狸和熊的毛皮；馴鹿的肉和皮），在牠們全部被耗盡和消失之後，還有煤。因此，在史匹茲卑爾根島，在勘曼特，甚至到現在，在冷岸群島，主要問題從來不是如何生活，而是如何拿取[16]。

• • •

小船沿著王子灣（Forlandsund），上下擺盪，讓人神經緊繃。冰冷的浪花衝船頭而來，暴雪鸌離我很近，可以看到牠們嘴上的水珠，閃閃發光。左邊是卡爾王子島，尖尖的峭壁滿佈積雪；右邊則是史匹茲卑爾根島低矮的西海岸。就這樣，乘著這艘玻璃纖維小船，沿四百多年前哈德遜從伊斯峽灣到鯨魚灣的航線前行。四百多年前，歐洲人被大量海象資源吸引，冒險進入北極海域。英國船長普爾（Jonas Poole）是哈德遜的先驅，一六〇四年七月抵達謝里島（Cherrie Island，即現在的熊嶼〔Bjørnøya〕，位於挪威的北角〔Nordkapp〕和史匹茲卑爾根島中間），他注意到好奇的海象在他船邊游動。普爾聽到「咆哮聲響徹雲霄，似有上百頭獅子」，一上岸，便赫見「眾多海怪」躺在海灘，「就像成堆家豬」。這是第一次關於獵殺海象的記錄，無論是人還是動物，似乎都還不知道自己的角色。普爾的隊伍用三支不大靈光的火槍射殺海象，棒打牠們，發現「有些海象被打傷後，只會抬頭看一眼又躺下去；有的一槍就被射死，有的挨五、六槍後會跑進海裡，牠們力氣大得驚人。」據記載，有成千頭海象，他們殺死了十五隻，把牠們斬首，然後跌跌撞撞地去尋找更多的海象牙。就像十世紀的阿拉伯商人一樣，不遠千里到達北極，為的就是這些「魚牙」。普爾一定知道，這是珍貴原料，可用來製作假牙、鈕釦、劍柄，還有路易斯棋子。這些珍貴物品一度被誤放、埋藏或丟棄在烏格村（Uig）的赫布里底沙地中，幾乎就在卡蘭尼什的石頭面前。也許某個挪威商人在去愛爾蘭的路上，曾在那裡停駐

下來。外赫布里底群島（又稱西部群島）當時是龐大的中世紀挪威王國的一部分，發現於一八三一年；十年以後，馬地臣才從中國前來，買下了路易斯島和島上一切：可惜的是，當時那些棋子，包括國王、王后、主教、騎士、兵士和猙目戰車（啃著盾牌的痴呆狂夫）已經拍賣出去，成了大英博物館典藏。普爾和手下盡情搜刮海象牙，能帶多少便多少。第二年，他們又接到莫斯科公司訂單，準備帶著油脂返回倫敦。這次他們使用長槍，在岸上待了三個星期，熔製了十一噸象脂。到一六〇六年，他們開發出標準流程：退潮時，船隻在搬運海象的地點靠岸，在下風處偷偷上岸（海象嗅覺靈敏，但視力差），殺死離水最近的海象，讓屍體形成路障。然後便能不緩不急地沿著海灘前進，刺殺其他海象。他們發現，只要長槍一戳，

海象就會轉過頭來，舒展牠們厚厚的皮（可用來換繩子、索具、馬車彈簧），綳緊到足以讓長劍順利進入。一六〇八年，普爾又回來了。在不到七個小時的時間裡，了結了九百到一千隻動物，熔製了更多油脂，並把一頭可憐的海象帶返倫敦，供詹姆斯一世宮廷玩賞。當時殖民探險家習慣從遙遠世界運來奇珍異獸（和人）；這隻海象很快就病死了。儘管在死前，國王還是很欣賞牠「異常溫馴」，形態新奇，易於教導的性格[17]。

後來，艾奇（Thomas Edge）指揮英國捕鯨船隊，他注意到，「經常使用謝里島，海馬確實變得稀少和衰敗。」動物不堪凌虐，逃到了更遙遠的北方。但一如既往，牠們每年還是會洄游，固定地回到那些地點去。於是，到了一八七〇年，冷岸群島原有的二萬五千頭海象和牠們所有後代便從該水域消失[18]。海象油可以頂替鯨魚油，可是一頭海象只能產出一桶油，而一頭成年鯨魚則可熔出一百五十桶，還能從牠的嘴裡鋸出多達一噸的鯨鬚。哈德遜通報說：鯨魚灣裡全是鯨魚。與其指揮船員在謝里島殺海象，公司早該讓他們駛向史匹茲卑爾根島殺鯨[19]。

・・・

一六一〇年，該公司便這樣做了。儘管中國、印度的財富比北極的前景更受矚目，但他們還是同意普爾回去，只是主要目標是尋找通往太平洋的航道。在三個月的時間裡，他在史匹茲卑爾根島西海岸巡航，邊走邊給峽灣起名字，記錄地標、險惡的環境，還有他所殺死的熊、海象、馴鹿和鳥類。他不止一次看到「無數鯨魚」，只是他還不知道如何捕獵；在收集浮木和煤炭時，也順便撿拾鯨鬚。第二年，公司委託普爾和艾奇去探索格陵蘭島。跟史匹茲卑爾根島的情況一樣，當時英國人還沒有想到它是獨立的島嶼。這趟任務是去發現「屬於我國」的地方，去看看它是否有人居住，北面是否有開闊水域，再開到鯨魚灣，到那裡「殺一頭，或兩三頭鯨魚看看，獲得經驗後，日後便能加快業務[20]。」

一六一一年六月，艾奇駕駛瑪格麗特號（Marie Margaret Admiral），上面載著八世紀維京人引入比斯開灣（Biscay）的巴斯克資深魚叉手。他們殺死了一條小鯨魚，能產十二噸油，很可能是弓頭鯨（*Balaena mysticetus*），自此開啟了史匹茲卑爾根島的捕鯨業。弓頭鯨，過去曾稱為北極鯨，又稱北極露脊鯨（right whale，所謂「right」，就是被選

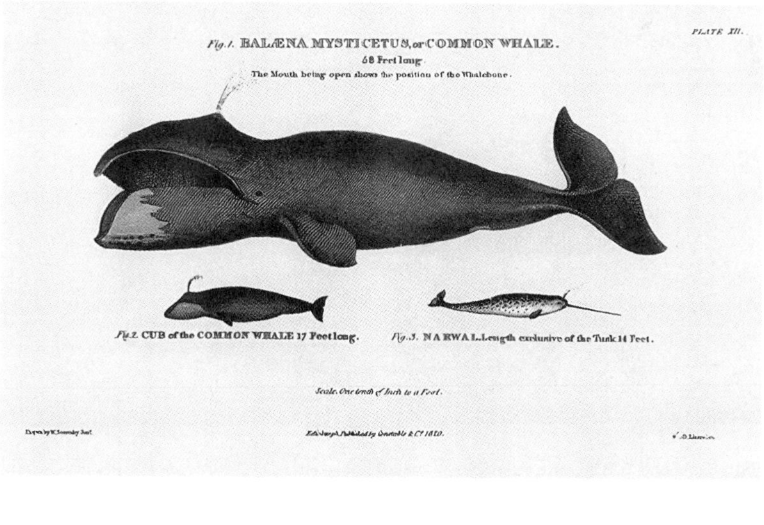

中的意思）、格陵蘭露脊鯨、格陵蘭鯨、巨極地鯨、普通鯨、真鯨，或者乾脆說是鯨魚。牠是北方漁場的焦點，令歐洲船員嘖嘖稱奇（「鯨魚在時，你根本看不到海」、「就像魚塘裡的鯉魚」等等）。這是一次壯觀的史匹茲卑爾根島探險，直抵尚不為人知的天涯海角，即所謂「眾冰之母」，現在則成了海上淘金熱的舞台[21]。

兩年之內，史匹茲卑爾根島西部海灣停有二十六艘船：巴斯克船、荷蘭船、法國船和英國船，全都在爭奪進入捕鯨場的機會，正如莫斯科公司自己所說的：「與其說是漁人在水下捕魚，更像是全副武裝的獵人在水上狩獵。」不過，那幾十年之間，莫斯科公司被荷蘭人耍得團團轉，幾乎全部退出；在一個世紀裡，英國人把北極漁場讓給荷蘭人，隨之亦失去利潤豐厚的歐洲鯨脂市場。在當時，不但鯨脂能用於照明和潤滑劑，紐扣、胸衣和裙圈等物品亦用上鯨鬚[22]。

弓頭鯨一般來說很溫馴，沿著南部冰緣穩定地移動，濾食浮游動物。在春季塊冰破裂時，冰凍的東格陵蘭海流與灣流（Gulf Stream）相遇，浮游植物爆發，浮游動物便以此為食。鯨魚是膽小的生物，如果不被打擾，可以活上兩百多年；很不幸地，牠們能生產大量頂級油脂和長鬚板，緩慢遨遊，又習慣在海面睡覺，很容易便遭逢不測，變成浮屍[23]。

當水手看見鯨魚，便大喊大叫，湧到小漁艇上。舵手和四個槳手陣守後方，魚叉手屈身在船頭，隨時準備出擊，目標是鯨魚背或噴水孔後側。武器嵌入鯨身後，鯨魚便會潛逃。魚叉手不停用抹布打濕舷緣，否則繩子迅速抽出，勢必著火。看到鯨魚被擊中，其他漁艇紛紛划出，在開闊海面上等待。直到鯨魚浮出水面，便競相迎戰，每個魚叉手都刺出長矛（「當你用刺槍在魚身上開了深洞後，便從多個方向繼續戳進去，就像戳鰻魚一樣」），這次瞄準低處的心臟或肺部（「再刺進兩或三個矛頭，就算穩當把牠了結了」）。鯨魚再次下潛，現在卻得承受幾艘船的重量，海上血跡斑斑。捕鯨人又再等著……一直這樣，也許花上幾個小時。有時，鯨魚會逃掉或沉沒。但往往，漁船能划到足夠近的距離，進行狙殺。對水手來說，這終結之戰是最危險的一環，鯨魚會驚慌失措，不斷抽打尾巴（「水像塵土一般

DANGERS OF THE WHALE FISHERY.

飛揚」），人在划艇上，無遮無擋，浪花、冰塊、血霏迎面撲來（「有時，鯨魚受傷噴血，一直噴到最後，漁夫被弄得血跡斑斑，小艇也被塗上了一層紅色」）。有時，漁艇在衝突中遭殃，但至少，鯨魚把漁艇弄翻後，就近的船員通常能救起隊友；捕鯨造成的人員傷亡雖很嚴重，但其實當時的其他海陸商業活動也不遑多讓。鯨魚被俘後，奄奄一息，漁艇「一艘緊接一艘，像馬隊一樣」在船邊拖著獵物。到達淺灘後，「便把牠吊起來，讓牠露出水面」，並截去牠笨拙的尾巴。這時，英國人會讓屍體在海灣的浪花中靜置一兩天，甚至三天，然後才割下牠寬厚的脂肪層（「就像剝牛皮一樣」）。他們把這層脂肪接在船後甲板的絞盤上，用絞車旋轉屍體，便能剝去魚皮，再把鯨脂剁成塊狀，由一艘艘漁艇運上岸後，再切成小塊來煉油。相比之下，荷蘭人更有效率，他們趁漲潮時直接將魚屍拖到岸邊就定位，等潮水退去就來宰殺[24]。

冷岸群島處處有屠鯨和煉脂痕跡，已深深烙印在其景色之中。就像一九四五年七月在新墨西哥州原子試驗場形成的

玻璃石（Trinitite），和二〇一四年在夏威夷首次記錄的塑礫岩（plastiglomerate）一樣，我也想把眼前的東西稱為「鯨脂石」。它是世界歷史的地質人造物，也是斯梅倫堡（Smeerenburg，原意「鯨脂堡」）的不朽見證。其實，這裡之所以能成為荷蘭漁業中心，是因緣際會的結果。從一三〇〇年到一八五〇年，北半球出現寒冬，受到小冰河期短暫的降溫區間的影響，冰緣於是進入冷岸群島。正因為十七世紀北極的氣候變化，弓頭鯨才現身於鯨魚灣和其他西部峽灣，然後才被哈德遜、普爾、艾奇等人所遇見[25]。在整個十七世紀，北極氣候變動對新漁業造成顯著衝擊，影響冰洋範圍，以及浮游生物的生長和所處位置。到一六二五年，史匹茲卑爾根島周圍冰層已經遠離沿海港口，鯨魚和捕鯨人於是往外海移動[26]。然後，從一六五〇年代末開始，一場嚴寒持續到十八世紀，冰層入侵，幾乎全年都阻擋了鯨魚進入史匹茲卑爾根海灣。鯨魚向西和向北游去，一方面尋找格陵蘭海的流冰，另一方面無疑也是為了逃離荷蘭和德國水手的追捕。這些水手乘著昂貴的新船，持續跟蹤牠們，進入缺少海圖、更危險的水域，然而這些新船配有加固船頭和強化雙層船體。當捕鯨人離開群島時，他們拆除斯梅倫堡，史匹茲卑爾根島的其他海岸站也已被遺棄。現在，他們回來只是為了取水、壓艙物、辣根草，或埋葬屍骸。他們的船駛進外海，以巴斯克海員發展出來的危險方式進行捕獵，在變幻莫測的浮冰間追捕弓頭鯨，有時甚至徒步穿越冰面；鯨屍被拖到船舷邊，綁在那裡；解剖鯨的人穿著尖頭靴，站在滑溜溜的鯨身上工作；鯨脂被帶上船，切成小塊，塞進桶孔，最後會送到母港提煉，通常是阿姆斯特丹、鹿特丹和漢堡，煉爐都在碼頭，炊煙不絕[27]。在這新體制下，最有效率的時候，五十個人可以在一個小時內處理和儲存三噸鯨脂。但往往需要殺的鯨太多，多到可能需要花費一天、兩天，甚至晚上也要勞動（即使在寒冷環境中，分解速度依然很快，所以不能休息），解鯨、切脂，擦洗、沖淨船隻，然後切割屍身，但因鯨身體內充斥氣體而膨脹，接著鬆垮、並開始發臭，大約僅僅四天，就會招來鳥群和北極熊[28]。

一六四〇年以前，來自各國的捕鯨隊伍約有十六艘船，而在斯梅倫堡，最鼎盛的時候，每季可加工一百五十頭鯨魚；一六六一年至一七一九年是遠洋捕鯨時代，有兩百多艘船活躍於史匹茲卑爾根島和格陵蘭島之間；一六七五年至一六八九年則為殺鯨高峰期，每年有近兩千頭鯨魚被殺，製成約五百萬桶鯨脂。由於供過於求，導致價格急劇下降；加上延誤提煉而導致質量下降，消費者和肥皂商日益厭惡其濃烈氣味，更加劇了歐洲鯨脂市場的危機[29]。然而，史匹茲卑爾根島的弓頭鯨當時還沒完全消失；但到了十八世紀末，英國捕鯨人重新加入捕鯨業，這些人比以往更早駛入新漁場，在巴芬灣（Baffin Bay）的冰面上殺死幼鯨和哺乳中的母鯨，導致牠們連游去史匹茲卑爾根島的機會都沒有[30]。一八三〇年後，群島周圍已經很少有鯨魚被捕獲。但按大多數歷史學家看法，一九一一年，英國捕鯨船於史匹茲卑爾根島巡航了整整一季，卻沒有看到半隻弓頭鯨，於是應把該年份定為冷岸群島鯨魚族群實際滅絕日期；在二百四十年裡，大約有十二萬二千至二十萬頭鯨魚被殺[31]。

• • •

那天在王子灣，波濤洶湧，小船在水面上下擺動。人人渾身濕透、發抖，神經緊繃；暴雪鸌卻停在面前，冷眼旁觀。我們正沿著哈德遜的路線前往鯨魚灣；當然，已經沒有鯨魚可看。鯨魚灣現在叫國王灣（Kongsfjorden），曾經是二十世紀初史匹茲卑爾根島爭奪煤炭的中心。

一六一〇年七月二十日，普爾履行委託，尋找任何有價值的礦物，以彌補莫斯科公司在航行中的投資，結果在鯨魚灣發現了煤（「是海煤，燒得不錯」，他報告說[32]）。兩百五十年後，他的發現得到了地質學家彭斯川（Christian Blomstrand）的證實。一八六一年，彭斯川與瑞典跨學科探險隊同行，為史匹茲卑爾根島繪製出第一張地質圖。這類探險結合了科學好奇心以及國家意志和商業野心，一八五〇年至一九二〇年期間曾進行過不下數十次。後來人們愈來愈關注於獲取礦物，亦逐漸填補了該處地貌的歷史，讓這地方後來成為大陸漂移理論形成的核心。在夏季，這裡幾乎沒有雪，也沒有任何土壤、植被或其他覆蓋物，岩石於是裸露出來，就像地質學教科書裡的示意圖一樣。加上有著鮮明的特徵，以及獨特的形式、顏色和紋理，只要任何對地球史略感興趣的人都會深受吸引[33]。綿延冷岸群島西海岸的基底岩源於前寒武紀，距今已有三十多億年的歷史，其間不斷翻轉、摺疊、位移，並與路易斯片麻岩一樣，在加里東造山運動中，勞拉西亞與波羅的大陸碰撞，而發生了多次質變。那場巨大的造山運動塑造了英國北部、北美東部、斯堪的納維亞半島西部和格陵蘭島東部的地貌。在大約四億一千萬年前，造山運動快將結束的時候，也塑造出冷岸群島。三個截然不同的前寒武紀地層對接，形成了群島基底。這地塊的各個組成部分就像赫布里底群島一樣，在勞拉西亞的邊緣旅行，本來從南極而來，後來從赤道向更北的緯度漂流。加里東山脈一度在冷岸群島崛起，就像現在英格蘭和蘇格蘭交匯處附近，過去亦曾有過山脈出現，如今都已化作塵埃，唯有地質學家才能看見。它們崩塌成礫岩和頁岩，沉積在湖泊和三角洲中，長期受乾旱的赤道氣候烘烤，變成砂岩層，內含第一批魚類和古老植物化石。這層紅色的砂岩對應的是歐美大陸的紅石頭，如奧克尼的老紅砂岩。現在所謂冷岸群島的板塊曾經不斷漂移，進入過更濕潤的北熱帶，到了三億五千萬年前的泥盆紀晚期，曾是一片茂密的濕潤森林，是地球上有史以來最古老的林地，即石炭紀沼澤森林的所在地。當時，蕨類植物和馬尾藻之屬可長到三十公尺高，鋪滿了金字山（Pyramiden）礦業小鎮，形成日後的煤炭；魚兒找到了上岸的兩棲路線，而那些巨大的帶孢子的植物，則被埋在積水的土壤中，被壓實，開始走上成為泥炭與更後來的蘇維埃煤之路。同時，群島作為盤古大陸的一部分，以每年兩公分半的速度向北行駛，在亞熱帶淺海中被淹沒了近一億年，直至二億五千萬年前的三疊紀，隨著進入高緯度地區，淺海漸漸冷卻而浮出水面。魚龍、蛇頸龍則在現今所謂伊斯峽灣一帶游弋，到了白堊紀，海水退去，換成異特龍（Allosaurus）在山谷中遊蕩。一億五千萬年前，盤古大陸斷裂，大西洋形成，陸地依然在漂移；所以，隨著第三紀開始，即距今六千五百萬年前，這片將成為冷岸群島的土地被格陵蘭島東北部擠壓，迫使卡爾王子島和史匹茲卑爾根島西部的山巒上升。自此以後，兩島分離，冷岸群島漂流到了現今極北的位置，氣候溫和，三個月處於黑暗，陸地又被森林覆蓋。這樣的地景違反直覺，如今已找不到另一個類似的地方，沉降後又變成了沼澤地，樹木和其他植被又再回來；而樺樹、榆樹、銀杏、懸鈴木、紅木和榛子的祖先，則被一層層厚厚的泥沙所掩埋，形成半腐爛的沼澤泥炭，有點像路易斯島那樣，被泥炭淹過島上，至於地下的部分，則因長期受壓和地熱影響而轉化為褐煤，再於第三紀轉成煙煤：一種無機的、非礦物的、沉積的、最矛盾的岩石，後來在巴倫支堡、長年鎮（Longyearbyen）和國王灣等地被開採出來。例如普

爾便曾於一六一〇年燃煤取暖，波莫爾人和挪威捕獵人有時也用它來燒煉爐；一八六一年，彭斯川於國王灣測繪的，也是這種煤炭。到一九〇一年，七位匿名人士涉水上岸，宣稱擁有煤炭。他們把能看到的東西都圍起來，以「A/S Bergen-Spitsbergen Kulgrubekompani」的名義豎立標誌，並蓋起了一個倉庫。完事了後，他們便離開，再也沒有回來[34]。

二十世紀初有許多探礦者抵達史匹茲卑爾根島，這些人還只是一部分。他們找到容易獲得的礦藏，包括石膏、石棉、銅、鐵礦、磷、金和大理石等等，可是，他們並不知道是否都有開採價值。他們組成先頭部隊，隨意打樁、立標，宣稱所有權，以至於這些資產迅速超過了群島的土地面積，然後又輕率地拋給了後來的高資本化企業。於是，來自美國、英國、荷蘭、俄羅斯和瑞典的公司吞併了大片領土，如北方勘探公司（Northern Exploration Company），總部設在倫敦，便聲稱擁有群島五分之一的土地。這些公司建立了第一批供人常年居住的聚落，常常搭建超多房舍，目的是吸引投資，並將該地當成永久殖民地，可以應付西方社會對於煤炭的莫大需求；而這些煤炭又是不易腐爛、非季節性的，顯然取之不盡、用之不竭，所以能從地質豐富的史匹茲卑爾根島獲得豐厚利潤。在那裡，首先不需要深挖危險而昂貴的礦井（不像在英國、蘇格蘭、俄羅斯、德國和美國那樣），因為可以直接在冰封的山體上開鑿，然後將煤從滑道或通過空中索道滾落下來。冬天，礦工會挖煤；夏天，等到海面變闊，他們便將煤運到碼頭，裝上船，並維護礦坑[35]。

第三紀的煤藏之所以有吸引力，不僅在於其豐富和質量，還在於其容易開採，這一點與史匹茲卑

爾根島的鯨魚漁場一樣。這裡的礦床地層簡單，斷層少，坡度較小，覆土層被永凍土牢牢固定住。在最近一次北極暖化之前，永凍土將水結凍，深達三百英尺。因此，至少在最初，採礦在技術上是簡單的；可是，礦工的生活問題卻往往沒那麼簡單，例如：營房擁擠；每週六天、十小時輪班；缺乏安全帽、安全靴；為食宿而被扣工資，為準備炸藥、鑽頭、電石燈等設備，又被扣更多的錢；領取低工資，後來更演變成計件工作，為的是提高產量，以克服遠方市場的運輸成本；為了抗議被列黑名單、被驅逐出境，工人發起罷工，在紅旗下遊行[36]。在礦井內部，寬度很少超過一公尺。許多人來自農業和漁業社區，他們像今天一樣，在狹窄和幽閉的低天花板空間裡工作，必須蹲著或側身趴著。一九二〇年代以前，礦工還是徒手挖掘煤層底部，助手再把挖掘出的岩石鏟出，鑽孔工則用笨重的鑽頭打洞裝炸藥：一班大約打七十五個洞，每個洞長一公尺半。在電動掘進機出現之前，工人都是徒手鑽洞、裝藥、爆破礦層、把煤鏟到傳送帶上，再由傳送帶把煤運到車上（電動火車出現前都是用馬拉），車在交叉路口等著，一班共八十五台車，每個工人運十到二十噸煤；火車司機配有助手，通常是年輕男孩擔任，當火車在隧道中奔馳時，他們盡可能緊緊穩住，礦工則期待空車到來，心急如焚。煤炭被運出來以後，木材工會爬進去，用橡樹木柱支撐起中空的礦坑，加固牆壁和天花板，以承受覆土層的重量（「我們能聽到山的聲音，像紙在吱吱作響。此時千萬不能緊張！」）地面上的工作收入較低，礦井入口通常是在山坡上，工人暴露在從北極吹來的冷風中，黑色的粉塵充斥肺部。他們清洗石煤、秤重，然後裝進卸斗。在長年鎮，有一組戶外工作人員在索道上工作，把一桶桶的煤從山坡上的礦坑運到港口倉庫：潤滑工負責顧好輸送通道的輪子，桶工則負責處理從礦坑運來滿滿的煤[37]。

史匹茲卑爾根島的這場煤炭熱，激烈而短暫，它是由席捲斯堪的納維亞半島和俄羅斯西北部的工業化浪潮所點燃的，加上國內燃煤取暖的需求提高，歐洲鐵路系統擴張，再加上挪威、瑞典和丹麥國內煤炭儲量匱乏，以及蒸汽動力裝置創新（使用煤炭動力蒸汽），使航運成為可能，增加歐洲進入史匹茲卑爾根島的機會。這些進展不僅提升了開採速度，連旅遊和科學研究都同步加快。直至今天，這三個行業仍是群島未來的經濟基礎：一個嶄新待開採的未來就濃縮在新奧勒灣（Ny-Ålesund）聚落，它位於昔日的鯨魚灣，或後來所謂的國王灣，現已匯集多個國家的科學站，

成為一個龐大基地[38]。

彷彿出於某種統治的疏忽，在二十世紀初，史匹茲卑爾根島依然是一片無主之地，是地圖邊緣的一塊無人區。在那裡，只要有能力的話，任何人都可以擅自佔有，也沒有人要徵什麼稅。還沒產煤時，這片土地並未被殖民化，儘管也有零星的佔領慾望，還是一次次被越冬的恐怖所擊退。在爭奪煤炭之前，只有努斯（Hilmar Nøis）或施特羅坦（Ivan Starostin）這樣的人，他們熟練、頑固，又喜歡孤獨，才能在這片不安定的土地上年復一年地堅持下去；之所以不安定，一則由於無人定居，再者因為不受國際法約束。直到後來，就像昔日爭奪鯨魚和海象一樣，不同國家和公司之間產生了地域衝突。煤炭的情況也一樣，礦業財團草創之初，已陷入對地方的侵佔，涉嫌「擅闖」。這些公司及其發起國家於是陷入不確定的商業環境，迫使建立仲裁機關，即某種國家形式，以行使產權法和解決糾紛[39]。挪威爭取主權的運動離不開其「挪威化」大型國家項目，那個運動藉由擴大和整合薩米（Sami）馴鹿牧民所佔領的北方領土和北極島嶼，以進行國家建設。這一類國家建設以極地探險英雄的探索為基礎，包括有：諾登基（A. E. Nordenskiöld）、蘭森（Fridtjof Nansen）、阿密生（Roald Amundsen）等人；掀起一股「全國性狂熱」，涉及名望、科學、男子氣概、文學冒險、大眾傳媒、商業和政治，重繪了北方地圖，並將挪威重塑為一個極地國家，最終導致於一九〇五年與瑞典分道揚鑣。這段國家自我認同的歷程，恰好與蘭森本人的驚人磨練相互輝映。他在一八八八年用挪威最常

用的交通工具——雪鞋和滑雪板，穿越格陵蘭島無人踏足的內陸冰層，歷時六週；隨後強制越冬期間，在努克（Nuuk）與伊努特人進行他的人類學「見習」；從一八九三年到九六年期間，自願登上「前進號」，在西伯利亞北部的浮冰中漂流；然後歡欣鼓舞地歸來；與國王哈康和王后墨德成為密友，他們和他一樣，都是新國家的象徵[40]。

無人能知維京人當初是否真的曾踏足史匹茲卑爾根島（冰島中世紀文獻中含糊不清地引述「Svalbarð」，令人聯想到冷岸群島），但蘭森卻把它當作鐵一般的事實再次前來，為其國家之旅編織史詩：從奧克尼群島、赫布里底群島、紐芬蘭島、格陵蘭島、史匹茲卑爾根島，「於北方水域上所向披靡」，直到後來在外國壟斷和丹麥殖民勢力的壓迫下，挪威終於悽慘地沒落。所以到了近代初期，挪威人只能為人作嫁：「為他國指明如何從海岸走出去，跨越海洋[41]。」蘭森在一九一一年寫下了這段話，現在讀來，感覺一九二五年的《冷岸群島條約》可算是天意，給予挪威人某種補償。根據該條約，史匹茲卑爾根（Spitsbergen）從此易名為冷岸群島（Svalbard），亦使挪威一夜之間遽增了百分之二十的領土，這兩件事看似是蘭森英雄事蹟的合理延伸[42]。可是，這卻不是對挪威人百分之百的肯定。《冷岸群島條約》中有一項「無差別原則」至今仍然有效：它允許所有條約簽署國（現有四十五國）的公民於無主地定居，保留其開採資源的權利，從而限制了挪威在該群島的主權[43]。

《冷岸群島條約》標誌著史匹茲卑爾根島煤炭熱潮的結束。隨著主權的確立，以及全球經濟大蕭條，煤炭價格滑落，最後只剩挪威和蘇聯兩國繼續開採。很明顯，這不是為了利潤，而是基於某種地緣政治的決定，必須維繫極北區域的戰略立足點。

・・・

歷史殘跡，在冷岸群島散落各處：班熊部的漂白骨；斯梅倫堡的鯨脂石；李角（Kapp Lee）的海象頭骨；丘墓半島（Gravneset）上的捕鯨人墳墓；安德魯（S.A.Andrée）氣球探險隊在白嶼（Kvitøya）的最後營地，終於劫數難逃；謝姆西嶼（Chermsideøya）上，納粹士兵用石頭砌出超大「卐」字；橫跨長年山谷的巨大索道棧道；一九一八年全球大流感身亡者的市鎮墓地。這些地方，連同其他數百個遺址都被冷岸群島總督（即所謂的 *sysselmann*）指定為「文化遺跡」。冷岸群島上的這一切，是在一九四六年之前由人類創造的；但現在，除了少數例外，都已被列為禁區，不再讓人類插手，而是完全交付給自然和動物，讓它們以各自的速度沉澱：無論是塑料、金屬、木頭、石頭；抑或紀念碑、廢墟、殘餘，皆難敵「自然界的力量，不斷向下拖拽、腐蝕、崩碎。」自生活中沉淪，卻依然未離生活環境，就像齊美爾（Georg Simmel）所寫的廢墟一樣，群島變成了「終須一死」（*memento mori*）的墓誌銘，紀念人類的慾望與愚蠢，原始積累，伴隨多少殘酷鬥爭、痛苦和滿足，教人永誌不忘[44]。這種歷史繼承反映出極端的不和諧：這些仍有生命力的遺骸毫無徵兆地出現在一個看似孤獨的海岸線上，在一個被掏空的山坡的搖籃裡，或者被掩蓋在藍寶石般的冰川下；也許正因如此，此時此刻，偶爾會發生時間彎曲，產生一種意想不到的感覺，突然的眩暈，或者其他一些迷失方向的情事。歷史不僅

以漂白的骨骼和空曠景觀的形式展現（這裡曾經充滿了動物，現在遊客卻得去找野生動物，甚至遍尋不獲），亦以不明、平庸的建築結構，或以勉強能勾勒的海灘輪廓現身；眼前的荒村、瓦礫，原來是殺鯨共謀者（砍台、煉爐、倉庫、小屋）；看似一般的設備（生鏽的引擎、損壞的零件、空錫罐、破雪橇），從深邃的靜謐和嚴酷的美景中浮現——多麼具表現力的物件，只是人去樓空：空蕩蕩的舞台，演員、觀眾，甚至連帶位員俱不復在[45]。

遊船即日來回，回到長年鎮，靜謐氣氛又隨之回來。在廢棄的蘇聯金字山煤礦鎮，我從文化宮出發，走過十月革命六十週年紀念街。這裡有體育館、劇院、圖書館、音樂室，宏偉的大樓和周圍重門深鎖的其他建築；到達四層樓高的公寓前，成千上萬隻三趾鷗在尖叫、盤旋。牠們就在這裡繁殖，每一個窗台上都有牠們凌亂的巢穴[46]。我徘徊良久，午夜已逝，卻仍借助超現實的日光，看見無限遠方。峽灣被寒霜包圍，冰川延至山谷；向北，鮮明的金色山巒，猛地切入最純淨的藍天。鐵軌若隱若現，幽幽登上礦井邊；一旁，坡上木樑刻著社會主義的格言「Миру мир」——唯願世界和平；下面，永久凍土已在解凍，裝箱管道和電纜均沉入其中。但願有一言半語，能讓我充分表達此刻思緒。在那幾個小時裡，我被最強烈的生命力所攫住。北極無眠的夏日，如此充沛的光亮和野性，教我感到暈眩，並非只有那沒完沒了的海鳥，並非只有那躲躲閃閃的北極狐，也非只有壯麗的場景。我頓覺自身和世界一樣，無盡壯闊，不禁向後顧戀，且向前瞻望，那浩瀚的天空、閃爍的色彩，前方物品忽爾歷歷在

ОПАСНО!

目，其他無數東西被置之不顧，卻仍在各自訴說不為人知的故事和生命[47]。

而當我憶起那一天，陽光普照的那個夜晚，當我打開照片和錄影，一下子又感到自己已從世界和時間中釋放出來。沒錯，在那如幻似虛的幾個小時裡，我其實也被遺棄了；是另一種不一樣的遺棄，卻使我倍感自由。這地方、這裡的物品，曾有過許諾，也有過失望，一切只反映虛無縹緲的希望，甚至是絕望，既有理想，也有憤世嫉俗。這些情緒不但塑造了我，也是我最親近的人的生活。然而夢想已逝，對我們來說，未來是一場重大幻覺的破滅，徹底結束柴契爾時代英國集體長大成人的過程。這時代不可避免地以煤炭為標誌，離不開不合時宜地如史詩般的你爭我奪，但最終還是一樣慘敗收場，世界亦從此改變。[48]

一九九八年十月，處於葉利欽的後蘇聯時期，國內一片混亂、貪汙，接著又被國際貨幣基金組織摧殘，俄羅斯便結束了給金字山鎮的補助，那麼多的綠房子、牛棚、豬圈、雞舍、操場、廣播站、廚房、餐廳、酒吧、郵局、幼兒園、學校、博物館、游泳池、射擊場、醫院、洗衣房、公寓、儲油罐、消防站、足球場，一時便失去支持。在戰後的幾十年裡，這個聚居點作為社會主義展示地，實現了所有目標：裝備精良、具生產性、公共性、支持性、繁榮昌盛。挪威人還不知石油即將帶來財富，他們參觀當地時，驚嘆蘇聯在永凍層中建造現代化多層建築的能力。一九九六年八月，一架來自莫斯科的飛機在長年鎮附近墜毀，一百四十一人身亡，幾乎都是巴倫支堡和金字山鎮社區居民；次年九月，巴倫支堡礦井發生爆炸，二十六名工人喪生。受該事件影響，俄羅斯極地煤炭信託公司（Trust Arktikugol）大受創傷，便將其在巴倫支堡的管理權合併，並將金字山鎮所有居民遣送回國，把建築物封死，關閉礦井，小鎮的命運自此便被決定下來，亦常被比作社會主義烏托邦的沒落[49]。金字山鎮是一個資金充足的規劃定居點，信託公司在遠離礦區的地方依有秩序的格局建造了它，卻不得不努力應對技術挑戰。這裡是石炭紀的山地礦層，比史匹茲卑爾根島其他地方的第三紀礦層要古老二億五千萬年，想要維持產出，在地質學上非常複雜，更加困難。在巴倫支堡，礦場位於鎮上主要街道，就在信託公司辦公室的正下方。古樂秀、妮庫琳娜和我就在那裡安排會見了總工程師謝夫若（Yuri Anatolievich Shevchyuk），他主動提出要帶我們四處參觀。其實前一天晚上，從謝夫若的辦公室走回來時，我們已經溜進了煤庫後面，一切都被厚厚的黑色塵埃覆蓋著，運煤車空蕩蕩的，在黑暗中等待著返回坑道。當我們在這些影子間穿梭時，古樂秀忽然驚呼大叫：「這裡有一股蘇聯味！」

第二天一早，我們三個人戴上防護裝備，跟著謝夫若下礦區。他給我們講了不少安全須知，例如：巴倫支堡是俄羅斯十二個最危險的礦坑之一；隨著北極氣溫升高，凍土層愈來愈不穩定；砂岩覆蓋層又密又重，很容易坍塌；粉塵和甲烷易揮發，總是危機四伏；當進行機器切割時，金屬撞擊到菱鐵礦，會產生摩擦和火花，引起爆炸。他帶我們穿過隧道，向我們指出撒在隧道裡的白雲石粉末（以抑制煤塵），還有巨型風扇、安全門、地震感應器、空氣監測器。礦工則從兩個方向經過我們，下井上班或下班返回地上。他們是烏克蘭人，像謝夫若一樣，來自頓巴斯煤田（Donbass）的採礦家庭，自二〇一四年以來，頓河煤田成了戰區，礦坑的工作機會急劇下降，這些人便把家人帶到這個更安全的地方，但亦更為偏遠。他們簽了兩年合約，薪水不高，還得支付自己的交通費用，而俄羅斯礦工一般則去東部的堪察加半島，那裡條件較好，工資也較優厚。

在長年鎮，我和朋友卡捷琳娜在餐廳吃飯。吧檯後面架子上，有一尊大型的列寧半身像，那是挪威遊客的戰利品，在金字山鎮被清空後的幾個月裡掠奪來的。卡捷琳娜便藉此告訴我，蘇聯解體對她來說是一個極為深刻的衝擊。她當時是少年先鋒隊員，堅定不移地相信

社會主義的未來充滿希望。她說，金字山鎮是一個成功的示範點，能把憧憬變成現實。當然，必須通過大力挪用資源來維持，但至少是真實的。工資優渥，每棟公寓樓都有自己的免費托兒所，又有免費醫療、免費的文化活動、免費的食物，肉、奶、菜都能自給自足，而且沒有浪費，一切都能發揮創意，再加利用。

至於長年鎮，則曾是美國、英國的礦營，最後到挪威人手上，直到一九八九年還是由挪威煤炭國企（Store Norsk）經營著。一尊礦工銅像、索道中心的巍峨輪廓，加上連接山坡礦區的巨型木棧橋，把這段歷史渲染得尤其動人。二〇一六年，奧斯陸政府暫停了斯韋格魯瓦礦場（Sveagruva）的開採設施，並在侖克菲（Lunckefjell）斥鉅資建成新礦後，就將其拋諸腦後。因此，挪威在冷岸群島現在只剩下七號礦還在開採。該礦位於長年鎮郊外降臨谷（Adventdalen）的一個小礦坑，幾名工人為該鎮電力供應煤炭。此外，長年鎮有機場，有大學，甚至有酒店和野外旅遊公司。在二千七百名居民當中，有很大一部分是服務人員，分別來自泰國、菲律賓和其他簽署國，他們和其他大多數人一樣，只會在這裡待二到六年。他們被低稅收、相對較高的工資所吸引；自一九二五年條約生效後，這些人便獲得工作權，和其他許多人一樣，因為抵受不住新鮮事物的誘惑而前來。

起碼有十年了，十年前人們還可以看到年輕礦工在長年鎮出浴的場面。他們眼皮上覆蓋著煤灰，就像被畫了眼線，「彷彿剛演完歌舞劇一樣[50]。」雖然礦工大幅減少，冷岸群島依然有煤炭，它不僅是商業化的遺產，也是工業的遺跡，儘管產量已大幅減少。在全球化術語中，「極地」被確立為氣候變化的原爆點。隨著北極海冰迅速消失，這裡展開了新的地緣戰略競爭，以控制航運和海軍走廊；又隨著主權不確定，以及預期石油和天然氣開採加劇，美國NASA和美國國家海洋暨大氣總署（NOAA）的活動便愈加頻繁，蓄勢待發。在長年鎮附近，歐洲太空總署在高原丘（Platåberget）上建立了衛星站，引起各界重提《冷岸群島條約》第九條，規定挪威絕不能將該領土「用於戰爭目的」；此舉亦證實了數據（包括氣候數據與監控數據）和自然旅遊正成為二十一世紀的新資源，為當地帶來開採價值。從上述這一切，以及各種多尺度變化，可見挪威和俄羅斯承受的壓力始終如一，兩國繼續積極介入，保留可見的物理足跡[51]。挪威的立場相當尷尬，在國際氣候會議上，一邊反對化石燃料補貼，另一邊卻繼續支持國營煤炭開採，然而每當我跟煤炭公司代表談話，只要一提到：「現在煤炭已

經結束了……」他們就會問：「哦，是嗎？」事實上，只要俄羅斯在巴倫支堡依舊維持業務，挪威便將繼續在七號礦工作，這一點似乎很清楚。正如官員們所主張的，在任何外交緊張的時刻，煤炭作為重工業，在政治美學上都會很重要[52]。

紀弗（Anselm Kiefer）說，「廢墟並不是一場災難，而是一個開端，是一切可以重新開始的時刻[53]。」它並非文風不動的紀念碑，而是轉變。歷史腐蝕而成新東西，記憶沖刷著峽灣的海岸線，沉澱在史匹茲卑爾根島、勘曼特島、冷岸群島上流亡生活的密度中，既位於緯度邊緣，卻又是世界中心。我們的地理學顯然出了點問題，對自然的想法也怪怪的。矛盾的是，煤炭雖被冠礦藏之名，卻並非礦物；它之所以生成，正由於動物的消失。生命如幽靈一般，以不可思議、不可預知的姿態隱藏在地景中；創造世界的資源被定位，又被開採、被消耗，要獲得它，必須歷經困難重

重、無盡險阻。我停留在冷岸群島的時候，腦子一直盤旋著這樣一個念頭：這裡的煤曾經也是動物，就跟那些鯨魚、海象一樣，終究都變成了物質，沒有多大差別。

根據漢娜．鄂蘭的觀察，資本主義積累是無休止地重複著「不折不扣就是一種搶劫的原罪」。這句話用在冷岸群島之上，看來無可爭議，卻是不完整的[54]。照片中的這位挪威獵人在比斯開角（Biscayarhuken）越冬，該地位於史匹茲卑爾根島的最西北邊。當時是一九〇八年，這狩獵場曾經深受波莫爾捕獵人青睞。來福槍、斧頭、小提琴、自由，看著這畫面，讓我想起：他們之所以來到這裡，這個密集而充滿挑戰的地方，不僅是出於需要，也是為了尋求放棄和重塑的可能性；這跟我們許多人一樣，來到紐約和其他城市，不僅是為了生存和機會，也是為了有可能向世界敞開心扉，一睹它可能帶來些什麼，雖然那無疑只是一種生活浪漫，可能只發生在石火電光之間——但畢竟可能發生。我在冷岸群島遇到許多人：俄羅斯人、挪威人、瑞典人、泰國人、德國人、菲律賓人、烏克蘭人和美國人，全都抱著同樣的願望。「我們渴望荒野。」一九三四年，年輕的奧地利畫家麗達（Christiane Ritter）與丈夫和另一位獵人一起在史匹茲卑爾根島越冬。獵人遺世獨立，就在這照片中小屋不遠的地方，長期以來孤零零地生活。「我們無法控制對荒郊野外的渴望。我們總想愈走愈遠，進入北極地帶、冰封的島嶼、冰天雪地，看看上帝創世那天的樣子。我們已經把歐洲拋諸腦後，以及將我們與歐洲聯繫在一起的一切，都已遺忘了。我們渴望荒野，比以往任何時候都要迫切，超過了一切理智、一切記憶[55]。」

鐵之六

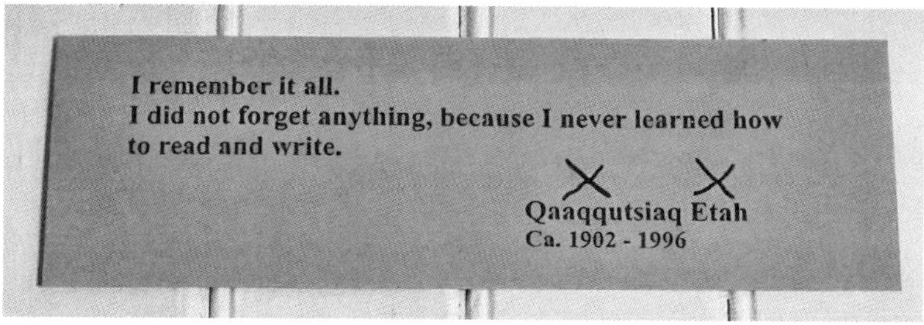

我全都記得。

我什麼都沒有忘記，因為我從來沒有學會閱讀和寫作。

——迦古賽．埃塔（約1902-1996）

就在哥本哈根丹麥自然史博物館的院子裡，擺放著一塊重達二十噸的隕石，名為「漢子」（Agpalilik）：紅彤彤的，坑坑洞洞，粗糙的長方體，擺在一個工業金屬框架上。丹麥隕石科學家卜赫瓦（Vagn Buchwald）於一九六三年在格陵蘭島西北部阿凡爾蘇（Avanersuaq）找到了它。該地靠近薩維斯域（Savissivik），近千年來，伊努特人和伊魯特人（Inughuit）一直深信該地是隕鐵的來源，歐洲探險家和科學家也從十九世紀初開始注意到這一點。

在薩維斯域附近，至少還發現了另外五塊大型隕石，這些隕石全來自於所謂的約克角（Innaanganeq；Cape York）隕石雨；一八九七年，其中三塊跟著美國探險家皮里（Robert E. Peary）前往紐約，抵達美國自然史博物館（AMNH）。他連同六名伊魯特探險家一起帶回紐約，對博物館

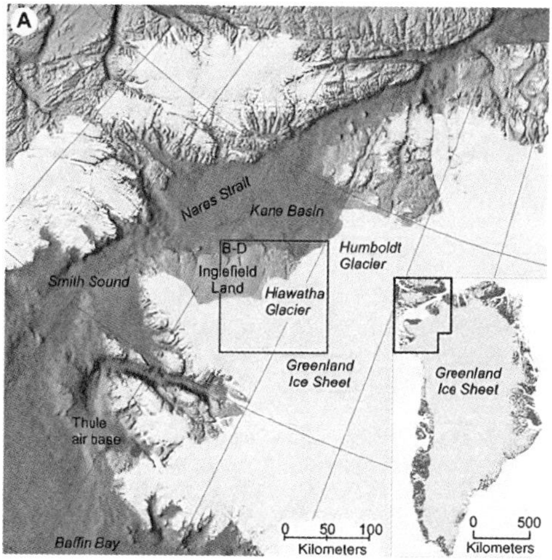

的科學家而言，這些伊魯特人和隕石一樣，都是非常有趣的標本。

哥本哈根博物館的地質學家紀邀（Kurt Kjær）每天早上上班都會騎車經過漢子石。二〇一五年的某天，他開始懷疑這塊隕石是否與一個不尋常的現象有關。他曾於新衛星圖像上注意到，距離薩維斯域以北約三百公里處的海華沙（Hiawatha）冰川，有一個巨大的圓形凹陷[1]。五月，紀邀收到了探冰雷達圖像，確認了隕石坑就在冰川底下，達三十一公里寬。那年夏天，他便和研究團隊沿著海華沙工作，收集冰水沉積，其中帶有與鐵隕石相對應的化學特徵。他們從圖像推斷，隕石直徑約一公里半，重量在一百一十億到一百二十億噸之間。這東西撞擊下來，會造成區域性甚至全球影響。這個坑洞雖比一百五十公里寬的希克蘇魯伯（Chicxulub）隕石坑小，但可與之媲美。

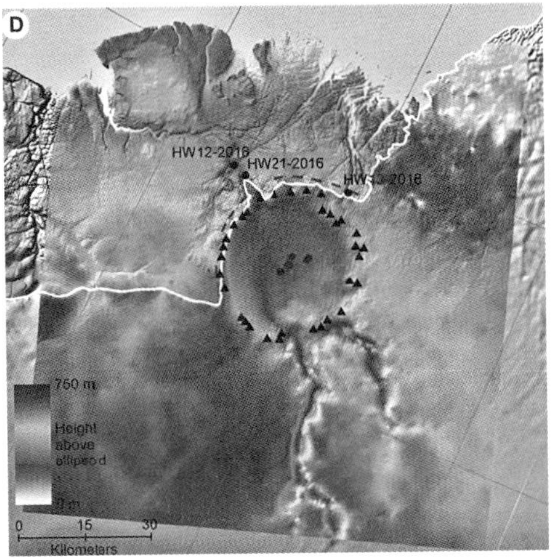

希克蘇魯伯隕石坑的隕石在約六千六百萬年前在猶加敦半島（Yucatán）爆炸，引發氣候突變，導致白堊紀、第三紀期間的大滅絕和陸生恐龍的滅亡，是純粹的災難性地質變化。

關鍵是，我們依然不知格陵蘭隕石的撞擊日期。紀邀的團隊謹慎地提出了一萬一千七百到三百萬年前的範圍，差不多是更新世左右。研究人員必須穿越冰川九百公尺，從隕石坑中取出岩石樣本，才能進一步收窄推定範圍。但該地區的物理特徵表明，這次撞擊應屬於此時間範圍內最近的一次，因此學界立即恢復了對新仙女木期撞擊假說的興趣。該假說極具爭議，認為大約一萬三千年前的大規模撞擊事件造成了冰期突然延長；當時，地球正在變暖，卻在走出最後一個冰河時期後突然逆轉。新仙女木期持續了一千年，北半球不斷降溫，導致乳齒象、猛獁象滅絕，以及北美洲克洛維斯（Clovis）文化的終結。這是否真的與隕石撞擊有關，依然有待證實。但如果當海華沙（或約克角）隕石墜落地球時，格陵蘭島西北部被冰覆蓋著，那麼水蒸氣便會將大量的水送入北大西洋，顯然會破壞極地環流[2]。

在紀邀開始注意海華沙隕石坑的十年前，二〇〇五年十一月十九日，日本無人太空船「遊隼號」降落在25143小行星「糸川」（Itokawa）上。這是一顆六百三十公尺寬的近地小行星，太空船當時收集了微量礦物材料。這些塵埃首次證明了小行星和隕石之間的直接聯繫；遊隼號發回的圖像亦顯示，小行星的組成相當複雜，岩石上鑲嵌著巨礫，有的被嵌入，有的被重力束縛在表面。全靠遊隼號，我們現在相信，漢子石應該是在隕石群進入地球大氣層時斷裂的碎片，其餘由皮里帶到紐約的隕石也一樣——即帳篷石（Ittaq或Ahnighito）、婦女石（Arnaq）

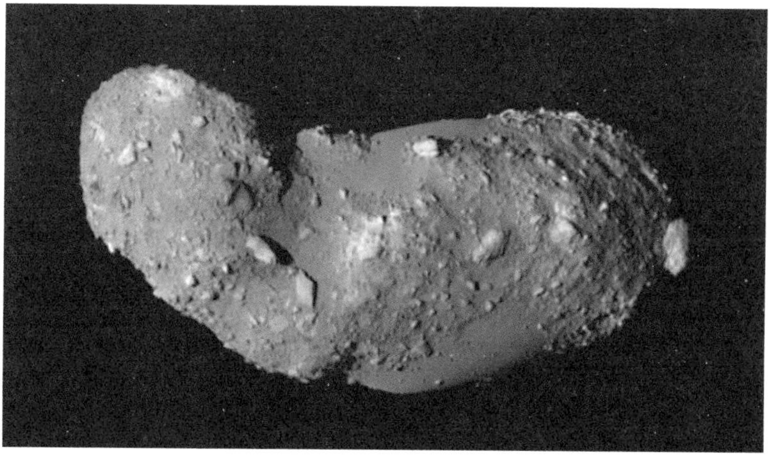

和犬石(Qimmeq)這三顆。隕石寬達一・五公里,進入大氣層後,碎片降速降得比的主體要快得多,因此和主體落地的地點不同。當年的隕石主體繼續向北移動,造成了地球上位處最北邊的隕石坑。它撞到地面時,將鐵撒落在北極冰面,贈送給古代圖勒人(Tunit)、伊努特人、諾斯人,也是送給皮里,給美國自然史博物館,和給附近圖勒(Thule)空軍基地的美國和丹麥軍人的禮物。事實上,也算是給我們所有人的禮物[3]。

・・・

在我離開哥本哈根前往薩維斯域的前一天晚上,我讀了幾個小時《發現之旅》(*A Voyage of Discovery, Made Under the Orders of the Admiralty, in His Majesty's Ships Isabella and Alexander, for the Purpose of Exploring Baffin's Bay, and Inquiring into the Probability of a North-West Passage*)。這是蘇格蘭海軍司令羅斯(John Ross)按海軍部的命令,乘「伊莎貝拉號」和「亞歷山大號」船進行的,目的是探索巴芬灣,並調查西北航道的可能性。一八一八年,羅斯受英國海軍部委託,追蹤英國探險家巴芬(William Baffin)在一六一五年走過的西航線,前往戴維斯海峽尋找通往太平洋的通道。另外兩艘船,「多蘿西婭號」(Dorothea)和「特倫特號」(Trent)將同時跑東航線,繞過史匹茲卑爾根島,越過北極——路線就像巴倫支(Willem Barentsz)一五九六年喪命那一次,以及後來一六〇八年哈德遜航行時一樣。當年,尋求通往中國的西北航道顯然仍屬於帝國開拓項目，只是現在是以科學的名義進行，較少商業性質。歐洲人在巴芬灣和蘭開斯特海峽（Lancaster Sound）已經航行很久了，深知各大洋之間的運輸無論如何都不可能是那麼簡單的。但一八〇四年至一八四五年期間，海軍部次長巴羅（John Barrow）權勢滔天，他是英國再征北極的幕後推手，卻相信在世界之顛那裡，持續不斷的陽光將溫暖極地的海洋。捕鯨人科學家索克斯比（William Scoresby）當時的一篇報告，使這理論更加可信。索克斯比認為，在格陵蘭海上，「大量北極冰塊正在消失」。拿破侖戰爭後，大量海軍軍官被減半薪，海軍部便想方設法幫他們找出路；而且巴羅亦公開表明擔心俄國會捷足先登[4]。也因此，大英帝國於一八一八年頒佈的《經度法案》中，採取了浮動型的獎賞策略：到達太平洋，可獲得獎金多達二萬英鎊；到達北極圈以北八十九度或以西一百一十度，獎金為五千英鎊；通過北緯八十三度，獎金則為一千英鎊[5]。

一八一八年八月九日，羅斯和部下離開泰晤士河口近四個月，經過幾個星期艱苦的北極之旅，並在幾小時前才剛躲過一座正在倒塌的冰山；午夜過後，天色依舊明亮，他們在阿凡爾蘇附近，在冰封海面上停滯不前，坐困船上。他們赫然發現，前方有人向他們走來。羅斯認為北極乃杳無人跡之地，以為自己碰到了捕鯨船的遇難水手，因而跟著此人一起進入梅爾維爾灣。但當船隊進一步靠近時，才清楚看到他們是趕著雪橇狗的住民。

這些伊努特獵人戰戰兢兢地走近冰緣，同時也是當時歐洲人已知歷史的邊境。他們對著船大喊著什麼。薩攝斯（John Sacheuse）是探險隊中的南格陵蘭語翻譯員，他也喊了一聲。但他們的言語無法溝通。羅斯寫道：「有一段時間，他們一直看著我們，默默不語。但船開始靠岸時，他們便一起大喊大叫，還做了許多奇怪的手勢，然後坐著雪橇，神速奔向陸地[6]。」

而這張照片是一八九七年夏天拍的，地點在梅爾維爾灣北端，約克角附近。攝影師是藝術家奧佩提（Albert Operti），一八九六至九七年間，他跟隨皮里（Robert Peary）前往格陵蘭島西北部探險。皮里是海軍工程師、著名的北極探險家，曾仔細閱讀過羅斯的著作。兩度穿越格陵蘭島冰蓋和到達北極，均無功而返，之後便急於尋找被新聞報導的機會，以便能返回美

國，讓富商繼續贊助他。羅斯當年曾指出一個謎團：在那些「石器時代」的住民中間，出乎意料地出現了金屬，那很可能是從隕石來的。而就在這張照片拍攝的三年前，皮里已經找到了金屬來源。現在他又回來了，他要把三塊鐵隕石中最大的一塊取出來，連同六個伊魯特人，有男、有女，也有小孩，一起帶到紐約，整批交給他在美國自然史博物館的贊助人，希望能吸引足夠的注意力和資金，支持他去戰勝北極。奧佩提的照片中，伊魯特男人（也許也有女人）前來迎接皮里的「希望號」，地點可能就在八十年前祖父母和曾祖父母輩遇到「伊莎貝拉號」以及薩攝斯和羅斯的地方。場景看起來與羅斯的描述很相似，但冰面上的人變更多了。也許，前面那個人依然擺出游移不決的姿勢，但這時候已經不再是兩個陌生而遙遠世界的初遇了。

・・・

一八一八年八月九日，約克角近郊。

緯度 75°55′N.；經度 65°32′W

獵人奔馳了大約一英里，然後停下雪橇，轉身面對船隊。他們看到「伊莎貝拉號」上的人搬出一把高木凳，放上一些刀子、衣服，不久又領出一條格陵蘭犬，把牠拴在柱子上，為牠戴上藍色珠鏈。他們看著兩艘船向北航行，然後他們也離開了。

十個小時過去。船員回來時，他們發現狗蜷縮著，睡了，貨物並沒有被動過。遠處，一輛雪橇在冰面上迅速掠過，然後消失。船員再次從船上下來，走向岸邊，中途遇到冰山，便在上面插進一根桿子，掛上羅斯的旗幟。旗上畫著神秘圖案：一隻手拿著一枝綠草，太陽和月亮在上方。他們又把許多東西放在一個袋子裡，袋上畫著另一隻手，手指著一艘歐式船。羅斯在「伊莎貝拉號」的甲板上，拿起望遠鏡，審視前面冰封的海洋[7]。

一八一八年八月十日，同一地點。

上午十點，船員看到八輛雪橇正向船隊奔來。「我們很高興，」羅斯這樣寫道[8]。又一次，獵人在一英里以外的地方停了下來；他們爬上一座冰山，站了一段時間，觀察現場狀況。最後，四個人下來了。從大約半英里遠的地方，他們看到船隊升起了新的旗幟。一面又一面的白旗幟，一片空白，充滿了難明的意思[9]。薩攝斯也舉著一面白旗，從伊莎貝拉號爬下來，滿懷信心地走近斷冰邊緣，停了下來。這裡的冰隙夠狹窄，窄到兩邊的人足以說話，但不能跨越。他摘下帽子，做出歡迎的手勢。那些獵人騎著雪橇向他走來，停下，遲疑地走近裂縫中較遠的一側[10]。

於是，一片白茫茫中，一道狹長（但也不算太狹長）的黑色裂痕周圍站著一小撮人。其他人則遠遠地觀看，無疑在焦急地等待著家人的消息；船上的人則在甲板上，聚精會神地觀看著。然後一切開始加速，因為，經過一兩輪無意義的叫喊之後，薩攝斯想起他以前聽過這種語言。他小時候在伊盧薩（Ilulissat）附近長大，即這裡以南一千三百多公里。他聽過一個女人說著同樣的話。她是他的護士，來自烏珀納域（Upernavik），在不到五百公里的地方。她的北方話的語速比他平常講的慢，音節較長，詞彙獨特。但即便如此，來自伊盧薩的他除了聽聞使用這個語言的人的故事外，還不知道是否真的存在。而現在，這些格陵蘭人面對面站在冰面上，他們發現可以設法讓對方理解自己。

「來吧！」薩攝斯說。

「不，走開！」那些獵人回答。

在場年紀最大的那位從靴子取出一把刀。「走吧。我會殺了你。」

薩攝斯：「我也是人；我是朋友。」（他把一件格子襯衫和幾串珠子扔過水面。）

「走開——不要殺我們！」

薩攝斯把一把刀扔給他們。「拿去吧！」

羅斯從望遠鏡觀察，不知道發生什麼事。他努力察看雙方的表情和肢體語言，第二天，他和船副詢問薩攝斯，發現他的英語和伊魯特語（Inuktun）一樣，程度有限。他們仔細盤問了他，發現（或者說他們認為自己發現了）這些獵人在附近紮營，準備度過夏天。他們出來尋找獨角鯨，從遠處看到陌生人到來，便把家人送到山上。他們觀察了很久，才駕雪橇穿過冰面，叫羅斯一群人離開。他們大喊「走開——不要殺我們！」是因為他們從來沒有見過這些東西，不知道該歸為哪一類動物，不知道是否既能飛又能游，又是從哪個神秘的地方過來的。

「那些大東西是什麼？」他們這樣問薩攝斯。「是來自太陽？還是月亮？是在晚上發亮？還是在白天帶來光明？」

薩攝斯回答說：「我是人，和你們一樣。我也有父親和母親。我來自那邊的國家，在南方。」

他們回答：「不！那不可能，那裡除了冰，什麼都沒有。」

「那是什麼動物？」他們又問。

「是木頭做的房子。」

「不，它們是活的，我們看到它們動了翅膀。」

「那你們又是什麼？」薩攝斯問。

「我們是人，我們住在那裡，在北邊，那裡有開闊的水。」

他們後來同意薩攝斯可以跨過冰隙，去他們那邊，他便回船上取木板[11]。

• • •

距離當時兩年又三個月前，薩攝斯偷渡，上了蘇格蘭的捕鯨船「托馬與安號」，從戴維斯海峽漁場回到利斯港（Leith）。利斯是愛丁堡繁榮的港口，也是十九世紀初的捕鯨業中心。船開出海後，他便向船長透露身份，請求船長帶他繼續航行[12]。薩攝斯是基督徒，他接受過丹麥傳教士的洗禮。他說，他和五個人划著蒙皮筏（kayak），在海上迷路，其他人都淹死了；他說他想成為北格陵蘭島異教徒的傳教士；他說他想學繪畫。他說他之所以在大海漂流，是因為得不到所愛女子的母親的首肯，於是絕望，奔赴大海，背棄社會，變成「奇偉陀」（qivitoq）：自此無名無姓，遊蕩荒野，體毛積聚在身，頭髮結成一團；他的感官愈來愈敏銳，獲得了飛行、隱形和無窮力量，永遠居住在最深的孤獨中，只與動物對話；他已成不死之身，不斷覓食和尋仇，隨時會回到過去的世界，向人類施暴；不死者是傳教士所一向禁止的，卻依舊存在著，因為不死者顯然無法被禁[13]。所以，也許只有當牛頓船長的船從冰面上隱約出現時，才給了他不一樣的未來。薩攝斯當時才十九歲，富有魅力，腦筋靈活，熟悉歐洲人，不僅遇過傳教士，還有英國人、蘇格蘭人，偶爾還有荷蘭捕鯨人。當時史匹茲卑爾根島漁獲量已日益遞減，他們便停靠在迪斯科灣（Disko Bay），改在戴維斯海峽捕魚[14]。數週以後，當「托馬和安號」到達利斯港時，他已懂得一些英語，成了能幹的水手，討得同船人歡心。他也成了表演者，穿著伊努特人的毛皮，牛頓船長在旁當經理人，在利斯港碼頭深受眾人矚目（愛丁堡的報章寫道：「碼頭、房屋的窗戶和屋頂、船上的甲板和索具，都擠滿了觀眾；

水面上……佈滿小艇，滿載女士和紳士」）；他展示了自己駕馭蒙皮筏和運用鳥鏢的技巧（「他非比尋常地冷靜，以三十碼遠的距離，擊打水面上的壓縮餅乾〔行船人的食物〕，將其劈開」），划著蒙皮筏，在群眾一片驚嘆聲中疾馳，甚至超過了一艘六槳捕鯨舟[15]。

第二年，牛頓船長帶著薩攝斯回到迪斯科灣，發現他姊妹已經去世。她是薩攝斯唯一的親人。捕鯨季節結束後，他沒有理由留下來，便乘「托馬和安號」重回蘇格蘭。他在利斯港的大街上走著走著，遇到蘇格蘭夙負盛名的藝術家納斯密（Alexander Nasmyth）。納斯密不久前才以伊努特人為題，創作了一系列的服裝畫，於是對眼前這位異國遊人很感興趣——雖然他並不如納斯密所期待地穿著全套傳統服裝。他請薩攝斯坐下來

當模特兒，並開始教他畫畫，然後又把他介紹給霍爾（James Hall）爵士。這位霍爾，就是和哈頓、普萊菲爾一起去西卡角郊遊的那一位。他當時已經成為愛丁堡皇家學會會長、著名的地質學家，雖然一開始半信半疑，後來還是設計了一系列實驗，從化學角度證明了他的朋友哈頓提出的不整合理論。薩攝斯就是霍爾推薦給海軍部次長巴羅的。巴羅便請他前往疊福德（Deptford），跟羅斯一起乘「伊莎貝拉號」出發，月薪為三英鎊，與一般老鳥海員相同。薩攝斯似乎對這筆錢興趣缺缺，他主要關心的是海軍部能否保證他返回愛丁堡[16]。

・・・

一八一八年八月十日，不久以後。

薩攝斯跨過了海面。一個伊努特獵人伸手試探，摸了摸他的手，確認他不是披著人型的精靈。然後這兩個格陵蘭人交換了刀子，以英國的鋼來換了伊努特的鐵。

羅斯看著望遠鏡，愈看愈不耐煩，便拿起一大堆貨（有：鏡、刀、帽、衫），叫喚亞歷山大號的指揮官帕里（William Parry），一起穿著整齊，從船上下來，闊步跨過冰面。狗見勢嚎叫，鞭子也在抽動，啪啪作響。這些人前來，明顯給獵人帶來不安。羅斯寫道，薩攝斯指示他模仿伊努特人，大喊「嗨！唷！」，並用手扯了一下（自己的）鼻子。做出這種示好姿態，

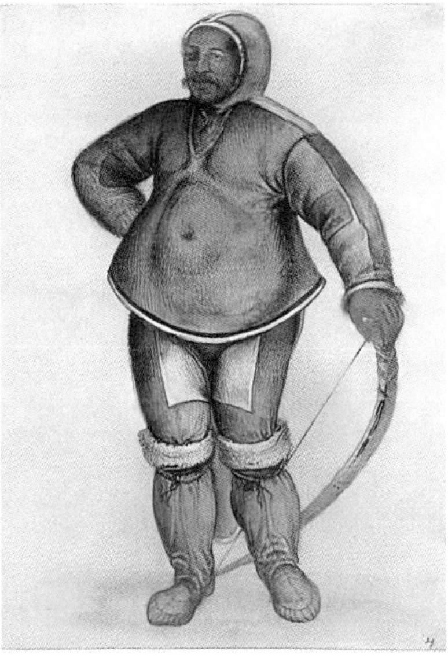

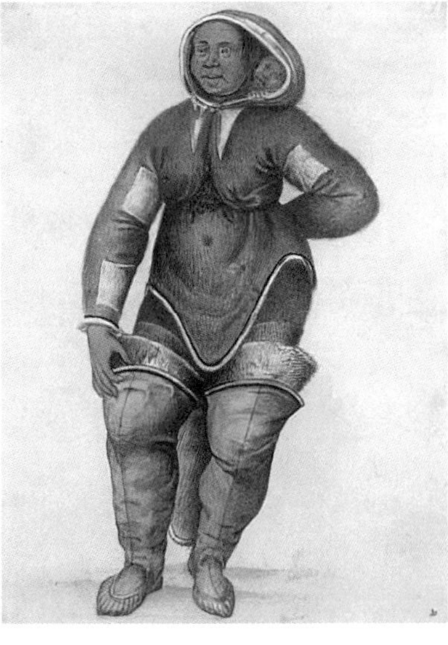

使羅斯回到倫敦後淪為笑柄，儘管船副一致否認有看到此事。由於各方說法不一，我開始懷疑起羅斯關於北極高地人的描述。「北極高地人」是他對約克角伊努特人的稱呼，這名字勾起了他的家鄉蘇格蘭的野性浪漫情懷，但也不禁令人想到高地清洗的暴力畫面，以及羅斯自己可能給這些獵人帶來的憂患。他寫道，這些人原本只是來梅爾維爾灣尋找獨角鯨，但看到他與歐洲所展現的東西，幾乎都報以戲劇化的訝異：船隻、衣服、膚色、語言、像冰一般的玻璃、能反映自己影像的鏡子、手錶秒針的跳動、椅子的作用、用紙筆寫字、木頭的重量、金屬的質感、桅桿的高度、船上的器具、設得蘭豬、吠叫的獵犬、非常乾的餅乾、醃肉，諸如此類的。羅斯抱怨道：雖然一開始很好玩，但他們一直表現驚奇，令人不勝其煩；可是，他們之所以驚訝也是應該的，有太多東西對他們而言不但新奇，而且超出想像。

不過，這種種驚訝反應，讀起來卻比較像是一種戰略姿態，用來處理眼前不確定的局面。人類學家馬勞里（Jean Malaurie）便支持這種想法。他認為，這些極北居民遇到歐洲人時「假裝驚訝，誇大他們的好奇，以取悅來訪者。」我忽然想到，也許，這也是逃避文化記憶的一種表現，畢竟他們過去也有不少人從北極被帶往歐洲，但都以悽慘收場。一幕幕的悲劇始於一四九八年，三位不知名男子被卡博特（Sebastian Cabot）從紐芬蘭帶到倫敦；其後，一五七七年，一男、一女和嬰兒，即卡利楚（Kalicho）、阿娜（Arnaq）和紐達（Nutaaq），被海盜弗羅比雪從巴芬島帶走，全都迅速死於天花；還有，一六五四年在格陵蘭島南部附近，三女一男在丹麥商船上被綁架，即庫奈林（Küneling）、卡貝勞（Kabelau）、司歌（Sigok）和伊浩（Ihiob）（丹麥學者奧利烏斯（Adam Olearius）寫道：「他們的生活方式與其他地方所見截然不同，稱他們為蠻子也無妨」）；一七二四年十月，在哥本哈根的腓烈登堡（Fredensborg）迎接了蒲克（Pooq）和奇帕洛（Qiperoq），他們是首批到達殖民母國的格陵蘭人，傳教士埃格德（Hans Egede）為獲得皇室能夠贊助貿易活動而把他們帶來；還有了不起的米卡（Mikak），一七六七年，她在拉布拉多（Labrador）半島南方與英國水手發生血腥衝突，最後被抓獲，連同六歲大的兒子被帶到倫敦。她流轉於首都的菁英階層中間，自然學家班克斯（Joseph Banks）出資，由畫師羅素

（John Russell）為其畫像；後來又代表摩拉維亞弟兄會（Moravian Brethren）和紐芬蘭省長，成功遊說在拉布拉多伊努特人中間建立傳教團和捕鯨站；最後，她回到老家，與一名有力（也很暴力）的薩滿結婚，並為傳教士擔任嚮導和中介（她告訴他們：「你們會看到，我們視你們為同胞，與你們公正貿易，相親相愛」），但摩拉維亞教會試圖控制伊努特人的行為舉止，結果雙方爆發衝突，這角色亦因而變質；他們拒絕贊助米卡再度前往英國（摩拉維亞教會領袖哈頓（James Hutton）在一七七三年寫道：「這類航行對愛斯基摩人來說『極不可取』，會敗壞上帝一向期望他們的生活方式」），更拒絕予米卡洗禮（他們問她：「妳內心壞透了，沒有一點有用的地方嗎？」她回答說：「我不清楚自己，我不知道。」）她之後便完全放棄了傳教，把注意力轉在更南邊的歐洲商人身上，利用她的語言和撮合技能，確立自己和丈夫的中間人地位[17]。

此外，尚有卡布維（Caubvick）、托拉維尼（Tookla-vinia）、阿圖渥（Attuiock）和艾孔郭（Ickongoque），以及艾孔郭三歲的女兒憶烏娜（Ickeuna），在一七七二年隨英國商人嘉威特（George Cartwright）從拉布拉多前往倫敦，獲得接觸文人雅士的機會（包括與班克斯、外科醫生亨特〔John Hunter〕和博斯韋爾〔James Boswell〕等人會談），並前往劇院看戲；在一次公開的遊行中，嘉威特精心安排站位，使他們得到喬治三世本人注意，對他們致以親切微笑，這也是他們得以造訪宮廷的前奏（「在那裡，他們的打扮和舉止極其引人注目」）。他們全都得了天花，卡布維是唯一生還者，「按其性別精心裝扮」，像個穿上喬治亞服飾的娃娃，在倫敦「踏著小步舞曲優雅地踱步」，返回拉布拉多途中卻得了滿身天花，慌張地在船艙走來走去，拉著自

己蓬鬆的頭髮。嘉威特設法剃除她粗糙的頭皮，告訴她「這頭髮的味道」會把病傳給親戚朋友，終於說服了她，但她還是不讓嘉威特把剪下來的頭髮扔到海裡。她從他手中搶過頭髮，把它放進行李箱。當他們到達時，也許有五百人前來接船，殷切期待，騷動鼓舞。伊努特人從三個不同社區而來，匯聚到查爾斯角（Cape Charles），一群蒙皮筏，每艘筏上都載著三個人，以保持平衡。但很快，當看到回來的只有卡布維一人，搞懂情況後，「便立即嚎啕大叫，這是我從來沒聽過的」，嘉威特這樣寫道。婦女們拿起石頭「砸自己的頭和臉，場面驚心動魄」；一位少女「往自己的顴骨狠狠湊上一拳，打到臉頰瘀青，皮開肉綻，眼睛幾乎都跑出來了」直到後來，嘉威特自己也把持不住，失聲痛哭，伊努特人便前來「圍著我，握住我的手，向我推誠置腹，說他們相信這不是我一手造成的。」過了不久，他們恢復平靜，離開了，卡布維和他們一起，在海灣遠處紮營。整整一天，直到晚上，港口依然傳來哀嚎，在周圍山丘迴蕩不絕[18]。

最後這段是羅斯寫的。整段調整如下：「此類事件持續發生，也反映在一八六〇年代初，林克（Hinrich Rink）收集的〈捕鯨人俘獲奇古塔〉（Kigutak Who Was Carried Off by Whalers）軼聞中（「他們抓住他，連同蒙皮筏和所有東西一起提到甲板上」）。也許，正是因為聽過這些故事，埃爾維和侄子們馬舒克和奧托尼婭（分別是Ervick、Marshuick和Otoonia，都是羅斯記下的名字）才會不願跟隨薩攝斯和那些海員登上「伊莎貝拉號」。但根據羅斯，他們雖不甘願，卻終究基於好奇心、算計、或者想得到禮物或拿取船上東西的想法而改變了主意。但我猜想，他們態度的轉變，也可能是因為過去幾天，這些人在探查歐洲人後進行了深入的討論、並且很可能還進行了某些冗長薩滿儀式的結果。[19]

一上伊莎貝拉號，埃爾維、馬舒克、奧托尼婭和其他未命名的人就發現，羅斯和手下急不及待，把他們當作未知的生物標本來研究。這是出於一種博物學式的好奇心，想認識這些來自北方異域的人們。歐洲人難以接近這裡，甚至無法在此越冬。而這些人卻和歐洲人一樣，身處於啟蒙主義、廢奴主義、社會改革和帝國焦慮的時代（無論他們是否知道），因此，他們理應和世上其他人一樣——當然較單純，但在某些方面卻更機敏、更能解決自身的問題。薩攝斯能夠成功轉變，可見這些人只是缺乏技術和博雅教育。他們非英式的生活習慣有點令人無所適從（雖然並非無藥可救），卻正足以激發

MARSHUICK.　　MEIGACK.

那關於相似和差異的、永無休止的經典討論，以及做那些沒完沒了的測試與實驗，與強迫症式的細膩觀察與嚴格紀錄，就像羅斯所說的，必須「對原住民測試他們從未接觸過的事物」。每一次的查問，他們大多都能平靜以對。他們對小提琴的反應如何？（平平無奇。）英國食物？（很差。）其他野蠻人的畫像？（無動於衷。）鏡子裡的倒影？（驚訝。）魔術表演？（憂傷。）如此等等。他們會不會「受禮物誘惑，同意與孩子分開？」（不會）船副做筆記，勾畫肖像，記錄詞彙，也指導薩攝斯問話。而且請訪客（這些人其實並非訪客）為他們表演傳統舞蹈，提供他們對無上主宰、宇宙本源、來世和惡靈的看法（事實證明，埃爾維對這一切均持懷疑態度，羅斯是長老會牧師的兒子，至少還有點相信），解釋他們掌握的巫術，展示他們的數字能力（只有到十），說明他們的婚姻關係、他們的狩獵技術，如此等等。然後，當每個人都因為興奮過度而變得有些疲倦，他們便再次扯了一下（自己的）鼻子，讓這些伊努特人滿載著禮物下船。他們準備駕雪橇離開前，海員看著他們把餅乾倒在冰面上，並把他們上船用的木橋劈成小塊，大家分一分，然後向海岸線飛馳而去，「一副興高采烈的樣子」[20]。

一八一八年八月十一日至十二日，格陵蘭島約克角附近。

緯度 75°54′N.；經度 65°32′W.

這兩天，伊努特人沒有出現。很有可能就是在這段時間裡，薩攝斯畫了這幅水彩畫，題為《攝政王灣初遇原住民》，羅斯把它收進了他出版的紀錄中，高傲地寫道：「這當然算不上什麼藝術作品，但它，至少啦，很好地呈現出它想介紹的東西。」從羅斯的觀點看，它還有一個優點，那就是大致上完全按照他的描述方式，展示了前幾天發生的事：英人英姿煥發，彬彬有禮；極地高地人則興高采烈，驚奇萬分。薩攝斯使這一切融為一體，不像在利斯港招呼群眾時那樣，他不再穿著防風雨的皮草，而是戴上水手帽，穿上白棉馬褲、藍色夾克，與羅斯和帕里的海軍制服一樣。薩攝斯的水彩畫是以凹版腐蝕法重繪出版的，原作現已失傳，所以我們無法得知兩者的差異。但有藝術史家指出，現在看到的這幅畫結合了歐風（消失點、古典透視法、風景襯托，跟羅斯的水彩畫一樣，冰山以象徵式呈現，活潑的鯨魚亦暗示著商機），同時也有伊努特人慣用的手法（尤其是其動態漸進畫法，畫面隨時間而發展），畫風混而為一，正好表達了薩攝斯橫跨兩陸的親身經歷。這是被加工過的作品，不但受羅斯的意見所左右，也許還被他重畫過了。但畢竟，這是史上首次有伊努特人在書面世界留下紀錄，而非僅是被二手資料描述，或被轉述。這也是我們與當年二十多歲的薩攝斯本人僅有的、也是最直接的聯繫。[21]

伊努特人遠離「伊莎貝拉號」後，船副細細地詢問了翻譯員。很有可能，正是在這兩天之間，他們發現跟伊努特人換來的鐵刀的真正來源。它並不像想像中那樣是從漂流木堆撿來的，而是附近島上有兩塊異常堅硬的岩石，他們從其中一塊上把「愛斯基摩鐵」敲下來，然後用小石子打平來用。薩攝斯說，這種岩石在南格陵蘭島並不存在。但此時冰層不斷移動，已迫使羅斯向西航行了七英里，無法回頭驗證[22]。

儘管如此，羅斯和其他船副還是興致勃勃。不到二十年前，歐洲科學家還在嘲笑石頭可能從天而降的古典說法。後來卻觀測到一連串隕石降落，包括一七九四年在錫耶納（Siena）、一七九五年在約克郡的沃德舍（Wold Cottage）、一七九八年在貝納雷斯（Benares），以及據說一八〇三年四月在諾曼第的萊格爾（L'Aigle），從晴空掉下三千塊散發硫磺味的溫熱石頭，使人更難忽視迦德尼（Ernst Chladni）的《原鐵論》（*On the Origin of Ironmasses*, 1794）。迦德尼仔細查訪目擊證人，提出與啟蒙物理學相反的觀點，論證石頭和鐵確實從天而降，從外太空飛過地球大氣層，形成火球——亞里士多德和牛頓則認為外太空只有以太，此外什麼都沒有）。一八〇二年，霍華德（Edward Howard）和德伯農（Jacques-Louis de Bournon）發表化學分析，證明落石裡頭的鐵與地球上提取的鐵並不相同，鎳含量是關鍵指標[23]。薩攝斯說：伊努特人的刀片奇形怪狀，是「從山上兩塊大石頭上弄來」，把它錘打成小圓片；一聽見這說法，羅斯和探險科學家薩賓（Edward Sabine）立刻就想到了隕石。回到倫敦後，羅斯將其中一把刀送給了著名化學家、經度委員會成員沃拉斯頓（Henry Hyde Wollaston）。他計算出其鎳含量為百分之三至四之間，由此確認刀片果然源於隕石[24]。薩攝斯在愛丁堡大概已體驗到，這是一個熱愛展覽、怪胎秀和全景圖的時代。無論是自然抑或人為現象，只要夠稀奇古怪，就能造就商業利益，也能博得科學名聲。更不要說是來自陌生海岸，聞所未聞的奇觀。沃拉斯頓的報告被羅斯收錄在《發現之旅》的附錄中，可想而知，未來的探險活動必定以搜尋約克角隕石為目標。與此同時，這無疑也為伊努特人增加了危機感，如一八一八年八月，那些冒險登上伊莎貝拉號的伊努特人決心盡可能地收集金屬和木材，捍衛他們已經獲得的東西。（亞歷山大號

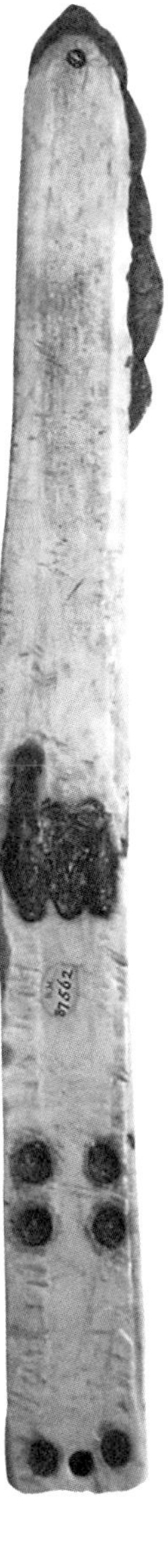

的船副費雪（Alexander Fisher）指出，「他們害怕給我們太多關於〔隕石〕的資訊，擔心我們會把它搬走[25]」）。而事實上，他們最後就是因為鐵而終止溝通。八月十五日，儘管羅斯再三要求和擔保，伊努特人還是不肯帶兩塊鐵石前來。羅斯也禁止船員登岸。次日，他依然等待著，神情沮喪（「我派人到桅桿上看，以便知道他們有沒有可能飛奔前來」），然後，他就像被放了鴿子一樣（「可惜一個也沒看到」），不甘不願地解開船纜，回到他被指定的任務中，繼續尋找通往「東方之路」[26]。

・・・

一八一八年，現代歐洲和北極居民的那次會面中，雙方都有其誤解和相互感到驚訝的地方。羅斯、帕里、薩賓和薩攝斯也都很驚訝，因為這些新人類看來連最基本的技術都不懂：對於單人或多人蒙皮筏（umiaks）、漁矛、弓箭，完全一無所知，而且顯然不知道有其他人存在（羅斯興奮地寫道：「除了家鄉出產或尋獲的東西以外，他們對其餘物事一概不知。我們到達以前，他們一直相信自己是宇宙唯一的居民[27]」）。但這是一廂情願的誇大之辭。即便在小冰河時期，冰川擴大，史密斯灣上方和約克角下方形成通行障礙，木材、環斑海豹，甚至北極熊都較難取得的時候——儘管如此，在十八世紀末，人類至少有一次在烏珀納域和約克角之間穿越梅爾維爾灣的遷徙紀錄。而且事實上，在該次到訪中，羅斯獲得的其中一個漁矛便是用歐洲鍛鐵製成的（或許是從漂流木中撿來），但他顯然並不知情[28]。此外，蒙皮筏、弓箭和帶倒勾的漁矛最終都出現在考古紀錄中，很明顯，所有東西都曾在該地區使用，為當地人所熟悉[29]。

不過，當羅斯出現時，伊努特人確實處於危險狀態。他們人數不超過兩百人，以家庭為單位散佈在海岸線上，沒有用蒙皮筏來獵殺海洋哺乳動物，沒有用漁具在內陸湖泊中捕獵北極熊，也沒有用弓箭來獵殺馴鹿，他們進食、保暖，靠的是夏季網捕雀鳥，在冰緣狩獵偶爾靠近的海豹和海象。隨著食物儲備減少，每當冬季結束都有饑荒之虞[30]。自第一代伊努特人在這裡定居，便開始發生了某種退化。一九〇三年，獨眼獵人梅克薩（Merqusaq）向丹麥格陵蘭島探險家兼民族學家拉斯穆森（Knud Rasmussen）作出解釋：「曾經出現一種邪惡的疾病，蹂躪過他們的土地，帶走了老人。蒙皮筏被他們拿來跟老人家一起埋葬，年輕人再也不知道如何製造它。」這說法依然是最可信的。流行病也許是隨著歐洲人開拓北極貿易路線而移入，同時亦加重了氣候變化對當地的衝擊[31]。此前五十年，梅克薩與大約四十名從巴芬島北部來的伊努特人一起，跟隨堅強的薩滿紀拉耍（Qitdlarssuaq）旅行長達十年，穿越了史密斯海峽。（紀拉耍在出發前問道：「你們渴望看到新土地嗎？想遇到新人類嗎？」）一八六二年，傳聞這群人歷盡艱辛、饑寒交迫、瀕臨死亡而以人為食，終於抵達了伊魯特人極北聚居地埃塔（Etah）。儘管紀拉耍年事已高，卻最為強壯，精力充沛，總是邁步走在前面，「頭上一團白焰在閃耀」。抵達格陵蘭後，他重新引進蒙皮筏、弓箭、漁矛和隔熱雪屋，並讓十六名新移民融入當地伊努特人的社會重新復振了一個險險消失的人群，因為他們才剛逃過一場由殖民者善意所造成的滅族危機。在紀拉要造訪前不到三年，愛爾蘭海軍上尉麥克林托（Francis Leopold McClintock）當時在巴芬灣尋找失蹤的富蘭克林探險隊，丹麥皇家格陵蘭公司便要求他將全部伊魯特人強行遷往在格陵蘭南部的丹麥殖民點。麥克林托回憶說：「如行程許可，不影響航行本來目的，能執行這樣一項人道計畫，我當然深感榮幸。[32]」

「是純正的愛斯基摩人！」當伊魯特獵人第一次出現在冰面上時，薩攝斯叫道：「他們是我們的祖先！」這裡牽涉的，其實是一連串波瀾壯闊的格陵蘭定居史。首先到來的是歷史學家所謂的圖勒人（拉斯穆森所說的「大塊頭、健壯的人」）。他們是開路先鋒，在上一個冰河時期從西伯利亞越過白令（Bering）陸橋，分成小隊，在未知的北極地區開闢山谷、海峽和荒漠平原。南至紐芬蘭，東至格陵蘭，是第一批經埃斯米島（Ellesmere）和史密斯海峽到達格陵蘭西北部的族群。他們在四千五百年前到達，從石製刀片、刮刀、鹿角漁叉和長矛，可略約知其生活；從營地遺跡，知其僅靠營火取暖，能用簡單、實用的技術，但明顯僅在基本水平。考古學家稱他們為「獨立人」，隨之而來的是更複雜的多塞特（Dorset）社會，留下了海象和海豹狩獵遺跡和大型公共長屋，以及皂石燈、護身符、繩索、獨特優雅的雕刻（包括骨雕、石雕、石英雕和浮木雕；製作裝飾品和薩滿器具、玩具（雕成人、獸和神靈的形象），還有金屬工具，某些是用當地銅製作而成，原產於約九百英里以外的努納穆（Nunavut）地區，還有許多是從海華沙（或約克角）隕石打下隕鐵碎片而製成的[33]。

從薩維斯域沿梅爾維爾灣向北延伸，一塊二十五公里寬、一百二十五公里長的荒地上，發現了數千塊這樣的隕石碎片，大部分都屬小型，只有少數較大。由於隕鐵很容易從其鎳含量加以識別，考古學家便得知在公元前八百年左右，晚期多塞特人（或圖勒人）首次發現了這些碎片；也知道他們從五十公里外的地方運來了鋒利的玄武斑岩錘石，幾個世紀以來用錘石把碎片表面打出一道道坑紋。小碎片被錘出來後，繼續用錘石敲打，製成刀刃和漁叉。數萬塊這種深灰色的玄武岩錘石，大部分有巴掌大小，有的還重達二、三十公斤，現仍圍繞著皮里當初搬走隕石的凹洞邊。除了那顆三噸重的「婦女石」（Arnaq），他還搬走了四百公斤重的犬石（Qimmeq），但他真正的戰利品卻是三十三噸重的帳篷石（Ittaq），後來還給它取名為阿妮杜（Ahnighito），即他女兒瑪麗的伊努特名，大概是原來伊努特語 Arnakitsoq 的變體，意即「小婦人」[34]。奧勒．克里坦森（Olennguaq Kristensen）是來自薩維斯域的教師，也是聲名遠播的獵人，個性熱情大方。他帶我去看玄武岩石頭，以及隕石被搬走後餘下堆滿積雪的凹洞。皮里當年是夏天來的，我也應該這樣做。三月的雪很深，寒風刺骨，只有在夏天才能清晰看見皮里的工程遺跡，包括寬闊的坡道，和分級的斜坡。一八九四年八月，在薩維斯域獵人的指引下，皮里駛向他所謂的隕石島，開始挖掘工作。奧勒給我看了他手機裡的影片，他幾天前拍到一隻北極熊被逼急了，撲擊犬群，其中一隻側面還留有很深的傷口。我也給他看了些皺巴巴的影本，那是我從皮里《越過大冰洋》（*Northward over the "Great Ice"*）印下來的圖片。我們出發了，他的十三隻狗在冰山之間奔馳，穿過冰封的海面。這一天是好日子，天空清明，雪在我們周圍閃閃發亮，白光刺眼；儘管我們身著層層疊疊的毛皮，依然不敵寒意入侵口鼻手腳。奧勒在狗兒的弓背上優雅地抽動鞭子，邊哄邊勸（「領頭那一隻叫『憨豆先生』，是孩子們取的」）。雪愈來愈深，狗兒奮力拼搏，有隻狗的腳被割破，雪地染上了紅斑。奧勒依傍一座發藍光的冰山停下來，解開韁繩，狗兒舔著腳掌，他向我遞來甜紅茶和幾塊餅乾。除了那些狗和我們人類，幾乎沒有其他生命跡象了，除了一隻孤伶伶的長鬍子海豹，在遠方冰塊上留神視察著，隱隱約約看到北極狐的足印，偶爾還有一兩架客機，穿梭往來歐亞兩洲。原來我們已經出門八個小時，狗腳不停在雪上拍打，使人昏昏欲睡；又不時聽見牠們費力地呼吸，奔跑時唰唰作響，奧勒有時說話，喊叫，嘀咕，鞭子吵吵抽動，最後回到薩維斯域。安娜露絲（Anelouise Ivik）是新識的朋友，她很好心，她母親是社區護士瑪莎（Martha），兩人看到我手指凍傷，便叫我把手先放進冷水，然後溫水，然後又冷水，反覆做幾個小時，解凍過程漫長而痛苦。幾天後，我來到加納（Qaanaaq）的醫院，才知道她們這一招很可能救了我的手。我和奧勒到達村子時已經很晚，這或許是我身體承受不住寒冷的原因，也或許如此，我們錯過了村裡的哀悼會。一位十幾歲的男孩最近在加納自殺了，沒有留下隻言片語。安娜露

絲跟我說這很正常，孩子走了，母親反而更想著他，忽略了其他孩子，年輕人往往一個走了，身邊的朋友也會一個個跟著尋短。她說，感覺好像他們不忍獨自偷生，少了同伴，未來變得不堪設想，難以承受[35]。

• • •

很可能就是因為鐵，才吸引了埃爾維、馬舒克、奧托尼婭、薩攝斯、奧勒和安娜露絲等人的遠祖，讓他們在十二世紀末或十三世紀初的某個時候，跟隨圖勒人迅速穿過史密斯灣和梅爾維爾灣，進入格陵蘭島[36]。這些伊努特的鯨魚獵人和海象獵人從沿海聚落出發。聚落位於鯨魚和海象遷徙路線的兩旁，穿過阿拉斯加北部和西部。也許是他們每年春天看到大批弓頭鯨通過冰層中的解凍帶前往波弗海（Beaufort Sea），才激發了他們也跟著向東進發。他們需要金屬來製作刀片和鑿具，以便將大塊骨頭、鹿角和木頭加工成

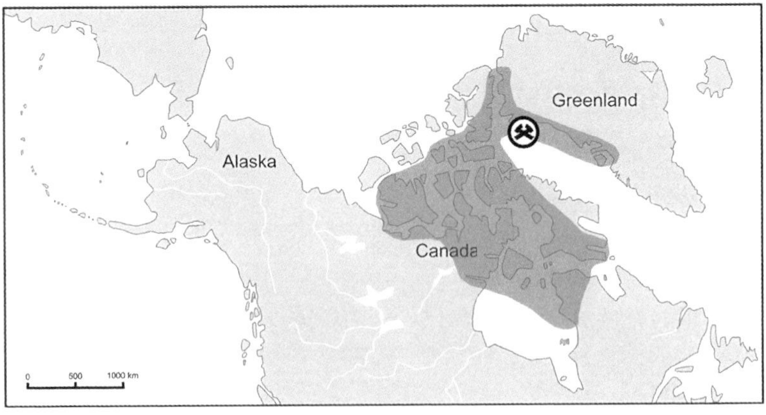

雪橇、筏架和工具把手。他們長期以來就是長途貿易網絡的一員，在這個全球商品體系中，從鍛鐵、銅和青銅製成的各項物品從東亞穿越白令海峽而來，他們則提供北極象牙和毛皮。不止如此，他們亦換取了來自北美和格陵蘭西南部諾斯聚居地的鍛鐵和青銅，來自努納穆的銅，以及來自約克角的鐵。考古學家從加拿大的退敵灣（Repulse Bay）到索默塞特島（Somerset Island）到哈德遜灣西北的廣大地區，距離薩維斯域近二千五百公里的地方發現了這些物品。

古老的伊努特人來了，憑著雪橇、大型蒙皮筏（umiaks）、威力強大的蒙古式弓箭、等級森嚴的社會制度以及領土衝突的長期經驗，輕而易舉地取代了本地圖勒人。不過，也許在長達三百年的時間裡，格陵蘭島西北部同時存在三個截然不同的人群，一直在互動，即：圖勒人、伊努特新移民和諾斯人。在當時，諾斯人已經到達愛爾蘭、蘇格蘭、奧克尼群島、赫布里底群島、設得蘭群島和法羅群島（Faroes）。他們在公元九八二年左右離開冰島，從斯內斐半島（Snafellsnes）出發，跟著紅魔埃里克（Eirik the Red）一起航行。紅魔埃里克很務實，脾氣卻很急躁，他謀殺了隔壁農夫而被判流刑三年，有機會深入富饒的峽灣，最終在格陵蘭島西南海岸落腳，建立了兩個分隔很開的聚居地，並為這片土地命名為「格陵蘭」——即「綠地」。他認為「名字夠吸引，人才會往那裡去[37]。」在他們生活的五百年期間，這些諾斯人據點發展出三百多座農場，居住了三千多名定居者，養殖乳牛、綿羊、山羊，以生產乳製品，如：牛奶、乳酪、酸奶（skyr），再現了舊時農業生活，另外也有養豬或其他牲口，供養一位挪威主教，並建造了一座石造大教堂；一二六二年，與冰島一起正式向挪威繳納什一稅。在商品交易方面，他們換進來象牙、毛皮、羊毛、鳧絨、鯨脂和魚類；而且推動北上探險，在北海狩獵，並與圖勒人和伊努特新移民進行貿易，用他們自己的鍛鐵（釘子、魚鈎、箭鏃、斧頭）換取獨角鯨和海象象牙，後來還將這些象牙運到挪威，可雕刻成路易斯棋子等工藝品。到十六世紀中葉，諾斯人大概全都已離開。直到一七二一年，傳教士埃格德（Hans Egede）來到，期望能找到失散已久的維京人族裔，勸其皈依，並在今天的努克（Nuuk）附近建立了他的第一間路德教傳教中心兼貿易公司，丹麥人於是才又回到這裡，開始長達兩百五十年的殖民和後殖民管治，改變了該島及島民生活，最後於一九七九年成立格陵蘭地方自治政府，並於二〇〇八年全民公決，實現了今天的有限自治[38]。

・・・

這片荒地二十五公里寬、一百二十五公里長，從薩維斯域沿梅爾維爾灣向北延伸，終點在圖勒空軍基地。這裡有組合式機庫、辦公室、營房，有供暖，有水電，與當地格調相當不一致，旁邊就是平頂的烏曼納山（Ummannaq），那裡可看出早期伊努特人的定居足跡。一九一〇年，拉斯穆森在這裡設立圖勒貿易站。他因先前向伊努特獵人購得毛皮，於丹麥出售而籌得資金；而交易毛皮用的進口貨品一直以來幾乎都是由皮里供給，直到一年前皮

里才不再前來。

這貿易站既是拉斯穆森進行科學考察的基地，同時也是殖民統治的前哨，明確地留有丹麥人的足印——然而，丹麥此時已經不願往極北冒險了。拉氏下這步棋，後來由丹麥政府獲得回報。在拉氏死後四年，即一九三七年，國家接管了貿易站和「圖勒殖民地」，正式確立了丹麥據有整個格陵蘭島的主權。當年，拉氏從圖勒站出發，進行歷史考察，穿越他所謂的圖勒區，橫跨整個島嶼。其中，在第五次圖勒探險時，同事馬蒂亞松（Therkel Mathiassen）發現了伊努特人的考古遺跡，證明他們曾跟隨多塞特人進入阿凡爾蘇，並認為這些遺跡同屬圖勒文化。既是拉氏圖勒站的圖勒，也是圖勒極地（Ultima Thule）的圖勒，也是古代人所想像的世界極端、「萬民萬物之北」、「天之涯，地之角」，不論文明去到哪裡，「可知世界盡頭的象徵和參考點也必定在那裡」[39]。隨著站點發展，烏曼納的伊努特人聚居地亦繁榮起來，成為地區文化和經濟中心，也是狩獵探險基地。人們追捕海象、海豹和小海雀，即那些高緯度極區春夏時節的鳥類，牠們是人們最討喜的食物，成千上萬的人在這裡捕獵。烏曼納有一所學校、一間醫院、一座教堂、一塊墓地。一九五三年，這裡住了二十七個家庭，一百一十六人，佔地區人口約三分之一。即便到了那時，無論是烏曼納，抑或格陵蘭，都還不足以令人信服地稱為「圖勒極地」。反之，經歷世界大戰、冷戰和軍事技術的發展，這兩個地方才漸漸成為新地緣政治的中心。一九四〇年四月，德國入侵丹麥，丹麥駐華盛頓大使考夫曼（Henrik Kauffmann）譴責其政府與納粹「姑息養奸」，聲稱自己在道義上代國王克里斯蒂安十世行使職權。考夫曼了解到格陵蘭中立的戰略意義，也預計它隨時會被德國侵佔，便暗地促成防禦條約，允許美國建立和營運軍事基地[40]。一九四五年戰爭結束，美國已在島上興建了十三個陸軍基地、四個海軍基地、三個空軍基地，以及無線電和氣象監測設施，位於圖勒最北端，與烏曼納隔灣相望，還配有簡便機場。格陵蘭島是盟軍在歐美補給線的關鍵環節，是海空交通的踏腳石。美國部署了五千五百名軍事人員，以確保航線安全，讓戰機大量轉移到英國，並保護伊維圖特（Ivittuut，原諾斯聚居地的最南端）的礦山。近一個世紀以來，這裡一直是世界上最重要的冰晶石產地，用作鋁生產的助熔劑。戰後，丹麥政府試圖終止防務條約，美國則回應提出購買格陵蘭島（價格一億或十億美元，細節不清楚），但丹麥拒絕了（據說丹麥外交部長古斯塔夫．拉斯穆森（Gustav Rasmussen）回答說：「我們的確虧欠美國不少，但我不覺得有欠了它整個格陵蘭島那麼多[41]」）。然而，丹麥在一九四九年加入北約，心有不甘地讓斯堪的納維亞半島遠離中立地位。丹麥發現自己捲進了一九五一年的格陵蘭雙邊防禦協議，指定三個「防禦區」須受美國管制，包括圖勒在內，並授予美國在整個格陵蘭島幾乎無限制的飛越權和著陸權，以及廣泛而模糊的「儲存補給權」，範圍足以涵蓋核武器，且毋須申報。當時，盟軍的關注點已經從德國轉移到蘇聯，而圖勒的地理位置剛好夾在華盛頓和莫斯科中間，使它名副其實地成為美國戰略空軍司令部政策的核心，讓美軍得以派遣重型轟炸機投放核武，只需一次空中補給就能直搗敵方工業重鎮，以此反制蘇聯的威脅[42]。甚至在丹麥議會核准該協議之前，圖勒空軍基地便已開始建設，而且是大規模地秘密進行。一支船隊由一百二

十艘船組成，從維吉尼亞州的諾福克（Norfolk）出發，帶來了三十萬噸物資和一萬二千名工人，迅速為一萬人建造了住房和所有必要基礎設施：八十二英里長的道路，一個深水港，若干跑道、飛機庫、倉庫，汙水和供水系統（一九六〇年安裝完成），燃料存庫（容量達一億噸），兩間主發電廠和四間副發電廠，還有醫院、健身房、劇院、教堂、郵局、洗衣房、麵包房、廚房、餐飲設施、三百七十八公尺高的環球通信塔（Globecom Tower，一九五四年建成，當時是世界第三高的人工建築），以及數十座營房，佔地十一平方公里（整個防禦區共一千四百平方公里）。一九六四年，丹麥土木工程師塔霍爾特（Jørgen Taagholt）首次到訪，稱此地為「一座現代化城市，設施齊全。」他在日記裡寫說：「計程車開著，穿過塵土飛揚的街道，能看到一排排一模一樣的銀灰色房屋，窗戶都很小……北極不再如往常般靜謐，路上交通喧鬧，機械廠房、發電廠、飛機引擎到處轟鳴噹啷。[43]」

今天，盛況已經不再。一九六〇年代初引進了遠程B－52轟炸機，可直接在北極地區執行巡邏，無需地面支援，大規模人員部署於是結束；其後又安裝了巨大的彈道導彈預警系統，這一切都標誌著圖勒基地戰略方向的轉變：從前沿行動轉向空防和太空監測，導致基地規模縮減，包括停用戰鬥攔截機中隊，並拆除了一百多座原有建築。現在，每年只有大約兩百名軍事人員輪替，基地一直停留在六〇年代中期鼎盛時期的樣子。儘管如此，當我乘坐格陵蘭航空直升機飛往薩維斯域時，被迫在內陸冰蓋上方作大迴轉，一陣強烈顫抖（飛行員說，天地白茫茫一片，確實危險），將七名乘客帶返四十分鐘前離開的密封休息室，當中有成年人、青少年，也有幼兒，全都是從加納過境。兩位娃娃臉的美國阿兵哥攜大型機槍前來，留下我們的資料後，陪我們走過一條走廊，從那裡的一排照片，可以見到蒙面士兵或在破門，或造成騷亂。到達接待處，兩位美籍女士沒好氣地分配給我們免費的暖氣臥室，裡面照明、電源、自來水、沖水馬桶、免費淋浴，一應俱全；之後，我們坐免費巴士，到免費飯堂吃熱騰騰的美式飯菜，有多種菜色選擇，配上蔬菜、沙拉、甜點。電視轉到CNN英語頻道，正在直播華盛頓的「為活著而行」，就是由斯通曼道格拉斯高中生所組織的反槍械遊行。之後，我們前往美援商店。店內燈火通明，架上擺滿美國包裝食品、居家雜貨。至少方圓一千五百公里內，都不會找到這樣的地方。所有設施、必需品應有盡有，豐裕程度非比尋常，在營區範圍內就能過典型的美式生活，這一點被視為理所當然。反之，這一切與四千公里之外的加納、薩維斯域和周圍的伊努特人聚居地無關。像人們跟我說的，那些地方被「遺棄」了，不僅被整個世界遺棄，而且被格陵蘭自己的政府遺棄。那些地方所缺乏的民生設施和必需品，在這裡卻是如此普遍，幾英里外就有，而那裡卻沒有下水道系統，沒有自來水，沒有先進的醫療服務，行政中心在南方一千公里以外，每年只有兩次用船運的主要補給，網際網路並非採統一費率，而是按流量分級收費，令人望而卻步；就業率低下，酗酒問題嚴重，自殺率高，狩獵配額死板，氣候變化不穩，等等。這裡卻不同，只要踏進保護網圍欄裡就什麼都有，彷彿什麼人七十年前變法術，六十天便把這些東西從冰裡生出來。一九五三年五月底，烏曼納的家庭被驅逐（使他們遠離小海雀、海象，離開熟悉的景觀、狩獵區、墓地），但資源調集和極地工程並沒有跟著延伸給他們。這麼做的理由是，美軍才能擴大基地周圍的禁區，甚至在伊努特人百年故居正上方安裝防空炮台[44]。

丹麥官員強迫他們三天內離開，狩獵場也被禁止，每個人都把行李細軟安上雪橇，跨越冰封大地，向北走了一百六十公里，到達加納。這是一個季節性狩獵站，在那裡，他們被告知另有一個新的永久居住地（「新圖勒」）在等著他們。這承諾直到九月才兌現，許多家庭已在帳篷裡度過了一整個夏天，然後再搬進新的、但擁擠不堪的單間木屋。我已經知道事件大概，但直到我到加納訪問鄔沙迦（Uusaqqaq Qujaukitsaj）時，我才開始意識到這件事的重要性。一九九六年，鄔沙迦組成 Hingitaq 53（五三年被逐者），代表伊魯特人去紐約聯合國參加「泛北極伊努特人北極圈會議」（ICC），以及去哥本哈根辦理一系列訴訟，先是丹麥高等法院，再告到最高法院。Hingitaq 53 終於贏了，法庭正式確認他們是被迫離開的（儘管丹麥政府強烈否認），還為六十三名伊魯特人原告索得賠償，即便數額低於期望。然而，法院否認伊魯特人是「獨立民族」（即有別於其他格陵蘭伊努特人），並宣佈他們僅為格陵蘭居民，與烏曼納並沒有特殊關係；此外，法院還維持了美國在防禦區的管轄權，宣佈驅逐是合法的，並駁回了要求返回的請求，也不批准重新使用該區長期狩獵場的權利[45]。鄔沙迦並不是第一個跟我談起烏曼納的人；很多人都談起過這地方，特別是那些老人家，他們還記得臨別依依的情景，即便那是小時候的事。但鄔沙迦讓我坐在電視機前，端著茶水、蛋糕，播放他的電影《Aulahuliat》。後來我才知道，這部電影曾在國際電影節放映過。他笑著說：「我是攝影師，不是獵人！」他提到一九六三年，他十五歲時第一次拿起Super8攝影機，開始拍攝加納的生活日常：朋友和家人獵捕獨角鯨；他們跟狗一起工作；拿新的消防水龍頭惡搞。某些若干片段拍得認真幸福，真的好美，我終於明白為什麼別人說在這裡生活多有趣，能自由自在地在冰上遊走，以及藉由冰而得到運動的自由（歐洲探險家的冰上體驗卻正好相反）。也許，陸地很遠，遠在視線之外，無論獨自一人，或與他人一起，冰天雪地「不僅改變了物理景觀，也觸動了內心感情。」他坐在雪橇上快速移動、拍攝，一旁另一個雪橇在疾馳，一堆人在陽光下、雪地中，呼喊、揮手、歡樂，狗兒在奔跑，地平線光燦遼闊，海冰彷彿無遠弗屆，直把伊魯特人的傳統狩獵地包攬其中，延伸至往日的巴芬灣、史密斯海峽，以及整個埃爾斯米爾島Umimmattoq/Ellesmere）[46]。

片子從烏曼納開始，鄔沙迦採訪父親和他那一輩的人（「我們嚇了一跳」、「我們只有兩天時間」、「他們很有禮貌」），穿插著驅逐前和驅逐期間的生活畫面；然後來到加納，這裡空曠、荒蕪，所有人住在帳篷裡，河水泛濫，一切都不熟悉，讓人害怕。接著，鄔沙迦改用十六毫米拍攝，然後再錄影。他告訴我，他有相當多的鏡頭和照片，可惜沒有剪輯設備，否則他會拍一部更長的電影。故事集中在一九八七年十二月，停了很長時間。當時細小病毒流行，村裡的狗都被波及了（「這是我們在加納經歷過最嚴重的災難」）。看著牠們慢慢地、可憐地死去，鄔沙迦的鏡頭定格在牠們身上，但願能挽留牠們，讓牠們再活一次（「牠們受了很多苦，我的領頭犬也一樣。我開始拉牠，牠卻動也不能動了」）。後來帶著雪橇，下伊盧薩去找新狗，試著訓練牠們，但牠們說的語言不一樣，造成不少混亂。然後，又來了另一種病：人和動物都得癌症，胃部穿洞，發病率很高。他認為原因是俄羅斯在摩曼斯克（Murmansk）的活動，以及一九六八年一月，美軍B－52在圖勒空軍基地旁墜毀散發輻射所致。氫彈在冰面上燃燒，必須進行緊急搜索和清理行動，美國空軍轉

而求助於當初被驅逐的伊魯特獵人，原因很簡單：除了他們，還有誰能在此嚴冬下隨意出入這片土地？基地一共派出五百名軍人，他們後來於一九九五年起訴美國國防部，追告該部門疏忽造成疾病，卻以敗訴收場[47]。

「我們想要回一切，一切被他們偷走的東西。」鄔沙迦跟我這樣說時，我腦海中已列出這陣子聽過的，包括：身體健康、無拘無束、海面早早成冰且耐久、狩獵不受環保配額限制、烏曼納、小海雀、墓地、為人熟悉且滿載故事的舊日景觀，還有所有早已消失不在的物品。他給我看了一張裝裱好的海報，它曾在全國各大報章刊登，讓人了解北方生活。在這張全身照裡，他拿著祖父的百年漁叉，這漁叉現在收藏在哥本哈根國家博物館裡。我們還聊到我在博物館入口門庭看到的隕石，還聊到了皮里把隕石帶到紐約一事。「為什麼不能都放在我們的博物館裡？我們要把它拿回來！」他叫起來。

幾個月後，鄔沙迦在加納病逝。我在網上閱讀了格陵蘭和丹麥媒體的訃告，裡面提到他得過人權獎、皇家勳章、奮勇獎，也提到他身兼市議會和格陵蘭議會民選代表的歲月，他擔任ＩＣＣ副主席的工作，等等。我記得他在談話時表現激動，讓我擔心起他的心臟，也想起看到桌子上排滿了藥瓶。現在，參觀美國自然史博物館收藏的那些隕石，我不可能再像以往一般，只欣賞其內在美，它們每一顆的深度差異，以及許諾未來的可能性；現在，當我參觀時，我首先想到的是那些留在格陵蘭的每一個人，和一切事物。

•
•
•

一八九七年八月十二日　格陵蘭，薩維斯域。
緯度 76°01′N.，經度 65°20′W

皮里中尉（Robert E. Peary，屬美國海軍工兵部，是美國最著名的北極探險家，也是「新荒郊探險的代表人物」。他讓「希望號」停泊在約克角附近冰緣，一群伊魯特人駕著雪橇前來迎接。這是皮里第四次來到阿凡爾蘇，這裡的人跟他都很熟，他要成為第一個到達北極的白人[48]。皮里已在當地三度越冬；招募一家家的人加入探險隊，男人當獵人、嚮導，女人當裁縫（「女人不知『八小時法』，即便要求她們每天縫製十到十二個小時，甚至更久，她們也欣然接受」）。該區曾做過兩次人口普查，一八九五年九月做了第一次（二百五十三名男子、婦女和兒童）；蒐集自然史、人類學、解剖學標本，帶返美國出售；勸說當地人敷石膏，為他們造半身或全身像（「起初，他們不願意自己身體被這樣搞……但答應送他們禮物後，便不再反對了」）；說服他們擺姿勢，大量拍照，許多照片都被收錄書中，其中大多數記錄了日常活動，另一些則是半裸或全裸照，有些還附上標題，冒充科學研究（「男性人種學系列」、「女性人種學系列」、「閃光燈研究」、「納沙（Nupsah）的男性體格」、「八歲女孩的體態」）；有

些姿態較不做作（「豐滿充腴的女士」，「身材有點圓」）；還有兩幅（「北極青銅」和「海豹之母」）展示了阿嘉欣（Aleqasina），她當時才十四歲，也許十五歲，未來將產下兩個兒子，而且一定接受過精心指示，才會擺出經典的色情姿勢。[49]皮里指出：「看到這些男男女女羞答答的樣子，非常有趣。他們一開始不明白我為什麼要拍他們裸照，我其實也不確定他們是否有完全搞懂過。我告訴他們，我們希望將他們的身體與世界上其他人的身體做一比較。過了不久，他們中間一些人就懂了，認為我們的工作是為了滿足一種可敬而恰當的好奇心[50]。」

到了那時候，皮里已儼然成了伊魯特人的歐洲貨源（「給他們貨，好讓他們虧欠我」），被他選中的工作人員可獲得武器和生活用品。然而，即便他認為自己改善了他們的生活，功不可沒，同時卻又希望伊魯特人能保持天真，不要受外來者汙染、墮落——其實這種想法忽視了捕鯨人和其他探險家早就隨羅斯而來，跟伊魯特人本來就有互動，也忽視了他親手大量移除的「具有人種學意義」的伊魯特日常必備品（包括狩獵設備和衣物），以及他引進的「皮里勘探系統」對當地人造成的身心影響。這套探勘系統，透過系統性的狩獵為他的探險隊員提供食物，卻因此耗盡了當地野生動物，並使獵人長期遠離家庭，使婦女慘遭其他男人（包括探險隊員）的欺凌。皮里探

險隊將獵人臨時遷到陌生環境，叫他們到新營地，有時是幾百英里之外，沒有任何地標、路徑，或歷史，區內的人必須自力更生。他讓伊魯特人在他管轄範圍內工作，接受陌生的海軍式紀律訓練。在這種模式下工作，男人和女人不再只為家庭打獵和縫紉，而是為探險隊和廣大市場而工作。他在獵人陪同下一起歷險，往往被當地人視為相當魯莽；這些冒險之舉不可能是伊魯特人主動提議的，冒險隊的目的也令他們感到費解（在北極到底能找到什麼啦？）他的到訪同時造成許多改變，連流行病都蔓延起來，自然令當地產生莫名焦慮[51]。即便如此，這些「北方棕髮小巫師」、「冰原上披毛皮的小孩」、「大自然的天真孩子」、這些「個性單純、善良、開朗、好客的小孩一族」，還是在約克角給了「希望號」一個熱烈的歡迎，歡迎彼此進入了一個如今看起來很熟悉但卻依然充滿親密、依賴、好奇、脅迫、焦慮與可能性的不確定空間。從羅斯和薩攝斯當初從「伊莎貝拉號」下船、以雪菲爾（Sheffield）生產的鐵交換海華沙隕石裡的鐵以來的八十年間，這個（編註：指殖民者與被殖民者相遇）空間的各種複雜面向已經在歐洲人的到訪中陸續開展，以至於在格陵蘭島和北極其他地方已經為人熟知，只是它在阿凡爾蘇的樣貌卻隨著皮里的到來又更形擴張與加強[52]。

儘管這些歐洲訪客有著顯著的弱點：他們遠離家鄉，對當地知識不足、補給又有限，置身於險地，目標不明，但伊魯特人還是為他們付出許多，提供各種體力、性與情感勞動，同時接受不是由他們所能定義與控制的恩惠。他們的體質、性格和命運被拿來記錄、討論和比較，而普遍標準總是來自qallunaat，也就是白人，總以自身為尺度去衡量其他人的不同。實際上也是他們才掌握技術，能不斷擴大地理範圍和慾望。因此，不難理解，在一八九七年九月，當「希望號」駛離約克角時，六名習慣旅行的伊魯特人懷著好奇，也登上了重達三十三噸的「帳篷號」（Ittaq/Tent/Ahnighito），從薩維斯域附近的停泊地成功起錨，航向紐約市。而這又源於三年前皮里引發的一件事，一八九四年五月二十七日，獵人泰勒蒂納（Tellikotinah）答應帶領皮里尋找羅斯和後來者夢寐以求的隕石，皮里因此送他一支步槍。關於這塊所謂的婦女石，皮里寫道：「好一塊棕色石頭，被我粗魯地喚醒了，在睡眼惺忪中第一次發現一個白人在凝視著它。」皮里在石上刻了一個大寫的「P」，代表皮里（Peary），代表佔有（possession），代表先佔先得的特權證明（proof of primary presence and prior prerogative），代表「總算歸我」（他聲稱在一九〇九年四月抵達北極，日記裡有這句話）。這個「P」雕得整整齊齊，也表示他個人費盡極大耐心（plenty of patience），蟠踞在半島（perched there on the peninsula）；這是一個留給後世（posterity）的「P」，雖然這個「P」已不復存在，美國自然史博物館的隕石上再也看不到它，但依然無可否認，它可能就是源自外太空的某一個脫落的部分（possibly part of a piece pruned to prove the portion's extra-planetary provenance）[53]。這「P」字也可說表示皮里的堅持不懈（perseverance）。在成功說服泰勒蒂納之前，他發現，和羅斯的情況一樣，沒有人願意帶他去尋找伊魯特的鐵。因為，即便捕鯨人和探險家已開始提供贈禮，當地已能較輕鬆取得金屬來源，但北極生活畢竟極不安全，歐美人士來訪也非固定，使得阿凡爾蘇的人態度依然審慎，不願輕易交出寶藏，唯恐他日必須又再依賴它[54]。

而如今泰勒蒂納有了一支步槍。一八九五年夏天，皮里指揮約克角族人修築坡道，建造木製索道，然後把婦女石和她的犬石裝上雪橇，用原木滾輪輔助，一直拖到停泊在岸的「紙鳶號」上。這是皮里夫人約瑟芬所承租的舊捕鯨船，用來接載她丈夫和兩位助手：李休（Hugh Lee）和亨森（Matthew Henson）。這三個美國人和他們的伊魯特人嚮導逗留了長達二十六個月，並效仿蘭森，兩度試圖穿越格陵蘭冰蓋，但都無功而返。這是約瑟芬第二度北極之行，讓同行的男人大為驚愕和不安。船上還載著厄瓜留蘇（Eqariusaq），一位十二歲的伊魯特女孩；皮里夫婦稱她為「比爾小姐」，在前一年夏天被聘請為瑪麗．阿妮杜的女僕。瑪麗是約瑟芬的女兒、有名的「雪寶寶」（Snow Baby），生於一八九三年九月，出生地就在兩房的木製探險總部，距離今天的加納僅有幾英里[55]。厄瓜留蘇的父親是努塔克（Nugtak，即那位「信得過的老陸」、「我忠實的獵人和駕駛」）。她能安全返回，且講述在華盛頓生活的故事，一定有助於說服父親後來登上「希望號」，還帶著他的妻子阿塔加拿（Atangana），以及他們收養的十二歲女兒阿非亞克（Aviaq）。此外還有另一位著名的獵人奇蘇克（Qihuk）和他七歲的兒子米尼克（Minik）。兩年後，他們連同皮里、約瑟芬、四歲的瑪麗、她的保姆蘿拉、奧佩提、亨森，還有烏奧加薩（Uihaukassak）一起出發。這是第三位渡海的伊魯特男人，他要求陪伴阿非亞克，後來兩人結為夫婦[56]。在所有這些人中，關於蘿拉的紀錄最少。這位「非白人保姆」只有時不時從約瑟芬的兒童書《雪寶寶》中短暫出現（「蘿拉認為，仲夏時節能在火堆旁應該很舒服」；「無論對愛斯基摩人或對白人來說，蘿拉這個人都很有趣」）。還有一次出現在奧佩提未出版的日記中，她在挖掘隕石的過程中被請去做裁縫[57]。一天下午，我去到曼哈頓探險家俱樂部，從檔案中翻閱奧佩提的照片，看到蘿拉在「希望號」上工作的情景：天氣明媚，大海波平如鏡，她穿著正式套裝，臉被瑪麗遮住了，只見其背影。她的視線似乎穿過手臂上的孩子，凝視着大海的另一端。

努塔克和奇蘇克曾與皮里合作，搬運最大顆的帳篷石。一八九六年進行第一次

嘗試，但在天候惡劣和船員不滿下夭折。皮里第二年又回來，成功取出隕石，並在他的探險記中予以精確描述。他強調工作條件惡劣、工程艱辛、伊魯特家庭和船員的不安，以及隕石本身無法解釋的生命力（「它彷彿魔鬼一般，摧毀一切對它不利的東西，毫不留情」；「作業期間發生了許多事，連最不信邪的人也覺得不可思議」；「死物也會耍惡作劇，看這頭怪物就知道了」）他長篇大論地講述團隊克服了什麼困難，還有介紹隕石本身（「人類認識那麼多的隕石，顯然沒一顆比得上它」），簡直像是給紐約博物館寫展場簡介一樣。他甚至做了立體模型來詳細說明，「一百多年前」婦女石正是伊魯特人鐵的來源[58]。當時，皮里與美國自然史博物館已經緊密合作。博物館館長是鐵路金融家、

Al-a-tingwah. (Ivory making.) Nuyah

The Meteorite

Moving Meteorite. S.S. Hope

Moving Meteorite.

Moving Meteorite.

Moving Meteorite. 300 feet from start [illegible]

Meteorite Island. Mr. Figgins. (sleeping Rock.)

Getting timbers ready for the Meteorite. 1897

Mr. Figgins. Meteorite. 1897.

慈善家傑蘇普（Morris Jesup），約瑟芬成功爭取他支持一八九五年派出救援船去救援她先生，還幫她丈夫向海軍請假（傑蘇普回憶說：「可以說，我無法抗拒可愛女人的請求，我同意給她一切幫助」；約瑟芬回應說：「啊，傑蘇普先生，我該怎麼答謝你給我們的恩惠呢」）。

雙方關係就是這樣展開的，直到一九〇八年傑蘇普去世為止。那時候，他的畫像掛在皮里艙房的鋼琴上，旁邊還有另一幅泰迪．羅斯福（Teddy Roosevelt）的親筆簽名肖像[59]。傑蘇普很樂意利用人脈為皮里出謀劃策。一八九七年，他說動海軍部長助理羅斯福，安排皮里再獲得五年半假期，以便在北極地區繼續工作。皮里則以「傑蘇普」之名命名地標，當作回報。而且那不是隨便一個地標：到一九六〇年代為止，傑蘇普角（Cape Morris Jesup）一直被公認為地球上最北端的陸地。皮里順理成章成了博物館的御用北極探險家。這實際上是互惠互利的安排。博物館建立了北極收藏區，亦提供了科研人員實地考察地點，使這機構剛起步時，便獲得媒體關注和公眾愛戴；反過來，皮里亦因此戴上了科學光環，使其帝國探險活動更富意義。博物館成了能見度高的公共平台，靠標本和文物銷售而獲得穩定收入來源。而最重要的是，這裡結合了一批有影響力的贊助人，使紐約工業、金融和科學得以連結，提供皮里北極探險的資金來源。這些有錢人不僅集中在美國自然史博物館，也在國家地理學會、探險家俱樂部，以及皮里北極俱樂部。傑蘇普在一八九八年發起皮里北極俱樂部，聚集來自各界企業總裁，包括美國鋼鐵、高露潔肥皂、銀行家信託公司，等等。於是，皮里的個人行動搖身一變，象徵了美國人的拼勁，他的探險活動化身為美國特有的壯舉（一九〇九年，皮里在航行中寫道：「讓我感到欣慰的是，這整場探險活動，連同這艘船，從頭到尾都是美國的。探險隊乘坐美國人建造的船，走美國人的路線，由美國人指揮北上，如果可以的話，最好也給美國人帶回戰利品」）當時，人們愈來愈感到焦慮，怕南歐和東歐移民會稀釋白人人種和男子氣概。紐約市的猶太人數量特別可怕，從一八八〇年八萬人（約佔人口百分之四），到一九一〇年增加至一百二十五萬（超過百分之二十五的人口）。隨著西部邊境關閉，北極便成了逃避美國工業文明弊端，以及展示美國特色的最佳場所。羅斯福在一九〇七年給皮里寫道：「〔你〕給我們這個時代的年輕人樹立了榜樣，在我們這個愈來愈軟弱的時代尤其重要。」這位探險家成了媒體的轟動焦點。他自稱擁有所謂伊魯特人的野性，表明他遠離現代生活的腐敗[60]。對皮里來說，國族主義攸關個人成敗。他在一八八七年向母親坦言：「我必須吐氣揚眉，我無法接受自己多年來都在做平凡的苦差事。」儘管皮里完全同意《哈潑週刊》所說，北極是「人類最終征服地球的象徵」，但從其著作可見，他心中總是帶有家長式的國族權威意識。這一點與傑蘇普的想法一致。傑蘇普的慈善事業常著重於道德提升和「工業教育」，致力令貧窮、移民和黑人轉變成受人尊敬和有生產力的美國人[61]。

一九〇一年十二月，運動雜誌《田野與溪流》的編輯哈洛克（Charles Hallock）從紐澤西州來信，問布克．華盛頓（Booker T. Washington）是否聽說一位「有色人種（黑人）」與皮里合作。「誰會想到，一位非洲之子來自南方，現在要到北極去，他抵受得住寒冷嗎？真是的，這比漢尼拔穿越阿爾卑斯山還了不起呢。」以往，個人和種族一般被理解為是固定不變的自然物，生理和心理特徵受環境（尤其氣候）所主宰。這古老的觀念當時依然相當頑強，因此，寒冷的北方會凍結伊魯特人的發展，美國黑人也終生背負著其熱帶血統，應留在炎熱地區，例如，最好被「黑鬼法」（Jim Crow）粗暴隔離在南方[62]。

「當初我出發去格陵蘭島，他們說我再也不會回來了。」亨森說這話時，時值一九〇九年十月，非裔美國人領袖組織宴會，慶祝他兩週前從北極歸來。當皮里聲稱自己踏上北極時，亨森是唯一跟他在一起的美國人，這尤其值得非裔慶賀。四位約克角人其實也在現場，但正如亨森所說：「只有皮里中校和我獨自兩人在北極（那四位愛斯基摩人除外）」（庫克船長聲稱自己更早到達，但皮里對媒體回應說：「我是唯一一個抵達北極的白人」）。皮里為亨森拍照留念，身旁站著烏塔克（Uutaq）、奧克亞（Ooqueah）、艾金瓦（Egingwah）和西格羅（Sigloo），當時他們已經眾所周知。在返回紐約港時，港口正好在舉行海軍閱兵式，紀念哈德遜停泊三百週年，皮里的「羅斯福號」在其中佔據了顯著位置。亨森對在座賓客說：「他們說我一定無法忍受寒冷，沒有一個黑人可以做到，但我說，如果有必要的話，我寧願冒死一試。現在我人

就在這裡，我活下來了[63]。」布克·華盛頓發電報表示祝賀，並在十年後為《黑人北極探險記》（*A Negro Explorer at the North Pole*）作序，將黑人英雄描述為白人探險家成功的關鍵，而作者亨森本人即其中之一，足以證明「無論膚色是黑是白，都能承載勇氣、忠誠和才能，都值得尊敬和獎勵[64]。」

亨森的大部分敘述都緊貼布克·華盛頓的信仰，包括：榮譽、自立、勞動、克制、服務和才德制度；但回國後卻與皮里觸發激烈爭執，關係破裂（「中校把我列為管家和廚師，而我從來沒有擔任過這些職位，我認為這是非常不恰當的」）。他求助於美國自然史博物館，大概也在別的地方尋找就業機會（「馬修．亨森，就是那位陪皮里到北極的勇敢黑人……他希望擔任司機」）和經濟支持（「紐約市房租昂貴，像我這樣的人，只拿普通工資，又要贍養家庭，這問題很難解決」），為得到認同而長期鬥爭，在在表明他意識到自身的局限[65]。

亨森生於一八六六年，父母都是馬里蘭州農村的自由佃農。這個州在前一年便廢除了奴隸制，但不停受三K黨夜騎士的滋擾。他年幼時成了孤兒，在商船上當船艙小弟，也許是在那裡，一位白人船長教他閱讀、寫作和數學，他待他如親父一般；接著他到訪東亞、東南亞、北非和歐洲，成為出色海員。一八八七年，他在華府一家服裝店工作，遇到皮里。皮里三歲無父，獲得了鮑登學院（Bowdoin College）獎學金和土木工程學位，在海軍任職，比亨森大十歲，當時剛完成第一次出航，從格陵蘭島冰蓋回來。他進店買了一頂遮陽帽，並聘請亨森作他貼身侍從，隨他進尼加拉瓜內陸進行調查，研議修建跨洋運河。在接下來的二十二年裡，兩人一起進行了皮里餘下七次的北極探險，亨森藉此確立了他自己在探險隊中的角色，證明自己能力遠超過侍從和廚師。皮里挑選他參加難度最高的幾次長途步行，兩人共歷患難，幾度死裡逃生（包括凍傷、壞血病、饑餓等）；至少有一次，亨森救了這位老兄的命（「一九〇〇年，那些日子可糟了，他腳趾不管用，成了殘廢，都是我在照顧他……我帶著狗出發，自己也像狗一樣，獵取食物，讓他活下去，讓他回到文明社會」）。亨森能說一口流利的伊魯特語，善於打獵、馭犬，也是多才多藝的工匠，而且從多方面來看，他無所畏懼，不知疲倦；

皮里行動不便的時候，事無大小都需要亨森（據說皮里最後往北極推進前坦承：「沒有他，我便捱不過去」）。不過，亨森的身份到底是同伴，是助手，抑是僕役，永遠不得確定，總是隨「中校」興之所至[66]。無論探險隊走多遠，都離不開美國價值，美國去到哪裡，種族差異也跟到哪裡。一八九六年，皮里和亨森準備第一次嘗試搬動帳篷石，與此同時，最高法院在「普萊西訴弗格森案」（Plessy v. Ferguson）中表決，以八比一的票數支持種族隔離合憲：黑人和白人分開用飲水器、洗手間、公園長椅、醫院和學校，彼此「分開而平等」。不難想像，亨森在極北的白人主義中必定看到了一絲希望，能藉此逃避美國的白人主義。當然，這只能是部分和暫時地逃避。這幾次出航，恰好塑造出一個活躍的男性世界，亨森得以大顯身手，揚名立萬。正如杜波依斯（William Edward Burghardt "W. E. B." Du Bois）所認為的，假如這類男子氣概被否定的話，必定會造成美國種族主義危機[67]。在這男性世界裡，亨森過著充滿冒險和責任感的生活，讓他滿心期待未來，無論成就、人脈和名聲都能步步高陞。雖然這希望終究落空，但亨森至少獲得了友誼。有時候交到了白人同事朋友，但認識了更多伊魯特人。對伊魯特人來說，亨森比皮里好親近多了，他們便常帶著敬意和感情看待他，教他生活技能，亨森在探險隊中的位置亦因此得以提升。亨森寫道：「很多很多時候，甚至長達十二個月的時間裡，我幾乎完全像個愛斯基摩人。跟愛斯基摩人作伴，說他們的語言，穿一樣的衣服，住一樣的屋子，吃一樣的食物，不但同甘，也能共苦。我喜歡上了這些人。我認識部落裡的每一個男男女女和小孩子。他們是我的朋友，他們也把我當朋友。」我在加納拜訪時遇到的人也是這樣說的，他們講述著父母輩、祖父母輩，甚至曾祖父母輩代代相傳的故事。亨森善良、勤勞、技術高超。他是唯一一個能說族語的探險隊員，「舌頭不會像小嬰兒那樣」，他最會弄狗，「從每天表現看來，他從來沒有看不起這裡的人」，他能「像我們一樣唱歌，像我們一樣跳舞，口中總是充滿從未聽過的故事。」總之，他與其他探險隊員不同，起初還讓人以為他是伊努特人，也許是像薩攝斯那樣的人，只是與白人相處太久，才忘了自己的母語[68]。然而，上述那段文字（「我幾乎完全像個愛斯基摩人」）相當簡短，其實是亨森書中唯一直接表達和伊魯特人親密相處的地方。有時候，他比較像不願執行任務的士兵，尤其是不願進行不公平的交易（「在命令之下，我服從，但這樣的任務說不上愉快。我認識某些不那麼需要狗的人，他們尚且為一隻小狗而付高價，比起買尼普桑瓦（Nipsangwah）的七隻狗還要多得多」）；其他時候，他的口氣像皮里，會稱伊魯特人為「孩子們」和「哈士奇」，也會抱怨他們辦事不力（「就像對著一班繃著臉的小學生」），並用類似皮里描述的詞語來說他們（「他們具有狗的所有特徵，包括狗的忠誠」）。他認為，伊魯特人「代表了人類生命的最早形式」，是「生活在所謂石器時代」的活化石。每次他到達阿凡爾蘇，都會感覺被人「一跳一彈」，迅速地把他投擲到過去的時光，就像十九世紀末和二十世紀初，許多歐洲探險家都熟悉的那種時空旅行，總教人暈頭轉向。對探險家來說，與原住民接觸就像遇見自己遙遠的過去，而更早以前的航海家也是這樣理解新世界的。阿格西（Louis Agassiz）是動物學家和地質學家，原籍瑞士，他在格陵蘭島發現，冰河時代曾經有厚厚的冰川覆蓋著北半球。這發現只不過是距此幾十年前的事。我一直覺得阿格西的發現是一項創舉，是對視覺想像的一大挑戰（可是阿格西的種族理論亦臭名遠播）。自此以後，每當歐洲人到訪北極，他們便能憑藉伊努特人的現在，去想像自己遠古的過去，想像他們的生活習慣、行為和技術幾千年來一成不變，是一座活的文明史前博物館[69]。

當然，亨森畢竟是「熱帶之子」，我們不可能以為他跟歐洲探險家有同樣的感受，況且，他寫到自己離開伊魯特世界的情形：「同樣事出突然」，就像他當初迫不

及待要進入這世界時一樣。字裡行間透露出一種不期然的衝擊，就像被迫離開庇難所，又要回到長期不穩定的現實生活。對他來說，問題不僅在於如何遊走在兩個世界之間，更在於如何在美國生活。這問題一直籠罩在他的北極生活中，甚至在收養伊魯特孤兒古陸杜（Kudlook-too）時，他就知道要給他洗臉、擦身，剪短頭髮，燒掉他的伊努特衣物，給他穿上撿來的歐洲西裝，直到塑造出一位「得體的美國青年」為止（「我以他為榮，他也一樣，以我為榮」）；而且親自給他上英語課，讓他睡在自己床位下，在格陵蘭島為自己工作。當亨森到了北極，正是這裡讓他感到「野性的愉悅和歡欣」，因為「是我，一位微不足道的國民，卻被命運選中為它的代表，見證世上最後一個奇蹟[70]。」正是在那裡，當插上國旗的時候（「一股愛國熱血在我心中沸騰」），他和皮里「互相對視了一眼，心照不宣，知道時候到了，命中註定該由我們來打開北極之謎的大門。」他創造了關鍵的一刻。地點就在這裡，在北極、地球上最偏遠的地方、真正的「圖勒極地」，一個人從三K黨猖獗的南方出發，這裡就是他所能到達最遠的北方。如果北方代表自由，那麼這裡肯定能消融膚色界限。到達北極，最有意義的獎賞不是名利，而是認可，是亨森多年勞心費力以後終於獲得認可。可以說是布克・華盛頓意義下的關鍵一刻。但事實卻非如此。

我覺得時機已到，便解下右手手套，上前祝賀我們十八年苦心孤詣的成果。但一陣風吹來，不知什麼東西吹進了他的眼睛，要不就是他看太陽太久，造成灼痛，自然反應迫使他轉身；他雙手捂著眼睛，給我們下了命令，不要讓他睡超過四個小時。

這句話很簡短，卻很重要，給前面每件事和後面的一切都打上了問號。從這一刻起，兩人之間幾乎再沒有溝通。亨森回來後寫道：「我們開始形同陌路。在船上，他只對我說了寥寥幾句話。我們下船，他也沒有講話。我給他寫了兩次信，發了一封電報，但都沒有回覆[71]。」

・・・

皮里出版《越過大冰洋》，收錄了阿嘉欣（前述段落提到的為了擺拍而呈現色情姿勢的伊努特女子）十四、五歲時的照片。三年後，約瑟芬乘坐她組織的第二艘救援船，前來營救丈夫。年輕的阿嘉欣上前自我介紹，並向她介紹大兒子哈覓（Haamik），說他「驕傲又天真」。直到此時，約瑟芬才知道有這個孩子。

一九〇九年後，皮里不再出航，阿嘉欣和她的伴侶標亞托（Piuaattoq）便撫養哈覓，連同皮里的次子迦帕祿（Kaalipaluk）一起照顧。另一方面，亨森也已經不再來訪，但年輕的阿卡坦瓜（Aqattannguaq）跟他生了一個兒子阿努卡（Anauqaq），便由她和伴侶吉拉（Qitdlaq）一起撫育，甚至在阿卡坦瓜少年早逝後，吉拉依然兼其父職。這兩個男孩都生於「羅斯福號」，一九〇六年相隔數日出生，就在幾星期以前，該船開出約克角，準備向北航行到埃塔，穿過史密斯海峽，然後到埃斯米島越冬。皮里和亨森當時想從那裡出發，往北極前進，但終於失敗。標亞托和吉拉兩人是兄弟，三年後，皮里不再來訪，兩人便和阿嘉欣、阿卡坦瓜和他們的孩子搬到英格菲爾德灣（Inglefeld Bay）的吉吉他撒（Qeqertarsaaq）島，在那裡居住了十五年，其間游獵不斷[72]。皮里和亨森的後人現居加納。他們當然從未見過這兩位探險家，但一生都在聽他們的探險故事。納瓦拉娜（Navarana Sørensen）是獵人烏塔克的後人，當年就是這位先祖帶領美國人跋涉到北極的。她向我介紹了杜姑蜜（Tukummeq Peary），即皮里的兒子迦帕祿的孫女，說她是加納頂尖獵人的妻子，同時也是設置陷阱、釣魚方面的專家。她的丈夫馬麻陸（Mamarut Kristiansen）是卡維嘉索（Qaavigarsuaq）的孫子。卡氏曾與阿娜綸瓜（Arnarulunnguaq；後來與迦帕祿結婚）、拉斯穆森等人一起參加了一九二一至二四年乘雪橇穿越北極和白令海峽的第五次圖勒探險。當我們到達時，杜姑蜜正為姪女（或外甥女）製作海豹皮卡米克靴（kamiik）。我們喝茶、吃餅乾，她告訴我們她要辭去在加納學校的兼職工作，因為這太花時間，她寧可和馬麻陸出門獵捕獨角鯨和海豹。她說，阿嘉欣（她的曾祖母）當時還很年輕，但已經相當能幹。她打扮整齊，乾淨利落，有條不紊，也許是這些特質吸引了皮里，解釋了為什麼他看上了她，選她做侍從，後來又跟她成為情人。她說，探險隊當時創立了自己的社區，伊魯特人則在附近紮營，夏天在船邊搭起帳篷，兩群人分得清清楚楚，河水不犯井水。我從文獻中也看到是這樣沒錯，那些美國人在日誌和日記中常提到「哈士奇」，我當時還以為是指雪橇犬，後來才知道不是。吉拉．亨森是探險者亨森的孫子，現齡八十多歲，他告訴我，在這裡，從來沒有人在意他家的人黑皮膚，就和亨森一樣。他說，不像在美國，「我們跟一般人沒兩樣，大家都一起生活。」但也許對他和阿卡坦瓜的其他後裔來說，膚色更不是問題，因為族人本來就喜歡亨森。杜姑蜜說，她自己是兄弟姊妹中最白淨的一個，也是唯一一個繼承皮里膚色的人，經常因此而被嘲笑。她告訴我們，哈覓和迦帕祿也被譏笑，實際上是被欺負；也許是因為他們的膚色，但主要是因為他們沒有父親。她說，正因如此，標亞托才娶了阿嘉欣；但或許也因為這些磨練（「你這雜種，多幹點活吧！」），迦帕祿才成為一流的獵人。聽到這些細節讓我不禁想起，或許也因此緣故，或因為阿嘉欣在皮里離開後受其他族人嘲諷（「她不得不忍受辱罵」），這幫人才收拾行裝，搬到海灣去[73]。

皮里開始與阿嘉欣交往時，已有妻子約瑟芬。亨森遇到阿卡坦瓜時卻是單身，他於一八九七年與第一任妻子離婚。當時，其實阿嘉欣已經和標亞托在一起，阿卡坦瓜已與吉拉訂婚。她兩人似乎都留在船上，跟美國人一起旅行，並以妻子的身份生活。就像許多探險家、捕鯨人以及之前和之後到北極的其他訪客一樣，皮里和亨森闖入了一個有既定生活方式的世界，一開始還不知就裡。其實，在這個世界裡，已婚夫婦容許彼此暫時交換伴侶，有時是為了歡愉，但往往卻是出於需要（例如，在不孕的情況下需要生孩子，或需要擴大或鞏固親屬

關係，或婦女在丈夫不能同行時需要探望遠親，或男子在踏上長途旅行時，需要在陌生地區有親屬陪伴）；這種做法能在遠距離建立親屬關係，並在幾代人之間持續存在（男子之間能成為「異兄弟」，婦女之間「互認作姊妹」，孩子便能安心交由他人照顧）。但這樣的習俗被傳教士禁止。今天，伊努特人將其描述為夫妻關係中兩廂情願的延伸。話雖如此，這往往卻是依照男方意願而安排的；即便在阿凡爾蘇，男人數量遠遠超過婦女，將可發現不少男人「偷」有夫之婦的紀錄[74]。

捕鯨和探險的男人來到十九世紀的北極，滿載伊努特人最需要的物品，包括：步槍、彈藥、炊具、刀、針、水壺、紡織衣物、木材，並對當地婦女表現出毫不掩飾的興趣，這時候，當地的換偶風俗便為跨文化互動提供了現成的機會。但結果卻換來非比尋常的關係脫節。族人與訪客的交易並不對稱，甚至往往只停留在原始的以物易物：伊努特婦女向來訪男人提供性服務，以換取進口商品，可是，親密的肉體接觸卻不能保證安全的親屬關係（事實上，皮里和亨森於一九〇九年離開阿凡爾蘇，之後便沒有與伊努特妻子或孩子再有任何聯繫）。即便如此，這種變質的關係還是很普遍。科默（George Comer）是美國捕鯨船長和北極探險家，曾於富勒頓港（Fullerton Harbor，哈德遜灣西北部的一個貿易站，捕鯨船隊經常到訪）收集大量數據，顯示一八九九年至一九一一年間在該地區共有三十六個孩子出生，其中二十二個的父親不是伊努特人，十五個的父親是美國船上的捕鯨人[75]。這些訪客不但在當地留下孩子，還在伊努特社區撒播了梅毒和淋病，這問題對外來者（包括皮里的探險隊）來說較無關痛癢（奧佩提其中一張照片題為：「猴子與『寡婦』上岸，在我們給的補給品旁。就是這位女士，把花柳帶上船[76]……」）

皮里航行中保留了大量照片、私人及出版著作檔案，處處留有探險隊中性生活的線索。歷史學家迪克（Lyle Dick）說皮里「把伊魯特婦女分配給他的僱員」；通常是有夫之婦，丈夫在別的地方為他做事，「彷彿她們是他的私人財產一般」。皮里認為，這做法是他任務成功的一部分。在一八八五年第一次出訪格陵蘭期間，皮里在日記中寫道：「要使男人心滿意足，絕對必須要有女人。」考察隊員日記顯示，在一八九二年和一八九三年兩次探險期間，皮里營地中公然存在性騷擾的氣氛，雖然說是在領導人不在的時候才會出現；還有，隊中有一非正式制度，無論是美國人或伊魯特人，都可向皮里請求女人，她們的伊魯特人丈夫有時只能無可奈何[77]。「我們的感覺是，對於這個人，他們怕他多過愛他。」拉斯穆森與當地人多次談論皮里，若干年後，他得出上述結論。此外，「我常聽到人說：『他為獲得某樣東西的願望極其強烈，不可能對他說不[78]。』」丈夫被皮里從營地送走，外出工作，伊魯特婦女為此悲傷不已，或許也是怕自己此後孤苦伶仃。她們曾經出現過一些奇特病例，是一種稱為piblokto q的神經病發作，或「北極癔病」。這名詞最早出現在約瑟芬的報導裡，後來發展到不分青紅皂白地把焦慮症與薩滿演出放在一起，最近又被解釋為對壓力的一種拒絕或抵抗形式（包括對於分離、食物不足或性騷擾的

壓力反應）[79]。但即便有以上種種情況，來訪男子和伊魯特婦女之間，仍不排除有可能基於其他感情因素而發生性關係，如戀情，或許還有相互傾慕[80]。然而，我只知道一個明確例子，即歷史學家勒莫因（Genevieve LeMoine）的著作，其中說到亨森因伴侶艾拉菀（Elatu）去世而感到悲傷，茫然自失，但卻沒提到女方的感受[81]。

吉拉．亨森告訴我，他已經不常想起這件事了。而杜姑蜜．皮里也同意。她說：「也許我們不習慣記住，但也可能現在已經不重要了。」阿勒迦撒（Aleqatsiaq）是迦帕祿．皮里的曾孫，安排並翻譯了許多這些對話。他強調：「被過去所困擾是不健康的。」有一天下午，當我們離開他祖母的房子時，他說：「我們無法改變這些事，所以我們不去想它。我很高興皮里來了這裡，他有了孩子，我才能出生。」他如此明確地說出了這句話，拒絕被當作受害者而被評價和治療。我們分開後，我一度苦思這件事，還有其他故事，不經不覺下了山，在加納的主街道上徘徊，經過路德教教堂和阿勒迦撒的酒吧，經過超市（從南邊來的補給船每年進貨兩次），經過納瓦拉娜的房子，經過被拖上海岸線的漁船，走上冰封的海面，繞過被鐵鍊鎖住和嚎叫的狗，在粗糙和有裂縫的海面上挑著路走，看見巨大的藍色冰山停滯不前。我站著一會兒，看前方一台皮卡車飛馳而來，剎車、打轉，甩起一團團粉白煙霧，裡頭兩男一女在音樂聲中大喊大笑。寒風刺進我的臉龐，無論此處或遠方，總看到有人架著帳篷，在冰上垂釣的身影。雪橇轍跡縱橫交錯，一直通往地平線。記得幾天前在薩維斯域，我和安娜露絲一起這樣走出去，砍下一袋冰，拖回去融化成水，用來喝、做飯和洗漱。當時村子裡的水箱空空如也，要到夏天才會有水。也許，不思索過去，本身就是克服過去的一種方式。不是忘記或否認事件曾經發生，或否認事件的意義和作用，而是選擇它在這裡和現在要成為什麼樣的參照點。在加納這裡，也許這段特殊的過去，跟一九五三年的驅逐事件不盡相同，相較之下，沒有什麼難以弭平的怨恨；至少現在，過去本身已經塵埃落定，而不僅僅是因為它被接下來發生的事所淹沒。

康塔爾（Allen S. Counter）是哈佛大學神經學家，某天晚上，他在斯德哥爾摩聽說「黑色愛斯基摩人」生活在格陵蘭島西北部的故事，自此開啟個人探索，希望拯救有關亨森的回憶。

他本身也是冒險家。幾年前，從作家海利（Alex Haley）的身世得到啟發，便來到南美蘇利南的熱帶雨林，在過去的奴隸社區追溯其家族淵源。這段旅程成為一九七〇年代美國PBS特別節目。後來，他又決定去阿凡爾蘇，把亨森和皮里的後人帶到紐約和華盛頓，最後將他們介紹給他們的美國家人。這一舉措受到美國亨森家族熱烈歡迎，卻對大多數美國皮里家人造成錯愕不安。不知如何，康塔爾又成功說服雷根總統發佈總統令，將亨森和妻子羅絲（Lucy Ross）的屍體搬離布朗克斯區的伍德隆（Woodlawn）公墓（羅絲當時一貧如洗，只能將丈夫草草葬於母親屍身之上），遷至阿靈頓（Arlington）國家公墓，靠近一九二〇年安葬皮里的地方。（康塔爾有異常能耐，在他勸說下，美國海軍將一艘研究船命名為「亨森號」；華盛頓市長巴利（Marion Barry）於一九八七年宣佈六月三日為「亨森日」；比照一九〇七年頒獎給皮里的做法，國家地理學會也向亨森追授胡伯德獎章（Hubbard Medal）；海軍潛艇人員在北極浮出水面，插上一面旗幟、擺放牌匾以紀念百年發現；又授予亨森榮譽指揮總長軍銜，以表彰其多年陪伴皮里的經歷[82]。）

在阿靈頓安葬儀式結束後，康塔爾帶著亨森的兩個兒子阿努卡和迦帕祿舉行記者招待會，隨同的人還有納瓦拉娜，她擔任翻譯員（她跟我說，有些人認為康塔爾只不過想博得名聲，其實也無所謂，因為無論如何，能為阿努卡圓夢，與美國家人見面總是一件好事）。納瓦拉娜告訴我，阿努卡談笑自若，從容不迫，一一回答記者關於父母親的問題。之後，他們都擠進了車子，她拿出威士忌，為旅程圓滿而乾杯，人人雀躍不已；她說，說不定連在附近墳墓裡的皮里都已陶醉起來。

•••

「我親愛的傑蘇普先生……」一九〇六年五月，約瑟芬在華盛頓寫給她的恩人：「今年春天，我得了三次胃炎，我兒子也病了，總之，生活對我來說不是很美好。」

我一直在想，如果我有什麼三長兩短，那些孩子怎麼辦？尤其是如果他們的父親再也回不來了。

你也知道，在沒有孩子之前，我把僅有的一點積蓄都投入到北極地區，現在那些隕石成了我全部家當。我覺得我應該設法把它們換成錢，另作投資，這樣孩子才會得到一些東西，可以接受教育，可以用來謀生。

令夫人肯定會責備我找你麻煩，但我又能如何？你認為你們博物館會買下這些藏品嗎[83]？

兩年前，帳篷石從布魯克林區被搬到博物館去，與兩塊較小的隕石放一起。人潮聚集，觀看這塊巨石被駁船運過東河，運到第五十街碼頭，再由二十八匹馬組成隊伍，浩浩蕩蕩拉到博物館的第七十七街入口。簡直盛況空前！對於皮里夫婦開價六萬美元，就連傑蘇普也曾一度卻步，想殺價一半；這塊隕石現已成為博物館主廳的亮眼景點了，而約瑟芬還在糾纏不休。傑蘇普去世後，新的管理當局一拖再拖，但皮里夫人窮追不捨（「這組隕石立在眾石之首，唯有把它加入博物館典藏，才能成全傑蘇普先生的心願，也合乎緬懷他的人的期望」；「您就不能想想有誰能補足差價，讓博物館得以收購這組珍藏嗎？我確實希望它能歸您所有，但比我開價更低的話可不行！」）最後由她的好友傑蘇普夫人出面，捐出四萬美元購買這套隕石，送給丈夫生前最鍾愛的機構[84]。

• • •

在我腦海畫面裡，「希望號」正駛回美國，亨森與努塔克、阿塔加拿、奇蘇克、烏奧加薩在一起，還有兩個孩子，亨森正盡力幫他們抵受驚濤駭浪。他們和隕石一起渡海，但無論在亨森或皮里書中，兩人都沒有提起過這批人，我只能認為，這是因為他們不想讓讀者想起後來發生的事。攝影師奧佩提在日記中指出，因為人潮眾多，「希望號」被迫延遲開船，無法立即從紐芬蘭的聖約翰斯出發（「遠近的人不斷趕來看鐵和哈士奇」）。在他的相冊中，的確不時出現這些來自約克角的旅客的身影[85]。在某張照片中，六個人都在裡頭，和奧佩提合影，全都警惕地盯著鏡頭，而

奧佩提則似乎在向阿塔加拿展示一本筆記。

另一張照片由奧佩提拍攝。照片中，四位成年人以茫然表情回敬鏡頭，似乎不僅顯示了距離，還表達了不屑（當然，這是我無法確定的）。年幼的米尼克和阿非亞克被放進幾張合照中：小小的伊魯特孩子像吉祥物一樣，擺在所有這些白人大漢前面。在另外兩張照片中，奧佩提讓伊魯特旅客措手不及。其中一張，三個人正坐在甲板上加工海象頭骨，奇蘇克和烏奧加薩驚訝地抬頭看了一眼鏡頭；另一張，他們都在忙著自己手上的事，只有在前排的阿塔加拿注意到奧佩提。她一臉被冒犯、疑惑、激動、話在嘴邊的樣子，這是她最後一張不是為了科學而拍的照片。

兩年前，法蘭茲．鮑亞士（Franz Boas）剛被任命為美國自然史博物館人類學部門研究員，他請求皮里下次到訪北極時帶一位伊魯特人回來（「如果您確定明年夏天到訪北格陵蘭，懇請您帶一個中年愛斯基摩人回來這裡過冬，那將會有莫大價值。這將使我們能輕鬆自在地獲得某些極其重要的資料[86]」）。一八八四至八五年，鮑亞士二十多歲時，在家裡僕人魏克（Wilhelm Weike）的陪同下，去巴芬島做了一年田野調查。如果在費城美國哲學學會翻查檔案，便可看到鮑亞士當時以日記形式寫給未婚妻瑪麗的那封非常長的信。這封信他沒有打算寄出去。他在信中傾訴了自己的渴望（「妳用這股力量拉扯著我，我必須把妳壓在心房。哦，親愛的！我幾乎不知道我在寫什麼……」），並描述了他對伊努特東道主的感情日益增長（「這些『野蠻人』共同承擔一切貧困，這難道不是一種美麗的習俗嗎？……我對他們的風俗了解得愈多，就愈意識到我們沒有權看不起他們。在我們的民族中，能在哪裡找到這樣真正的好客之道呢？」）經過這次體驗，鮑亞士釐清了他的使命感：他對於人類差異的初步想法迅速成形，使他無法再相信固定的種族進化等級，並為他日後所有科學工作界定好框架（「對我來說，此行最重要的結果在於加強了我的觀點，即一個人是否『有教養』，這是相對的。人的價值應取決於他的 *Herzensbildung*，即心性修養。這品質在愛斯基摩人中可以存在，亦可以不存在，情形就跟我們一樣[87]。」）除了日記，檔案中還保存著鮑亞士在巴芬島創作的圖畫和照片。這些作品，尤其是他對冰山的描繪，就像他的很多著作一樣，同時做到了精確和浪漫。

不過，他向皮里提出的要求，從結果看來既不精確也不浪漫。也許，鮑亞士有別的事在

做，他為傑蘇普組織北太平洋探險隊，到西伯利亞、滿洲、阿拉斯加和美國西北地區，去調查「新、舊世界之間的聯繫」和「澄清關於美洲種族早期歷史的許多不明確的觀點」，這是極度艱鉅的任務。也許，鮑亞士後來覺得，他對皮里提出的要求也不算什麼。尤其於一八九三年，他已協助過芝加哥哥倫布世界博覽會舉辦人種學展覽，其中就設有「印第安人的小聚落，能看見他們生活在原生棲息地」；還有克羅瑪儂人（Cro-Magnon）那活靈活現的立體模型；原住民成了人類進化史的活例子，從世界各地被帶到芝加哥來，身穿傳統服裝，為眾人表演。當時人們正瘋世博會裡的「樣板主題展」（Mid-way attractions），官方博物館裡的人類學展覽不被重視，反而被馬戲團般的氣氛搶盡風頭。樣板景點包括來自拉布拉多的愛斯基摩村的十二個家庭，他們在多個星期內誕生三個嬰兒，轟動一時，景點裡亦展示了划蒙皮筏的技能（就像幾個世紀之前，薩撮斯、卡利楚、蒲克奇、帕洛他們那樣），在六個月的時間裡，成為近二千七百萬名遊客的明星造訪之處[88]。此外，儘管鮑亞士至少從一八九一年起就與皮里聯繫（當時他給皮里寄去了一對卡尺，請求測量愛斯基摩人的耳朵），但也許，他並不太理解這位探險家其實是位投機主義者，因為當時有三萬名紐約人被皮里的探險成果瘋狂吸引，導致他根本沒把博物館的要求放在心上。這些紐約人讀了東岸的報章，被皮里的宣傳所吸引，蜂擁而至布魯克林碼頭，支付一點費用就能登上「希望號」，摸摸隕石，細看努塔克、阿塔加拿、奇蘇克、烏奧加薩、阿非亞克、米尼克，也向他們兜售糖果和花生。（船上一名軍官跟記者說：「給他們甜食太多，孩子都生病了。我們都用生肉餵他們，糖果對他們身體不好」）。帳篷石後來在海軍船廠一待就是七年，等候皮里和以後約瑟芬與美國自然史博物館討價還價。但很快地兩天之內，伊魯特人就被帶到了東河對岸。在那裡，博物館某位員工接待他們，卻完全不知該如何是好。皮里對《紐約時報》說：「關於這六個愛斯基摩人，今年冬天他們將留在我這裡，做些人種學標本，明年夏天再跟我一起回去。」但可以預見，事情根本不是這樣[89]。

伊魯特客人抵達那一週，紐約市氣溫高達攝氏三十度。博物館急忙在地下室臨時騰出空間。《泰晤士報》報導說：「人群忽然湧入博物館，當被告知愛斯基摩人不在展覽之列時，感到

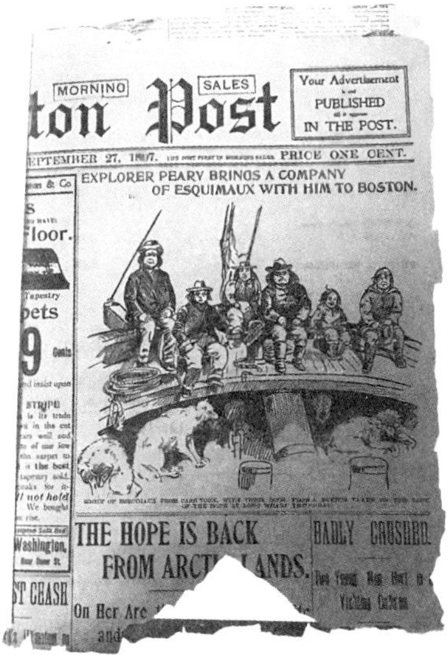
MORNING ton Post SALES
Your Advertisement PUBLISHED IN THE POST.
SEPTEMBER 27, 1897. PRICE ONE CENT.
EXPLORER PEARY BRINGS A COMPANY OF ESQUIMAUX WITH HIM TO BOSTON.
Floor.
Tapestry
pets
THE HOPE IS BACK FROM ARCTIC LANDS.
On Her Arc
BADLY CRUSHED.
Washington,
ST CHASE

非常失望。」那些人只好隔著地板格柵窺視他們（「許多人俯臥著……但願一睹為快」），有時還向房間扔巧克力（「有人叫『吃吧，吃吧』，急切催促他們」[90]）。華萊士（William Wallace）是博物館大樓主管，他讓經過篩選的遊客魚貫進場。亨森曾與博物館籌備人員一起工作，為皮里採集到的標本製作立體模型，那是他探險回國後的職務之一（理貨員、看門人、信差、普爾曼搬運工），現在也被調派來擔任翻譯。

年輕女士問道：「這些男人是不是一看到漂亮女人都會立刻墜入愛河，並且按照他們所屬部落的方式，向他們求婚？」

亨森先生答說：「是的，是這樣的。克蘇（Kessuh）說他想娶五、六個像妳這樣的妻子。他恐怕是條野性十足的年輕公狗。」

幾乎可說是立刻，這六個人就開始出現病徵。博物館職員驚慌失措，把他們搬到頂樓房間，那裡空氣較好，又僱了一名護士，連同亨森一起陪著他們。（華萊士寫道：「皮里中尉台鑒：愛斯基摩人一家健康欠佳，博物館上上下下感到非常不安，懇請撥冗來電，給我們您的建議，告訴我們怎樣做才好。鮑亞士先生認為，病情是由氣候變化造成的。我們正在盡力而為……請交信差回覆。」但我們沒看到皮里的答覆。）請求不斷前來（「請容我留下這些人的牙齒印記，牙科專業將獲益良多」）。兩週內，六個人全被送往市中心的貝爾維尤醫院，阿塔加拿和努塔克都得了肺炎，其他人得了支氣管炎，被迫分開住進男女病房（「男人堅決拒絕與女人分離……最後幾乎要把他們拖去房裡」），新聞則責怪天氣悶熱、飲食陌生，甚至蒸汽加熱[91]。十二月初，華萊士把奇蘇克、努塔克、烏奧加薩和米尼克遷到他自己在布朗克斯高橋區的一所小房子裡。阿塔加拿和阿非亞克似乎仍留在貝爾維尤，過了幾個星期，奇蘇克前往與她們會合。在高橋區，這些原住民來客交由艾絲特（Esther Eneutseuk）照顧，她是芝加哥世博會後唯一留在美國的拉布拉多伊努特人。艾絲特照顧這些伊魯特人，至少一直到四月，先是在高橋區，然後又換到華萊士位於紐約羅雅維爾（Lawyersville）的州北酪農場。（「她說：『啊，除了家鄉和返航，他們什麼也不談。他們想家了。你看，他們現在就在談這個。』」）雖然艾絲特的伊魯特語算不上很流利，但為鮑亞士擔任翻譯的就是她，而且，鮑亞士後來忙著組織傑蘇普探險隊，把這六名來客交給他二十一歲的研究生克魯伯（Alfred Kroeber）後，艾絲特還是繼續幫忙翻譯。艾絲特後來首開先河，做伊努特人經紀，帶領他們國際巡演。克魯伯則成了發展美國人類學的關鍵人物，當初和艾絲特採訪高橋區而發表三篇論文，即其學術生涯之始；其中第三篇論文也是其中最重要的，系統地描述（並以皮里攜回物品繪圖說明）伊努特人的歷史、食物、技術、服裝、狩獵技術、休閒活動、社會組織（「皮里說他們沒有政府，絕對自由」）、性關係（「鮮少倫理道德」）、宇宙觀、神話、宗教（「關於死後的想法模糊而矛盾[92]」）。克魯伯大量借鑒了歐洲探險家和人類學家已出版的著作，只有偶爾才會說清楚哪些細節是在紐約收集的。除了以下這一點。他寫道：「倖存者有一段時間處於恐慌，害怕看到死者和其所有物品。」二月十八日，奇蘇克於貝爾維尤過世，大概是死於肺結核；一個月後，住在高橋區的阿塔加拿也終於支撐不住。克魯伯所著〈史密斯海峽的愛斯基摩人〉（The Eskimo of Smith Sound）文中，包含對於努塔克如何哀悼的

詳細描述，資料源於「一位（會說愛斯基摩語的）隨從」交給鮑亞士的筆記，很可能就是艾絲特。而克魯伯不得不承認，「由於環境並非尋常，儀式多少有些改變。」

不過，努塔克還是盡其所能履行儀式，克魯伯則在旁精確記錄，就像幾個世紀前照料伊努特死者的歐洲醫生一樣：「當聽到她已經死去，他問她是還在呼吸，抑是完全死了。當確定是後者時，他便打扮一下，準備去看她。他穿上新內衣，穿戴整齊，穿上大衣、帽子和手套，並要了一根繩子，繫在臀部以下、褲子外面。他還用紙塞住左鼻孔，抓著大衣兩邊，走到屍體前。身後跟著他的養女，女婿烏奧加薩（Ujaragapssuq）殿後。他們進入屍體所在的房間，努塔克（譯註：克魯伯原文為*Nuktan*）開始對屍體說話，語速快，聲量極低，用了許多不尋常的措詞……他命令她好好待在原地，直到他把她帶走。他責備她身為安加科克（angakok，即薩滿），而不能治好自己，並補充說：『我相信自己也命不久矣』。」

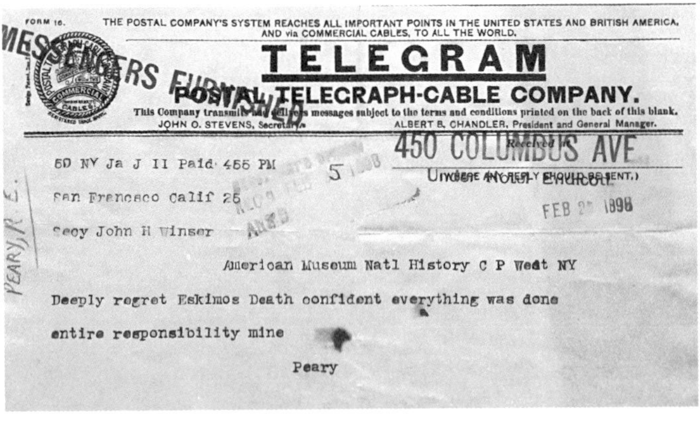
FORM 16. THE POSTAL COMPANY'S SYSTEM REACHES ALL IMPORTANT POINTS IN THE UNITED STATES AND BRITISH AMERICA, AND via COMMERCIAL CABLES, TO ALL THE WORLD.

MESSENGERS FURNISHED

TELEGRAM

POSTAL TELEGRAPH-CABLE COMPANY.

This Company transmits and delivers messages subject to the terms and conditions printed on the back of this blank.

JOHN O. STEVENS, Secretary. ALBERT B. CHANDLER, President and General Manager.

Received at 450 COLUMBUS AVE

50 NY Ja J II Paid 455 PM

San Francsco Calif 25

Secy John H Winser

FEB 25 1898

American Museum Natl History C P West NY

Deeply regret Eskimos Death confident everything was done entire responsibility mine

Peary

PEARY, R. E.

這是三月份的事。不久之後，四位伊魯特生還者搬到州北，華萊士的莊園中。到五月中，努塔克與世長辭；接下來的一週，他的養女阿非亞克也死了。儘管如此，克魯伯依然堅持研究。阿非亞克逝世一星期後，他寫信給鮑亞士：「米尼克似乎對後續研究毫無用處，除非純粹語言方面，但他咬字不夠清晰。我今天從他那裡什麼也得不到。不過，如果您認為最好還是取得更多語言資料，我們可以繼續[93]。」

活的、死的，完整的、肢解的，伊魯特人給的，人類學家都拿走了。賀德利卡（Aleš Hrdlička）是捷克解剖學家，當時還年輕，後來當上史密森尼博物館（the Smithsonian）館長，二十世紀上半葉美國體質人類學基本上由他一手主導。他那時候恰好在紐約，應邀前往美國自然史博物館檢示原住民訪客，然後在哥倫比亞大學醫學院的內、外科醫師學院參加奇蘇克的解剖。賀德利卡追隨居維葉，認為有三個相對穩定的基本人種（白種、黑種、黃褐種；當中以白種人為上等），其學術生涯即致力於體質比較研究，以繪製各色人種起源和分佈圖，確立美洲定居者的先後次序（他強烈支持白令陸橋假說，認為亞洲人取道北極，移民到美洲），積藏了近兩萬副人類顱骨，按年齡、性別分類，但主要還是按不同人種加以分類。收藏量之浩大，蔚為奇觀，堪稱科學盜墓史的創舉。蒐集人骨固然是探險家、解剖學家和人類學家的例行公事，卻往往秘而不宣，他們如饑似渴地吸納原住民頭骨、骨骼和文物[94]。賀德利卡在美國自然史博物館的地下房間檢查過了這六位伊魯特人（努塔克「胸部很深，乳頭位置奇高。脊柱從上頸部到腰部微突，然後適度下沉。臀部與白人相比，發育程度屬於中度以下。」）然後在第五十九街，解剖了奇蘇克的大腦（「測量結果與同一地點的其他愛斯基摩人基本一致，可見奇蘇克在族人中間並不特殊」）。幾個月後，他又在美國自然史博物館研究了四位死者的骨架。這些骨架由博物館借用華萊士莊園裡的設備來準備的（他說：「希望採集者將來可更加注意，不要只收集頭蓋骨，也要其他所有骨骼。」這想法確實合理，因為博物館已藏有三百五十塊伊努特人頭蓋骨，其中一百多塊來自約克角）。

施匹加（Edward Spitzka）是賀德利卡的同事，當時是哥倫比亞大學的解剖學家，負責解剖阿塔加拿、努塔克和阿非亞克的大腦。施匹加幾十年來執著於一個不可靠的觀點，認為大

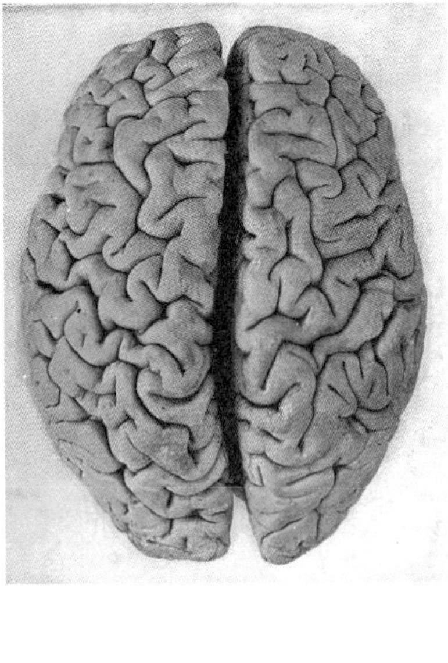

腦尺寸對應智力高低，以及對應另外一個概念（後來演變成智商測試），即：這可由「人種」反映出來。其實這兩個概念都毫無根據。他認為努塔克、阿塔加拿和十二歲的阿非亞克的大腦特別有價值，因為愛斯基摩人「同質性甚高……只要輔以智力測試，便具有無限價值。」他們如同「北美印第安人」，「正在迅速混雜，甚至滅絕」。賀德利卡則認為，這些調查除了能解決有關美洲定居者的問題外，還將「大大有助探討人類（骨骼）結構變化的原因和發展模式[95]。」賀德利卡就奇蘇克大腦展開討論，但首先展示奇蘇克和米尼克兩人全身照。全身照展示了正和側面，父子倆並排、全裸，白色背景，站在圓形高臺上（這是專業版的，跟皮里的業餘影像不同）。這張照片拍攝那一天，奇蘇克和米尼克被送進貝爾維尤，兩人當天都因感染肺炎或肺結核而病倒，他們臉上表情與當初奧佩提在船上拍的一般無二。我想，這表情現在沒人看得懂，也無法翻譯，但我姑且一試：應該算是一種迷茫、試探、慌張、高傲、自滿、詫異，甚至是輕蔑。

雖然鮑亞士不盡同意賀德利卡關於種族和遺傳的觀點，但他當時也致力於比較解剖學，藉以建立自己的理論。後來，傑蘇普去世，美國自然史博物館受白人至上優生主義掌控，而全賴賀德利卡支持，鮑亞士才能與那些人周旋到底。後來博物館館長換成了奧斯本（Henry Fairfield Osborn），董事格蘭特（Madison Grant）是他朋友，兩人都是優生主義活躍份子。他們認為，新的文化人類學之所以不相信固定人種分級，其實是猶太人的陰謀（「鮑亞士博士本身就是猶太人，他在這件事上代表了一大批猶太移民，總是不愛聽到說自己不屬於白人」[96]）。在這整個時期，鮑亞士正在發展一套比賀德利卡更動態、更平等的遺傳觀念，並且明確區分種族、文化和語言三者間的不同，藉此創建出非等級化的人種觀。它最終將取代優生主義學者的人種理論。到了今天，已經沒有人相信有差序的人種觀念能站得住腳[97]。一八九九年，鮑亞士指出了頭顱指數（即頭骨的寬、長比）的缺點，並對紐約市一萬八千名移民及其子女進行人體測量，於一九一一年發表意義重大的研究結果。研究表明，頭骨形狀和比例，一向被視為最固定的人種特徵，卻可在短短一代人中發生變化。某種程度上，東歐移民已發展出那些為人推崇的北歐人解剖學特徵。（格蘭特說：「我們花了五十年時間才知道，說英語，穿好衣服，上學和上教堂，並不能把一個黑人變成白人……美國人將會感受到波蘭猶太人亦復如是：他們身材五短、心態奇特，誓死堅守自身利益，這些特質正一點一滴沾染進國家的血統裡[98]」）戰前政治氣氛一片糜爛，跟今天的美國有許多相似之處，正因如此，鮑亞士聯同杜波依斯的NAACP（有色人種協進會），直斥法西斯主義和種族主義在歐、美造成危害[99]。但當然，是鮑亞士指使，才會讓奇蘇克、米尼克、阿塔加拿、努塔克、阿非亞克和烏奧加薩在生前死後都接受檢查；也似乎是在他授意下，博物館職員才會在昏暗的傍晚，在淚流滿面的米尼克面前，裝模作樣，假裝為奇蘇克舉行葬禮。（華萊士憶述：「那天晚上，奉科學人員的指示，我們當中一些人聚集在博物館庭園，拿到了一根舊木頭，長度跟死屍差

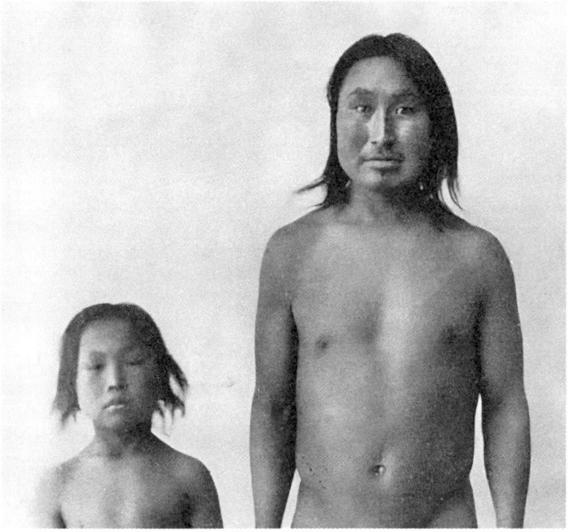

不多。這根木頭用布包著，一頭連著面具，一切準備就緒。」）他們把這根木頭埋了，堆上石頭，照民族學家描述的樣子，弄了一座伊努特墳墓。十二年後，這件事在報章上曝光，鮑亞士當時辯解說：「我看不出有什麼好批評的。還活著的愛斯基摩人身體都不太好，還有梅內（Mene）也是，當然，只好避免他們再受驚嚇或不安。我想，那場葬禮確實達到這個目的[100]。」他也許認為自己是在做好心。其實在那場喪禮之前，奇蘇克的骨架已經浸泡、收藏在博物館裡，大腦和重要器官也已經交給了哥倫比亞大學。他們還可以拿什麼給他八歲的兒子看呢？

重要的是，我們要知道，這在當時根本不是公認應該有的程序。事件被揭發後，引發公眾激辯。博物館方，以及其行政、科學人員，乃至探險家和背後出錢的富商，他們共同組成一個群體，主動並合力做出決定。相對而言，在格陵蘭或在紐約的伊魯特人無力反抗，這意味著博物館方可為所欲為。一九〇八年，當時只剩米尼克還活著，丹麥總領事終於寫信給博物館，正色道：「請尊重這些人，注意他們最初如何被帶到這裡，又是如何被安置在紐約。」其實，被爆這段醜聞之前，早在「希望號」停靠布魯克林的那個星期，《紐約日報》便以「愛斯基摩人大禍臨頭」為題，報導說：「在華盛頓，某些科學家嚴斥皮里先生，批評他把大隕石帶到美國。格陵蘭人本已貧苦，還剝奪他們唯一的鐵源。」四個月後，奇蘇克去世，《紐約時報》回應了關於屍體的「不體面爭論」：「現在他們說要把他的肉取出來，用他的骨頭做人種學標本！似乎沒有人想過徵詢其他愛斯基摩人，問他們對這計畫有何看法；也沒有人想過，當他們知道自己也可能被賦予同樣的高度科學用途，他們將情何以堪。」次月，阿塔加拿死後兩天，《晨間電訊報》（*The Morning Telegraph*）又補充道：「他們就像皮里的狗一樣，被安置在自然史博物館裡展出，在那裡，他們無法適應氣候變化，接二連三地病倒。」作者問道：「無論是否為了人類利益，我們允許事情這樣發生，還敢說自己奉行人道主義嗎[101]？」

一八九八年七月，烏奧加薩與皮里一起回到了約克角。但正如幾個世紀前去過歐洲的伊努特人就曾預料過的，沒有人會相信烏奧加薩的故事，所以他很快就不再提起了[102]。米尼克是「全紐約最可憐、最離奇的棄兒」，一直活到一九一八年大流感，死在新罕布夏州北部。他生前在那裡做季節性伐木工，農民哈爾斯一家也願意收留他，讓他過冬。一九〇九年，他曾回到烏曼納山。博物館和皮里北極俱樂部都急著將米尼克送走，尤其在一系列報章採訪中，米尼克直言不諱，大力抨擊歐洲人的探險、科學和博物館收藏（「我寧願向皮里先生和博物館館長開槍，只是想讓他們看看一個野蠻的愛斯基摩人心地正直，遠遠超過他們這些開明的白人」）。有一段時間，他似乎就要成為華盛頓式（或許是亨森式）自我提升的典範：照片上的他梳洗乾淨，穿著整齊，他上學，他運動，無論打扮和說話，都像「一位俊雅不凡的美國男孩」。但夢想卻中途破滅。華萊士丟了工作，妻子過世，米尼克得悉父親屍骨不在墳墓，而是放在博物館某架子上的儲物箱裡（他煞有介事地說自己看過屍骨被架起來展示，但博物館一直否認）[103]。米尼克去世以前，又開始漂流北方，經過七年困難的時間後從格陵蘭島返回。這期間重拾伊魯特語，訓練捕獵技能，並與克洛克島探險隊（Crocker Land Expedition）合作。由於皮里聲稱於一九〇六年從埃斯米島看到所謂的克洛克島，探險隊便獲美國自然史博物館贊助，於一九一三至一七年間搜索這塊根本不存在的陸地，其間曾抵達烏曼納山[104]。一九一六年秋天，米尼克回到紐約，顯得更加鬱卒。他想過爆內幕，戳破皮里關於北極的說法，重新引起媒體關注，但眾人已興致缺缺。他雖然總是逞強，卻難掩哀愁。在先驅廣場麥卡平飯店，他自己的房間裡，幾位硬漢記者似乎都感受到了。米尼克跟他們說：「但願他們從來沒有教過我這一切。我希望住在北方，但現在卻得住在這裡；在格陵蘭北部，我活在黑暗裡，讓我覺得自己好像一直被關在地牢，而我卻希望得到我知道外面有的東西……[105]」

一九九三年，美國自然史博物館將奇蘇克、阿塔加拿、努塔克和阿非亞克等四人骸骨運返加納，部分是加拿大作家哈珀（Kenn Harper）竭力促成，部分亦由於NAGPRA法（即原住民族墓葬保護暨返還法，一九九〇年十一月獲通過），該法證實了博物館收藏是一項政治和道德上的難題。這些原住民終於回到一個世紀前離開的聚落，而且到了新家。棺材經過圖勒空軍基地，抵達加納，進行正式交接，隨後舉行教堂禮儀、遊行和埋葬儀式，約有一百人參加，包括來自美國自然史博物館和格陵蘭國家博物館的代表。美國自然史博物館的內部文件顯示，格陵蘭人積極解決問題，態度親切。在加納，棺材被埋在一起，上面堆起了石頭，彷彿這四人當時是死在阿凡爾蘇一樣[106]。

•••

直到飛行員說沒辦法，我才知道安娜露絲原先有請他飛越皮里紀念碑，好讓我看看情況。一九三二年，約瑟芬和瑪麗在約克角上方的懸崖上建造了一座大理石和混凝土方尖碑，達五十六英尺高（「以感謝愛斯基摩人忠誠服務」）。但直升機飛往薩維斯域時，為了搜索一名失蹤的獵人，已經把後備燃料全部用掉。我們那位身材魁梧的丹麥飛行員向我抱歉說，我們不得不走最直接的路線返回圖勒空軍基地[107]。此時恰好是一年一度的週末武裝部隊日，當

日有狗拉雪橇比賽，似乎所有薩維斯域和加納的人都在前往基地的路上。失蹤的人是安娜露絲的叔叔拉斯，原來他的狗狀態不佳，拉得太慢而落在後面。拉斯只有一條腿，天氣又糟，大雪橫掃薩維斯域已有二十四小時，飛行員終於在前往基地的冰川上找到了他。我們發現拉斯正在路上，直升機俯衝而下，人人都揮手致意，拿出手機拍照，看到他沒事就好。

安娜露絲和奧勒跟我說，這些人將在那裡住上一週，當作放假。他們則在這裡閒逛，聽人說美語，看電影，吃美國菜，那幾天不用再打水，只要買買賣賣。比賽優勝者會得到一支步槍，但比賽並不簡單，每輛雪橇都要載一名美國軍人，從烏曼納山周圍的基地出發，穿過峽灣，到荒蕪的村莊，然後再回來。奧勒已經贏過好幾次了，他說，有時候很倒霉，會被分配到一名彪形大漢。

納瓦拉娜五歲以前一直住在烏曼納山，後來才與其他人一起被驅逐，但她仍留在加納。從政府建造大型建築群，到被強行驅離，她還清楚記得之間那兩年的歲月：美國士兵都很和善，試著跟他們對話，常常都有笑聲、粉色泡泡糖、Hershey's巧克力、椰子巧克力棒、罐裝玉米、蘋果、香蕉、香煙，或用原住民雕刻換點心；後來，二〇〇三至二〇〇五年，她和女兒一起，開始在基地工作。比起考證照、為前來加納研究冰層消失的科學家做翻譯，在基地廚房裡賺的錢

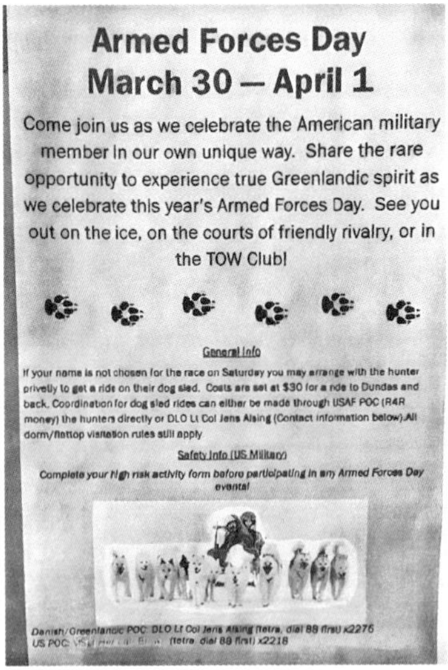

還比較多。她說，整個營裡，只有她一個在當地出生。當她回來時，她用Hingitaq 53的賠償金買了暖氣爐，為她的房子加熱。她說，在加納這裡，讀書人什麼也做不了。她告訴我，我在她姪女（或外甥女）的生日派對上遇到的女生，都在做兼職清潔工。她自己也在醫院為丹麥醫務人員做翻譯。安娜露絲則是老師，她帶我走進薩維斯域的學校。我看到她佈置和整理的教室，非常別緻。她說，小孩子到十二、三歲就會離開，到加納繼續讀書。在那裡，他們都被當作鄉下人對待。到了青少年，在加納畢業後，會南下到西西米鬱（Sisimiut）、努克，甚至丹麥，繼續深造或培訓，大部分的人不會回來。她陪我去社區中心洗澡，指著那些被遺棄和荒廢的房子，說她這一代人想要過與父母輩不一樣的生活。當天晚上，卡安嘉（Qaerngaq Nielsen，「該區長者，其中一位最有經驗和知識的獵人」）踏進安娜露絲家門，邊跳邊唱。他說，現在獵人都去打魚了；海水變暖，帶來了更多的魚。如果薩維斯域再有一家魚工廠，人們就會回到這裡生活。結果，七〇年代中期綠色和平運動後，海豹皮價格崩盤，再也沒有上來過，但當然，這裡的人並沒有像電影那樣打獵（二〇一四年，綠色和平終於承認：「我們當初反對商業捕獵海豹，確實傷害了許多人，無論是經濟上還是文化上」，但為時已晚）。薩維斯域和加納的獵人始終恪守傳統方法（「跟蹤北極熊……這是我經歷過最快樂的事情。狗拉著雪橇，跟蹤牠們，腳印愈來愈鮮明；隨著腳印愈來愈新，狗也跑得愈來愈快……」），划蒙皮筏，偷偷靠近獨角鯨（「獨角鯨成群出現，可刺激了。但我們異常小心，盡量跟貼。我們坐在蒙皮筏上，一直看獨角鯨在哪裡，牠們會浮出水面，靠近蒙皮筏……我們小心翼翼地跟隨牠們，非常緩慢地，非常小心地靠近牠們……這真的很有趣[108]」）。

但後來在保育生物學家的建議下，格陵蘭政府實施硬性配額，限制捕獵北極熊、獨角鯨、白鯨、雪雁和海象，違者將面臨牢獄之災。這意味著獵人無法再靠打獵來養活自己，一年中大部分時間只能看著動物，眼巴巴看著牠們走來走去，游過，飛過。不管現在動物比以前多了很多；不管現在冬天變暖，冰層變薄、變窄，能隨時找到牠們；不管北極熊跑來我們社區，偷走我們的儲糧；也不管我們不得不買進口食物給狗吃，——卡安嘉無奈地訴說著。他說，訂下這些規則，使得獵人只能先搶先贏。有些人能力較差，或運氣不好，社區配額用完了，還是沒有捕到獵物。不久前，我們還會在遠離陸地視線的地方打獵，但自九〇年代末，海冰不再像以前那樣，在冰面上行動變得危險；某些路徑已經不見，熟悉的地標也不再像往昔一樣每年出現，天氣不好掌握，動物被禁捕，政府根本沒做什麼幫助我們，也沒有支持我們的生活方式[109]。然後，他跟我說，夏季遊客的錢比較好賺，可以帶他們去皮里紀念碑，帶他們去看隕石遺址——或至少，讓旅客有辦法抵達的地方就可以了。他說，我應該寫書鼓勵旅客來觀光，不是開玩笑的。幾天後，在加納，納瓦拉娜想到，現在人人都有電話，活在網路世界，講古的藝術會慢慢消失。當年四具遺骸返還，她是主力推手。她說，他們回來了，我們埋葬了他們，但美國自然史博物館空口說白話，他們從未跟進，從未派出科學家，沒有幫助任何教育或培訓……我們也想把隕石運回來，這很有意義[110]。然後，她突然停了下來，略顯疲態：我們已經厭倦了在這裡受訪，厭倦了對同樣問題作出同樣回答。然後，又笑了起來：反正，這裡和紐約沒什麼不同，對吧？

我經常想起和奧勒一起出遊，奔赴薩瓦魯陸（Saveruluk），穿過隕石島，去看那些被積雪塞滿的凹坑。就是從那裡，皮里取走了我們現在所知海華沙隕石的碎片。刺眼的陽光照射在冰面上，那無邊無際的感覺；狗兒有節奏的喘息；奧勒的甜茶；安娜露絲和瑪莎對我的手的細心呵護；我們錯過了追悼會；我想起了眼前的風光，在我看來是一片空白，但對奧勒和其他內行人來說，卻必定多采多姿[111]。快一百年前，拉斯穆森踏上了伊努特人的泛北極路徑，歷時三年，跋涉一萬八千英里，從烏曼納克走到阿拉斯加的諾姆（Nome），終於在一九二四年十月，第五次圖勒探險不得不就此結束（「唉，比起生命，言語算得上什麼！」[112]）。拉斯穆森由阿娜綸瓜（Arnarulunnguaq）和迦維嘉撒（Qaavigarsuaq）兩人陪同。他們分別是杜姑蜜·皮里的祖母，和杜姑蜜丈夫馬麻陸的祖父。然後，這三個人從諾姆乘汽船到西雅圖，再到紐約後，乘電梯到市內一座嶄新的摩天大樓觀景台。沒有紀錄說明拉斯穆森、阿娜綸瓜和迦維嘉撒三人是否有去美國自然史博物館參觀隕石。如果他們真的有去，他們也許會談論皮里和亨森，也許會憶起奇蘇克、米尼克、阿塔加拿、努塔克、阿非亞克、烏奧加薩等人，以及許多其他更早就南下的人。

也許是這些隕石讓他們渴望回家，讓他們更渴望在歷史性的旅程後回國；也可能他們後來變得更警惕了，畢竟這個國家一方面歡迎他們，另一方面卻在幾個月前，通過了移民限制法案，保證白人多數。他們三人憑眺遠望，曼哈頓的街景令人頭昏目眩，就像多斯帕索（John Dos Passos）在《曼哈頓轉移》（*Manhattan Transfer*）中生動捕捉到的都市工程、氛圍、慾望和無情，激進地拼湊在一起。此時，阿娜綸瓜不禁嗟嘆一聲：「我們一向認為，大自然是最了不起、最美妙的！」

然而，我們這裡，置身於高山、峽谷、懸崖之間，所有這一切都是人類雙手製造的。大自然很了不起；它是禧拉（Sila），就像我們那裡所說的；自然、世界、宇宙，所有這些都是禧拉；我們的哲人稱他們有辦法保持它巍然不動。我從不相信，但我現在看到了。大自然很了不起，但人不是更了不起嗎？我們可以看到下面，很遠的地方，那些微小的生命，匆匆忙忙地走來走去。他們生活在石牆之間；用手打造石頭，打造大平原，生活在它上面。全都是石頭、石頭、石頭、石頭……

然後，她又繼續說：「我看到那麼多的東西，我頭腦根本不能完全掌握；而使自己免於瘋狂的唯一方法，就是假設我們在毫無預期的狀況下猝然死去，把其餘的事交給來生[113]。」

後記

白雲母

在我寫這本書的這些年裡，母親開始失去記憶，或者像她常說的那樣，她開始「變戇了」。這段時間我常去倫敦旅行。其中一次，我參觀了弗洛伊德在貝爾塞斯公園（Belsize Park）的房子。一九三八年三月，希特勒勝利開進維也納。妻子瑪莎和女兒安娜勸說他離開，之後，他便在那房子裡度過了生命中最後幾個月。弗洛伊德當時已經快八十二歲，而且被口腔癌苦苦折磨了十幾年，但終究還是同意離開維也納。可是他不得不留下四個姊妹。她們和他年齡相近，但無法獲發出境簽證，後來全死在集中營裡：雷吉娜（Regina）在特雷布林卡（Treblinka）；阿道夫林（Adolfine）在特雷津（Theresienstadt）；還有瑪麗（Marie）和寶琳（Pauline），她們從特雷津被運到明斯克（Minsk）附近，死在馬利厝斯特湼（Maly Trostenets）。弗洛伊德本人在倫敦只活了一年多一點。但他身邊的人盡其所能，讓他的流亡生活變得愜意。這些人包括瑪莎、安娜、管家寶娜（Paula Fichtl）和醫生舒爾（Max Schur）。新家位於馬雷斯菲爾德花園（Maresfield Gardens）二十號一樓，他們精心佈置，複製了他以前的書房，仿照維也納的舊居山巷（Berggasse）十九號的陳設（納粹已在門前掛上了卍字飾）。這點心意充滿了愛、拚搏和毅力，不僅需要運送傢具、一千六百本書，還有弗洛伊德大量收藏的古董：一大堆地毯、繪畫、版畫、雕像、罐子、油燈，如此等等，並像在維也納一樣擺放它們。（詩人H. D.回憶說：「看到熟悉的書桌，桌上有熟悉的新、舊圖片，很難想到這裡是倫敦。」她曾分別在這兩個城市，請弗洛伊德為她做精神分析）[1]。

一進入房間，我便感到錯愕。這裡體現了堅決拒絕順從的態度：彷彿無論外面世界變得如何，都可辨認出他連續不斷的私人生活和老本行，以克服和抵消流亡的影響。看到那房間和裡頭的物品，可想而知，弗洛伊德和他身邊人的方法和隱喻是考古學式的，意欲贖回與解放。這是一種記憶考古學：弗洛伊德層層發掘心理，做起了精神分析師的行業；種種物品占滿了書桌、案前，也擺滿了玻璃櫥裡，每一樣物件都滿載著文明的、個人的敘事，在舞臺上靜候激起歷史重現的可能。我也一樣，我一直盡力緊抓那容易消逝的過去，它曾經如此充滿一個人的思緒，讓她無法安寧，愴惶失措[2]。人類學家李維史陀認為，弗洛伊德的方法是一種心理地質學。而地質學和考古學一樣，有其烏托邦的一面：它們都想把時間縫合。李維史陀寫道：「沒錯，奇蹟有時是會發生的，就像在一道隱蔽的裂縫的這邊和另一邊，突然發現了兩株不同種類的綠色植物，彼此脣齒相依；或在石中同時瞥見兩塊鸚鵡螺化石，紋理錯綜截然不一；它們以各自方式證明幾萬年的差距不算什麼，時空忽地合而為一；活生生的多樣性當下交織在一起，橫亙天地悠悠。思想和情感進入新維度，我感到自己沉浸在一種更稠密的知性之中，歲月和距離開始隔空呼應，終於發出一樣的聲音[3]。」

弗洛伊德離開維也納幾個月後，我阿姨海嘉（Helga）也出發了。她當年十三歲，父母是愛瑪（Emma）和馬丁・約納斯（Martin Jonas）。不過父母兩人和弗洛伊德的姊妹一樣，被拒絕發給出境簽證。他們三人先是一起來到柏林的弗里德里希大街站（Friedrichstrasse Station），阿姨就這樣被國際間的「難民兒童」（*Kindertransport*）救援行動載走，登上火車、輪船，然後又上了第二趟火車，將她一路帶往倫敦[4]。馬丁・約納斯是一戰傷殘老兵，他的殘疾曾給了家人一些保護，使他們不至於被驅逐。但過沒幾年，他死在柏林的一家醫院裡，愛瑪便被運到特雷津，被迫在集中營的雲母工廠工作，為德國發動戰爭而打拚，將白雲石塊切割成薄片，薄得不可能再薄。還好，這樣的日子並不長久，只剩最後幾個月。

一九九九年五月，愛瑪在洛杉磯去世近三十年後，海嘉阿姨將她媽媽戰時的一小批藏品（文件、照片、物品）捐給了位於華盛頓的美國大屠殺紀念博物館，藏品中包括三塊碎裂和不規則的雲母片，易碎，難以處理。這些半透明的薄片，現在被安置在保護箱裡，用聚脂膠膜夾著。我對雲母一向情有獨鍾，以前看到它在片岩板塊裡，在陽光下閃閃發光，我總是興奮不已。在美國自然史博物館的礦物廳裡，我總是駐足不前，那裡不但有約克角隕石，還有老式玻璃櫥裡的黑雲母塊。那不透明、牢不可破的多重表面，與其說它夢幻，不如說是矛盾。

在大屠殺博物館看到愛瑪的雲母片後，許多個月裡，我一直潛心研究特雷津的故事，特別是它極不可思議、變態又可怕的一點：這地方不過存在了三年半，卻有十五萬人經歷過，其中至少有十一萬五千人死於擁擠不堪的圍牆內，或稍後被運往奧許維茲集中營而身亡[5]。我一直希望能夠理解為什麼愛瑪會想保存那些脆弱的礦石片，那一段時期必定異常艱難，而這是她的紀念品。當我結束（對特雷津的）研究，我確實也因此對那個地方和她的生活有了更多的了解。但沉浸在那個黑暗的時代裡太久，我再也沒興致想用這些故事來產出文學創作。但話說回來，三、四〇年代其實也不是特別黑暗，也並非獨一無二，甚至不能說是當今二十一世紀法西斯主義最極致的標準。反之，政治和文化總是無視時空距離，不可避免地一直在重複、融合。看那數以百萬計的難民坐船、坐火車、徒步逃走；兒童被迫與父母分離；無預警突襲；政客投機取巧，挑撥離間；傳染病流行；煽動群眾的夜間集會；隨時隨地發動襲擊，出言侮辱。有時，一切都像是給我們的回應，是地球發出的信號：歐洲、北美和整個北極地區的氣溫遠遠高於正常水平；大火在高緯度地區肆虐；大流行病將整個世界推向不確定……甚至，聖誕節後幾天，河濱公園裡櫻花盛開。這正是日籍紐約人在一九〇九年捐贈的櫻花樹，為紀念哈德遜在曼哈頓島附近與萊納普人相遇三百週年。節慶持續有十八天，在海軍閱兵儀式中達到高潮；此時，皮里開著「羅斯福號」，剛從北極附近某地歸來，緊隨在複製的「半月號」之後。

在加州聖塔芭芭拉，海嘉阿姨現在住的地方，她向我講述了當年為了逃離納粹而橫越歐洲的旅程。那一次行動只能以三個字來形容，就是：看情況。她說：我到達利物浦街車站，我不會說英語，也不認識任何人，脖子上還掛著媽媽親手寫的名牌。預計收容我的那家人，是我父親以前的生意夥伴。我馬上就知道，他們養不起我。你的祖母當時也在那裡，等著一個十歲的男孩，他是你那當時八歲的母親的玩伴。但不知什麼緣故，他沒有坐上火車從柏林

前來，就這樣，我跟你母親成了姊妹，後來，又成了你阿姨。接下來，她又說：碰巧，你外公也是少小離家，但那是一九一三年的事。他和親戚住一起，和四個表兄弟同睡一床，在倫敦東區做皮匠。這是一個被人瞧不起的行當。他雙親仍然留在歐陸，父親是塔木德（編按：塔木德是猶太教的宗教經典）學者，身無長物，母親則是推銷員，周遊東歐兜售蕾絲花邊等商品。阿姨說，傑克．波斯南斯基（Jack Posnansky）這個人果斷又精力充沛。一九三三年，希特勒掌權德國那一年，他回到克拉科夫（Kraków），由於限制移民措施而無法將父母帶到英國。於是，便護送他們去巴勒斯坦，在那裡，拍下了這張照片。相片（左方）裡，他的影子就像一個意外的信使，他們則抬頭，不苟言笑，似乎還沒習慣南方的陽光，不知道接下來會發生什麼。

海嘉阿姨繼續說：一九三八年十一月，我到達倫敦，我每週都會給柏林寫信，直到戰爭爆發為止。此後，我只能給紅十字會寄信去，還限定在二十五個字以內。我只收到過一封回信，是母親在一九四四年十月寄來的，信中告訴我已父親去世，而她要離家遠遊了。我很清楚這是什麼意思。一九四七年，海嘉阿姨偶然在聯合國難民營名單上瞥見愛瑪的名字，不久之後，她們竟在倫敦重逢。我問，愛瑪在經歷了那些事之後怎麼樣，她很沮喪嗎？阿姨回答說：不，她只是很高興見到我。但我不是一個特別好的女兒，我做錯了。她想跟我談這些事，我卻不想聽。現在，我倒是很想再聽到更多；但那時，我真的不想跟德國有任何瓜葛。因為我已經是道道地地的英國人，我不想被拉回來。我想要我的母親，但我確實不想要一個德國母親，你懂嗎？愛瑪告訴海嘉阿姨，她活了下來，正是因為想再見到她。在那些年裡，她和馬丁靠著軍隊養老金拮据度日，直到他們被逮捕和驅逐為止。他們的財產被沒收，然後，在一九四四年五月，馬丁被交給猶太醫院的修女，而愛瑪則被安排在柏林熨燙衣物，就是那個聲稱為judenfrei——無猶太的柏林市。同年十月，馬丁離世。黨衛軍軍官警告愛瑪，如果她去葬禮後沒有回來，就會槍斃那位陪伴她的年輕修女。在醫院，一位醫生給她開藥，誘導她發燒，以免運輸隊把她載走。但六個星期後，她還是被送到了特雷津。

哲學家布朗修（Maurice Blanchot）說：「災難毀掉了一切，卻又保持一切完好無缺。[6]」愛瑪和海嘉阿姨坐火車去英格蘭的伯恩茅斯，就是我阿公阿嬤住的海邊小鎮。當時正值猶太人過大節，即猶太新年和贖罪日期間，她們便去聽了唱詩班，由著名的庫塞維茨基（David Kusevitsky）領唱。阿姨還記得，愛瑪當時看到猶太飯店裡食物豐富，讓她大為感動。戰後，阿姨在倫敦擔任英語護士，年方二十一歲，著眼於未來，活在當下。就像她告訴我的，那時，就像現在一樣，她被自己的生活、當下的充實感所吸引，以至於她會忘記時間，甚至可能設法忘記這個世界。她要「盡量做一個英國人」。她才不管自己從十六歲起就必須帶著專為外國人設的居留證，她就是要把牛奶加在茶裡喝，努力拋開過去。她十四歲就離開了學校，沒有拿到專業資格，但在英國，卻能做開刀房的主管護士。這個城市開始復甦，和平時期的生活能量正湧入其中，她根本無意離開。對愛瑪來說則不然：戰後的倫敦面臨著嚴重住房短缺；她在戰前經營著一家知名服裝專營店，現在卻得照顧病人和老人家。她向德國領事館申請賠償，領事告訴她，倫敦居民戰時過得比她還慘，哪像她有幸能去特雷津。最後，她和一位柏林來的朋友合租公寓，是在倫敦附近基爾本的一間地下室；並在阿姨的幫助下，買了一台勝家縫紉機，用這台縫紉機自學了翻袖口和縫補床單。一九五七年，母女倆搬到蒙特婁，四年後又搬到洛杉磯。海嘉阿姨利用她的護士專業，建立了移民新生活。她在手術室工作，後來更成為開胸手術小組的麻醉師，跟一位美國太空總署工程師結婚，搬到聖塔芭芭拉，在

自然史博物館做志工，跑馬拉松，在陡峭的山坡上滑雪，一直到八十多歲。愛瑪則一輩子都在抽煙，最後得面對肺氣腫，也許是塵肺病，過去接觸雲母粉塵引起的。但她也經常去看電影，喜歡在好萊塢大道上買德文填字遊戲來玩；阿姨告訴我，愛瑪過得很快樂，即便住在大城市裡，無法與朋友碰面，時常孤零零的。

一九六八年，在洛杉磯，海嘉阿姨來機場載我們。在低矮的白色敞篷車裡，我坐在前座，扭來扭去。我當時還是個小不點，就被派往大洋彼岸，去維持家族薄弱的聯繫。眼看著那些高速公路、平交道、棕櫚樹、大車子、高樓大廈，我發呆了。陽光耶！我用媽媽借給我的柯達傻瓜相機（Kodak Instamatic），拍下不少令人懷念的彩色照片。加州無論什麼都會閃，會發光、新簇簇的：停車場、汽車旅館、霓虹燈，夜晚不期而遇的繽紛色彩，令人目不暇給；還有那開闊的早晨，警笛聲在山坡迴響不絕，煙霧漸漸散開，眼前又一片灰藍天空。那個禮拜，阿姨帶我去了迪斯尼樂園，還去了克諾特漿果農場。在那裡，我看到了水往上流。加州是被太陽曬到泛白的一場美夢。我和阿姨一起，爬上愛瑪阿嬤公寓外的樓梯。我記得那刷白的牆，還有金屬扶手。愛瑪阿嬤打開門，屋內陰陰涼涼的。

歐洲如此之遠，但根本沒有距離感。一九四四年十一月二十四日，馬丁死後八週，愛瑪從柏林搭乘火車到達特雷津。三年前，猶太復國主義先驅者才從布拉格抵達，他們當時還深信自己正在建造一座「猶太城」；而當時，不過幾個禮拜以前，發生了大規模驅逐。驅逐行動以前，紅十字會曾派代表團來訪。他們沒有看到鐵絲網、高牆、武裝衛兵等等，那裡顯然不像德國市內的猶太人街區，因此一致認定，特雷津是「一個小型猶太人政府」，也不必按原定計畫去考察奧許維茲－比克瑙的情形。帝國總安全局第四科B4部專責猶太人事務和清查行動，當時由艾希曼（Adolf Eichmann）把持；紅十字會這決定一下來，他便恢復驅逐行動，並取消了奧許維茲的「家庭營」。本來，這些「家庭營」以特殊條件關押來自特雷津的囚犯，以迎接國際觀察員來訪。這些犯人大約有七千人，其中六百名是婦女，她們寧願陪著自己的孩子進毒氣室，也不要前往德國做強迫勞動，當時戰事已趨尾聲，如果不是拒絕這樣的安排，她們或許能逃過一劫[7]。

當愛瑪抵達時，特雷津其實已邁入倒數階段。德國當局規定，所有十歲以上囚犯每週工作七十小時，每週工作七天。愛瑪立刻被送到Glimmerspalterei，即雲母工廠。這裡僱用了大部分失明的女囚，其他有視力的婦女，則必須在刺眼燈光下痛苦工作。她們坐在凳子上，用剃刀將白雲母石「書」切片。這是一種大型六邊形晶體的鉀雲母，長在偉晶花崗岩內[8]。戰前，印度是世界最大出口國，德國便從印度買進白雲母；但隨著英國控制了印度貿易後，軸心國便轉而從他們所佔領的國家提取，如挪威、馬達加斯加、朝鮮、印尼等等。此外，由於巴西是衝突初期唯一中立的主要生產國，德國便與美國競爭，從巴西進口[9]。然而，印度不僅是最大的雲母出口國，還幾乎壟斷了雲母片。戰爭期間，這種加工品對製造飛機攸關至要。在比哈爾邦（Bihar）、拉賈斯坦邦（Rajasthan）和安得拉邦（Andhra Pradesh），婦孺切出超薄雲母片，厚度不超過千分之一英吋，是人類手藝與白雲母特性相結合的極致表現。白雲母有其完美的底面解理，又具彈性、韌性，抗濕，抗溫差，抗極端溫度，傳電率低，最重要的是，它能承受

高壓電流而絲毫無損。這種抗壓性隨薄度而遞增，越薄越好，故切片技術和經驗難能可貴。於是，集中營當局有意將雲母切片工留下來，免其遭受大規模驅逐。儘管如此，在特雷津，切片工條件依然相當苛刻。除了常常因工受傷，他們還必須做完計件配額的目標量，不能達標的話，還會被控蓄意毀壞雲母片，隨時性命不保[10]。斯派斯（Gerty Spies）一直在廠裡工作，把加工廠出現多久，他便做了多久。他寫道：「你要學會不要擡頭，不要讓視線離開工作，把思緒集中在這種完全毋需思考的最枯燥、最單調的事情上，但求不浪費任何一個動作，多切一塊雲母片，這樣，稱重時才會讀出指定的克數[11]。」

愛瑪到達特雷津的那個秋季，德國人正在部署囚犯（當時大部分是婦女），讓她們參與新建設計畫，改善集中營司令部的設施。一九四五年一月一日，納粹強迫她們把三萬名同胞的骨灰扔進奧赫熱河（Ohře）裡。三月，黨衛軍在營地裡搜尋任何可以作為他們犯罪證據的繪圖或油畫。到了四月，集中營已經完全垮了。雲母切片的工作仍在繼續，但用小說家阿德勒（H.G.Adler）的話來說，每天的生活就是Wirbel，是漩渦、動蕩、天旋地轉。傳言戰爭結束，引發大規模囚犯逃逸，以及個人開始敢公然違命。那個月，納粹司令部燒毀他們的檔案。「之後」，阿德勒寫道：「城中煙雲密佈，被紙灰覆蓋，就像火山爆發後。」帝國總安全局的黨衛軍帶著家人逃亡，夾帶搶奪得來的貴重物品[12]。然後，四月二十日，突如其來的車隊開始集結在城門。人們坐著軌道車，也有步行的，猶太人為主，但不全是。他們衣衫襤褸、半死不活的，被推出瓦解了的集中營系統，被迫在寒風中穿越歐洲。黨衛軍在旁掩護，不斷驅趕他們，以遠離盟軍先遣部隊。很快，斑疹傷寒爆發，在接下來的幾個星期裡，超過兩千人死亡，其中五〇二名是本來就住在那裡的人[13]。五月六日，紅軍進城分發巧克力和咖啡，管理剩下來的三萬名囚犯。雲母工廠關了。醫生抵達。但遣送返國斷斷續續，一直拖到八月才結束，而且柏林人要等到最後才能離開。七百名德國和奧地利猶太人要求前往國外親戚家，愛瑪也一樣。八月初，她先被帶到布拉格西南方的皮爾森（Pilsen），再到代根多夫（Deggendorf）聯合國難民營。在隨後的幾個月甚至幾年裡，她輾轉去到蘇格蘭，到倫敦，然後和海嘉阿姨一起，在魁北克和加州過上了新生活[14]。

在聖塔巴巴拉拜訪阿姨後不久，我應邀前往德國漢諾威參加會議。我當然沒有忘記七十年前發生的事。會議結束後，我坐火車去了柏林。在魏森塞（Weissensee）公墓，看門人給了我一張地圖、一頂小圓帽，並指給我看一戰紀念園的位置。這是一個有圍牆的區域，裡面有三百九十五個一模一樣的墳墓，用他給我的第二張地圖，我很快就找到了海嘉阿姨父親的墓地。

園區植樹均勻整齊，周圍有寬闊的路徑和樸素的石椅。這裡地方很大，由德國軍隊維護，處處井然有序。每年Volkstrauertag（國殤紀念日），他們都會在這裡舉行儀式。簡單的墓碑列隊成排，每座墓上種有一小片常春藤。我找來一大塊鵝卵石，放在馬丁碑上。除此以外，

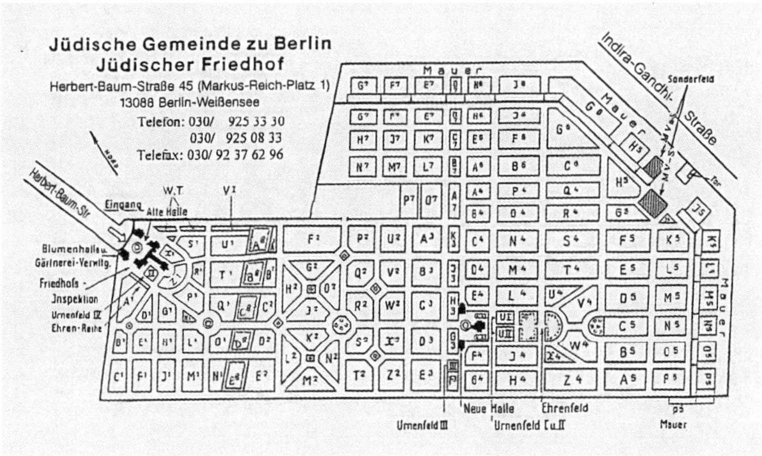

我不知道還能做什麼，於是在墓前站了片刻，聽著微風刮過九月的樹葉，看著陽光間歇露面，投下樹影婆娑。

當天下午，我飛往倫敦去看母親。飛機延誤，到家門時不過傍晚，但英倫秋季，天黑得早。哪裡都沒有開燈，按門鈴也沒反應。我便雙手撐起身體，翻過花園圍牆，往後門走去。咦？後門居然沒鎖，心裡不安起來，立刻進去喊了一聲，但沒回應。我上樓，在她臥室門外又叫了一聲，然後又大聲叫了一聲。但還是一樣，沒人答應。我推門進去，看到她正在睡覺。我坐在床邊，小心翼翼地叫醒她。她把頭躺在我腿上，她看起來是那麼年輕，那麼纖弱，就像我在照片看到她小時候的樣子。她閉著眼睛，抓起我的手，低聲呢喃，我能勉強聽見她說：「我好寂寞，好寂寞。」然後，聲音更大，眼睛瞪得大大的，直視著我的眼睛：「活太久了，真是一件可怕的事。」

第二天早上，我是被大笑聲吵醒的。一開始，還以為自己在夢裡。後來才發現，原來是母親在臥室裡講電話。我好多個月沒聽到她這樣了，她歡快地講話，重新撲進生活懷裡。她忘記我來了，所以隔了好幾個小時我才見到她。直到一個多星期後，我給在聖塔巴巴拉的海嘉阿姨打電話，才知道那天跟母親講電話的是誰。阿姨跟我說：當你媽接聽時，我嚇了一跳，她不知道多少年不接電話了。她又說：當然，現在已經不是以前那樣子，不可能像以前那樣一直聊下去了。現在已經太晚了，不可能再像以前那樣，但——她跟我說——我們仍然可以找到回味和慰藉，依然可以對這世界與一切沒發生的事情感到神奇，仍然可以像往時那樣互相交談，像一對好姊妹、好朋友那樣。

鳴謝

感謝在格陵蘭的Anelouise Ivik、Olennguaq Kristensen、Navarana Sørensen、Aleqatsiaq Peary、Uusaqqaq Qujaukitsaj、Qaernaq Nielsen、Qitdlaq Henson、Pauline Kristiansen、Martha Ivik Halsøe；在冷岸群島的Vitaly Kulyeshov、Anna Nikulina、Ekaterina Zwonckova、Mark Sabbatini、Sander Solnes、Yuri Shevchyuk、Malte Jochmann、Erik Johannessen、Tone Hertzberg；在冰島的Erla Stefánsdóttir、Ragnar Óskarsson、Helga Hallbergsdóttir、Egill Sæbjörnsson；以及在路易斯的Margaret Curtis。假如少了你們的好意、耐心和開放態度，這本書就不可能寫成。

感謝過去幾年聽講座，或在研討會閱讀本書手稿不同部分的每一個人，特別是Miruna Achim、Sandra Rozental、Analiese Richard、Michelle Bas- tian、Simon Shaffer、Rohan Deb Roy、Satsuki Takehashi、Ryan Sayre。Sophia Roosth, Marcie Frank, Leander Schneider, Eduardo Kohn, Lisa Stevenson, Joe Dumit, Peter Timmerman, Jody Berland, Susan Bell,

Anand Pandian, Cymene Howe, Dominic Boyer, Jonathan Boyarin, Natasha Myers, Michael Jackson, Soyoung Yoon、Jim Miller。對於Annemarie Mol、John Law、Gísli Pálsson、Carla Freccero、Miriam Ticktin、Donna Haraway、Tim Choy、Brit Kramvig、Jacqueline Nassy Brown、Ben Orlove、Adriana Aquino、Baptiste Lanaspeze、Pascal Ménoret、Anne Kirstine Hermann、Paul Gilroy、Alexei Yurchak、Jian Yi Yan、Brian Goldstone、Gaston Gordillo、CJ Suzuki、Wenzel Geissler、Dominic Pettman、Yukiko Koga、Jonathan Bach，我感謝你們在知識、精神和實質上的慷慨無私。感謝新學院大學人類學系的Abou Farman、Larry Hirschfeld、Nick Langlitz, Shannon Mattern、Ann Stoler、Charles Whitcroft，也感謝GIDEST（設計、民族學暨社會思想研究所）的眾位研究員和訪問學人，你們在這幾年間拓展了我的思維。感謝Ariel Ben-Levav、Nathaniel Deutsch、Oz Frankel、Anna Hájková、Berit Kristoffersen、Sonia Macri、Ross MacPhee、Mark Nuttall、Oline Inuusuttoq Olsen、Lauren Redniss、Henrik Saxgren、Dag Avango、Haraldur Sigurðsson，謝謝你們願意答應我的請求。感謝Alistair Scott創建Franki Raffles Archive。感謝Steve Connell、Jana Glaese、Sigmar Matthiasson、Einar Johanesson、Caecilie Varslev-Pedersen在翻譯的枝微末節窮究不捨。感謝美國自然史博物館圖書館和檔案館的Tom Baione、Mai Reitmeyer、Gregory Rami，美國自然史博物館人類學門圖書館的Kristen Mable，探險家俱樂部的Lacey Flint，奧克尼圖書館和檔

案館的David Mackie；美國哲學學會圖書館人員；以及美國納粹大屠殺紀念博物館的Susan Snyder，等等，感謝你們允許我涉獵貴館珍藏，取得文件和圖片。感謝新學院大學和梅隆基金會（Mellon Foundation）提供研究經費，使我得以遠遊調查，寫成本書。

感謝Heather Watson提供精美襯頁地圖。感謝Dan Frank，你是我心目中最體貼周到的編輯；感謝Vanessa Haughton、Maria Massey，和Pantheon團隊內其他同仁，你們在本書和作者的苛求下，終於完成複雜的製書過程。感謝Michele Albright和Terry Zaroff-Evans敏感而細緻的文字編輯。感謝優秀的Denise Shannon繼續做我的出版經紀；Jessica Woollard也一樣，謝謝妳。

感謝我的海嘉阿姨，妳將一如往常給我靈感不斷，並教我如何把握生活，活得充實。謝謝姐姐艾瑪，妳給本書手稿的意見既坦誠又細心。妳，還有父、母親，還有莎莉和弗蘭姬兩位姐姐，每一位都深深存在於整個寫書過程中。而存在最深的，離不開每一字裡行間、每一次呼吸、每一舉手投足，無疑是我一生最愛的摯友兼伴侶莎朗（Sharon Simpson），現在深到我常不知我們當中一個人從哪裡開始，另一人又在哪裡結束。本書最精彩的部分，即來自我們共享的人生。

Research in the Krušné Hory/Erzgebirge Mountains, Central Europe," *Boletim do Museu Paraense Emílio Goeldi: Ciências Naturais,* 9, no. 1 (2014), pp. 105–34; Walter G. Steblez, "The Mineral Industry of the Czech Republic," USGS Minerals Survey, 1996, 網址：http://minerals.usgs.gov/minerals/pubs/country/1996/9410096.pdf.

12 Adler, *Theresienstadt* (「之後」, p. 161).

13 四月二十日，兩千人在毫無預警下抵達，兩天後又來了九千人，不久後又有四千人前來。「他們人不像人，像頭野獸一般」(T. Szana, "Ehe auf Raten," unpublished manuscript, c. 1946, 引自 Adler, *Theresienstadt,* p. 173).「數以千計憔悴的約伯，或坐、或躺在那裡。」(Lederer, *Ghetto Theresienstadt*, p. 188).「任何固體食物都能殺死他們，哪怕只是一片麵包。他們用他們的眼睛、手和嘴懇求，令人十分難堪。」(Freisová, *Fortress of My Youth*, p.172).「現在已經沒什麼命令是有效的了。」(Adler, *Theresienstadt*, p. 212).

14 德根多夫營地本來已經荒廢，圍著鐵絲網，抵達者被禁止離開，經過抗議後才取消這限制。後來，營內的人迅速組織起來，仿照特雷津模式進行自治管理。See also Adler, *Theresienstadt,* pp. 642, 763.

pp. 360–69; J. A. Kohn and R. A. Hatch, "Synthetic Mica Investigations, VI: X-Ray and Optical Data on Synthetic Fluor-Phlogopite," *American Mineralogist,* 40, nos. 1–2 [1955], pp.10–21; Ulmer, *International Trade in Mica,* pp. 8, 27). 另見此時期 *Minerals Yearbook* (Washington, DC: United States Government Printing Office) 中的條目，裡頭詳細描述了雲母的國際貿易波動，重點放在美國的消耗、生產和需求；可在威斯康辛大學Ecology and Natural Resources Collection線上查閱，網址：https://uwdc.library.wisc.edu/collections/EcoNatRes/。雲母的絕緣性能使某位美國工程師得出如下結論：假若「在電氣工業早期若沒有獲得雲母，電氣設備的設計將被迫沿完全不同的路線發展。」(Montague, "Mica," p. 552).

目前開採雲母主要用於化妝品以及電氣用途，在世界市場上，印度約佔百分之六十（其餘大部分來自巴西和馬達加斯加），在高度開發和基本上不受管制下加以提取。關於比哈爾邦的情況，見Nina Lendal, *Who Suffers for Beauty? The Child Labor Behind Make-Up's Glitter* (Copenhagen: DanWatch, 2015), 網址：https://www.danwatch.dk/wp-content/uploads/2015/03/Who-suffers-for-beauty.pdf.

11 Spies, *My Years in Theresienstadt* (「你要學會」, p. 63). 工人身體本已虛弱，產品質、量不足時，輪班工時便會延長，或被迫放棄當天（本來就不足的）食物配給，或隔天黎明前必須回到切片台工作。

在特雷津加工的白雲母石，也有可能是在附近的Krušné Mountains開採的。如果是這樣的話，礦工很可能也是來自特雷津。這些礦工為一家名為ROGES的柏林礦產貿易公司賣命，後來又為Possehl Mining and Chemicals公司做牛做馬。Possehl現仍蓬勃發展中。公司網頁上寫道：「第二次世界大戰留下了深深的傷痕；公司失去了所有海外控股權和大部分市場。德國過去支配的東部地區分支以及在國外資產全被剝奪。總部和所有紀錄，也都在戰火中化為瓦礫和灰燼。」(L. Possehl GmbH, Entrepreneurs' Group, 網址：http://www.possehl.de/index.php?id=46&language=2).

Rudolf Freiberger, "Zur Geschichte der Produktionsstätten im Theresienstädter Ghetto," *Theresienstädter Studien und Dokumente*, 1 (1994), pp. 90–108, pp. 102, 107–8, 其中敘述了ROGES和Possehl公司先將生白雲母原料賣到布拉格，在一家由集中營司令部操作的工廠裡，由「異族通婚」的猶太妻子作揀選並切割成粗塊，然後，工廠重新購買半加工材料，再賣給集中營司令部，以便將其分割和修剪成成品。這一交易的目的可能是為了使公司利潤翻倍。一九四五年二月，布拉格工廠被關閉，整個業務，包括工人，全被轉移到特雷津。關於該區礦產開採情形，見Karel Breiter, "800 Years of Mining Activity and 450 Years of Geological

el Gutman and Avital Saf (Jerusalem: Yad Vashem, 1984), pp. 315–30, 及其回憶錄中反覆出現的描寫：*Landscapes of the Metropolis of Death: Reflections on Memory and Imagination*, trans. Ralph Mandel (London: Penguin, 2014). 另一個較詳細，同時也是鏗鏘有力的親身經歷，如：Ruth Elias, *Triumph of Hope: From Theresienstadt to Auschwitz to Israel,* trans. Margot Bettauer Dembo (New York: John Wiley & Sons, 1998). 在「家庭營」中，犯人可以和在特雷津時一樣，穿自己的衣服，不用剃光頭，容許自我安排教育和文化節目；並允許家庭成員被關在一起。

8 Alexandra Sternberg, unpublished material, n.d., 02/240, p. 3,Yad Vashem Archives, quoted in Ruth Schwertfeger, *Women of Theresienstadt: Voices from a Concentration Camp* (Oxford, UK: Berg, 1989), p. 48; Paula Frahm, "Theresienstadt von einer Blinden erlebt und niedergeschrieben,"n.d.,02/575,p.3,Yad Vashem Archives, Jerusalem, 引自Schwertfeger, *Women of Theresienstadt,* p. 47. 關於偉晶岩採礦情形，見B. A. Kennedy, ed., *Surface Mining,* 2nd. ed. (Littleton, Colo.: Society for Mining, Metallurgy, and Exploration, Inc., 1990), p. 207. 偉晶岩是火成岩，顧名思義，含有明顯的大晶體，是在岩漿結晶的最後階段形成的。

9 John B. DeMille, *Strategic Minerals: A Summary of Uses, World Output, Stockpiles, and Procurement* (NewYork: McGraw-Hill, 1947), pp.333–36; G.Richards Gwinn, *Strategic Mica,* information circular 7258, United States Department of the Interior, Bureau of Mines, Sept. 1943; Lorraine V. Aragon, "In Pursuit of Mica: The Japanese and Highland Minorities in Sulawesi," in *Southeast Asian Minorities in the Wartime Japanese Empire,* ed. Paul H. Kratoska (New York: Routledge, 2002), pp. 81–96; S. A. Montague, "Mica," in American Institute of Mining, Metallurgical, and Petroleum Engineers, *Industrial Minerals in Rocks (Nonmetallics Other Than Fuels)* (York, Pa.: Maple Press, 1960), pp. 551–66; Joseph Ulmer, *International Trade in Mica* (Washington, DC: US Department of Commerce, 1930); Kennedy, ed., *Surface Mining.* 巴西於一九四二年八月正式參戰。

10 儘管俄羅斯、日本、美國，特別是德國，都試著開發合成替代品，但白雲石仍然是戰爭工業中不可或缺的。它是飛機和地面車輛的雷達和通信技術的關鍵部件，用於無線電和真空管橋接和承托。亦用作電容、冷凝器、高壓發電機和變壓器的絕緣材料，還有火星塞（直到後來被陶瓷取替），以及非電氣軍事設備，如鍋爐儀表、船用羅盤、船舶和潛艇瞭望塔、爐膛窺孔、燈道和護目鏡等等。(DeMille, *Strategic Minerals,* pp. 327–28; Alvin Van Valkenburg and Robert G. Pike, "Synthesis of Mica," *Journal of Research of the National Bureau of Standards,* 48, no. 5 [1952],

tion Camp," American Journal of Sociology, 63, no. 5 (March 1958), pp. 513–22. 特雷津沒有出現在Wachsmann的敍述裡，因為它並不屬於集中營的管理系統。

6 Maurice Blanchot, *The Writing of the Disaster,* trans. Ann Smock (Lincoln: University of Nebraska Press, 1995), p. 1. 另見Claude Lanzmann的說法：「創作一部關於納粹大屠殺的作品時，假如將這事件視為過去，便是犯下最嚴重的道德和藝術罪行。大屠殺可以是傳說，也可以是存在；但無論如何，它都不能是記憶。」("From the Holocaust to 'Holocaust,' " in *Claude Lanzmann's* Shoah*: Key Essays,* ed. Stuart Liebman [Oxford: Oxford University Press, 2007], p. 35). 在思考這些問題時，我發現Gabriele Schwab和Marianne Hirsch的研究對我特別有幫助；見Gabriele Schwab, *Haunting Legacies: Violent Histories and Transgenerational Trauma* (New York: Columbia University Press, 2010); Marianne Hirsch, *Family Frames: Photography, Narrative, and Postmemory* (Cambridge, Mass.: Harvard University Press, 2012). 人類學家Lisa Stevenson談到努納穆地區伊努特人的「強制記憶」政治，她指出：「創傷的倖存者（如從集中營或酷刑逃出的人）不可能不記得——也就是說，他們承受著記憶的負擔，常常希望遠而避之。」(Stevenson, "The Ethical Injunction to Remember," p. 180).

7 一九四四年六月二十三日，國際紅十字會和丹麥紅十字會組團訪問特雷津。這是德軍在史達林格勒大敗後，營地指揮部策劃「美化運動」的後續部分，目的是使特雷津看起來像個「猶太人天堂」。城裡剛佈置好花壇，營房粉刷一新，人行道被擦亮，設有工作坊，還有（從來沒開放過的）兒童學校，商店裡擺滿食物，街名富田園詩意，甚至有戶外咖啡廳。紅十字會在特雷津史上角色早已惹人爭議。不少學者對原始資料進行過特別仔細（和尖銳）的解讀，尤見Livia Rothkirchen, *The Jews of Bohemia and Moravia: Facing the Holocaust* (Lincoln: University of Nebraska Press/Yad Vashem, 2005), pp. 247–64. 據Rothkirchen的可靠說法：紅十字國際委員會總部設在日內瓦，一九四四年訪問時，至少已一定程度了解該營地作為過渡營的功能。一九四五年，紅十字委員會官員再次訪問該地，並提交了一份報告，為前一年的正面結論給予再度肯定：「營區給人的總體印象是非常好的……在特雷津，猶太人以集體經濟原則建立起微型政府。從整體結構看來，這裡顯然在施行精英共產主義。」(Dr. Otto Lehner的報告，引自ibid., pp. 262, 263).

幾乎所有奧許維茲集中營有關的著述中，都有寫到「家庭營」的事，Otto Dov Kulka的敍述尤其可信，見其"Ghetto in an Annihilation Camp: Jewish Social History in the Holocaust Period and Its Ultimate Limits," in *The Nazi Concentration Camps: Structure and Aims, the Image of the Prisoner, the Jews in the Camps,* ed. Isra-

C. G. Lorenz, eds., From Fin-de-Siècle to Theresienstadt: The Works and Life of the Writer Elsa Porges-Bernstein (New York: Peter Lang, 2007); 以及 Axel Feuss, Das Theresienstadt-Konvolut (Hamburg: Altonaer Museums/Dölling und Galitz, 2002), 其中關於Prominenten-album展覽目錄是由Käthe Starke偷運出來的，包含有近百名特雷津囚犯的文件。另一段挑撥性的、錯誤的、極度反催淚的描述，見Rudolf Mrázek, The Complete Lives of Camp People: Colonialism, Fascism, Concentrated Modernity (Durham, NC: Duke University Press, 2020)。Lanzmann所拍關於Murmelstein的片名是Le Dernier des injustes (2013). 關於納粹集中營那些著名的宣傳片，見Eva Strusková, “Ghetto Theresienstadt 1942: The Message of the Film Fragments,” Journal of Film Preservation, 79/80 (2009), pp. 59–79; Karel Margry, “The First Theresienstadt Film (1942),” Historical Journal of Film, Radio and Television, 19, no. 3 (1999), pp. 309–37; Karel Margry, “‘Theresienstadt’ (1944–1945): The Nazi Propaganda Film Depicting the Concentration Camp as Paradise,” Historical Journal of Film, Radio and Television, 12, no. 2 (1992), pp. 145–62; Natascha Drubek, “Concentration Camp as Film Set: The Ambivalent Bequest of the Theresienstadt Films 1942–1945,” 網址：https://mediacentral.prince ton.edu/media/1_mr8m1x1v; Eva Strusková and Jana Šplíchalová, “Fragments of Film Propaganda: Filming at the Terezín Ghetto 1942–1945,” 網址：https://portal.ehri-project.eu/guides/Terezín/film_fragments#fn4_text. 捷克前衛導演和製片人Irena Dudalová被迫執導了這些宣傳片中的第一部，關於她那引人入勝的英雄故事，見Strusková, “Ghetto Theresienstadt 1942”; Eva Strusková, The Dodals: Pioneers of Czech Animated Film (Prague: Academy of Performing Arts/National Film Archive, 2014). 關於特雷津回憶錄的解讀問題，見Alexandra Garbarini, Numbered Days: Diaries and the Holocaust (New Haven: Yale University Press, 2006); 以及 Anna Hájková, “Sexual Barter in Times of Genocide: Negotiating the Sexual Economy of the Theresienstadt Ghetto,” Signs, 38, no. 3 (Spring 2013), pp. 503–33.

關於特雷津在「最終解決方案」的地理和運輸方面的意義，見Saul Friedländer’s magisterial The Years of Extermination: Nazi Germany and the Jews, 1939–1945 (New York: HarperCollins, 2007). Nikolaus Wachsmann所著KL: A History of the Nazi Concentration Camps (New York: Farrar, Straus and Giroux, 2015) 亦令人印象深刻，與Friedländer的作品對照并觀，將大有裨益。該書對集中營進行了有力的綜合描述，認為它獨立於納粹大屠殺（Holocaust），屬於另一種結合鎮壓、恐怖和強迫勞動的結構。另見H. G. Adler, “Towards a Sociology of the Concentra-

Frei（勞動才有自由）」的彩繪標誌，以及蓋世太保用來折磨和殺人的「小堡壘」；以及一系列的片子，尤其Claude Lanzmann採訪Benjamin Murmelstein，令人深感不安。其中，有關集中營結構最詳盡的說明，見H. G. Adler's Theresienstadt 1941–1945: The Face of a Coerced Community, trans. Belinda Cooper (1955; Cambridge, UK: Cambridge University Press/USHMM/Terezín Publishing Project, 2017), p. 157. 阿德勒的兒子Jeremy在書後記中說，此書乃「大屠殺研究的奠基之作」(p. 805)，實非誇誕。正如阿德勒說的，「還沒有人寫過這樣的書，這樣談過集中營的事。」在一九四七年十月，他寫給朋友Wolfgang Burghart，說道：「我找來找去……沒錯，就是要這樣寫。我在人類學家的田野調查中找到了模範。就是因為這樣，我不斷地告誡我自己：現在要調查一個鮮為人知的部落，你必須像一個學者，必須公正而清醒地看待這社會的生活。在這過程中，你不敢讓自己與現行氛圍割裂開來；你需要繼續參與這裡發生的一切……因此，在集中營裡，我既是觀察者，又是一般的囚犯，而我本為特雷津的囚徒，亦正該如此」(H. G. Adler, "Warum habe ich mein Buch Theresienstadt 1941–1945 geschrieben?," in Der Wahrheit verpflichet: Interviews, Gedichte, Essays, ed. Jeremy Adler [Gerlingen, Germany: Bleicher, 1998], p. 112, quoted in Jeremy Adler, "Afterword," p. 806). 關於該書的緣起和艱難的出版經歷，見John J. White and Ronald Spiers, "Introduction to Hermann Broch and H. G. Adler: The Correspondence of Two Writers in Exile," Comparative Criticism, 21 (1999), pp. 131–200. 關於囚犯的其他學術性敍述，如：Zdenek Lederer, Ghetto Theresienstadt (New York: Howard Fertig, 1983); Ruth Bondy, "Elder of the Jews," Jakob Edelstein of Theresienstadt, trans. Evelyn Abel (New York: Grove Press, 1989). 至於著名的特雷津回憶錄，有：Gerty Spies, My Years in Theresienstadt: How One Woman Survived the Holocaust, trans. Jutta R. Tragnitz (Amherst, NY: Prometheus, 1997); Gonda Redlich, The Terezín Diary of Gonda Redlich, trans. Laurence Kutler (Lexington: University of Kentucky Press, 1992); Jana Renée Freisová, Fortress of My Youth: Memoir of a Terezín Survivor, trans. Elinor Morrisby and Ladislav Rosendorf (Madison: University of Wisconsin Press, 2002); Norbert Troller, Theresienstadt: Hitler's Gift to the Jews, trans. Susan E. Cernyak-Spatz (Chapel Hill: University of North Carolina Press, 1991); Heinrich F. Liebrecht, Not to Hate But to Love, That Is What I Am Here For: My Path Through the Hell of the Third Reich, trans. Ursula Osborne (Bloomington, Ind.: Xlibris, 2009); Käthe Starke, Der Führer schenkt den Juden eine Stadt (Berlin: Haude & Spenersche, 1975). 關於特定某些囚犯的歷史方面，見Helga W. Kraft and Dagmar

人，被「難民兒童」接走，從納粹控制的德國、奧地利和捷克來到英國。他們被倉促安排在寄養家庭中，經歷各種各樣的事，或更普遍來說，他們在英國社會的遭遇也很複雜。在猶太人援助團體和「水晶之夜」（Kristallnacht）之後，輿論壓力激增，內政部終於放棄對簽證和護照的要求，同意接納任何十七歲以下的兒童，由個人或私人組織提供他們援助、教育，乃至最終移民離開英國。

在一九三八年之前，英國的猶太移民一直受到嚴格限制；在納粹政權的頭五年裡，即從一九三三年一月到一九三八年春，接納難民不到一萬人。在德奧合併（Anschluss）之後，一波致命的反猶騷亂（pogroms）開始，各國領事館外排著長長的隊伍，人人巴不得趕快離開。英國為來自德國的遊客訂定簽證制度，看似旨在限制猶太難民數量，但實際上卻導致難民數量激增。在接下來的十八個月裡，即在戰爭爆發、邊界最終關閉之前，一共接收了五萬名難民。美國則從來沒做過類似的舉措。

正如Caroline Sharples提到，最近關於「難民兒童運動」的描述「從純粹正向的觀點轉變為更具批判性的解釋」，特別見：Wolfgang Benz, Claudia Curio, and Andrea Hammel, eds., “Kindertransporte 1938/39—Rescue and Integration,” *Shofar: An Interdisciplinary Journal of Jewish Studies,* 23, no. 1 (Fall 2004); Andrea Hammel and Bea Lewkowicz, eds., “The Kindertransport to Britain 1938/39: New Perspectives,” *Yearbook of the Research Centre for German and Austrian Exile Studies,* 13 (2012); Phyllis Lassner, *Anglo-Jewish Women Writing the Holocaust: Displaced Witnesses* (London: Palgrave Macmillan, 2008), esp. pp. 75–102; Caroline Sharples, “Kindertransport: Terror, Trauma and Triumph,” *History Today,* 54, no. 3 (March 2004), pp. 23–29（引文見p. 29). Anthony Grenville的說法很好地反映了上述研究的基本論調：「特別是英國人，已經開始看到並慶祝『難民兒童』，以此作為他們人性和慷慨的證據，作為他們在反納粹戰爭中『最美好的時刻』。但這想法忽略了一個事實，即：『難民兒童』之所以出現，背景是張伯倫的綏靖政策及其在慕尼黑協議之後的失敗，而非丘吉爾的戰時聯合政府和不列顛戰役；這想法也沒有考慮到，英國難民政策並非單一針對猶太人逃離納粹迫害。」(Anthony Grenville, “The Kindertransports: An Introduction,” in “The Kindertransport to Britain,” ed. Hammel and Lewkowicz, pp. 1–14, quotation on p. 2). 另見Raffles, “Against Purity.”

5 關於特雷津的文獻資料包括：大量的回憶錄和歷史，特別是囚犯所寫的那一些；H.G. Adler（阿德勒）、Arnošt Lustig和W. G. Sebald的小說；囚犯的詩歌；關於牢房、淋浴間、「勞動自由」標誌的業餘旅遊錄像和蓋世太保的「小堡壘」。Sebald的小說；囚犯的詩歌；業餘旅遊影片，拍攝了牢房、淋浴間、「Arbeit Macht

110 相關重要說明如：Aqqaluk Lynge, "Sharing the Hunt: Repatriation as a Human Right," in *Utimut: Past Heritage—Future Partnerships— Discussions on Repatriation in the 21st Century,* ed. Mille Gabriel and Jens Dahl (Copenhagen and Nuuk: IWGIA/Greenland National Museum & Archives, 2007), pp. 78–82. Lynge寫道：「補償沒那麼簡單。返還文物，並不是要討好任何人，甚至也不是為了提供補償空間。沒錯，這是一件必須合作完成的事。但這並不代表人類學家可以保留他們想要的東西。我們需要一種公平的伙伴關係，幫我們重拾過去，卻不是一定要藉此平分獵物」(p. 81).

111 關於這一點，尤見前文所引Claudio Aporta的著作。我們對當地人知識的描述開始愈來愈詳細和複雜：「一位知識淵博的獵人以其獨特方式與環境打交道，在外行人看來可能是單調的景觀，實際上卻點綴著無數空間參照物。在這樣的環境中，無論發生什麼，在不同的空間架構內都有其涵義：魚兒在岸邊游上抑是游下；海豹是背靠抑是向著浮冰邊緣移動；鳥兒是向著抑是遠離岸邊飛；地方位置乃參照風向而定；風和天體標誌位置則參考熟悉的地平線而定」(Claudio Aporta, "The Sea, the Land, the Coast, and the Winds: Understanding Inuit Sea Ice Use in Context," in *SIKU: Knowing Our Ice,* ed. Krupnik et al., p. 175).

112 Rasmussen, *Across Arctic America* (「唉」，p. 381). 探險隊使用了伊努特人過去的路徑網絡，詳見Aporta, "The Trail as Home."

113 引自Rasmussen, *Across Arctic America* (「我們一向認為」，p. 387). 曾有學者分析探討這複雜的場面，非常有趣，見Kirsten Thisted, "Voicing the Arctic: Knud Rasmussen and the Ambivalence of Cultural Translation," in *Arctic Discourses,* ed. Anka Ryall, Johan Schimanski, and Henning Howlid Wærp (Newcastle upon Tyne, UK: Cambridge Scholars, 2010), pp. 59–81; Fredrik Chr. Brøgger, "The Culture of Nature: The View of the Arctic Environment in Knud Rasmussen's Narrative of the Fifth Thule Expedition," in *Arctic Discourses,* ed. Ryall et al., pp. 82–105.

後記　白雲石

1 H. D. [Hilda Doolittle], *Tribute to Freud* (New York: Pantheon, 1956), p. 13

2 關於弗洛伊德所採取的語言和概念聯繫，見Sandra Bowdler, "Freud and Archaeology," *Anthropological Forum,* 7, no. 3 (1996), pp. 419–438.

3 Claude Lévi-Strauss, *Tristes tropiques,* trans. John Weightman and Doreen Weightman (New York: Penguin, 1973), pp. 56–57.

4 在一九三八年十二月至戰爭爆發的九個月裡，近萬名兒童，其中四分之三是猶太

story/5473/greenpeace-apology-to-inuit-for-impacts-of-seal-campaign/ (「我們當初反對」).

109 「政府必須明白，即使我們也生活在 Kalaallit Nunaat，但我們的生活方式和棲地環境與我國其他地方截然不同。這意味著必須依照這裡的情況而改變制度。」(Toku Oshima, "Living in the Arctic, Our Living Resources Are of Vital Importance," 這是由三百多名阿凡爾蘇居民簽署的公開信, in *Meaning of Ice,* ed. Gearheard et al., pp. 54–59 [引文出自 p. 57]). 人類學家 Mark Nuttall 提出的理由同樣中肯，他反對單方面解釋社會變化：「我認為，伊努特獵人難以獵捕海豹，原因其實更加複雜，並非只有氣候變遷而已。包括：長期政策造成人口結構變化；集中投資在少數幾個主要中心；無意制定政策發展小村莊、小聚落；重新界定資源及其權利；鼓勵某些社區減少人口，如此等等，都促使傳統漁獵沒落，或許比氣候變化更加重要。」見 Mark Nuttall, "Climate Change and the Warming Politics of Autonomy in Greenland," in *Indigenous Affairs,* 1–2, no. 8 (2008), pp. 45–51. 另見 *Meaning of Ice,* ed. Gearheard et al., pp. 76–77, 174–75, 178–79，其中以顯著圖形描繪了加納和薩維斯域地區隨時間推移而發生的巨大變化，包括其間海冰範圍以及其形成和斷裂情形。

硬性保育配額與伊努特人因時制宜的多方向思考形成鮮明對比。對伊努特人來說，廣闊的國土由陸冰和流動海冰組成，同樣的地形和陸地通常每年都會重現；他們考慮動態歷史因素，以及參考複雜的經驗知識，包括：(水上或水底的) 地貌和地標、海岸、浮冰邊緣、地平線、風、潮汐、洋流、月相、天文、日光、聲音，甚至動物行為。最近有關機構開始合作，專門研究伊努特人的環境知識和實踐；如見 *Meaning of Ice*, ed. Gearheard et al., 是關於北極地區當代原住民生活的出色協作記錄，其中包含加納的詳細資料；還有：*SIKU: Knowing Our Ice,* ed. Krupnik et al.; Claudio Aporta, "Life on the Ice: Understanding the Codes of a Changing Environment," *Polar Record,* 38, no. 207 (2002), pp. 341–54; Claudio Aporta, "The Trail as Home: Inuit and Their Pan-Arctic Network of Routes," *Human Ecology,* 37, no. 2 (2009), pp. 131–46; Aipilik Inuksuk, "On the Nature of Sea Ice Around Igloolik," *Canadian Geographer,* 55, no. 1 (2011), pp. 36–41; Mark Nuttall, "Memoryscape: A Sense of Locality in Northwest Greenland," *North Atlantic Studies,*1, no.2 (1991), pp. 39–51; Béatrice Collignon, "Inuit Place Names and Sense of Place," in Stern and Stevenson, *Critical Inuit Studies*, pp. 188–205. 其中某些研究以媒體發表，如："The Pan Inuit Trails Atlas," 網址：www.paninuittrails.org; 或 "The Pikialasorsuaq Atlas," 網址：http://pikialasorsuaq.org/en/Resources/Pikialasorsuaq-Atlas.

104 米尼克於一九〇九年抵達北星灣，Peter Freuchen描述了當時見到他的情況：「有一段時間，我們試著幫他，確信他在美國受過虐待。但很快，我們發現他根本不可靠。在很短的時間裡，他幾乎喝光我們的酒，到我們想到要鎖起來時，已經太遲了。這個人神經質又懶惰，我們不可能照顧他。最後，我們不得不把他趕走。」(Freuchen, *Vagrant Viking,* 89).

皮里曾明確地描述克洛克島：「北面蔓延著熟悉的堆冰粗糙表面，西北方向，我從望遠鏡看到了朦朦朧朧的白色群峰，於是興奮莫名；我的愛斯基摩人說，當我們從上一個營地走來時，他們便遠遠看到了這塊陸地」(Robert E. Peary, *Nearest the Pole: A Narrative of the Polar Expedition of the Peary Arctic Club in the S.S. Roosevelt, 1905–1906* [New York: Doubleday Page & Co., 1907], p. 202). 皮里很可能無中生有，製造一個命名小島的機會，藉此奉承克洛克（George Crocker）。這位加州鐵路巨頭，同時也是皮里北極俱樂部的成員。我們知道，探險隨後不僅以失敗收場，而且還發生了一件事：阿嘉欣的丈夫標亞托被探險隊醫生Fitzhugh Green謀殺，醫生卻逍遙法外。關於這事件，詳見Dick, *Muskox Land,* pp. 390–95. 關於米尼克參與探險情形，見Harper, *Give Me My Father's Body,* pp. 197–208.

105 引文出自"Mene Returns with Real Story of Pole," *New York Sun,* Sept. 22, 1916. 另見"Mene Wallace, Eskimo, Back with North Pole 'Secret,'" *New York Tribune,* Sept. 22, 1916.

106 關於這次屍骸返國，各有各的看法，如見：Carpenter, "Dead Truth, Live Myth"和Kenn Harper, "*Nunamingnut Uteqihut:* They Have Come Home," *Nunatsiaq News,* Aug. 3, 2018, 網址：https://nunatsiaq.com/stories/article/65674taissumani_august_3/. 對於Carpenter身為AMNH代表，在加納的儀式上的表現，Harper明顯不以為然。

107 關於皮里紀念碑的歷史，見Audrey Amidon, "Women of the Polar Archives: The Films and Stories of Marie Peary Stafford and Louise Boyd," *Prologue,* 42, no. 2 (2010), 網址：https://www.archives.gov/publications/prologue/2010/summer/polar-women.html. 瑪麗．皮里曾製作探險隊圖片剪貼簿，見網站：https://dune.une.edu/mpeary_scrap books/1/；「以感謝」一語引自碑上牌匾，見於剪貼簿p. 97。

108 Henry P. Huntington, Shari Gearheard, and Lene Kielsen Holm, "The Power of Multiple Perspectives: Behind the Scenes of the Siku–Inuit–Hila Project," in *SIKU: Knowing Our Ice,* ed. Krupnik et al., pp. 257–74 (「其中一位最有經驗」, p. 274); Qaerngaq Nielsen, in *Meaning of Ice,* ed. Gearheard et al., pp. 72–79 (「我經歷過最快樂」, p. 78;「獨角鯨成群」, p. 79); Joanna Kerr, "Green-peace Apology to Inuit for Impacts of Seal Campaign," 網址：https:// www.greenpeace.org/canada/en/

100. Baker探討了鮑亞士對政治法規的影響，如：由於他致力不斷發掘文化特殊性，導致了人類學與原住民傳統主義的結盟，《印第安人重組法》終於在一九三四年通過，以及一九五四年有「布朗訴教育委員會」一案(*From Savage to Negro*, p. 12).

100 "Why Mene, Young Eskimo Boy, Ran Away from His Home," New York *Evening Mail,* April 21, 1909 (「那天晚上」); "Prof. Boas Defends Fake Funeral," New York *Evening Mail,* April 24, 1909 (「我看不出有什麼」). 這段軼事在四月二十一日被公開，載於*Evening Mail*頭條新聞，爆料的是華萊士，他在一九〇一年因手腳不乾淨被AMNH解僱，同年喪偶，財富急劇下跌。見 "Dead Eskimo's Body," New York *Daily News,* Feb. 19, 1898; "Eskimo Boy Tells of His Wrongs," New York *Evening Mail,* May 26, 1909; Harper, *Give Me My Father's Body,* pp. 89–95.

101 Consul-general of Denmark to Herbert C. Bumpus, Sept. 24, 1908, Central Archives 517, American Museum of Natural History Library; "Esquimaux Will Suffer," *New York Journal,* Oct. 5, 1897 (「在華盛頓」; "Dead Eskimo's Body," New York *Daily News,* Feb. 19, 1898 (「不體面爭論」); "There Seems to Be Nobody to Weep for Kushan the Eskimo," *New York Times,* Feb. 21, 1898 (「現在他們說」); "Is This Our Boasted Humanity?" *Morning Telegraph,* March 18, 1898 (「他們就像皮里的狗」)."

102 一九〇九年，他在一次獵殺獨角鯨途中被射殺，當時正與烏塔克和西格羅因「偷妻」問題而起爭執。這兩人不久前才跟從皮里和亨森最後一次遠征北極而回來(Gilberg, "Uisâkavsaq, 'the Big Liar' "; Freuchen, *Vagrant Viking,* pp. 91–92).

103 引文出自"Why Arctic Explorer Peary's Neglected Eskimo Boy Wants to Shoot Him," *San Francisco Examiner,* May 9, 1909. 另見 "Eskimo Boy Tells of His Wrongs," New York *Evening Mail,* May 26, 1909; "Mene Calls Us Race of Cannibals," New York *Evening Mail,* July 9, 1909; "Peary Fears Him, Says Mene, the Eskimo," *The World,* May 27, 1909; "Give Me My Father's Body," *The World,* Jan 6, 1907; "Missing Eskimo Boy Mene Writes He's Going Home," *The World,* April 11, 1909; "Eskimo Boy Mene Threatens to End His Own Life," *The World,* May 23, 1909. 歷史學家Rolf Gilberg曾編寫鉅著傳記*Mennesket Minik (1888–1918): En grønlænders* liv mellem 2 verdener (Espergærde, Denmark: ILBE, 1994)，並將蒐集得來的資料彙整成一份大量報章報導的書目，該書目副本現保存在AMNH人類學檔案部。關於米尼克生平，最完整的英文敘述為Harper, *Give Me My Father's Body.* 另見Edmund Carpenter, "Dead Truth, Live Myth" 文中提出不同觀點，反駁Harper一書主旨。

Smith Sound Eskimo," *Anthropological Papers of the American Museum of Natural History,* V, pt. II (1910), pp. 179–280 (「胸部」，p. 224; "the two male," 230;「希望採集者」，p. 241;「大大有助」，p. 179). Edward Anthony Spitzka, "Contribution to the Encephalic Anatomy of the Races, *First Paper:* Three Eskimo Brains, from Smith Sound," *American Journal of Anatomy,* 2, no. 1 (1902–3), pp. 25–71 (「同質性甚高」，p. 27;「具有無限價值」，p. 28;「北美印第安人」、「正在迅速混雜」，p. 26).

96 Madison Grant to Congressman James [?] Simmons, April 5, 1912, quoted in Spiro, *Defending the Master Race,* p. 299. 關於優生學如何在AMNH扎根，見前註61。

97 Lee Baker表示，鮑亞士證明種族、文化、語言三者互相獨立，幾乎完全基於他和他那些學生研究原住民的材料(Baker, *Anthropology and Racial Politics*, esp. pp. 1–30).

98 Franz Boas, "The Cephalic Index," *American Anthropologist,* 1, no. 1 (1899), pp. 448–61; Franz Boas, *Changes in the Bodily Form of Descendants of Immigrants (Final Report),* Reports of the Immigration Commission, vol. 38 (Washington, DC: Government Printing office, 1911); Franz Boas, "Changes in the Bodily Form of Descendants of Immigrants," *American Anthropologist,* 14, no. 3 (1912), pp. 530–62. 另見Franz Boas, *Human Faculty As Determined by Race*, address to the Anthropology Section of the American Association for the Advancement of Science, Aug. 1894 (Salem, Mass.: George A. Aylward, 1894); Clarence C. Gravlee, H. Russell Bernard, and William R. Leonard, "Boas's 'Changes in Bodily Form': The Immigrant Study, Cranial Plasticity, and Boas's Physical Anthropology," *American Anthropologist,* 105, no. 2 (2003), pp. 326–32, 其中指出：「鑒於當時普遍相信頭顱形狀絕對固定，鮑亞士卻能證明頭顱指數只在一代人中間便發生變化，哪怕是任何變化，他的發現簡直是革命性的。」(p. 331). Grant, *Passing of the Great Race* (「我們花了」，p. 16).

99 鮑亞士和杜波依斯之間關係複雜，這不足為奇，亦有大量人類學文獻以資證明，如Lee D. Baker, *From Savage to Negro: Anthropology and the Construction of Race, 1896–1954* (Berkeley: University of California Press, 1998); Baker, *Anthropology and Racial Politics;* Kamala Visweswaran, "Race and the Culture of Anthropology," *American Anthropologist,* 100, no. 1 (1998), pp. 70–83; Julia E. Liss, "Diasporic Identities: The Science and Politics of Race in the Work of Franz Boas and W.E.B. DuBois,1894–1919,"*Cultural Anthropology,*13,no.2(1998),pp.127–66; Charles Briggs, "Genealogies of Race and Culture and the Failure of Vernacular Cosmopolitanisms: Rereading Franz Boas and W.E.B. Du Bois," *Public Culture,* 17, no. 1 (2005), pp. 75–

94 關於賀德利卡，見M. F. Ashley Montagu, "Aleš Hrdlička, 1869–1943," *American Anthropologist,* 46, no. 1 (1944), pp. 113–17; Fabian, *Skull Collectors,* pp. 207–13; Samuel J. Redman, *Bone Rooms: From Scientific Racism to Human Prehistory in Museums* (Cambridge, Mass.: Harvard University Press, 2016), pp. 53–56; Orin Starn, *Ishi's Brain: In Search of America's Last "Wild" Indian* (New York: W.W. Norton, 2004), pp. 174–86; Oppenheim, *An Asian Frontier*, pp. 223–58. 關於賀德利卡在萊納普人骨骼的研究，見Hrdlička, "The Crania of Trenton, New Jersey," *Bulletin of the American Museum of Natural History*, XVI (1902), pp. 23–62; Hrdlička, *Physical Anthropology of the Lenape or Delawares.*

羅斯、皮里、阿莫斯．奧奈羅德、斯金納，以及鮑亞士本人（在其學術生涯之始），都曾掠奪過原住民墳墓骸骨。羅斯曾對自己在北極盜墓作過詳細描述，見Clio [John Ross], "Sequel to the Origin of the Arctic Highlanders," in John Ross, *Arctic Miscellanies: A Souvenir of the Late Polar Search* (London: Colborn & Co., 1852), pp. 320–28. 至於鮑亞士，見Friedrich Pöhl, "Assessing Franz Boas' Ethics in His Arctic and Later Anthropological Fieldwork," *Études/Inuit/Studies,* 32, no.2 (2008), pp. 35–52; Cole, *Captured Heritage,* pp.102–40; Curtis M. Hinsley, Jr., and Bill Holm, "A Cannibal in the National Museum: The Early Career of Franz Boas in America," *American Anthropologist,* 78, no. 2 (1976), pp. 306–16. 皮里從約克角帶回給AMNH的骸骨中，有他熟悉的人，也有他探險隊中僱用的人(Harper, Give Me My Father's Body, p. 77); 另見Robert Keely的描述，他是皮里一八九二年約克角一行的外科醫生：「我們想弄一些頭骨和骨頭帶回家，用於科學研究；我們在這些石堆附近閒逛，其中一些人先去轉移當地人的視線。」(Robert N. Keely and Gwilym G. Davis, *In Arctic Seas: The Voyage of the "Kite" with the Peary Expedition, Together with a Transcript of the Log of the "Kite"* [Philadelphia: R. C. Hartranft, 1892], pp. 125–26). 值得注意的是，北極探險家（科學家）也急於挖掘歐洲捕鯨人的骸骨。關於賀德利卡的體質人類學與居維葉的比較解剖學之間的關聯，見Stocking, *Race, Culture, and Evolution; Oppenheim, Asian Frontier,* pp. 227–30. 關於上述問題的更廣泛研究，見David Hurst Thomas, *Skull Wars: Kennewick Man, Archaeology, and the Battle for Native American Identity* (New York: Basic Books, 2001); Fabian, *Skull Collectors.*

95 Aleš Hrdlička, "An Eskimo Brain," *American Anthropologist,* 3, no. 3 (1901), pp. 454–500 (「測量結果」，p. 455). 賀德利卡記錄了他對奇蘇克、努塔克、阿塔加拿和阿非亞克的骨骼測量結果，見"Contribution to the Anthropology of Central and

後，所有注意力都集中在那六名北極紅臉原住民身上。他們穿著船員給他們的衣服，在甲板跑上跑下，趣怪可笑」("The Hope Is Back from Arctic Lands," *Boston Post*, Sept. 27, 1897). 關於這艘船抵達紐約的情況，見Harper, *Give Me My Father's Body*, pp.33–36. 關於鮑亞士的卡尺，見Fogelson, "Robert E. Peary," 138, n. 5.

90 "Too Warm for Eskimos," *New York Times,* Oct. 11, 1987 (「人群忽然湧入」); "Our Eskimo Visitors," New York *Sun,* Oct. 17, 1897 (「『吃吧，吃吧』」).

91 "Our Eskimo Visitors," *New York Sun* (「是不是一看到」). Wallace to Josephine Peary, Oct. 30, 1897, Letterpress Book 36, American Museum of Natural History Library (「中尉台鑒」). R. Ottolengui to William Beutenmüller, Oct. 22, 1897, AMNH Division of Anthropology Correspondence 1894–1907, Box 13, Folder 20 (「請容我」). "Very Sick Eskimos," *New York Herald,* Nov. 2, 1897 (「男人堅決拒絕」). Robinson與亨森密切合作，寫成傳記《黑人朋友》(*Dark Companion*)，描述了亨森在立體模型方面的工作(pp. 118–20), 但和《黑人北極探險記》以及皮里的《越過大冰洋》一樣，都避免提及六位伊魯特來客。最令人不安的是，皮里在一八九八年還一直反覆寫到奇蘇克和努塔克，描述他們參加探險的情形，卻從未提到在他的書出版前，這兩個人都已經死在紐約，而且應該是在他的照顧下去世的。

92 "Eskimos at Highbridge," New York *Sun,* Dec. 12, 1897 (「她說：『啊』」). 關於艾絲特和她女兒Columbia的詳細傳記，見Zwick, *Inuit Entertainers.* 鮑亞士有一段時間僱用艾絲特的父母，為他們製作模型，在博物館用作北極區的展覽。很有可能就是因為這層關係，艾絲特才到高橋區工作。她嫁給了一位在AMNH工作的技工，後來成了經紀人、創意總監和舞台經理，帶著伊努特表演團進行國際巡迴演出，在康尼島住了十年，最後在好萊塢和南加州過上穩定新生活。見Alfred Kroeber, "Animal Tales of the Eskimo," *Journal of American Folklore,* 12, no. 44 (1899), pp. 17–23; Alfred Kroeber, "Tales of the Smith Sound Eskimo," *Journal of American Folklore,* 14, no. 46 (1899), pp. 166–82; Alfred Kroeber, "The Eskimo of Smith Sound," *Bulletin of the American Museum of Natural History,* XII (1899), pp. 265–327 (「皮里說」, p. 300;「鮮少」,p. 301;「死後」, p. 310).

93 Kroeber, "Eskimo of Smith Sound" (「倖存者」, p. 310;「隨從」、「風俗」, p. 313;「當聽到」, p. 314); Alfred Kroeber to Franz Boas, June 1, 1898, AMNH Division of Anthropology Correspondence 1894–1907, Box 10, Folder 9 (「米尼克似乎」). 人類學家Ira Jacknis認為此事為克魯伯造成「創傷」，使他不再積極從事體質人類學的研究(Ira Jacknis, "The First Boasian: Alfred Kroeber and Franz Boas, 1896–1905," *American Anthropologist,* 104, no. 2 [2002], pp. 520–32, esp. p. 530, n. 10).

ies, 32, no. 2 (2008), pp. 13–34; Ludger Müller-Wille and Linna Weber Müller-Wille, “Inuit Geographical Knowledge One Hundred Years Apart,” in Stern and Stevenson, *Critical Inuit Studies*, pp. 217–29; Kenn Harper, “Collecting at a Distance: The Boas-Mutch-Comer Collaboration,” in *Early Inuit Studies,* ed. Krupnik, pp. 89–110. 關於鮑亞士對區域人類學的深遠影響，見Igor Krupnik, “One Field Season and 50-Year Career: Franz Boas and Early Eskimology,” in *Early Inuit Studies,* ed. Krupnik, pp. 73–82. 關於魏克對巴芬島田野研究的描述，見Ludger Müller-Wille and Bernd Gieseking, eds., Inuit and Whalers on Baffin Island Through German Eyes: Wilhelm Weike's Arctic Journal and Letters (1883–84), trans. William Barr (Montreal: Baraka Books, 2011).

88 當時全國才不到六千三百萬人口（根據一八九〇年人口普查），相對而言，這數字更加驚人。拉布拉多村獲得成功，在全國掀起了愛斯基摩人巡迴演出的風潮，並引發了早期好萊塢電影中，某些小眾類型以伊努特人表演者為主角。鮑亞士的引言取自“Mr. Jesup's Expedition to Study the Native Tribes,” *New York Times,* March 13, 1897 (「新、舊世界之間的聯繫」). 關於傑蘇普探險隊，見Stanley A. Freed, Ruth S. Freed, and Laila Williamson, “Capitalist Philanthropy and Russian Revolutionaries: The Jesup North Pacific Expedition (1897–1902),” *American Anthropologist,* 90, no. 1 (1988), pp. 7–24. 關於哥倫布世博會的文獻較多，如Franz Boas, “Ethnology at the Exposition,” *The Cosmopolitan,* XV, no. 5 (1893), pp. 607–9(「印第安人的小聚落」，p.609); Robert W. Rydell, *All the World's a Fair: Visions of Empire at American International Expositions, 1876–1916* (Chicago: University of Chicago Press, 1984), pp. 38–71; Lee D. Baker, *Anthropology and the Racial Politics of Culture* (Durham, NC: Duke University Press, 2010), pp. 66–116; Melissa Rinehart, “To Hell with the Wigs! Native American Representation and Resistance at the World's Columbian Exposition,” *American Indian Quarterly,* 36, no. 4 (2012), pp. 403–42; Douglas Cole, *Captured Heritage: The Scramble for North-west Coast Artifacts* (Vancouver, BC: UBC Press, 1995), pp. 123–33. 關於伊努特人參加市集、表演和電影情形，見Zwick, *Inuit Entertainers*, esp. pp. 11–68.

89 船上軍官的話引自“The Big Meteorite Landed,” *New York Times*, Oct. 3, 1897 (「孩子都生病了」); 皮里的話引自 “Returned from the Arctic,” *New York Times*, Sept. 27, 1897 (「這六名愛斯基摩人」). 報紙上那幅畫是奧佩提畫的（「他們被寫生時，不停微笑，彷彿這是什麼大笑話」）；附文提到船在前往紐約途中停靠波士頓港，圍觀者蜂擁而至：「一上船，他們首要目標是看一看那塊大名鼎鼎的隕石，之

87 反觀其對立面：「但那些美國船上的人！讓我反感的是，我必須和他們扯上關係。」所有引文均來自 Franz Boas, letter-diary for Marie Krackowizer, 1883–84, typescript, trans. Helene Boas Yampolsky, Boas Family Papers, Franz Boas Collection, American Philosophical Society. Douglas Cole 為第三段摘錄文字提供了另一種翻譯：「如果此行對我（作為一個有思想的人）產生了有價值的影響，乃在於使我更相信「修養」[Bildung] 的觀念是相對的，一個人的邪惡與價值乃取決於其心性修養 [Herzensbildung]，在這裡或許能找到，也或許找不到，情形就像我們自己一樣」" (Douglas Cole, " 'The Value of a Person Lies in His *Herzensbildung*': Franz Boas' Baffin Island Letter-Diary, 1883–1884," in *Observers Observed: Essays on Ethnographic Fieldwork,* ed. George W. Stocking [Madison: University of Wisconsin Press, 1985], pp. 13–52 [引文出自 p. 33]). 日記全文收錄於 Ludger Müller-Wille, ed., *Franz Boas Among the Inuit of Baffin Island, 1883–1884, Journals and Letters,* ed. Ludger Müller-Wille, trans. William Barr (Toronto: University of Toronto Press, 1998). 鮑亞士回國後二十多年來，持續利用捕鯨人、商人和傳教士的網絡作研究，並出版有關巴芬島伊努特人的著作，其中三個主要英文文本是：Franz Boas, "The Central Eskimo," in *Sixth Annual Report of the Bureau of Ethnology to the Secretary of the Smithsonian Institution, 1884–85* (Washington, DC: Government Printing Office, 1899), 399–669; Franz Boas, "The Eskimo of Baffin Land and Hudson Bay from Notes Collected by Capt. George Comer, Capt. James S. Mutch, and Rev. E. J. Peck," *Bulletin of the American Museum of Natural History,* XV, pt. I (1902); Franz Boas, "Second Report on the Eskimo of Baffin Land and Hudson Bay from Notes Collected by Capt. George Comer, Capt. James S. Mutch, and Rev. E. J. Peck," *Bulletin of the American Museum of Natural History,* XV, pt. II (1907). 關於鮑亞士伊努特人研究中的英文書目（約佔一半，其餘為德文著作），見 Ludger Müller-Wille, "Franz Boas' English Publications on Inuit and the Arctic (1884–1926): A Bibliographical Survey," in *Early Inuit Studies: Themes and Transitions, 1850s-1980s,* ed. Igor Krupnik (Washington, DC: Smithsonian Institution, 2016), pp. 83–89. 鮑亞士的伊努特人研究鞏固了他對人類學田野調查的投入，標誌著文化相對主義在他思想中已初步顯現，也標誌著他從狹隘的「環境」概念轉向歷史觀察，詳見 Ludger Müller-Wille, *The Franz Boas Enigma: Inuit, Arctic, and Sciences* (Montreal: Baraka Books, 2014); Douglas Cole and Ludger Müller-Wille, "Franz Boas' Expedition to Baffin Island," *Études/Inuit/Studies,* 8, no. 1 (1984), pp. 37–63; Rainer Baehre, "Early Anthropological Discourse on the Inuit and the Influence of Virchow on Boas," *Études/Inuit/Stud-*

保自己及其親屬的潛在利益。

81 艾拉菟和亨森一起生活和旅行了幾個月，勒莫因寫道：「這是一段傳統的婚姻，被伊魯特人和其他美國人所承認。」勒莫因翻查皮里未發表的日記，發現曾出現過一些不尋常的擔憂，從而拼湊出這個故事（亨森憂傷地坐著，發冷……他狀態很差。給他喝了點酒，然後煮了咖啡，給他煮了點魚，把我的鹿皮衫給他穿上，讓他睡了」），並輔以亨森在加納家人的回憶。我也聽過類似的故事，亨森後來和阿卡坦瓜（即阿努卡之母）的關係也不錯，幸福美滿，也屬於互相愛慕。(LeMoine, "Elatu's Funeral" [「傳統的婚姻」，p. 344]). 另見U.S. National Archives, RG 401(1)(A) Robert E. Peary Papers, Papers relating to Arctic expeditions, 1886–1909: Greenland 1898–1902. R.E. Peary notes Jan– Aug/Sept. 1901, 15 January 1901 (「亨森憂傷地坐著」引自Lemoine, "Elatu's Funeral," p. 341).

82 Allen S. Counter and David L. Evans, *I Sought My Brother: An Afro-American Reunion* (Cambridge, Mass.: MIT Press, 1981). 至於人類學家對此書的回應，見Richard Price於*American Ethnologist*, 9, no. 3 (1982), pp. 608–9 中的書評。關於康塔爾的亨森計畫，除其著作*North Pole Legacy*，亦可參閱Allen S. Counter, *North Pole Promise: Black, White, and Inuit Friends* (Peterborough, NH: Bauhan Publishing, 2017). 伍德隆公墓的細節源自Bryce，"Introduction"，p.xxxix，作者還談到了康塔爾描述中明顯不盡不實之處。

83 Josephine Peary to Morris Jesup, May 18, 1906, AMNH Library Archives, box 3, file 124.

84 Josephine Peary to Henry Fairfield Osborn, March 15, 1908, AMNH Library Archives, box 3, file 124 (「唯有把它加入」); Josephine Peary to Herbert C. Bumpus, June 4, 1908, AMNH Library Archives, box 3, file 124 (「您就不能想想」). 關於此事背景：「傑蘇普夫人的剩餘遺產共9,617,091.61美元，她請求允許支付全部財產的遺產稅，這使其他遺贈品更有價值。傑蘇普先生給美國自然史博物館留下了一百萬美元，他去世時仍是該博物館的館長。("Morris K. Jesup Left $12,814,894," *Evening Mail,* July 22, 1909).

85 Operti, "Original Fieldnotes."

86 除了美國自然史博物館圖書館和人類學部的檔案，我在很大程度上參考了Kenn Harper的*Give Me My Father's Body*. Harper這本書最近重新出版，書名變成*Minik, the New York Eskimo: An Arctic Explorer, a Museum, and the Betrayal of the Inuit People* (Lebanon, NH: Steerforth, 2017). Franz Boas to Robert Peary, May 24, 1897, AMNH Division of Anthropology Archives, file 1896-38 (「懇請您帶一個」)。

代相傳。」(p. 57). 關於偷妻的事，見Gilberg, "Uisâkavsaq, 'the Big Liar.' " Gilberg根據Peter Freuchen的評論和格陵蘭西部其他地區的性別比例相反的情況，提出男女不均是殺女嬰造成的(p. 93, n. 7). 該時期伊魯特人口數字源於皮里在一八九七年八月所作的人口普查，其中統計出一百四十名男性和一百一十三名女性(Peary, *Northward,* vol. 1, p. 514).

75 科默跟皮里和亨森一樣，曾與一位伊努特女子（名喚Nivisinaaq）有長期關係，並且，也像他們一樣，小心翼翼地不在他的著作或日記中留下證據(W. G. Ross, *Whaling and Eskimos*, p. 122; Davis-Fisch, "Girls in 'White' Dresses"). 關於十九世紀捕鯨活動對區域造成的一般影響，見Anne Keenleyside, "Euro-American Whaling in the Canadian Arctic: Its Effects on Eskimo Health," *Arctic Anthropology,* 27, no. 1 (1990), pp. 1–19.

76 W. G. Ross, *Whaling and Eskimos*, pp. 121–23.

77 U.S. National Archives, RG 401 (1) (A), Robert E. Peary Papers, Papers Relating to Arctic Expeditions, 1886–1909, Expeditions: Greenland 1886, Notebook 1886, Equipment Lists, Notebook, Planning notes 1885–86, 13 October 1885 (「必須要有女人」、「把伊魯特婦女分配」，引自Dick, *Muskox Land*, 382, 同一處皮里還說到：「有女人陪伴，不僅能帶來更大滿足感，也關係到身心健康，使男人保持顛峰狀態」)。另見Freuchen, *Vagrant Viking*：「無論得到什麼，皮里從來都重重有賞，這次也不例外，而且比以往任何時候都要慷慨。為愛斯基摩人安排婚禮之餘，他還允許他們永遠保留他們的女人。」(p. 90).

78 Knud Rasmussen, *Greenland by the Polar Sea: The Story of the Thule Expedition from Melville Bay to Cape Morris Jesup,* trans. Asta and Rowland Kenney (New York: Frederick A. Stokes, 1922) (「我們的感覺」,p. 8;「我常聽到人說」，p. 6). 亨森亦曾說過：「皮里的紀律儼如鐵腕，而且連手套都脫下了」(Henson, *Negro Explorer,* p. 42).

79 見Dick, "'Pibloktoq'"; LeMoine, Kaplan, and Darwent, "Living on the Edge." 但在*Mental Disorders in Greenland*一書中，精神病學家Inge Lynge認為pibloktoq是原住民模式的群體調節，相對而言並不具破壞性(pp. 17–18) 。另一說法把它解釋為類似出神的行為，視之為某種抵抗，見Aihwa Ong, *Spirits of Resistance and Capitalist Discipline: Factory Women in Malaysia* (Albany: State University of New York Press, 1987).

80 見Annette Gordon-Reed, *The Hemingses of Monticello: An American Family* (New York: Norton, 2008), 作者在權力關係極度不平等的背景下（在本案中，Thomas Jefferson和Sally Hemings之間）描述了男女戀情的，強調婦女的計算能力，能確

這類定見作出回應，早期研究如D. Lee Guemple, *Inuit-Spouse Exchange* (Chicago: Department of Anthropology, University of Chicago, 1961), 他寫道：換偶「最常見是由兩名男子發起，有時根本不與各自的妻子商量，但[也]有時候起意的人是一方的男人和另一方的女人，甚至是兩家的婦女」(p. 1); 另見Lawrence Hennigh, "Functions and Limitations of Alaskan Eskimo Wife Trading," *Arctic,* 23, no. 1 (1970), pp. 1–63. Guemple強調這裡牽涉長期、多代人的利益，本質上是一種經濟關係：「換偶風俗的主要特點在於，它提供了一個制度化的框架，讓一個人可以與非親屬建立親密聯繫，從而獲取大量經濟援助」(p. 32). 對於歷史學家和人類學家往往只強調其功能性的一面，亦有人加以反駁，如Pamela R. Stern and Richard G. Condon, "A Good Spouse Is Hard to Find: Marriage, Spouse Exchange, and Infatuation Among the Copper Inuit," in *Romantic Passion: A Universal Experience?,* ed. William Jankowiak (NewYork:ColumbiaUniversityPress,1995),pp.196–218; Janet Mancini Billson and Kyra Mancini, *Inuit Women: Their Powerful Spirit in a Century of Change* (New York: Rowman and Littlefield, 2007), pp. 62–63, 其中強調換偶一般是你情我願的。當然，所謂你情我願，在實踐中可沒那麼簡單，或許意味著順從，而非積極選擇搭檔。關於這一點，見Bernard Saladin d'Anglure, "The Shaman's Share, or, Inuit Sexual Communism in the Canadian Central Arctic," *Anthropologica,* XXXV, no. 1 (1993), pp. 59–103, 其中有關於集體換偶禮俗的討論，出發點是馬塞爾 · 莫斯和Henri Beuchat的經典著作*Seasonal Variations of the Eskimo: A Study in Social Morphology,* trans. James J. Fox (London: Routledge & Keegan Paul, 1979) (「異兄弟」，p. 69). 另見Lynge, "Mental Disorders in Greenland," 其中反而強調雙方交換過程中的強迫性：「就性愛來說，女人乃丈夫的財產。他可以安排拿她來作交換，一個、或幾個夜晚，毋須經其同意。如果她反抗，就會遭到毆打」(p. 11). 關於早期人類學文獻的回顧，見Arthur J. Rubel, "Partnership and Wife-Exchange Among the Eskimo and Aleut of Northern North America," *Anthropological Papers of the University of Alaska,* 10, no. 1 (1961), pp. 59–72.

關於外來訪客，見Heather Davis-Fisch, "Girls in 'White' Dresses, Pretend Fathers: Interracial Sexuality and Intercultural Community in the Canadian Arctic," *Theatre Research in Canada,* 31, no. 1 (2011), pp. 84–106; Dick, *Muskox Land,* pp. 380–84; Hay, "How to Win Friends." Hay的田野在拉布拉多，在多個重要方面延伸了我的觀點：「〔哈德遜灣公司〕的站所按合同僱用婦女，讓她們從事烹飪和縫製衣服等工作。這些梅蒂斯(Métis)混血家庭在十九世紀成為拉布拉多南部人口的大多數，是公司的主要人力資源。在這些家庭中，伊努特婦女將伊努特文化代

71 Henson, *Negro Explorer*（「愛國熱血」，p. 133;「互相對視了一眼」，p. 127;「我覺得時機已到」，p. 135). 見Foy, "Matthew Henson," pp. 32–37, 作者曾對這幾頁文字作一仔細分析。"Matt Henson Tells the Real Story"（「我們開始形同陌路」). 關於亨森回國後發生的事，包括他巡迴演講舉步維艱，以及皮里擅用亨森的探險照片，兩人發生衝突，見Bryce, "Introduction," and Bonamoni, "To Be Black and American."

72 關於阿嘉欣，見Harper, "Aleqasina"（「驕傲又天真」，p. 93); 以及約瑟芬寫給丈夫但未出版的信：「在獨守空帷的歲月裡，我一直安慰自己……認為你想必也同樣難過，而為了你，我必須振作起來……但到了埃塔，我才發現你可能從來沒有想過我……一個人不像人的東西，居然能教你忘懷一切，死心塌地。唉，我的摯愛，試問我生有何益？」(Josephine Peary to Robert Peary, Aug. 28, 1900, 引自Herbert, *Polar Wives,* p. 211). 另見Counter, *North Pole Legacy,* 作者以兩位晚輩迦帕祿・皮里(Kaalipaluk Peary)和阿努卡・亨森(Anauqaq Henson)之間的對話來講述這個故事。一八九三年，皮里曾寫道，阿嘉欣當時十歲，「被人拍照，她表現出極度不情願，只有當她父親直接下令，才能教她就範」（引自Harper, "Aleqasina," p. 93）Harper描述了約瑟芬抵達後不久，阿嘉欣和她兒子就病倒了，約瑟芬照顧他們，並寫信給皮里說：「我覺得這是為你而做的」(Harper, "Aleqasina," pp. 95–96).

73 我於二〇一八年四月在加納與杜姑蜜和納瓦拉娜進行對話。文中某些資料來自Anne Kirstine Hermann與阿勒迦撒(Aleqatsiaq Peary)和杜姑蜜隨後（二〇一八年六月）的對話，也是在加納進行的。為此我感謝所有參與者，特別是Anne向我提供了她的談話記錄。關於卡維嘉索(Qaavigarsuaq)和阿娜綸瓜(Arnarulunnguaq)的故事，見Rasmussen, *Across Arctic America.* 尤其阿娜綸瓜，詳見MadsLidegaard,"Arnarulunnguaq(1896–1933)," *Dansk kvindebiografisk leksikon,* 網址：http://www.kvinfo.dk/side/597/bio /1064/origin/170/. 迦帕祿的話轉述自Counter, *North Pole Legacy*（「忍受辱罵」，p. 35). 有研究者猜測，奧佩提也有可能在約克角留下了後代，見：Edmund Carpenter, "Dead Truth, Live Myth," *European Review of Native American Studies,* 11, no. 2 (1997), pp. 27–29.

74 感謝Britt Kramvig，他跟我提到北極親屬關係的靈活多變，以及殖民統治嚴重扭曲關係，為當地帶來深刻的社會和心理創傷。本段例子引自John Bennett and Susan Rowley, eds., *Uqalurait: An Oral History of Nunavut* (Montreal: McGill-Queen's University Press, 2004), pp. 127–29; Fossett, *In Order to Live,* p. 212. 長期以來，基於探險家的記載，加上對馬塞爾・莫斯（Marcel Mauss）的「性愛共產主義」一詞的誤讀，一般人對於伊努特人換偶的成見甚深。現行學界文獻大部分便是針對

Zarlock, March 18, 1947（引自Counter, *North Pole Legacy*），信中提到烏塔克(Uutaq)敘述族人回憶(「舌頭不會像小嬰兒那樣」、「從每天表現看來」、「像我們一樣唱歌」，p. 70) 關於亨森被誤認為愛斯基摩人一事，見Robinson, *Dark Companion*, pp. 61–62.

69 Henson, *Negro Explorer* (「在命令之下」，pp. 29–30;「就像對著」，p. 25;「所有特徵」，p. 171;「最早形式」，p. 6). 關於時間、年代、地質學等問題的熱烈討論，見Spufford, *I May Be Some Time*, pp. 205–23. 關於亨森與伊魯特人的親密關係，見Counter, *North Pole Legacy*; Genevieve Lemoine, "Elatu's Funeral: A Glimpse of Inughuit-American Relations on Robert E. Peary's 1898–1902 Expedition," *Arctic*, 67, no. 3 (2014), pp. 340–46; Stam, "Introduction," p. 23. 關於阿格西的多種族來源理論，見Louis Menand, *The Metaphysical Club: A Story of Ideas in America* (NewYork: Farrar, Straus and Giroux, 2002),esp. pp.101–16; 另見Ann Fabian, *The Skull Collectors: Race, Science, and America's Unburied Dead* (Chicago: University of Chicago Press, 2010), pp. 112–19, 作者描述了一八五四年七月，Frederick Douglass在俄亥俄州哈德遜市西儲學院畢業典禮上的反應，至今仍鏗鏘有力。距離內戰爆發不到十年，Douglass當時告訴在場的三千人：「白人和黑人之間的關係是本國時下的關鍵問題。要解決這問題，美國的學者將責無旁貸。這裡是道德戰場，國家和上帝都在召喚他們披堅執銳，此時此刻，學者保持中立將會是無恥之舉。」

70 Peary, "Foreword" (「熱帶之子」，p. vii). Henson, *Negro Explorer* (「我以他為榮」、「得體的美國青年」，p. 8;「野性的愉悅和歡欣」，p. 136). 沒有跡象表明亨森每一次回美國都帶著古陸杜，但他之所以花心思在這位年輕人身上，可能是受到布克．華盛頓的啟發。Samuel Chapman Armstrong將軍是Hampton Institute的創始人。一八八〇年，他任命布克．華盛頓為七十五名原住民的「養父」(house father)，他們都是「野蠻的，大部分完全無知的。」Armstrong將此視作「實驗」，以確定他們是否能夠從教育中獲益。布克．華盛頓寫道：「我想我可以放心地說，我得到了他們的愛和尊重。」他給他們理髮，讓他們不要再披毯子，停止吸煙，說英語。（他說：「對美國白人來說，除非其他種族穿起白人的衣服，吃白人的食物，說白人的語言，並信奉白人的宗教，否則它便不可能是完全文明的」）。但是，當他要帶一位學生去華府，準備將其遣返回保留地時，布克．華盛頓卻兩度（一次在餐館，一次在酒店）被白人員工拒諸門外，印第安人小子反而被請進去。(Booker T. Washington, *Up from Slavery* [New York: Doubleday, 1901], pp. 92–105). 相關評論，見Foy, "Matthew Henson," pp. 31–32; Pochara, "The Making of the New Negro," p. 30.

他自己帶回的標本做立體模型；在費城海軍船塢皮里的辦公室做過信差；做過看門守衛；做過動物園管理員，照顧皮里在一九〇六年帶回來的北極熊，安置在AMNH之外，又做過普爾曼的搬運工，隨火車穿越南方，面臨種族主義暴力。然後，從北極回來，巡迴演講不大成功，著作銷售也普普通通，便在布魯克林的一間倉庫裡做停車員。最後，朋友向杜富德總統請願，讓他在紐約海關大樓做一份「送信小弟」的公務員工作。在那裡工作了二十三年，七十歲以職員身份退休，每年享有一千美元的退休金。皮里則在一九一一年升為少將，年退休金為六千五百美元。在一八八一至一九〇九年期間，皮里從海軍部領取了約七萬二千美元，但在此期間，其實有將近十三年半的時間是在（帶薪）休假 (Herbert, Noose of Laurels, p. 73).

66 "Matt Henson Tells the Real Story of Peary's Trip to the Pole," *Boston American,* July 17, 1910, 網址：https://matthewhenson.com/bostonamerican.htm (「我帶著狗出發」). Donald P. MacMillan, "Foreword," in Robinson, *Dark Companion* (「沒有他，我便捱不過去」, p. viii). 皮里日記裡記錄了一九〇〇年十一月與亨森在Fort Conger的一次會面，引自Dick, *Muskox Land*, p. 124;「你服務我這麼久了，應該懂得謹小慎微，對我多加尊重。我有權期望你總是稱我『長官』，當我跟你說話時，你專心聆聽，並且說『是的，長官』或『好的，長官』，以表示你聽到了我給你的指示。」;「亨森是忠心耿耿的有色人種小伙子，勤勞賣力，什麼都能幹。」反之，約瑟芬一以貫之地把亨森視為私人僕從，頂多是較有價值而已，哪怕他們長久在一起，幾番冒險，互相扶持。每位探險隊員都把亨森描寫得甚有「男子氣概」，我在文中已對此作出評論，但儘管如此，在約瑟芬筆下，亨森卻有其明顯女性化和家庭化的一面：他做家務、會做飯，等等。這是她在亨森生病期間寫的，語帶同情。這樣的描述跟皮里或亨森本人所寫的截然不同，他們兩人都強調了典型的北極峻厲之地，人類時時刻刻與大自然搏鬥。值得注意的是，在她出版的日記中，約瑟芬對亨森直呼其名「Matt」，一方面表示熟稔，但也暗示階級有別，例如：「皮里先生和Gibson、Astrup、Cook和Matt一起，忙了一下午」(Peary, *My Arctic Journal*, p. 20).

67 關於杜波依斯所強調的「男子氣概」，以及他和華盛頓之間，以及他們著作中有關男子氣概的政治的深刻討論，見Hazel Carby, *Race Men* (Cambridge, Mass.: Harvard University Press, 2000), pp. 9–41; Anna Pochmara, *The Making of the New Negro: Black Authorship, Masculinity, and Sexuality in the Harlem Renaissance* (Amsterdam: Amsterdam University Press, 2011), pp. 17–54.

68 Henson, *Negro Explorer* (「很多很多時候」, pp. 6–7). 另見Peter Freuchen to James

郊外，示範現代農業技術(Robert J.Norrell, *Up from History: The Life of Booker T. Washington* [Cambridge, Mass.: Harvard University Press, 2009], p. 365). 布克．華盛頓當時寫下的話，現在看來既富策略性，卻又語帶天真：「假使有一位黑人為鐵路公司做了一年一萬美元的生意，你認為，當他帶著家人上火車時，他們會把他送進黑鬼車廂，冒著失去一年一萬美元的危險嗎？不可能，他們會給他安排坐進普爾曼豪華車廂」(Washington, *Future of the American Negro*, p. 86).

可是，即便這和解策略深深吸引了傑蘇普和他的朋友羅斯福，三年後，杜波依斯出版《黑人的靈魂》(*The Souls of Black Folk*, 1903; New York: New American Library, 1995)，卻對華盛頓方案造成決定性的打擊：「那個工藝教育方案希望調解南方，讓黑人在公民權和政治權上繼續保持屈服和沉默」(p. 79)。白人的慷慨顯然未能打動這位作者，杜波依斯寫道(p. 94)：北方「不能貼金子來裝飾〔它的〕良心」。對於在工藝教育計畫中，布克．華盛頓的抱負如此平庸，他無法接受。正如他動人地寫道：「〔布克．華盛頓〕徹底學習了商業主義的言論和思想，擁抱物質繁榮的理想，以至於他無法忍受一名黑人男孩被家庭忽視，獨個兒在雜草和汙垢中埋首苦讀法語語法——這畫面對他來說簡直荒謬到頂點。」(p. 81) 。眾所周知，杜波依斯自己也開出了解方，雖然至今仍未兌現，卻預見了未來的民權運動鬥爭：「無論合不合時，黑人都必須不斷堅持：投票是現代人所必需的，膚色歧視是野蠻的，黑人孩子所需要的教育跟白人一樣。」(p. 91). 關於杜波依斯高度原創性的刻畫，見Saidiya Hartman的近作：*Wayward Lives, Beautiful Experiments: Intimate Histories of Riotous Black Girls, Troublesome Women and Queer Radicals* (New York: W.W. Norton, 2019), pp. 81–120.

65 書中到底多大程度反映亨森和布克．華盛頓的親緣性，這問題的探討見Foy, "Matthew Henson." Matthew Henson to Hermon C. Bumpus, Oct. 17, 1909, Central Archives 124, American Museum of Natural History Library (「我認為這是非常不恰當的」); Henry Fairfield Osborn to Frederick A. Lucas, March 13, 1912, Central Archives 262, American Museum of Natural History Library (「勇敢黑人」); Henson to Osborn, March 1, 1920, Henry Fairfield Osborn Papers, Mss. O835, American Museum of Natural History Library (「紐約市房租」). Bumpus和Lucas都是博物館館長。

皮里每次航行都支付亨森每月三十五美元，到了最後一次探險，在亨森的要求下，將月薪提高到五十美元（亨森本來要求六十美元）。每次出航以前，皮里夫婦都必須花時間擬定策略，向贊助商籌集資金，並使自己保持公眾關注；在這時候，亨森便去做他所能找到的任何工作。他做過理貨員；在AMNH為皮里和

非其他的白人同事呢？這問題在當時爭論不休，充分表現二十世紀初的美國白人優越主義」("The Travail of Matthew Henson," *Phylon,* no. 4, 1975, pp. 407–10, p. 410). 皮里解釋說，他的決定是基於對亨森能力的評估（「亨森憑藉多年北極經驗，在工作上幾乎和愛斯基摩人一樣熟練。他能應付狗和雪橇，是整個旅行機器的一部分」）但也有其先天不足（「雖然他對我一片赤誠，和我在一起時比其他人更有效地用雪橇趕路，但種族遺傳下，他並沒有像Bartlett或Marvin、MacMillan或Borup等人那樣大膽和主動」）見Peary, *North Pole,* pp. 272, 273。

除了前述皮里和約瑟芬的著作外，關於亨森的主要資料還包括他自己所著的《黑人北極探險記》(*A Negro Explorer*)；還有他的「官方」傳記，即Bradley Robinson's *Dark Companion* (New York: Robert M. McBride & Company, 1947); 另見Anthony A. Foy, "Matthew Henson and the Antinomies of Racial Uplift," *a/b: Auto/Biography Studies,* 27, no. 1 (2012), pp. 19–44; Emma Bonamoni, "To Be Black and American: Matthew Henson and His Post-Pole Lecture Tour, 1909–10," in *North By Degree,* ed. Kaplan and McCracken Peck, pp. 186–209; Robert M. Bryce, "Introduction to the Cooper Square Press Edition," in Matthew A. Henson, *A Negro Explorer at the North Pole: The Autobiography of Matthew Henson* (New York: Cooper Square Publishers, 2001), pp. xi–xlix; Dierdre C. Stam, "Introduction to the Explorers Club Edition," in *Matthew A. Henson's Historic Arctic Journey: The Classic Account of One of the World's Greatest Black Explorers* (Guildford, Conn.: Lyons Press, 2009), pp. 3–53; McAfee, "Travail of Matthew Henson"; Allen S. Counter, *North Pole Legacy: Black, White & Eskimo* (Amherst: University of Massachusetts Press, 1991).

"Leading Negroes Dine Matt Henson," *New York Times,* Oct. 20, 1909 (「當初我出發去格陵蘭島」、「他們說我」); Henson, *A Negro Explorer* (「只有皮里中校」, p. 127); 皮里的話引自"The Cook-Peary Cudgels," *The Literary Digest,* XXXIX, no. 13 (Sept. 25, 1909), pp. 459–61 (「我是唯一一個」, p. 461).

64 Booker T. Washington, "Introduction," in Henson, *Negro Explorer,* 他稱亨森「不僅最值得信賴，而且在探險隊中功勞最大」(pp. xii–xiii;「勇氣、忠誠和才能」, p. xx) 在後重建時期，南方黑人被殘酷地褫奪公民權，在此情景下，布克．華盛頓卻堅持認為，黑人的工藝教育是通向和解的道路：「黑人只要憑藉技術、聰明和剛毅，生產商品以滿足白人需要，便能得其尊重，種族摩擦即隨之化解」(Booker T. Washington, *The Future of the American Negro* [Boston: Small, Maynard & Company, 1900], p. 87). 這觀點吸引了傑蘇普圈子裡的北方工業家和金融家。當傑蘇普和布克．華盛頓見面時，這位慈善家便同意資助農用馬車，讓它巡迴在阿拉巴馬州

of Biomedical Thought in Modern Society," *Historical Journal,* 36, no. 3 (1993), pp. 687–700; Sheila Faith Weiss, *Race Hygiene and National Efficiency: The Eugenics of Wilhelm Schallmayer* (Berkeley: University of California Press, 1987).

62 Charles Hallock to Booker T. Washington, Dec. 2, 1901, in *Booker T. Washington Papers,* vol. 6, *1901–2,* ed. Louis R. Harlan, Raymond W. Smock, and Barbara S. Kraft (「有色人種」、「誰會想到」, p. 335). 布克・華盛頓也反對移民，認為黑人待在南方會有更多就業機會。對皮里來說，亨森的北極生涯帶出了種族比較理論的問題：「亨森乃熱帶之子，經過多年努力，終於證明自己有能力承受熱帶、溫帶以及最嚴酷的寒冷、氣候和曝曬；而另一方面，眾所周知，北方極地居民，雖能抵禦當地嚴酷天氣，堅韌不拔，溫帶氣候變化無常，卻使其屈服。問題一下子就出現了：『是體質不同呢，還是大腦和意志力不一，抑或氣候條件本身差別所造成？』」"(Robert Peary, "Foreword," in Henson, *Negro Explorer,* p. vii).

環境決定論者當時對種族看法到底如何，相關文獻檔案甚多，尤其是來自重要地理學家Ellsworth Huntington, 他足以代表二十世紀初的思想。據說，熱帶地區的進化「已經停滯不前，因為在人類存在的幾十萬年裡，那裡沒有多大變化，很少出現新的天擇汰變，是以無法加速才智特化……〔因此，從非洲人後裔可見〕那些尚未特化的性質，即當初人類從猿類中區別出來，從樹上下來時的最先表現。」還有，嚴寒氣候能造成類似效應，受影響的不僅伊努特人，還有橫渡白令海峽的美洲印第安人：「北極環境大大助長了大多數美洲人的耐受力，可能就是塑造他們心理素質的重要因素。如果我們將美洲人與歐洲人種進行比較，最顯著的差異之一不是原創性和主動性較低，而是他們具有某種順從的性格。」(Ellsworth Huntington, "Environment and Racial Character," in *Organic Adaptation to Environment,* ed. M. R. Thorpe [New Haven: Yale University Press, 1924], pp. 281–99, quoted in David N. Livingstone, "The Moral Discourse of Climate: Historical Considerations on Race, Place and Virtue," *Journal of Historical Geography,* 17, no. 4 [1991], pp. 413–34 [引文在p. 428]). 關於系譜研究，見Clarence Glacken, *Traces on the Rhodian Shore: Nature and Culture in Western Thought from Ancient Times to the End of the Eighteenth Century* (Berkeley: University of California Press, 1967); Richard Peet, "The Social Origins of Environmental Determinism," *Annals of the Association of American Geographers,* 75, no. 3 (1985), pp. 309–33; David N. Livingstone, "Tropical Climate and Moral Hygiene: The Anatomy of a Victorian Debate," *British Journal for the History of Science,* 32, no. 1 (1999), pp. 93–110.

63 歷史學家Ward McAfee寫道：「在這最後一程，為什麼皮里決定帶亨森同行，而

教農村家庭生活。一八八二年，一小撮富有白人（包括前總裁Rutherford Hayes）成立Slater基金會，將資金投向華盛頓的幾所學院，如Tuskegee Institute、Spelman College、Hampton Institute，以及Claflin College。傑蘇普在康乃狄克州長大，據他自己所說，他之所以立志救助黑人，皆因內戰前曾目睹維吉尼亞州Richmond市的一次奴隸拍賣(Brown, *Jesup,* p. 75). 一九〇二年，基金會支持杜波依斯(W. E. B. DuBois)申請就讀柏林大學，這段教育經歷造就杜波依斯成為研究社會學的關鍵人物。

一九〇八年，傑蘇普去世，AMNH在探險、科學和種族議題間的體制發生變化。在一戰期間和之後的一段時間裡，美國出現了強烈的國族主義和排外主義，美國的優生學愈來愈認同北歐血統。AMNH改由Henry Fairfield Osborn長期主持（一九〇八至一九三三），他是種族主義和反對移民的古生物學家，當時他和Madison Grant創立了Galton Society。Madison Grant以宣揚種族主義、保護主義而聞名，亦為博物館董事，並著有*The Passing of the Great Race, or, the Racial Basis of European History* (New York: Charles Scribner's Sons, 1916)一書，再三警惕「種族自殺」，由Osborn作序，稱道不置，至今仍為白人優越主義的重要作品。Galton Society是美國優生學組織，於一九一八年成立，目的是為了反對鮑亞士文化人類學。組織內成員都是白人和新教徒，經嚴格挑選，尤其反對此學科為猶太人所把持；分別於一九二一和一九二四年成功遊說制定《移民限制法》，以及在二十多個州通過立法強制絕育。在Osborn和Grant影響下，AMNH開始接受北歐優生學，甚至在一九二一年和一九三二年主辦了第二和第三屆國際優生學大會。證據顯示，Grant、Osborn和希特勒三人沆瀣一氣，互相欽佩對方為種族純潔而努力。關於優生學、AMNH和人類學之間關係，見Spiro, *Defending the Master Race,* 其中指出，在宣揚科學種族主義同時，該協會還討論了大量合法的體質人類學。他寫道：「Galton Society成立目的並非創新研究，而是提供一塊聖地，猶太人不得進入，讓遺傳主義思想的研究者輕鬆聚會，與同儕分享研究成果。」(p. 307). 另見Stocking, *Race, Culture, and Evolution,* pp. 287–91. 另有一些較不一樣的說法，把Osborn描述為多基因主義者，但都傾向批評為主，如Ronald Rainger, *An Agenda for Antiquity: Henry Fairfield Osborn and Vertebrate Paleontology at the American Museum of Natural History, 1890–1935* (Tuscaloosa: University of Alabama Press, 1991); Brian Regal, *Henry Fairfield Osborn: Race and the Search for the Origins of Man* (New York: Routledge, 2002). 另有學者重新定位優生學，認為它比較是種族主義的生物政治學，而非福利主義的社會工程，如Robert A. Nye, "The Rise and Fall of the Eugenics Empire: Recent Perspectives on the Impact

關於傑蘇普和皮里之間的事，見Geoffrey T. Hellman, "Profiles: The American Museum—I," *The New Yorker,* Nov. 30, 1968, pp. 68–150; Harper, *Give Me My Father's Body,* esp. pp. 30–35.

60 關於皮里與國族主義的關係，見Roosevelt to Peary, March 24, 1907, Theodore Roosevelt Papers, University of Cincinnati Library, quoted in Nancy J. Fogelson, "Robert E. Peary and American Exploration in the Arctic 1886–1910: A Period of Progress and Modernization," *Fram: The Journal of Polar Studies,* 2 (1985), pp. 131–40 ("setting an example," p. 134); Dick, "Robert Peary's North Polar Narratives," pp. 5–34. 關於皮里北極俱樂部，以及其在一九〇九至一〇年極地爭議中的作用，見Lyle Dick, "The Men of Prominence Are 'Among Those Present' For Him: How and Why America's Elites Made Robert Peary a National Icon," in *North By Degree,* ed. Kaplan and McCracken Peck, pp. 3–48; Lukens, "Samuel J. Entrikin." 關於皮里與媒體，特別是《紐約時報》的關係，見Beau Riffenburgh, *The Myth of the Explorer: The Press, Sensationalism, and Geographical Discovery* (Oxford, UK: Oxford University Press, 1994). 簡略的企業名單引自Bloom, *Gender on Ice,* p. 28. Peary, *North Pole* ("This expedition," p. 19). 關於十九世紀末至二十世紀初，北極地區成為浪漫的避難所，見Robinson, Coldest Crucible, pp. 107–32. 人口統計數字引自Jonathan Peter Spiro, *Defending the Master Race: Conservation, Eugenics, and the Legacy of Madison Grant* (Burlington: University of Vermont Press, 2009), p. 96.

61 Robert Peary to Mary Peary, Feb. 27, 1857, 引自Herbert, *Noose of Laurels* (「我必須吐氣揚眉」, p. 65). 皮里夫人回答說：「如果名聲對你來說比什麼都珍貴，那我還能說什麼呢？我想，一旦你冷靜思考一下，就不會那麼熱衷了，畢竟這是必須付出莫大代價的」。(*Harper's Weekly,* April 26, 1904, 引自Riffenburgh, *Myth of the Explorer,* p. 155). 傑蘇普共同創辦基督教青年會（YMCA），以及康斯托克（Anthony Comstock）影響深遠的紐約鎮惡協會（Society for the Suppression of Vice，不僅針對賣淫和色情文字圖像，尤其反對避孕），還有，他關照曼哈頓下城的五點工業之家（Five Points House of Industry）、兒童援助協會、John F. Slater自由人教育基金會，給予物質支持。特別是自由人教育基金會，該基金會撥款資助南方著名的黑人學院，以設立培訓計畫；一九〇〇年，傑蘇普建議基金會購買一萬冊Booker T. Washington所著《美國黑人的未來》，免費派發給南方的白人和黑人(Brown, *Jesup,* p. 69)。可以想像，傑蘇普既然與康斯托克意氣相投，關於阿嘉欣兒子們的事，皮里和約瑟芬是斷斷不能讓他知道的。除了辦學之外，「五點工業之家」還從曼哈頓下城的貧民窟中「解救」出大部分天主教兒童，把他們送到新

in *In Those Days: Collected Writings on Arctic History,* book 1, *Inuit Lives* (Iqaluit, Nunavut: Inhabit Media, 2013), pp. 91–96; Kari Herbert, *Polar Wives: The Remarkable Women Behind the World's Most Daring Explorers* (Vancouver, BC: Greystone Books, 2012). 關於北極探險與美國男子氣概的關係，除了提到約瑟芬外，偶爾也會討論到皮里，見Robinson, *Coldest Crucible.* 約瑟芬性格如何，從其作品*My Arctic Journal: A Year Among Ice-Fields and Eskimos* (London: Longmans, Green, & Co., 1894) 可見一斑。皮里為其作序：「儘管我經常表示，在極地生活和工作沒有別人說的那麼危險，但我不得不佩服她的勇氣。她去的地方不但白人婦女從未去過，甚至連男人也會望而卻步」(p. 3).

56 Harper, *Give Me My Father's Body,* pp. 16–20; Rolf Gilberg, "Uisâkavsaq, 'the Big Liar,' " *Folk,* 11–12 (1969–70), pp. 83–95.

57 J. D. Peary, *Snow Baby* (「有色好保姆」，p. 47;「這個人都很有趣」，p. 49).「有人說他們已經受夠了北極生活。我們巴不得立刻遠離北方或向家出發。我們要從每個人身上找幾塊布，讓蘿拉把它們縫在一起，做成回家的三角旗」(Operti, "Original Fieldnotes").

58 皮里搜羅文物來做立體模型，挑選模特兒做人物模型，然後讓奧佩提製作石膏、草圖，並繪製書裡的圖像。Peary, *Northward* (「毫不留情」，vol. 2, p. 573;「發生了許多事」，vol.2, p.572;「耍惡作劇」，vol.2, p.571;「沒一顆比得上它」，vol. 2, p. 617;「一百多年前」，vol. 2, p. 614). 亨森則平鋪直述：「一想到把那頭怪物裝上希望號的那種辛苦，我背部就隱隱作痛」(Henson, *Negro Explorer*, p. 11).

59 William Adams Brown, *Morris Ketchum Jesup: A Character Sketch* (New York: Scribner, 1910) (「可以說」，p. 189). Josephine Peary to Morris Ketchum Jesup, Oct, 16, 1895, Early Administrative Archives, American Museum of Natural History Library (「啊，傑蘇普先生」). 約瑟芬為該次航行找到了一艘又小又便宜的改裝捕鯨船，傑蘇普亦幫忙說項，但她畢竟還欠七千美元，後來是她舉辦兩次圖文並茂的公開演講才籌到足夠的資金的 (Brown, *Jesup,* pp. 190–92)。

皮里坦言：「我對羅斯福號上的艙房有一種特殊感情。它大小適中，浴室舒適，是我允許自己的唯一奢侈品。艙房很樸素，用黃松木來做的，也很搭。隨著北極航行經驗多了，便知道該添加哪些便利設施……鋼琴是朋友H. H. Benedict送給我的，一直伴我愉快航行；而在這次航行中，它又為我們帶來了無窮樂趣。我收藏的音樂至少有兩百首之多，但大多數時候都是《浮士德》的曲調在北冰洋上方飄揚。進行曲和歌唱也很受歡迎，還有《藍色多瑙河》等華爾茲；探險隊有時士氣低落，便彈奏拉格泰姆曲，他們尤其樂在其中」(Peary, *North Pole,* pp. 30–31).

塊浮冰上，冰塊不斷縮小，就這樣漂流了將近七個月。Hendrik被公認為領導能力和實踐技能超卓，讓整群人得以活下來；亦因此成為第一位出版回憶錄的伊努特人，其中包括北極星小隊獲救後他在美國短暫停留的紀錄。他在阿凡爾蘇住了很多年，後來與George Nares和Adolf Erik Nordenskiöld合作。(「我跟原住民住在一起，他們能自給自足，生活幸福。我開始羨慕他們。」[p.33])，

53 關於皮里對他的「發現」和搬運三塊隕石一事的詳細描述，見Peary, *Northward,* vol. 2, pp. 133–51, 553–618 (「棕色石頭」，p. 147). 關於皮里一九〇九年四月六日的日記，見Herbert, *Noose of Laurels*, pp. 17–20; Lyle Dick, "Robert Peary's North Polar Narratives and the Making of an American Icon," *American Studies,* vol. 45, no. 2 (2004). 較長的一段話是：「終於到北極了！三百年來的夢想，我二十三年來的雄心，它總算歸我了。我終能一償所願，實在難以置信。」這一頁可在《國家地理雜誌》圖庫中看到，見https://www.natgeoimagecollection.com/archive/-2KWGDNTBVMXK.html書寫伊魯特人的名字時，我一般沿用加納圖勒博物館，以及Harper, *Give Me My Father's Body*一書的拼寫方式。

54 當然，也曾出現過不好的兆頭：一群伊魯特人幾年前曾想要砍下婦女石的頭，把它帶回家，但出發後不久，雪橇便在冰面上墜落，伊魯特人溺水身亡，見(Harper, *Give Me My Father's Body,* p. 13; Josephine Diebitsch Peary, *The Snow Baby: A True Story with True Pictures* [New York: Frederick A. Stokes, 1901], pp. 66, 70, 74).

55 關於一八九三至九四年間，探險隊中男人對於約瑟芬在場，以及堅持要過家庭生活的反應，Rob Lukens曾做過精彩討論，見其"Samuel J. Entrikin and the Peary Greenland Expedition of 1893–1895: Gender, Race, and Society at the New American Frontier," *Pennsylvania History: A Journal of Mid-Atlantic Studies,* 75, no. 4 (2008), pp. 505–26. 關於比爾小姐，或皮里家的Billy-Bah、瑪麗、雪寶寶等稱謂，見J. D. Peary, *Snow Baby,* pp. 31, 38–44, 54–56; Matthew A. Henson, *A Negro Explorer at the North Pole* (New York: Frederick A. Stokes, 1912), pp. 8–9, 49. 與皮里本人相比，很少有人注意到約瑟芬，見Patricia Pierce Erikson不可多得的研究："Homemaking, Snowbabies, and the Search for the North Pole: Josephine Diebitsch Peary and the Making of National History," in *North By Degree: New Perspectives on Arctic Exploration,* ed. Susan A. Kaplan and Robert McCracken Peck (Philadelphia, Pa.: American Philosophical Press, 2003), pp. 257–88; Patricia Pierce Erikson, "Josephine Peary," *Arctic,* 62, no. 1 (2009), pp. 102–4; 另見Lisa Bloom, *Gender on Ice: American Ideologies of Polar Expeditions* (Minneapolis: University of Minnesota Press, 1993), pp. 38–42; Kenn Harper, "Aleqasina: The Mistress of Robert Peary,"

魯特人和歐洲人之間的接觸分析，見Vaughan, "How Isolated Were the Polar Eskimos?"; Lyle Dick, "Aboriginal-European Relations During the Great Age of North Polar Exploration," *Polar Geography,* 26, no. 1 (2002). 有關十九世紀上半葉到訪約克角的歐洲探險隊，見Clements R. Markham, "The Arctic Highlanders," *Transactions of the Ethnological Society of London*, IV (1866), pp. 125–37, esp. pp. 126–27.

哥倫布世博會後，皮里一八九一年帶回的奇珍異寶被納入今天的芝加哥菲爾德自然史博物館，成為該館核心藏品。皮里分別於一八九三年和一八九七年兩度到訪阿凡爾蘇，為AMNH蒐集藏品，詳見Kenn Harper, *Give Me My Father's Body: The Life of Minik, the New York Eskimo* (Iqaluit, Northwest Territories: Blacklead Books, 1986), pp. 74–77, 當中詳細探討了皮里與Morris Jesup和皮里北極俱樂部合作，廉價取得伊魯特人的物料，再迂迴曲折地以高價出售給美國自然史博物館。關於皮里探險對當地人造成的身心壓力，以及對動物和區域生態的衝擊，見Dick, "Aboriginal-European Relations," pp. 66–86; Dick, *Muskox Land,* pp. 331–420. 皮里總是防範競爭對手，只有在停止出航北極後才敢公佈勘探方法；他本人對「皮里系統」的詳細描述見於Peary, *Secrets of Polar Travel.* 皮里利用其個人工程專業知識，並結合伊努特人的建築創新來設計和建造庇護所，Lyle Dick曾對此作過精彩分析，見其"The Fort Conger Shelters and Vernacular Adaptation to the High Arctic," *Society for the Study of Architecture in Canada Bulletin,* 16, no. 1 (1991), pp. 13–23.

52「在向大冰川走去的路上，我們可以看到婦孺在岩石上匆匆而過，在浮冰上歡快跳躍。人啊，狗啊，所有一切都迎我們而來。他們一踏上船，臉上即洋溢著燦爛笑容……」(Operti, "Original Fieldnotes"). Peary, *Northward* (「棕髮小巫師」、「披毛皮的小孩」，vol. 2, p. 611;「大自然的天真孩子」，vol. 2, p. 404;「小孩一族」，vol. 1, p. 492).

關於彼此關係的強化，有不同的面向，在哈德遜灣的航線上，見William Gillies Ross, *Whaling and Eskimos, Hudson Bay 1860–1915* (Ottawa: National Museums of Canada, 1975); 關於地方發展興替的可能性，見Hans Hendrik, *Memoirs of Hans Hendrik, the Arctic Traveller, Serving Under Kane, Hayes, Hall and Nares, 1853–1876,* trans. Henry Rink (London: Trübner & Co., 1878). Hans Hendrik（或稱Suersaq）是有名的西格陵蘭人，曾為Elisha Kent Kane（一八五三至五四年間）和Isaac Israel Hayes（一八六〇至六一年間）擔任獵人和嚮導，其後加入Charles Francis Hall的北極星探險隊（一八七一至七三年）。在這次驚險航行中，Hendrik和另外十八個人，包括妻子Meqo和三個孩子，被困在巴芬灣和戴維斯海峽的一

Peary, *Northward,* vol. 1, p. 480). 照片標題見Peary, *Northward,* both vols.

50「非常有趣」: *Northward,* vol. 1, p. 175. 關於皮里的攝影作品及其背景，各家評論甚多，大多集中於Lyle Dick's *Muskox Land: Ellesmere Island in the Age of Contact* (Calgary, Alberta: University of Calgary Press, 2001), pp. 380–86. 在*Northward over the "Great Ice"*首卷末，皮里致讀者註中提到：「本附錄載有大量半裸肖像，還請注意，愛斯基摩人之裸露並非出於日常習慣，而是應我要求而為之，以此方能察看其體格和肌肉發育。時值六、七、八月，天氣和煦，即便在高緯度的地方，半裸也沒有造成任何身體不適」(p. 510). Lyle Dick持續不斷地考察性別於皮里探險中的關鍵地位；以及他的*Muskox Land*，見Lyle Dick, " 'Pibloktoq' (Arctic Hysteria): A Construction of European-Inuit Relations?," *Arctic Anthropology,* 32, no. 2 (1995), pp. 1–42. 另見Genevieve M. LeMoine, Susan A. Kaplan, and Christyann M. Darwent, "Living on the Edge: Inughuit Women and Geography of Contact," *Arctic,* 69, suppl. 1 (2016), pp. 1–12. 關於殖民主義探索隱私，以及其複雜情感政治，Ann Stoler曾進行不少基礎研究，特別見*Carnal Knowledge and Imperial Power: Race and the Intimate in Colonial Rule* (Berkeley: University of California Press, 2002). Stoler的研究工作亦曾被引伸至北極地區，見Gísli Pálsson, "Race and the Intimate in Arctic Exploration," *Ethnos,* 53, no. 3 (2004), pp. 363–86. 照片中可見專獵大型野獸的獵人裴里（Robert Perry），他付錢隨皮里出遊（後來又跟過庫克旅行）。這是奧佩提（Operti）在一八九七年夏天拍攝的。奧佩提以手寫標題：「Umanak，三人，Perry先生偕丹麥愛斯基摩婦女。」

51 Robert E. Peary, *The North Pole: Its Discovery in 1909 Under the Auspices of the Peary Arctic Club* (New York: Frederick A. Stokes Company, 1910) (「好讓他們虧欠我」, p. 43). 皮里在著作中多次重複這一類說法，如：「我幾度遠征，使愛斯基摩人擺脫赤貧，獲得文明生活配備，提高至相對富裕的境地」(ibid., p. 48);「我們為他們的北極生活帶來簡單必需品，比他們過去擁有的都要好；而那些參加過雪橇旅行和Grant Land北岸冬、春季工作的人，因我們的贈禮而變得富有，相當於北極的百萬富翁了。」(Peary, *North Pole,* p. 333). 一八九三年，芝加哥舉辦哥倫布世界博覽會，皮里為此於一八九一年帶回展品，有關其物品清單與討論，見Van Stone, "First Peary Collection"; Rolf Gilberg, "The Polar Eskimo," in *Handbook of North American Indians,* vol. 5, *Arctic,* ed. David Damas (Washington, DC: Smithsonian Institution, 1984), pp. 577–94, esp. p. 590. 值得注意的是，皮里於一九〇九年最後一次嘗試登上極點，其後便不再出航，商品貿易於是中斷；而拉斯穆森之所以建立圖勒貿易站，至少某部分亦正是為了恢復進口商品通路。關於皮里到訪之前伊

武儲存。不論官方報告如何，該地區的許多人仍認為，四枚氫彈中依然有一枚未被回收，B-52墜毀事件亦在當地造成了嚴重的鈽汙染。

48 關於皮里對北極的著迷，以及他許諾沿「美洲路線」穿越史密斯海峽一事，見 Wally Herbert, *Noose of Laurels: Robert E. Peary and the Race to the North Pole* (New York: Atheneum, 1989), pp. 51–54. 目前學界的共識似乎是，無論是皮里抑或他的對手庫克(Frederick Cook)，實際上都沒有在一九〇七年到達北極。相反，第一批穿越北極點的人是Roald Amundsen、Umberto Nobile和其他十四人，包括兩名電報員和一名記者。他們於一九二六年五月乘坐Norge號飛船，從史匹茲卑爾根島的新奧勒灣(Ny-Ålesund)飛往阿拉斯加，完整記錄見Drivenes and Jølle, *Into the Ice,* pp. 267–79). 另見Michael F. Robinson, *The Coldest Crucible: Arctic Exploration and American Culture* (Chicago: University of Chicago Press, 2006) (「代表人物」, p. 139). 作者補充說，皮里其人重名好利，「但粗獷的拓荒者形象卻吸引了反文明的群眾，更使他與現代美國生活中的『爾虞我詐』絲毫沾不上邊」(p. 139)，這一點相當諷刺。

49 Robert E. Peary, *Northward over the "Great Ice," A Narrative of Life and Work Along the Shores and upon the Interior Ice-Cap of Northern Greenland in the Years 1886 and 1891–1897: With a Description of the Little Tribe of Smith-Sound Eskimos, the Most Northerly Human Beings in the World, and an Account of the Discovery and Bringing Home of the "Saviksue" or Great Cape-York Meteorites*, 2 vols. (New York: Frederick A. Stokes Company, 1897) (「女人不知」, vol. 1, p. 173); Albert Operti, "An Artist in the Frozen Zone," in *The White World: Life and Adventures Within the Arctic Circle Portrayed by Famous Living Explorers*, ed. Rudolf Kersting (New York: Lewis, Scribner and Co, 1902), pp. 297–304 (「起初」, p. 299). 石膏像是為美國自然史博物館製作的。奧佩提（Operti）描述了他難以克服的技術障礙，以及可能為對方帶來的危險：「給臉部打石膏是最困難的工作，給我帶來了很多麻煩，因為對方必須仰臥在床上，用羽毛管塞進每個鼻孔，紙巾蓋住眼睛、嘴巴，同時給皮膚塗油，在頭部周圍抹上粘土，然後才澆石膏。石膏硬化時產生的熱氣常常使皮膚起泡」(Operti, "An Artist," p. 299).「我花一整天，只為一名漂亮的小伙子澆漿，他是北極阿波羅 [sic]，在混合石膏時幾乎凍僵了，牙齒都在打顫，可憐的傢伙」(Albert Operti, "Original Fieldnotes Made on Peary Expedition of 1896 in S.S. 'Hope,' " Explorers Club Archives, accession #2003-008, box 3, file 91, Aug. 26, 1896).

皮里的人口普查顯示，一八九五年九月，有二百五十三名伊魯特人生活在約克角和埃塔之間；一八九七年八月，在一場疫症之後，統計數字為二百三十四(見

Ugeskrift for Retsvæsen 2004.382, Danish Supreme Court, November 28, 2003," *American Journal of International Law,* 98, no. 3 (2004), pp. 572–78; Leslie Sturgeon, "Constructive Sovereignty for Indigenous Peoples," *Chicago Journal of International Law,* 6, no. 1 (2005), pp. 455–66; Giovanna Gismondi, "Denial of Justice: The Latest Indigenous Land Disputes Before the European Court of Human Rights and the Need for an Expansive Interpretation of Protocol 1," *Yale Human Rights and Development Journal,* 18, no. 1 (2018), pp. 1–58, 網址：http://digitalcommons.law.yale.edu/yhrdlj/vol18/iss1/1. 關於伊努特人北極圈會議（ICC）和泛伊魯特人政治組織的出現，見Lisa Stevenson, "The Ethical Injunction to Remember," in *Critical Inuit Studies: An Anthology of Contemporary Arctic Ethnography*, ed. Pamela R. Stern and Lisa Stevenson (Lincoln: University of Nebraska Press, 2006), pp. 168–83.

46 伊魯特的傳統狩獵地地圖，見 *The Meaning of Ice: People and Sea Ice in Three Arctic Communities,* ed. Shari Fox Gearheard, Lene Kielsen Holm, Henry P. Huntington, Joe Mello Leavitt, Andrew R. Mahoney, Margaret Opie, Toku Oshima, and Joelie Sanguya (Hanover, NH: International Polar Institute Press, 2013), p. 36. 努納穆省成立後，邊境管制和巡邏延伸到加拿大北部，伊魯特人於是決定停止在加拿大狩獵；恰逢海冰狀況惡化，亦使過境相當危險。Joelie Sanguya and Shari Gearheard, "Preface," in *SIKU: Knowing Our Ice, Documenting Inuit Sea Ice Knowledge and Use,* ed. Igor Krupnik, Claudio Aporta, Shari Gearheard, Gita J. Laidler, and Lene Kielsen Holm (New York: Springer, 2010), pp. ix–x (「不僅改變了物理景觀」，p. ix). 海冰出現開始被視為歐洲科學對象，相關的深刻描述見Julianne Yip, "Salt-Ice Worlds: An Anthropology of Sea Ice," doctoral dissertation, Department of Anthropology, McGill University, Canada, 2019.

47 DIIS Report, The Marshal's Baton: There Is No Bomb, There Was No Bomb, They *Were Not Looking for a Bomb* (Copenhagen: Danish Institute for International Studies, 2009); Nielsen, "Transforming Greenland," pp. 139–40; Archer, "The United States Defence Areas," p. 137; Taagholt and Jensen, *Greenland Security Perspectives,* pp. 41–43; Dave Philipps, "此外，Sick Airmen, Echo of '66 Nuclear Crash," *New York Times,* June 20, 2016 在報告中表示：「該案之所以被駁回，是因為聯邦法律保障軍方，使其免受部隊告責索償。所有列名原告後來都死於癌症，無一倖免。」B-52墜毀前正執行秘密行動，原屬例行「鉻穹行動」（Chrome Dome mission）的一部分，轟炸機裝上核武，在三條國際航線的其中一條上不斷飛行。墜機事件後，輿論譁然，導致美國承諾結束格陵蘭島上空的核飛行，並從圖勒空軍基地移除核

麥向美國出售維京群島，美國便以此承認丹麥統治格陵蘭的主權。皮里以民族主義為由反對這項交易，認為美國應恪遵門羅主義(Monroe Doctrine)，將格陵蘭納入其軍事和商業勢力範圍。他當時已有預感：「格陵蘭在我們手中，固然能用作北大西洋海空基地，但更不可思議的事已經發生了：在這個高度發明的時代，隨著距離迅速縮小，格陵蘭將來對我們必定尤關重要。」(Robert E. Peary, *Secrets of Polar Travel* [New York: Century Co., 1917], pp. 274–75).

42 Clive Archer, "The United States Defence Areas in Greenland," *Cooperation and Conflict,* XXIII (1988), pp. 123–44; Nikolaj Petersen, "SAC at Thule: Greenland in the U.S. Polar Strategy," *Journal of Cold War Studies,* 13, no. 2 (2011), pp. 90–115. 這些論文利用不同資料來源，詳細介紹了圖勒空軍基地的軍事歷史。但美國在阿凡爾蘇的活動並不限於圖勒空軍基地，例如，見Henry Nielsen and Kristian H. Nielsen, "Camp Century—Cold War City Under the Ice," in *Exploring Greenland: Cold War Science and Technology on Ice,* ed. Ronald E. Doel, Kristine E. Harper, and Matthias Heymann (New York: Palgrave Macmillan, 2016), pp. 195–216.

43 Jørgen Taagholt, "Thule Air Base," *Tidsskriftet Grønland,* no. 2 (2002), pp. 42–112 (引言見pp. 79–80), 引自Nielsen, "Transforming Greenland," p. 136 (譯文有些許改動). 另見"Welcome to Thule: 'Top of the World,'" Thule Welcome Package, 網址：https://www.peterson.af.mil/Portals/15/documents/Units/THULE-Welcome%20Package%202017.pdf?ver=2017-06-06-095031-607.

44 關於一九五三年驅逐事件始末，見Aqqaluk Lynge, *The Right to Return: Fifty Years of Struggle by Relocated Inughuit in Greenland* (Nuuk: Atuagkat Publishers, 2002); Jens Brøsted and Mads Fæggteborg, "Expulsion of the Great People When the U.S. Air Force Came to Thule," in *Native Power: The Quest for Autonomy and Nationhood of Indigenous Peoples,* ed. Jens Brøsted, Jens Dahl, Andrew Gray, Hans Christian Gulløv, Georg Henriksen, Jørgen Brøchner Jørgensen, and Inge Kleivan (Oslo: Universitetsforlaget AS, 1985), pp. 213–38. 根據憲法修正案，格陵蘭的政治地位應從殖民地升格為丹麥的組成地區，人民因此能在議會中獲得代表權。而驅逐事件卻發生在修正案生效前一周，Lynge認為這時間點是關鍵。但丹麥最高法院後來亦曾裁決，表示應維護美國在防禦區的合法管轄權。因此我們並不清楚假若事件延遲，可能會產生什麼影響。

45 關於本次法律訴訟的程序細節和影響，見Ole Spiermann, "Hingitaq 53: Qajutaq Petersen, and Others v. Prime Minister's Office Qaanaaq Municipality and Greenland Home Rule Government Intervening in Support of the Appellant). Judgment.

nal of the Royal Anthropological Institute, 13, no. 4 (2007), pp. 789–804 (「天之涯，地之角」，p. 790); Peter Freuchen, *Vagrant Viking: My Life and Adventures*, trans. Johan Hambro (New York: Julian Messner, 1953) (「萬民萬物之北」，p. 90); Peter Davidson, *The Idea of North* (London: Reaktion Books, 2005) (「象徵和參考點」，p. 22, 另見 pp. 159–61). 另見 Kirsten Hastrup, "Images of Thule: Maps and Metaphors in Polar Exploration," in *Images of the North: Histories—Identities—Ideas,* ed. Sverrir Jacobsson (Amsterdam: Editions Rodopi, 2009), pp. 103–16.

拉斯穆森和丹麥探險家 Peter Freuchen 也曾考慮過採用 Knudsminde 和 Knudshope 這兩個站名，最後還是不經意地選擇了「圖勒」。然而，這名字卻是極右翼神秘主義者的最愛，比如德國的圖勒協會，即希特勒納粹黨的前身。對這些人來說，「圖勒」這名字正好滿足了法西斯主義以北歐作為雅利安人種「原鄉」的幻想。正如考古學家 Peter Whitridge 所指出，「兩個名字都來自北歐浪漫主義，似乎與伊努特人的過去毫不相干」(Peter Whitridge, "Classic Thule [Classic Pre-Contact Inuit]," in *Oxford Handbook of the Prehistoric Arctic,* ed. Friesen and Mason, pp. 827–49, p. 828). On the German fascists, see Reginald H. Phelps, " 'Before Hitler Came': Thule Society and Germanen Orden," *Journal of Modern History,* 35, no. 3 (1963), pp. 245–61; McGhee, *Last Imaginary Place*, pp. 31–32.

40 Erik Beukel, Frede P.Jensen, and Jens Elo Rytter, *Phasing Out the Colonial Status of Greenland, 1945–54: A Historical Study* (Copenhagen: Museum Tusculanum, 2010), pp. 21–32; Jørgen Taagholt and Jens Claus Hansen, *Greenland Security Perspectives,* trans. Daniel Lufkin (Fairbanks, Alaska: ARCUS, 2001), pp. 23–24; Kristian H. Nielsen, "Transforming Greenland: Imperial Formations in the Cold War," *New Global Studies,* 7, no. 2 (2013), pp. 129–54. 丹麥政府後來下令追捕考夫曼；美國則授權他管理丹麥被凍結的資產，以此作為回應；兩年後，他計劃以這資源拯救丹麥猶太人，支持任何參與類似行動的政府 (Bo Lidegaard, *Countrymen: The Untold Story of How Denmark's Jews Escaped the Nazis, of the Courage of Their Fellow Danes—and of the Extraordinary Role of the SS* [New York; Knopf, 2013], pp. 29, 97).

41 Thorsten Borring Olesen, "Between Facts and Fiction: Greenland and the Question of Sovereignty 1945–1954," *New Global Studies,* 7, no. 2 (2013), pp. 117–28 (「我們的確虧欠美國」，p. 120). 二〇一九年夏天，川普政府曾想過恢復此購買案；見 Peter Baker and Maggie Haberman,"Trump's Interest in Buying Greenland Seemed Like a Joke,Then It Got Ugly," *New York Times,* Aug. 21, 2019, 網址：https://www.nytimes.com/2019/08/21/us/politics/trump-greenland-prime-minister.html. 一九一七年，丹

teenth-Century Northwest Greenland: Dorset between the Devil and the Deep Sea," in *The Northern World*, ed. Maschner et al., pp. 300–20; Martin Appelt, Eric Damkjar, and T. Max Friesen, "Late Dorset," *Oxford Handbook of the Prehistoric Arctic,* ed. Friesen and Mason, pp. 783–806; Hans Christian Gulløv, "The Nature of Contact Between Native Greenlanders and Norse," *Journal of the North Atlantic,* 1 (2008), pp. 16–24; Patricia D. Sutherland, "Strands of Culture Contact: Dorset-Norse Interactions in the Canadian Eastern Arctic," in *Identities and Cultural Contacts in the Arctic,* ed. Martin Appelt, Joel Berglund, and Hans Christian Gulløv (Copenhagen: Danish National Museum/Danish Polar Center, 2000), pp. 159–69; Kirsten A. Seaver, "How Strange Is a Stranger? A Survey of Opportunities for Inuit-European Contact in the Davis Strait before 1576," in *Meta Incognita*, ed. Symons, vol. 2, pp. 523–53; Robert McGhee, "Contact Between Native North Americans and the Medieval Norse: A Review of the Evidence," *American Antiquity,* 49, no. 1 (1984), pp. 4–26; Buchwald, "On the Use of Iron," pp. 158–66. 現在考古學家已不再相信諾斯人的據點是被伊努特人襲擊而摧毀的，可是，這假設依然有其重要性；見 Kirsten Thisted, "On Narrative Expectations: Greenlandic Oral Traditions about the Cultural Encounter between Inuit and Norsemen," *Scandinavian Studies,* vol. 73, no. 3 (2001), pp. 253–296. 有關諾斯殖民地簡史，見 Gad, *History of Greenland,* vol. I, pp. 103–52; McGhee, *Last Imaginary Place,* pp. 74–101; Appelt and Gulløv, "Tunit, Norsemen, and Inuit." 關於丹麥在格陵蘭的殖民主義，最近出版了一個有意思的研究，重點放在丹麥與伊努特人之間的關係，見 Søren Rud, *Colonialism in Greenland: Tradition, Governance and Legacy* (New York: Palgrave Macmillan, 2017). 更詳細的政治史描述，見 Axel Kjær Sørensen, "Denmark-Greenland in the Twentieth Century," *Meddelelser om Grønland, Man & Society,* vol. 34 (Copenhagen: The Commission for Scientific Research in Greenland, 2006). 關於丹麥殖民主義的重點概述，見 Prem Podder, Rajeev S. Patke, and Lars Jensen, eds., *A Historical Companion to Post-Colonial Literatures—Continental Europe and Its Empires* (Edinburgh: Edinburgh University Press, 2008), pp. 59–103.

39 正因如此，美國太空總署半開玩笑地把「有史以來所探索最遙遠的星體」戲稱為「圖勒極地」，即位於柯伊伯帶 (Kuiper Belt) 的雪人，被認為已存在四十五億年以上。(見 "NASA's New Horizons Mission Reveals Entirely New Kind of World," 網址：http://pluto.jhuapl .edu/News-Center/News-Article.php?page=20190102). Kirsten Hastrup, "Ultima Thule: Anthropology and the Call of the Unknown," *Jour-*

我談論如此困難的題目。

36 金屬在「圖勒遷徙」當中作用為何，這是北極考古學中的熱門題目，譬如見T. Max Friesen, "Pan-Arctic Population Movements: The Early Paleo-Inuit and Thule Inuit Migrations," in *Oxford Handbook of the Prehistoric Arctic,* ed. Friesen and Mason, pp. 673–91; Robert McGhee, "The Timing of the Thule Migration," *Polarforschung,* 54 (1984), pp. 1–7; Robert McGhee, "When and Why Did the Inuit Move to the Eastern Arctic," in *The Northern World AD 900–1400,* ed. Herbert Maschner, Owen Mason, and Robert McGhee (Salt Lake City: University of Utah Press, 2009), pp. 155–63; Robert McGhee, "The Population Size and Temporal Duration of the Thule Culture in Arctic Canada," in *On the Track of the Thule Culture from Bering Strait to East Greenland,* ed. Bjarnne Grønnow (Copenhagen: National Museum of Denmark, 2009), pp. 75–89; McGhee, *Last Imaginary Place,* esp. pp. 102–29; Igor Krupnik and Michael A. Chlenov, "Distant Lands and Brave Pioneers: Original Thule Migration Revisited," in *On the Track of the Thule Culture,* ed. Grønnow, pp. 11–23. 關於圖勒伊努特人捕鯨史，見Allen P. McCartney, "The Nature of Thule Eskimo Whale Use," *Arctic,* 33, no. 3 (1980), pp. 517–41. 圖勒人的遷徙或與中世紀溫暖期間開放水域延長有關。然而，歷史氣候數據往往不足以確定當地或區域性的影響，甚至不足以證實「中世紀溫暖期」的概念是否有用；但普遍認為，大約在公元九五〇年至一一〇〇年期間，整個北歐都感受到了它的影響。關於北極地區數據的討論，見Sarah A. Finkelstein, "Reconstructing Middle and Late Holocene Paleoclimates of the Eastern Arctic and Greenland," in *Oxford Handbook of the Prehistoric Arctic,* ed. Friesen and Mason, pp. 653–71, esp. pp. 663–65; Nicolás E. Young, Avriel D. Schweinsberg, Jason P. Briner, and Joerg M. Schaefer, "Glacier Maxima in Baffin Bay During the Medieval Warm Period Coeval with Norse Settlement," *Science Advances,* 1, no. 11 (2015), 網址：https://advances.sciencemag.org / content/1/11/e1500806.

37 "Eirik the Red's Saga," trans. Keneva Kunz, in *The Complete Sagas of Icelanders, Including 49 Tales,* ed. Viðar Hreinsson, vol. 1 (Reykjavík: Leifur Eiríksson Publishing, 1997), pp. 1–18; "The Greenlanders' Saga," in *The Norse Atlantic Saga: Being the Norse Voyages of Discovery and Settlement in Iceland, Greenland, and North America,* ed. Gwyn Jones (London: Oxford University Press, 1964), pp. 143–62 (「人才會往那裡去」, p. 144).

38 Martin Appelt and Hans Christian Gulløv, "Tunit, Norsemen, and Inuit in Thir-

ica: Narrative of the Fifth Thule Expedition (New York: G. P. Putnam's Sons, 1927)（「大塊頭、健壯的人」，p. 115). 關於鐵在晚期多塞特和圖勒伊努特人社會中的作用，見Allen McCartney的開創性研究。他指出，金屬的遠距離貿易表明，伊努特人的社會遠非孤立、分散的小團體，而是被商業和社會複雜網絡聯繫在一起。見Allen P. McCartney, "Late Prehistoric Metal Use in the New World Arctic," in *The Late Prehistoric Development of Alaska's Native People,* ed. Robert D. Shaw, Roger K. Harritt, and Don E. Dumond (Anchorage: Alaska Anthropological Association, 1988), pp. 57–79; McCartney, "Canadian Arctic Trade Metal"; Heather Pringle, "New Respect for Metal's Role in Ancient Arctic Cultures," *Science,* 277, no. 5327 (1997), pp. 766–67.

34 關於海華沙（或約克角），尤其請參閱Vagn Fabritius Buchwald的基礎研究：*Iron and Steel in Ancient Times* (Copenhagen: Royal Danish Academy of Science and Letters, 2005); Buchwald and Mosdal, "Meteoritic Iron"; Buchwald, "On the Use of Iron," p. 172. 關於其鑑定方面，見Derek W. G. Sears, "Oral Histories in Meteoritics and Planetary Science—XXV, Vagn F. Buchwald," *Meteoritics and Planetary Science,* 49, no. 7 (2014), pp. 1271–87. 其他隕石研究的近作，見：Martin Appelt, Jens Fog Jensen, Mikkel Myrup, Henning Haack, Mikkel Sørensen, and Michelle Taube's excellent "The Cultural History of the Innaanganeq Meteorite," technical report 215, Nunatta Katersugaasivia Allagaateqarfialu/ The Greenland National Museum & Archives, Nuuk, 2015, 網址：https:// now.ku.dk/documents/Meteorit2014FinalReportLight.pdf. 現在在婦女石和犬石上可以看到光滑表面，可能便是「幾個世紀錘鍊」(p. 13) 下來的結果。冰冷環境下錘擊加工，大大增加了金屬的硬度。

對於伊魯特人來訪伊莎貝拉號，並試圖盡可能多地帶走金屬（以及木材），羅斯把這舉動描述為他們顯然明瞭金屬的重要性。一八二一年，帕里（William Parry）駛進西北航道，里昂（George Lyon）為其Hecla號的船長。他在巴羅的鼓勵下出版了私人日記，描述了與巴芬島伊努特人交易時的遭遇：「最後，她主動舉起一個小孩，大約四歲，看起來是女孩子，一隻手把她獻上，另一隻手則伸出來接刀」(George F. Lyon, *The Private Journal of Captain G. F. Lyon of H.M.S. Hecla During the Recent Voyage of Discovery Under Captain Parry* [London: John Murray, 1824], pp. ix, 35–36).

35 Lisa Stevenson曾認真理解一九八〇年代流行於北極地區的自殺疫症，見其重要的民族學著作*Life Beside Itself: Imagining Care in the Canadian Arctic* (Berkeley: University of California Press, 2014). 很感謝我的人類學家朋友Britt Kramwig，跟

將「勝利號」拋棄在Boothia半島。

關於羅斯收集到的伊努特鐵的來源鑑定，見Ross, *Voyage,* p. 95; Buchwald and Mosdal, "Meteoritic Iron", p. 29; 以及Malaurie, *Ultima Thule,* p. 43. 羅斯從約克角收集到的工具，經Buchwald和Malaurie測試後，現保存在維也納和倫敦；兩地測試結果均表明，有些鐵器是在歐洲生產的，來源並非隕石。見Buchwald, "On the Use of Iron," 他在維也納測試了漁矛，認為它極不可能來自北歐，推測「十八世紀時，一些捕鯨船冒險前往梅爾維爾灣，以慣常方式跟當地人以物易物」(p. 161).

29 例如，見Clark Wissler, *Archaeology of the Polar Eskimo,* Anthropological Papers of the American Museum of Natural History, vol. XXII, pt. III [New York: AMNH, 1918], pp. 105–166. 其中提到克羅克地探險隊於烏曼納山(Uummannaq)一帶的Comer's Midden場址發掘出考古材料。

30 Rolf Gilberg, "Changes in the Life of the Polar Eskimos Resulting from a Canadian Immigration into the Thule District, North Greenland, in the 1860s," *Folk,* 16–17 (1974–75), pp. 159–70.

31 McGhee, "Disease"; Lemoine and Darwent, "Development of Polar Inughuit Culture."

32 麥氏較早前曾在約克角停留，遇到一小群伊努特人，境況悲涼（他寫道：「從未見如此景象，淒慘至極，令人不忍」）。「在Godhavn[Qeqertarsuaq]，由北格陵蘭視察員提出，我收到丹麥皇家格陵蘭公司的請求，要我將這些北極高地人（共一百二十人）搬離與世隔絕的地方，移往丹麥在格陵蘭的定居點；如行程許可，不影響航行本來目的，能執行這樣一項人道計畫，我當然深感榮幸」(Francis Leopold McClintock, *The Voyage of the "Fox" in the Arctic Seas: In Search of Franklin and His Companions* [Victoria, BC: TouchWood Editions, 2012], p. 129).

拉斯穆森編寫了巴芬島移民的第一部口述歷史，見Knud Rasmussen, *The People of the Polar North: A Record,* ed. and compiled by G. Herring (London: Kegan Paul, Trench, Trübner & Co., 1908), pp. 23–36 (「邪惡的疾病」，p. 32;「你們渴望」，p. 27). 詳細說明見Guy Mary-Rousselière's fascinating *Qitdlarssuaq: The Story of a Polar Migration,* trans. Alan Cooke (Winnipeg: Wuerz Publishing, 1991) (「一團白焰」，p. 56); 其他敘述見Robert Peterson, "The Last Eskimo Immigration into Greenland," *Folk,* 4 (1962), pp. 95–110. 另見Gilberg, "Changes in the Life of the Polar Eskimos"; McGhee, "Disease"; Lemoine and Darwent, "Development of Polar Inughuit Culture."

33 Ross, *Voyage* (「純正愛斯基摩人」，p. 124); Knud Rasmussen, *Across Arctic Amer-*

[1988], p. 288). Buchwald則認為，Brandes（大概還有沃拉斯頓）記錄的鎳含量過低，可能是當時測試方法所造成(“On the Use of Iron,” p. 145).

25 Fisher, *Journal* (「他們害怕」，p. 57).

26 Ross, *Voyage* (「我派人」，pp. 113–14). 羅斯為其航行的潛在經濟效益廣為宣傳，直言不諱，這一點類似於兩百年前到達史匹茲卑爾根島的哈德森，甚至八十年後皮里在約克角的做法也一樣。英國捕鯨船在一八一七年就開始在巴芬灣最北部的蘭開斯特海峽捕魚，然而直到一八一八年羅斯到達阿凡爾蘇，他們才突破了梅爾維爾灣的南部邊界。羅斯在他的探險記錄中，大肆宣傳該地區捕鯨的經濟潛力。(「毫無疑問，國家捕鯨業可放心在攝政王灣和梅爾維爾灣發展，必然能取得成功。這裡的魚不僅又大又多，而且大概因為從未受過干擾，牠們都很溫順，容易接近。」) 而且，當地居民顯然較易順從，還可以跟他們進行北極動物製品的貿易。他寫道：「毫無疑問，像北極高地人這樣無害，很容易可指使去收集這些〔狐〕皮。他們似乎較不重視這種毛皮，不像海豹皮和熊皮那樣。獨角鯨的長角、海馬的牙齒、熊的牙齒，也都可視為貿易品。他們將會很樂意用這些東西來換歐洲商品，如小刀、釘子、漁鋸、鐵片、任何種類的木材、陶器以及各種廉價而有用的器皿和工具；無論是對商人，還是對這些與世隔絕的人種，都有莫大益處」(Ross, *Voyage*, 118–120).

27 Ross, *Voyage*, pp. 123–24.

28 Keld Hansen, “The People of the Far North,” *Folk*, 11–12 (1970), pp. 97–108; Richard Vaughan, “How Isolated Were the Polar Eskimos in the Nineteenth Century?,” in *Between Greenland and America: Cross-Cultural Contacts and the Environment in the Baffin Bay Area*, ed. Louwrens Hacuebord and Richard Vaughan (Groningen, Netherlands: University of Groningen, 1987), pp. 75–93; James W. Van Stone, “The First Peary Collection of Polar Eskimo Material Culture,” *Fieldiana*, 63, no. 2 (1972), pp. 31–80; Robert McGhee, “Disease and the Development of Inuit Culture,” *Current Anthropology*, 35 (1994), pp. 565–94; Christyann Derwent and Genevieve Lemoine, “Development of Polar Inughuit Culture in the Smith Sound Region,” in *Oxford Handbook of the Prehistoric Arctic*, ed. Friesen and Mason, pp. 873–896. 沉船帶來木材和金屬，對伊努特人的區域貿易具其重要性，見Allen P. McCartney, “Canadian Arctic Trade Metal: Reflections of Prehistoric to Historic Social Networks,” in Robert M. Ehrenreich, ed., *Metals in Society: Theory beyond Analysis*, ed. Robert M. Ehrenreich (Philadelphia: University of Pennsylvania Museum Publications, 1991), pp. 26–43. 如一八二九至三三年，羅斯本人第二次盛大的北極航行中，同樣被迫

and Ireland, 71, nos. 1–2 (1941), pp. 55–66; H. Kory Cooper, "Arctic Archaeometallurgy," in *The Oxford Handbook of the Prehistoric Arctic,* ed. T. Max Friesen and Owen K. Mason (Oxford, UK: Oxford University Press, 2016), pp. 175–96; Vagn Fabritius Buchwald and Gert Mosdal, "Meteoritic Iron, Telluric Iron and Wrought Iron in Greenland," *Meddelelser om Grønland, Man & Society,* vol. 9 (Copenhagen: Museum Tusculanum Forlag, 1985); Vagn Fabritius Buchwald, "On the Use of Iron by the Eskimos of Greenland," *Materials Characterization,* 29, no. 2 (1992), pp. 139–76.

23 關於迦德尼根據目擊證據以對抗科學家，反對將落石視為迷信，以及他的觀點後來如何得以平反，見Ursula B. Marvin's excellent "Ernst Florens Friedrich Chladni (1756–1827) and the Origins of Modern Meteorite Research," *Meteoritics & Planetary Science,* 42, no. 9 (2007), pp. B3–B68. 欲了解更廣泛情形，見其"Meteorites in History: An Overview from the Renaissance to the 20th Century," in *The History of Meteoritics and Key Meteorite Collections: Fireballs, Falls and Finds,* ed. G. J. H. McCall, A. J. Bowden, and R. J. Howarth (London: Geological Society, 2006), pp. 15–71. 另見Maria Golia, *Meteorite: Nature and Culture* (London: Reaktion, 2015)，該書雖較不嚴謹，卻不失為觸類旁通、圖文並茂的導讀。迦德尼在流星學史上貢獻固然良多，卻在開創聲學研究方面更為有名。相關古典文獻的研究，見Massimo D'Orazio, "Meteorite Records in the Ancient Greek and Latin Literature: Between History and Myth," in *Myth and Geology,* ed. Luigi Piccardi and W. Bruce Masse (London: Geological Society, 2007), pp. 215–26.

24 Sabine, "An Account of the Esquimaux" (「從山上」, p. 80). 羅斯的另一把伊努特刀也輾轉交到了班克斯（Joseph Banks）手中，可見英國科學機構對其興致甚濃。班克斯把它交給德國學者Heinrich Wilhelm Brandes進行測試，結果和沃拉斯頓的發現一樣，鎳含量為百分之三至四之間。("Miscellaneous Intelligence: Meteoritic Iron in North America," *Quarterly Journal of Literature, Science and the Arts,* 6 [1819], p. 369; Ernst F. F. Chladni, Über Feuer-Meteore und die *mil denselben herabgefallenen Massen* [Vienna: J. G. Heubner Verlag, 1819], pp. 344–45). 班克斯當時是英國皇家學會主席，對流星學（以及殖民擴張）有濃厚興趣，便聘請霍華德和德伯農執行關鍵的早期實驗。Allen McCartney和Jerome Kimberlin認為，在森麻實島（Somerset）的圖勒伊努特人遺址上採集到一個鐵製品，鎳含量為百分之四·九八 ，「表示可能尚有一顆隕石未為人知」(Allen P. McCartney and Jerome Kimberlin, "The Cape York Meteorite as a Metal Source for Prehistoric Canadian Eskimos," *Meteoritics,* 23

假的啦。野蠻人的身體沒有比文明人好。他們健康並沒有比較好；無論醫療照顧或精神不安，他們都無法處理，只能聽天由命，就像熊一樣。不，先生，請你不要再說這種顛三倒四的話，我受不了了，既無趣，亦無益。」(James Boswell, *The Life of Samuel Johnson* [London: Penguin, 2008], p. 299).

21 Ross, *Voyage* (「當然，不能視之為藝術」, p. 115). 關於薩攝斯畫風的混雜性，見Høvik, "Art History in the Contact Zone." 薩攝斯的一幅大型複製品被收錄在愛國主義全景圖Grand Peristrephic Panorama of the Magnificent Scenery of the Frozen Regions中，自一八二一年起在英倫三島巡迴展出。薩攝斯從格陵蘭漁場歸來後，度過了短暫而充實的一生，可從報章上的片斷和訃告中看出細節。從這些文字紀錄，可見他在倫敦聲譽鵲起，而海軍部則擔心人們對他過度關注，使他得意忘形，或「沉迷酒色」(Hall, "Some Account," p. 657) ，或怕他會參加當時在Sadler's Wells劇院流行的愛斯基摩人表演，任何一項都會毀了他，使巴羅功虧一簣。然而，他反而厭倦了倫敦，回到了愛丁堡。在那裡，海軍部為他支付教育費用；納斯密繼續教他繪畫，其他人則教他寫作和英語。他勤奮地學習，但看起來績效不彰。他樂於漫步城中，參加派對，講述他在約克角遇到野蠻人的故事。他的外表「毫不野蠻」(ibid.)，而他謙恭厚道，甚合蘇格蘭人的脾性，加之其溫文爾雅，敬老慈幼，節制有度；也許，當地人亦愛他外向開朗，自尊自重，力大無窮，以及他虔誠的信仰。最後這一點表現在他死前不忘手抱冰島教理書，周圍都是愛丁堡的朋友，他向他們宣佈，他的姊妹在叫他了，他必須離開。他姊妹在他一八一七年返回格陵蘭之前便去世，而他自己也在一八一九年的情人節死於斑疹傷寒（訃告寫道：「決不能認為他的死是由迷信引起的，最多只是他受熱病影響，終於不治」[ibid., p. 658].）英國人對他不免恭維過甚。如羅斯說「他勇氣可嘉，不輸其談吐」；「關於其優秀言行，我謹向海軍部致以最摯誠的讚賞」(*Voyage*, p. xxxii, p. 82). 巴羅說他是「一位非常可敬……不凡的人物」；「是少數無可取替的人才」("A Voyage of Discovery," p. 217, p. 219). 薩賓說「我們所知道關於[愛斯基摩人]的大部分知識，都要歸功於這位貴客，他是我們最有用的解釋者」("An Account of the Esquimaux," p. 73).

22 迪斯科島位於約克角以南八百公里處，實際上是地球上極少數擁有大量天然碲鐵資源的地方之一。幾個世紀以來，當地人用冰錘將玄武岩中的鎳鐵顆粒敲打成小圓片，用於製作工具和武器。這種原生鐵似乎跟隕鐵和鍛鐵不一樣，並不是跨北極貿易網絡的一部分，它的分佈似乎僅限於源頭迪斯科灣一帶；然而，對於羅斯所交易的金屬是碲鐵抑是隕鐵，歐洲本土也有點搞不清。見T. A. Rickard, "The Use of Meteoritic Iron," *Journal of the Royal Anthropological Institute of Great Britain*

感覺到族人對他的熱情款待有所減退。他帶著十二歲男孩Nooziliak回到英國，代替阿圖渥和卡布維，打算送他進學校學英語，並把他訓練成翻譯員，帶到拉布拉多北部。在倫敦，他極力避免以往的過失，讓Nooziliak接種天花，但過了三天，孩子就死了。(「這對我造成極大挫折和失望；因為……有了他……我才能與他的同胞順利交往」，見Cartwright, *Journal,* vol. 1, pp. 286–87). 一七七九年三月，一位商人在Groswater Bay一帶發現一大堆伊努特人屍體，便把其中找到的一枚獎章帶回給嘉威特。嘉威特一眼就認出這是他兄弟在Marnham送給卡布維的禮物，並斷定一切都如他所料：天花隨著行李箱，和卡布維的頭髮一起來到了拉布拉多，並「將他們一舉清空」。當然，我們無法知道真相到底如何。(Cartwright, *Journal,* vol. 2, p. 424.)

19 Hinrich Rink, *Tales and Traditions of the Eskimo, with a Sketch of their Habits, Religion, Language and Other Peculiarities* (Edinburgh: William Blackwood and Sons, 1875), pp. 376–85 (「他們抓住他」, p. 377). 林克是「丹麥所有科學殖民管理者中最了解愛斯基摩文化的人」，他是地質學家、冰川學家、測量員，也是格陵蘭皇家貿易公司的董事，他「熱切地相信，只要仔細研究格陵蘭及其人民的真正知識，便能消除傳教士和商人的偏見」(Michael Bravo, "Measuring Danes and Eskimos," in *Narrating the Arctic,* ed. Bravo and Sörlin, pp. 235–73, p. 238). 在丹麥科學委員會裡，林克促進和指導關於格陵蘭島的廣泛研究，並首次在*Tales and Traditions of the Eskimo*一書中收錄了伊努特人敘述的故事。Eber則於*Encounters on the Passage* (pp. 42-45) 利用口述史，重建了伊努特人於一八三〇年一月的討論；當時，羅斯駕駛「勝利號」第二次航向北極，駛入努納穆（Nunavut）的Felix港口初次越冬，伊努特人見此，即商討應否接近船隊。

20 Ross, *Voyage* (「對原住民測試」, p. 93；「興高采烈」, p. 96). 還有 ，「他們頭髮被汙物弄得一團糟，但他們似乎對此極度重視；當從Meigack的一個兒子頭上剪下一小束頭髮時，他和父親都非常氣忿，表現出極大不安，直到頭髮被歸還為止；他小心翼翼地用海豹皮將它包好，放進口袋裡」(p. 133)。Bravo對羅斯和巴羅之間的爭論曾作過非常有趣的分析：「人們大部分已不再相信有人活在盧梭式的理想野蠻狀態。在廢奴主義、慈善事業和帝國緊縮的攝政時代裡，巴羅眼中並沒有『白人至上』的觀念，相較起來，他更相信羅斯有能力繼承庫克船長的衣缽。不過，與北極高地人相遇，又同意對薩攝斯施以教育，都能為報章和大眾評論提供感人故事，足以取悅讀者」(Bravo, "Anti-Anthropology," pp. 375–76). 基於該時代對野性的迷戀，曾流傳一段有名的對話。據博斯韋爾的《詹森傳》記載：「我又試著隨便開個話題，說野蠻人的生活有多美滿幸福。詹森便說：『先生，沒有比這更

流行病，該島幾乎一半人口死亡(Harbsmeier, "Bodies and Voices," pp. 48–55; Ian Whitaker, "The Scottish Kayaks Reconsidered," Antiquity, 51, no. 201 [1977], pp. 41–45).

關於米卡其人，見J. G. Taylor, "The Two Worlds of Mikak, Part I," The Beaver, 314, no. 3 (1984), pp. 4–13; J. G. Taylor, "The Two Worlds of Mikak, Part II," The Beaver, 314, no. 4 (1984), pp. 18–25; Marianne P. Stopp, "Eighteenth Century Labrador Inuit in England," Arctic, 62, no. 1 (2008), pp. 45–64. 一七六三年，當拉布拉多海岸從法國人轉向英國人控制時，英國人將政府交給了摩拉維亞傳教士，以控制該地區宗教和貿易，因此Fossett認為「原住民自主和決策權迅速削弱」以及「近兩個世紀以來，他們失去了對其社會、政治和經濟生活的控制」(In Order to Live Untroubled, p. 91). Stopp則探討了米卡的生活，以及後來的遊人卡布維（Caubvick）和隊中其他人的經歷，強調伊努特人和其社區因應瞬息萬變而採取機會主義與彈性應變的政治智慧。關於貨物貿易，見Susan A. Kaplan, "European Goods and Socio-Economic Change in Early Inuit Society," in Cultures in Contact: The Impact of European Contacts on Native American Cultural Institutions, A.D. 1000–1800, ed. William W. Fitzhugh (Washington DC: Smithsonian Institution Press, 1985), pp. 45–69.「你們會看到」一語引自The Moravians in Labrador (Edinburgh: J. Ritchie, 1833), p. 85;「妳內心壞透了」：Taylor, "The Two Worlds," pt. II, p. 22.

18 見George Cartwright, *A Journal of Transactions and Events During a Residence of Nearly Sixteen Years on the Coast of Labrador Containing Many Interesting Particulars Both of the Country and Its Inhabitants Not Hitherto Known*, 3 vols. (London: J. Stockdale, 1791), vol. 1, pp. 262–77; Coll Trush, "The Iceberg and the Cathedral: Encounter, Entanglement, and Isuma in Inuit London," *Journal of British Studies*, 53 (2014), pp. 59–79; Marianne P. Stopp and G. Mitchell, " 'Our Amazing Visitors': Catherine Cartwright's Account of Labrador Inuit in England," Arctic, 63, no. 4 (2010), pp. 399–413; Stopp, "Eighteenth Century Labrador Inuit"; and Vaughan, *Transatlantic Encounters*, pp. 211–17. 引文皆出自Cartwright, *Journal*, vol. 1, pp. 262–75, 除「按其性別精心裝扮」一語，見Catherine Cartwright to unknown recipient, April 25, 1773, in Stopp and Mitchell, " 'Our Amazing Visitors,' " p. 405. 關於嘉威特在拉布拉多貿易站周圍複雜的社會關係的深入探討，見Stephen Hay, "How to Win Friends and Trade with People: Southern Inuit, George Cartwright, and Labrador Households, 1763 to 1809," *Acadiensis,* 46, no. 2 (2017), pp. 35–58.

嘉威特與卡布維回到拉布拉多後不久，就恢復了冷靜，重新開始了貿易，但他

中「女人」和「嬰兒」兩個詞的變形，是殖民者一方的誤解；然而，Fossett指出，這兩個名字也是常見的伊努特人名(In Order to Live Untroubled, p. 37). 關於當代格陵蘭人對Arnaq不同性別的看法，見Niviaq Korneliussen, Crimson, trans. Anna Halager (London: Virago, 2018).

關於奧利烏斯本人的說法，見Adam Olearius, The Voyages and Travells of the Ambassadors Sent by Frederick, Duke of Holstein, to the Great Duke of Muscovy and the King of Persia Begun in the Year M.DC.XXXlII. and Finish'd in M. DC.XXXIX (London: John Starkey and Thomas Bassett, 1669), pp. 51–56. 另見Finn Gad, The History of Greenland, vol. I, Earliest Times to 1700, trans. Ernst Dupont (Montreal: McGill University Press, 1970), pp. 217–58. 以及David Scheffel, "Adam Olearius's 'About the Greenlanders,'" Polar Record, 23, no. 147 (1987), pp. 701–11. Scheffel認為，「當時主要的科學家，如太陽黑子的發現者之一David Fabricius，將格陵蘭人描述為『小矮人……渾身長滿毛髮，……男人鬍子長到膝蓋，……語言不可理解，聲音類似於鵝』。〔奧利烏斯〕描述了他們的信仰，大概反對偶像崇拜」(p. 703). 綁架庫奈林(Küneling)、卡貝勞(Kabelau)、司歌(Sigok)和伊浩(Ihiob)的商人叫Daniel Danell，詳見Hans Christian Gulløv, From Middle Ages to Colonial Times: Archaeological and Ethnohistorical Studies of the Thule Culture in South West Greenland 1300–1800 AD (Copenhagen: Danish National Museum, 1997), pp. 395–96.

一七二〇年，荷蘭議會禁止捕鯨人再行綁架伊努特人，可見歐洲人抓捕過甚；一七三二年，丹麥皇室亦效法荷蘭。相較於百年前，丹麥尚指示其格陵蘭公司每年「為我們提供一對年輕原住民，約莫十六、十八或二十歲，俾能教其敬畏上帝，以及語言和書寫的藝術。」關於蒲克(Pooq)和奇帕洛(Iperoq)，見Michael Harbsmeier, "Bodies and Voices from Ultima Thule: Inuit Explorations of the Kablunat from Christian IV to Knud Rasmussen," in Narrating the Arctic, ed. Bravo and Sörlin, pp. 33–71. 一七二四年十一月，兩人前往格陵蘭島；蒲克於四月安全抵達，但奇帕洛在途中死於Bergen。四年後，蒲克回來了，同行的還有妻子Christina，還有Carl Daniel和Sophia Magdelena，Paul Egede的傳教團於是新增三位格陵蘭人（Paul Egede是Hans Egede的兒子）。哥本哈根的居民付錢在阿馬連堡宮(Amalienborg Palace)近距離觀看。這四個人是十一月到達的；到了次年五月，全部死於天花。儘管如此，一七三一年，克里斯蒂安六世短暫地結束了國家對格陵蘭殖民的支持，召回的官員帶來了六名伊努特僕人，其中四、五人很快死於天花，剩下一人返回格陵蘭，顯然攜帶了這種疾病，並觸發了一七三三至三四年的毀滅性

Goddard, " 'Any Strange Beast There Makes a Man': Interaction and Self-Reflection in the Arctic (1576 –1578)," Revue LISA/ LISA ejournal, XIII, no. 3 (2015); Greenblatt, Marvelous Possessions, pp. 109–18; Joyce E. Chaplin, Subject Matter: Technology, the Body, and Science on the Anglo-American Frontier, 1500–1676 (Cambridge, Mass.: Harvard University Press, 2003), esp. pp. 36–59; Cassandra L. Smith, "'For They Are Naturally Born': Quandaries of Racial Representation in George Beste's A True Discourse," Studies in Travel Writing, 17, no. 3 (2013), pp. 233–49. 本綁架案的主要原始文本出於弗羅比雪的副手George Beste和他的推動者和支持者Michael Lok的敘述，關於這兩份文本，見Richard Collinson, ed., The Three Voyages of Martin Frobisher in Search of a Passage to Cathaia and India by the North-West, A.D. 1576–8 (Cambridge, UK: Cambridge University Press, 2010). 另見James McDermott, ed., The Third Voyage of Martin Frobisher to Baffin Island, 1578 (London: Hakluyt Society, 2001) 其中包含"The Doynges of Captayne Furbusher; Amongest the Companyes Busynes," 即Lok在採礦事業瓦解後的一宗貪汙案中的出色辯護證供。第一次發表所記載的「紳士冒險家」，見Quinn, "Northwest Passage in Theory and Practice," p. 313. 另見Dionyse Settle, "A True Report," 以及許多與航行有關的補充材料和有用的出版歷史，都收錄在The Three Voyages of Martin Frobisher, ed. Vilhjalmur Stefansson and Eloise McCaskill, 2 vols. (London: Argonaut Press, 1938). Michael Lok記錄了弗羅比雪前兩次航行的帳目細節，包括與四名伊努特人俘虜死亡有關的款項（含醫療費，蠟製面具、油畫和畫框的買款，以及向女王出售畫作的收入），詳見William Benchley Rye, England As Seen by Foreigners in the Days of Elizabeth and James the First (London: John Russell Smith, 1865), pp. 205–6. 至於第一手資料，則見George Beste, "A True Reporte of Such Things As Hapned in the Second Voyage of Captayne Frobysher, Pretended for the Discoverie of a New Passage to Cataya, China, and the East India, by the North West. Anno Do.1577," in Collinson, The Three Voyages, pp.121–57; Michael Lok, "East India by the Northwestw[ard]," in Collinson, The Three Voyages, pp. 79–91. 關於卡利楚(Kalicho)、阿娜(Arnaq)和紐達(Nutaaq)在英國的生活，最完整的描述（雖然仍然太過零星）可見Adams's Chronicle of Bristol, ed. Francis F. Fox (Bristol: J. W. Arrowsmith, 1910); Edward Dodding, "Reporte of the Sicknesse and Death of the Man at Bristoll which Capt. Furbisher brought from the North-west," Bristol, Nov. 8, 1577, reproduced in Cheshire et al., "Frobisher's Eskimos"; Stefansson and McCaskill, eds., Three Voyages, pp. 237–39. 曾經有人指出，Arnaq和Nutaaq這兩個名字似乎是伊努特語

icles on the Voyage of 1498," in The Cabot Voyages and Bristol Discovery Under Henry VII (London: Hakluyt Society, 1962), pp.220–23. 關於這件事的討論，見Peter C. Mancall, "The Raw and the Cold: Five English Sailors in Sixteenth-Century Nunavut," William and Mary Quarterly, 23, no. 1 (2013), pp. 3–40, pp. 20–21; Coll Thrush, Indigenous London: Native Travelers at the Heart of Empire (New Haven: Yale University Press, 2016), pp. 1–3; Alden T. Vaughan, Transatlantic Encounters: American Indians in Britain, 1500–1776 (Cambridge, UK: Cambridge University Press, 2006), p. 11.

關於弗羅比雪航行的大量文獻，Robert McGhee曾以不同方式，作出很好的導讀，見其The Arctic Voyages of Martin Frobisher: An Elizabethan Adventure (Montreal: McGill-Queen's University Press, 2001) 以及Mancall, "The Raw and the Cold." 其他重要的民族誌解讀，見：Renée Fossett, In Order to Live Untroubled: Inuit of the Central Arctic, 1550 to 1940 (Winnipeg: University of Manitoba Press, 2001), pp. 33–55; Susan Rowley, Frobisher Miksanut: Inuit Accounts of the Frobisher Voyages (Washington, DC: Smithsonian Institution Press, 1993; and Eber, Encounters on the Passage, pp. 4–11. 另見Quinn, "Northwest Passage in Theory and Practice," 該文將這些探險活動定位在西北通道的早期歷史中。關於將綁架事件置於美國印第安人早期殖民旅行背景下的描述，見Vaughan, Transatlantic Encounters; Olive P. Dickason, The Myth of the Savage and the Beginnings of French Colonialism in the Americas (Edmonton: University of Alberta Press, 1997), pp. 203–29; Harald E. L. Prins, "To the Land of the Mistigoches: American Indian Traveling to Europe in the Age of Exploration," in Indians and Europe, ed. Feest, pp. 175–95. 關於與弗羅比雪一起旅行的伊努特人的命運，見William C. Sturtevant and David Beers Quinn, "This New Prey: Eskimos in Europe in 1567, 1576, and 1577," in Indians and Europe, ed. Feest, pp. 61–140, 其中仔細研究了四位伊努特俘虜的肖像，特別是John White所畫的那些。關於這位畫家，見Sloan, A New World: England's First View of America, pp. 164–69. 此外，下列文獻亦值得參考：Neil Cheshire, Tony Waldron, Alison Quinn, and David Quinn, "Frobisher's Eskimos in England," Archivaria, 10 (1980), pp. 23–49; Sir James Watt and Ann Savours, "Captured 'Countrey People': Their Depiction and Medical History," in Meta Incognita: A Discourse of Discovery, Martin Frobisher's Arctic Expeditions, 1576–78, 2 vols., ed. Thomas H. B. Symons (Ottawa: Canadian Museum of Civilization, 1999), vol. 2, pp. 553–62. 如下文獻則更密切關注探險所用的語言：Sophie Lemercier

2 (2010), pp. 27–31. 此外，關於招募伊努特人為演員的情況，見Jim Zwick, *Inuit Entertainers in the United States: From the Chicago World's Fair Through the Birth of Hollywood* (West Conshohocken, Pa.: Infinity Publishing, 2006).

16 Hall, "Some Account of the Late John Sackeouse," p. 656; Ross, *Voyage,* pp. xiv–xv; Høvik, "*Arctic Images,*" pp. 208–38; Ingeborg Høvik, "Art History in the Contact Zone: Hans Zakæus's *First Communication,* 1818," in *Sámi Art and Aesthetics: Contemporary Perspectives,* ed. Svein Aamold, Elin Haugdal, and Ulla Angkjær Jørgensen (Aarhus, Denmark: Aarhus University Press, 2017), pp. 49–68. 關於霍爾，見J. S. Flett, "Experimental Geology," *Scientific Monthly,* 13, no. 4 (1921), pp. 308–16.

17「探險隊中的海員……表示從未見過也未聽說過這『拉鼻子』的事，直到回程時才第一次從羅斯船長口中聽到」(Barrow, "A Voyage of Discovery," p. 222 n.). Malaurie, Ultima Thule (「假裝驚訝」, p. 25, n. 8). 另見John Keene, Counternarratives: Stories and Novellas (New York: New Directions, 2015), p. 105:「在火槍管塑造的環境下，除了沉默、反抗、狡猾，還有沒有道德責任？」

英國的擴張主義者很早就認為，這些原住民訪客最好應該要學會用英語交流，再反過來把自己的語言教給東道主，這樣，隱晦不明的土地和民族才會變得透明，才能揭示他們在地理、航海、商品和政治方面的實際秘密，以及當地居民的願望、夢想和生活方式；伊努特人（以及其南邊的人）可擔任談判和斡旋人，甚至可成為代理統領，保證歐洲人安全通過潛在的敵對地帶。他們希望，原住民訪客會被大都會的驚人規模和技術所震懾，從而接受真正信仰，再返回自己的老家傳播福音，滿懷激情地講述耳聞目睹的奇觀。隨著殖民化的推進，歐洲人和美洲人之間的接觸加深，對翻譯的需求便逐漸減少。但是，原住民訪客依舊不斷前來，依舊被視為俘虜和奴隸（在英國被稱為「僕人」，因為英國沒有明文規定奴隸制，但往往被裝上金屬項圈，也會被當作逃亡者而被追蹤），依舊被視為不尋常的自然歷史標本，讓人了解鮮為人知的異域。然而，久而久之，原住民亦開始自願來到歐洲。他們希望親眼目睹歐洲所能提供的東西，建立商業合作，尋求軍事支持以對付當地敵人，並在回國後得以提升地位；因此，他們不惜冒險前往海外，參與傳教士和商人（通常是同一批人）所主導的政治計畫；他們認為，在政治和社會變革的時代，這些人是他們潛在的盟友。

關於與卡博特一同前來的伊努特人，見：Robert Fabyn, The Great Chronicle of London, ed. Arthur H. Thomas and Isobel D. Thornley (London: Guildhall Library, 1938), p. 320, 關於其他當時的敘述，見James A. Williamson, ed., "London Chron-

pp. 112–14.「奇偉陀是孤獨的化身，是所有害怕被拒絕和孤立的表現，注定成為浪蕩子，也是遊魂」，p. 114; Janne Flora, "The Lonely Un-Dead and Returning Suicide in Northwest Greenland," in *Suicide and Agency: Anthropological Perspectives on Self-Destruction, Personhood, and Power*, ed. Ludek Broz and Daniel Münster (Farnham, UK: Ashgate, 2015), pp. 47–67; Inge Lynge, "Mental Disorders in Greenland, Past and Present," *Meddelelser om Grønland, Man & Society*, vol. 21 (Copenhagen: The Commission for Scientific Research in Greenland, 1997), pp. 18–19.

14 見Richard Vaughan, "Bowhead Whaling in Davis Strait and Baffin Bay During the 18th and 19th Centuries," *Polar Record,* 23, no. 144 (1986), pp. 289–99, 作者寫道，早在一六九〇年至十八世紀中葉，荷蘭人就在迪斯科灣進行捕鯨和貿易，此後基本上被英國和蘇格蘭船隻所取代；刺陂根漁業日益減少後，這些人便將注意力轉移到戴維斯海峽，因此，到一八二一年，在該兩個地點工作的船隻數量大致相等。Bonnerjea, *Eskimos in Europe*一書指出，從十九世紀初開始，蘇格蘭捕鯨人和戴維斯海峽伊努特人之間已發展出密切關係，並簽下了季節性的貿易協議，因此到了十九世紀中葉，「一個愛斯基摩人要求被帶到蘇格蘭做一次短途旅行，而蘇格蘭船隻的船長也同意這樣做，這並沒有什麼特別的。」他說，這位遊客只要在歐洲逗留一個季節，便可「取得歐洲商品，增長現代技術的知識」，而捕鯨船長則可設立臨時會場，展出伊努特人來獲利（p. 364）.

15 當時的新聞報導皆引自"Particulars Regarding the Esquimaux, from Davis Straits, Now at Leith, with Some Account of His Country and Nation," *Scots Magazine and Edinburgh Literary Miscellany,* LXXVIII (Sept. 1816), pp. 653–56. 另見Idiens, "Eskimos," pp. 166–69. 關於當時報刊報導薩攝斯的詳細書目，見於Høvik, "Arctic Images." 牛頓船長同時在附近的倉庫辦展覽，為薩攝斯的展示補充資料。在這個展覽中，只要是愛丁堡市民，不論雅俗、不論囂寂，都欲一睹為快，爭先恐後地接近這位有趣的稀客，飽覽戴維斯海峽的自然歷史物品。展覽收益用於支付薩攝斯食宿，當時假定只是臨時安排，他在下一季便會返回迪斯科灣。

從十七到十九世紀，稀奇古怪的表演層出不窮，龍蛇混雜亦其特色之一，詳見Robert D. Altick, *The Shows of London* (Cambridge, Mass.: Harvard University Press, 1978). Altick對這類公共表演作了最廣泛的概述，還探討了殖民主義與怪人秀之間的重要關係，尤其在pp. 253–87。Russell A.Potter則關注於十九世紀以北極為題的流行作品，見Russell A. Potter, *Arctic Spectacles: The Frozen North in Visual Culture, 1818–1875* (Seattle: University of Washington Press, 2007); 關於這類展覽的沒落，見Russell A. Potter, "Icebergs in Vauxhall," *Victorian Review*, 36, no.

比較，如本書〈大理石〉一章，是關於一六〇九年哈德遜和萊納普人之間的接觸；又如Otto, "The Origins of New Netherland"; Otto, "Common Practices and Mutual Misunderstandings"; Haefeli, "On First Contact and Apotheosis"等文，以及其他更普遍的描述，如Greenblatt的經典*Marvelous Possessions.* 我在這裡以及本章詳述的伊努特探險者的例子中，也許更需要注意：在這眾多事件中，非歐洲人方面的記載甚少，或根本沒有。以伊努特人的歷史敘事為主的描述，見：Dorothy Harley Eber, *Encounters on the Passage: Inuit Meet the Explorers* (Toronto: University of Toronto Press, 2008); Dorothy Harley Eber, *When the Whalers Were Up North: Inuit Memories from the Eastern Arctic* (Montreal: McGill-Queen's University Press, 1989); Julie Cruikshank, *Do Glaciers Listen? Local Knowledge, Colonial Encounters, and Social Imagination* (Vancouver, BC: University of British Columbia Press, 2005); Penny Petrone, ed., *Northern Voices: Inuit Writings in English* (Toronto: University of Toronto Press, 1988).

12 Basil Hall, "Some Account of the Late John Sackeouse, Esquimaux," *Blackwood's Edinburgh Magazine,* IV, no. XXIV (March 1819), pp. 656–58（「他表示希望隨船去英國，背棄自己的國家」，p. 656)。薩攝斯的英文化名字在當時文獻中以不同拼法寫成（如：Sacheuse, Sackeouse, Sackhouse, Saccheous, Sakæus, Hans Zaccheus）。我在這裡遵照羅斯的拼法，雖然Hans Zaccheus是丹麥作家最經常使用的版本，也可能就是傳教士當時給他取的聖名；關於這一點，見Ingeborg Høvik, "Arctic Images 1818–1859," Ph.D. dissertation in the history of art, University of Edinburgh, 2013, p. 208, n. 2. 關於薩攝斯的傳記，我參考了Hall的訃告，也參考了以下文獻：Ross, *Voyage*, pp. xxxi–ii; Barrow,"A Voyage of Discovery," pp.217–19; Alexander Fisher, *Journal of a Voyage of Discovery, to the Arctic Regions, Performed Between the 4th of April and the 18th of November, 1818, in His Majesty's Ship Alexander, Wm. Edw. Parry, Esq. Lieut. and Commander by an Officer of the Alexander* (London: Richard Phillips, 1819); René Bonnerjea, *Eskimos in Europe: How They Got There and What Happened to Them Afterwards* (London and Budapest: Biro Family, 2004), pp. 170–204; Dale Idiens, "Eskimos in Scotland: c. 1682–1924," in *Indians and Europe: An Interdisciplinary Collection of Essays*, ed. Christian F. Feest (Aachen, Germany: Rader Verlag, 1987), pp. 161–74; Rolf Gilberg, "John Sacheuese," in *Encyclopedia of the Arctic*, 3 vols.,ed. Mark Nuttall (New York: Routledge, 2004),vol.3, pp. 1819 –20.

13 關於奇偉陀的故事，見Mark Nuttall, *Arctic Homeland: Kinship, Community and Development in Northwest Greenland* (Toronto: University of Toronto Press, 1992),

不滿，不久便加入論戰，對羅斯的敘述進行極具破壞性的評論，見“A Voyage of Discovery, Made Under the Orders of the Admiralty, in His Majesty's Ships Isabella and Alexander, for the Purpose of Exploring Baffin's Bay, and Inquiring into the Probability of a North-West Passage, by John Ross, K.S., Captain R.N.,” *Quarterly Review,* XXI, no. IV (1819), pp. 213–62. 這段插曲給羅斯的職業生涯埋下了長期陰影，加上羅斯的判斷力和航海技術被懷疑，終於結束了他在海軍的工作，後來轉變成著名、但悽慘的「探險企業家」。對於這件事的總結，以及羅斯的後續發展，見Jean Malaurie, *Ultima Thule: Explorers and Natives in the Polar North,* trans. Willard Wood and Anthony Roberts (New York: Norton, 2003), pp. 32–41; Craciun, *Writing Arctic Disaster,* pp. 113–23.

8 Ross, *Voyage,* p. 82

9 「雪景茫茫，其意無窮」，見Herman Melville, *Moby Dick* (NewYork: Vintage Books / The Library of America, 1991), p. 1001.

10 除羅斯的敘述外，另見Edward Sabine, “An Account of the Esquimaux, Who Inhabit the West Coast of Greenland, Above the Latitude of 76° ; in a Letter to the Editor from Captain Edward Sabine of the Royal Artillery, F.R.S. and F.L.S.,” *Quarterly Journal of Literature, Science and the Arts,* 7 (1819), pp. 72–94. 兩人的說法在年代和一些細節上有所不同，我傾向於採用照羅斯的版本。

有大量文獻研究歐洲探險故事，具體涉及羅斯和巴羅於民族學意義上遭遇伊魯特人的部分，見Michael Bravo, “The Anti-Anthropology of Highlanders and Islanders,” *Studies in History and Philosophy of Science,* 29, no. 3 (1998), pp. 369–89; 另見Michael Bravo, “Science and Discovery in the Admiralty Voyages to the Arctic Regions in Search of a North-West Passage (1815–25),” Ph.D. dissertation, Cambridge University, 1992, 文中詳細而深刻地分析了一八二一至二三年期間，帕里和努納穆(Nunavut)伊努特人之間的長期接觸。關於殖民遭遇方面，重要的基礎文本有：Mary Louise Pratt, *Imperial Eyes: Travel Writing and Transculturation* (London: Routledge, 1992); Anthony Pagden, *The Fall of Natural Man: The American Indian and the Origins of Comparative Ethnology* (Cambridge, UK: Cambridge University Press, 1987); Stephen Greenblatt, *Marvelous Possessions: The Wonder of the New World* (Chicago: University of Chicago Press, 1991).

11 這場面牽涉不同詮釋的問題，但不僅是因為翻譯不確定性的關係。羅斯的故事必須依歷史脈絡來看，這不僅是對伊努特人和北極的描述，而且也是對歐洲「發現」的呈現。在閱讀這些英國人的敘述時，不妨與其他批判性的「初遇」故事相

Whale.

6 羅斯對伊努特獵人的「神速」固然讚嘆不已（相較起來，他自己在冰面上只能笨手笨腳）；此外，值得注意的是，這裡反映了兩種不同的地理觀：「在伊努特人眼裡，北極海域並非作為連接兩大洋的水域；反之，他們經常橫越遙遠的陸地和海冰，穿過我們現在所謂西北航道的一大部分，並涉足加拿大北極群島。對他們來說，開闊和冰封的海洋不過同樣是生命發祥地的一部分，而非歐洲人心目中的一條孑然獨立的通道」(Claudio Aporta, "Shifting Perspectives on Shifting Ice: Documenting and Representing Inuit Use of the Sea Ice," *Canadian Geographer,* 55, no. 1 [2011], pp. 6–19, p. 8). 正因如此，伊魯特人後來才會對皮里非要踏足北極不可的衝動感到大惑不解。

John Ross, *A Voyage of Discovery: Made Under the Orders of the Admiralty, in His Majesty's Ships Isabella and Alexander, for the Purpose of Exploring Baffin's Bay, and Inquiring into the Probability of a North-West Passage* (London: John Murray, 1819)（「有一段時間」，p. 80). 另見"Account of the Expedition to Baffin's Bay, Under Captain Ross and Lieutenant Perry, Drawn Up from Captain Ross's Account of the Voyage, and Other Sources of Information," *Edinburgh Philosophical Journal,* 1 (1819), pp. 150–59.

7 這段描述主要參考Ross, *Voyage,* pp. 80–135. 在書的開頭，羅斯列出了他在西格陵蘭島裝載的物品清單，用作「送給當地人的禮物」，內容詳盡：其中有不合適但可別作他用的物品（五十塊手帕、四十把雨傘、四十把刮鬍刀、三百套銀器），有不必要的物品（一百二十九加侖的琴酒、一百二十九又二分一加侖的白蘭地），最後是那些很搶手的物品（步槍、手槍、彈藥）。軍官們與海軍部簽訂的合同中包括一項條款，要求他們在Deptford上岸前交出他們的日記、日誌、備忘錄和其他文字；Adriana Craciun (*Writing Arctic Disaster,* pp. 113, 119) 指出，海軍部亦為帕里(Parry)的探險隊加上類似條款。目的是一樣的，都是為了保護Tory出版商John Murray的獨家出版權（他是巴羅的盟友）。在船隊返回英國後，羅斯要求船副向他提供在航行過程中寫下的筆記或日記，他要利用這些紀錄來寫他的故事，卻沒有一一註明來源。在羅斯出版《發現之旅》不久，探險隊中的科學家薩賓(Edward Sabine)便發表文章，激烈指責他剽竊、草率和故意歪曲事實。詳見Edward Sabine, *Remarks on the Account of the Late Voyage of Discovery to Baffin's Bay Published by Captain J. Ross, R.N.* (London: John Booth, 1819), 以及在同一卷中羅斯的回應：John Ross, *An Explanation of Captain Sabine's Remarks on the Late Voyage of Discovery to Baffin's Bay.* 羅斯沒有把船開進蘭開斯特海峽，巴羅對此深感

Hudson's Bay, in His Majesty's Ship *Rosamond*, Containing Some Account of the North-Eastern Coast of America, and of the Tribes Inhabiting That Remote Region, by Lieut. Chappell," *Quarterly Review,* Oct. 1817, pp. 199–223 [p. 220]; [p. 202:「我們有小施先生的直接證詞。他是一位非常聰明的格陵蘭海域的航海家，他目睹了大量北極冰消失的事實。在給班克斯爵士的一封信中，他說：『我在上一次航行（一八一七年）時觀察到，格陵蘭海面約有二千平方里格（一萬八千平方英里），包括在七十四度和八十度之間，完全沒有冰層。這些冰層在過去兩年內全部消失了』」]). 索克斯比在該地區擁有的經驗無與倫比，最後卻沒有獲得巴羅委任（他的極地探險隊裡都是海軍軍官），施氏對此當然感到非常失望。關於幾個世紀以來對北極環境的揣測，見 Wright, "The Open Polar Sea"; McGhee, *The Last Imaginary Place*, pp. 20–33; and, with regard to Hudson, Saladin d'Anglure, "The Route to China."

研究尋找西北航道的文獻汗牛充棟，大部分集中於一八四五年，富蘭克林那一次命運多舛的探險上。綜合概括資料，見 David Beers Quinn, "The Northwest Passage in Theory and Practice," in *North American Exploration,* vol. 1, *A New World Disclosed,* ed. John Logan Allen (Lincoln: University of Nebraska Press, 1997), pp. 292–343; Glynn Williams, *Voyages of Delusion: The Northwest Passage in the Age of Reason* (New York: Harper Collins, 2002); Pierre Berton, *The Arctic Grail: The Quest for the Northwest Passage and NorthPole,1818–1909*(New York: Viking, 1988); Ann Savours, *The Search for the Northwest Passage* (New York: Palgrave Macmillan, 1999). 另見 Janice Clavell, *Tracing the Connected Narrative: Arctic Exploration in British Print Culture 1818–1860* (Toronto: University of Toronto, 2008), pp. 53–72, 該書有助仔細了解十九世紀早期的印刷文化背景，以及在此背景下，羅斯和巴羅之間的爭論和殖民極地探險；另見 Adriana Craciun, *Writing Arctic Disaster: Authorship and Exploration* (Cambridge, UK: Cambridge University Press, 2016)，同樣極具參考價值。

5 浮動獎金是巴羅的一大發明。根據一七四五年的《西北航道發現法案》，首次航行於兩大洋之間便已可獲兩萬英鎊。關於英國捕鯨和十九世紀極地科學的重要人物索克斯比，請見 Anita McConnell, "The Scientific Life of William Scoresby Jnr, With a Catalogue of His Instruments and Apparatus in the Whitby Museum," *Annals of Science,* 43 (1986), pp. 257– 86; Michael Bravo, "Geographies of Exploration and Improvement: William Scoresby and Arctic Whaling, 1782–1822," *Journal of Historical Geography,* 32, no. 3 (2006), pp. 512–38; 以及 Hoare, *Leviathan, or, The*

第一人稱的描述為基礎，探討了礦工和其他人到達冷岸群島的非經濟因素。關於北極的崇高壯美，尤見Francis Spufford, *I May Be Some Time: Ice and the English Imagination* (New York: Picador, 1997); Chauncey Loomis, "The Arctic Sublime," in *Nature and the Victorian Imagination*, ed. U. C. Knoepflmacher and George B. Tennyson (Berkeley: University of California Press, 1977), pp. 95–112.

之六　鐵

1 海華沙冰川是丹麥地質學家Lauge Koch在一九二二年繪製的，至於他為什麼給它起這個名字，就不清楚了。

2 Kurt H. Kjær, Nicolaj K. Larsen, Tobias Binder, Anders A. Bjørk, Olaf Eisen, Mark A. Fahnestock, Svend Funder, Adam A. Garde, Henning Haack, Veit Helm, Michael Houmark-Nielsen, Kristian K. Kjeldsen, Shfaqat A. Khan, Horst Machguth, Iain McDonald, Mathieu Morlighem, Jérémie Mouginot, John D. Paden, Tod E. Waight, Christian Weikusa, Eske Willerslev, and Joseph A. MacGregor, "A Large Impact Crater Beneath Hiawatha Glacier in Northwest Greenland," *Science Advances,* 4, no. 11 (2018), "large circular depression," 網址：http://advances.sciencemag.org/content/4/11/eaar8173.full; 另見Paul Voosen, "Ice Age Impact," *Science,* 362, no. 6416 (Nov. 16, 2018), pp. 738–42, 該文對此爭議有所介紹。早期關於「新仙女木期撞擊假說」的有力陳述，見R. B. Firestone, A. West, J. P. Kennett, L. Becker, T. E. Bunch, Z. S. Revay, P. H. Schultz, T. Belgya, D. J. Kennett, J. M. Erlandson, O. J. Dickenson, A. C. Goodyear, R. S. Harris, G. A. Howard, J. B. Kloosterman, P. Lechler, P. A. Mayewski, J. Montgomery, R. Poreda, T. Darrah, S. S. Hee, A. R. Smith, A. Stich, W. Topping, J. H. Wittke, and W. S. Wolbach, "Evidence for an Extraterrestrial Impact 12,900 Years Ago That Contributed to the Megafaunal Extinctions and the Younger Dryas Cooling," *Proceedings of the National Academy of Sciences,* 104, no. 41 (2007), pp. 16016–21, 作者認為：「一個或多個大型、低密度的外星天體在北美洲北部爆炸，部分破壞了Laurentide冰原的穩定，引發了新仙女木期的冷卻。衝擊波、熱脈衝和與此事件相關的環境效應（如廣泛的生物量燃燒和食物不足）促成了更新世末期巨型動物的滅絕和古北美洲人的適應性轉變」(p. 16016).

3 與Iain McDonald的訪談, in Jonathan Amos, "Greenland Ice Sheet Hides Huge 'Impact Crater,' " 網址：https://www.bbc.com/news/science-environment-46181450.

4 「一個昨日才崛起的海軍強國，竟在十九世紀完成了我國於十六世紀的驚奇發現，果真如此，試問英國人顏面何存」(John Barrow, "Narrative of a Voyage to

工呢？這問題沒有人能夠回答。」

地球同步衛星在相當高的地方(約三萬六千公里)繞地球運行，極地軌道衛星則不然，它的軌道相對較低(只有兩百公里)，以極速移動，通常用於氣象監測和軍事監控。

52 儘管必須承受氣候變化的政治壓力，但依然難以確定煤炭會在全球範圍消失，例如，見Hiroko Tabuchi, “As Beijing Joins Climate Fight, Chinese Companies Build Coal Plants,” *New York Times,* July 1, 2017.

挪威統計局(Statistisk sentralbyrå)在二〇一九年的報告中，以圖表的形式清晰地描述了斯瓦巴的經濟和人口軌跡。雖然人口顯然保持穩定，但挪威採礦業的就業人口卻從一九四七年的高峰期一千二百名穩步下降到二〇〇八年的四百四十人，到了二〇一九年，只剩一百零一人；產量曾於二〇〇七年達到四百一十萬噸，但二〇一五年則下降至一百一十萬噸。但旅遊和酒店業的就業人口卻幾乎翻了一番，從二〇〇八年的三百零一人增加到二〇一八年的五百七十三人，而同期從事研究和教學的人數則增加了百分之三十六(Statistisk sentralbyrå, “Fakta om Svalbard,” 網址：https://www.ssb.no/svalbard/faktaside). 關於高等教育在斯瓦巴未來發展的地位，見Ole Arve Misund, “Academia in Svalbard: An Increasingly Important Role for Research and Education as Tools for Norwegian Policy,” *Polar Research,* 36 (2017), 網址：https://polarresearch.net /index.php/polar/article/view/2649.

53 Anselm Kiefer, in Alan Riding, “An Artist Sets Up House(s) at the Grand Palais,” *New York Times,* May 31, 2007, 網址：https://www.nytimes.com /2007/05/31/arts/design/31kief.html.

54 「〔一八〕六〇年代和七〇年代〔歐洲陷入〕經濟大蕭條，開啟了帝國主義時代，關鍵點是：資產階級首次被迫認識到，幾個世紀以前使「資本的原始積累」(馬克思語)成為可能，並開始了一切進一步積累的簡單搶劫的原罪，最終不得不重演，以免積累的馬達突然熄滅。這種災難性的生產崩潰，不僅威脅到資產階級，更威脅到整個國家；資本主義生產者於是明白，他們的生產體系的形式和規律『從一開始就是為整個地球而計算的』」(Hannah Arendt, *The Origins of Totalitarianism* [New York; Harcourt Brace, 1958], p. 148).

55 Christiane Ritter, *A Woman in the Polar Night,* trans. Jane Degras (Vancouver, BC: Greystone Books, 2010), p. 211. 引述自Lauren Redniss的精彩作品*Thunder & Lightning: Weather Past, Present Future* (New York: Random House, 2015). 另見Dag Avango and Anders Houltz, “The Essence of the Adventure” 該書以回憶錄和其他

trans. Natasha Wimmer (New York: Penguin, 2019) (「我感覺到時間於我五內，正在裂開」，p. 190). *Cruise Handbook for Svalbard*, ed. Johansen et al. 一書記載了許多殘跡。另見 Reymert and Moen, *Fangsthytter på Svalbard 1794–2015*，書中羅列現存三百一十七座狩獵小屋，圖文並茂。此外，見 Paul Wenzel Geissler, Guillaume Lachenal, John Manton, and Noémi Tousignant, *Traces of the Future: An Archaeology of Medical Science in Africa* (London: Intellect, 2017)，這部精采合集與我個人看法相仿，都以殘跡反映資本物欲的物質與情感遺留。

46 Andreas Schönle 在一篇廣泛而深刻的評論中指出，西方「當代學者迷戀廢墟」，俄羅斯卻不願意將廢墟視為審美對象，兩者恰成對比 ("Ruins and History: Observations on Russian Approaches to Destruction and Decay," *Slavic Review,* 65, no. 4 [2006], pp. 649–69); 在同一卷中，Thomas Lahusen 則強調蘇聯廢墟作為過去生活環境的未來意義，以及懷舊美學所潛藏的精英主義 ("Decay or Endurance? The Ruins of Socialism," *Slavic Review,* 65, no. 4 [2006], pp. 736–46). 另見 Tim Edensor, *Industrial Ruins: Space, Aesthetics and Materiality* (London: Berg, 2005), 該書積極探索現代廢墟的不同可能性，以及記憶的開放性。這方面和相關的寫作大多始於齊美爾的非凡短文〈廢墟〉。另見 Ann Laura Stoler, ed., *Imperial Debris: On Ruins and Ruination* (Durham, NC: Duke University Press, 2013)，其中包含一系列有影響力的人類學著述。

47 「的確，在那一刻，世界彷彿打開了」(Karl Ove Knausgaard, "The Inexplicable: Inside the Mind of a Mass Killer," *The New Yorker,* May 25, 2015).

48 Patrick Modiano 回憶起逃跑的感覺，寫道：「至少你經歷了一個永恆的時刻。你不僅與世界斷絕了連結，也與時間斷絕了關聯。在一個晴朗的早晨，你發現天空一片淡藍色，現在沒有任何東西能壓倒你。在杜樂麗花園裡，時鐘的指針永遠停了下來。螞蟻穿越陽光途中，被嚇得六神無主」(*Dora Bruder*, p. 64). 一九八四至八五年，英國礦工罷工，詳見 Tom Nairn, "The Sound of Thunder," *London Review of Books,* vol. 31, no. 9 (Oct. 8, 2009), 他寫道：「經歷這兩年發生的事，就像做了一場令人不安的夢，預告我們現下的處境。」

49 金字山鎮很容易被塑造成一個遙遠、壯觀、懷舊和超現實的「鬼城」，自此受到大量關注；見 Elin Andreassen, Hein Bjartmann Bjerck, and Bjørnar Olsen, *Persistent Memories: Pyramiden—A Soviet Mining Town in the High Arctic* (Trondheim, Norway: Tapir Academic Press, 2010)，其中的視覺描述令人印象深刻。

50 與 Sander Solnes 的對話內容, Svalbard Museum, Longyearbyen, Aug. 16, 2016.

51 Ibid. Sander 簡要地概括了政治美學的問題。他對我說：「多少導遊才等於一位礦

"Discovery and Early Exploitation of Svalbard," 作者說明，蘭森的著作是為回應爭取斯瓦巴主權的呼聲日益高漲（他的格陵蘭探險記，乃建立在挪威的一股「熱潮」之上）。我們在這裡無法多作探討，只能稍稍提到史匹茲卑爾根島歷史上，自然科學、商業和殖民探索三方面糾葛不清。事實上，這主題已獲得很多學者關注，但儘管如此，正如Thor Arlov於一九八九年所指出的，現仍缺乏完整的專著。例如，見Peder Anker, *Imperial Ecology: Environmental Order in the British Empire, 1895–1945* (Cambridge, Mass.: Harvard University Press, 2001), pp. 87–100; Sverker Sörlin, "Rituals and Resources of Natural History: The North and the Arctic in Swedish Scientific Nationalism," in *Narrating the Arctic: A Cultural History of Nordic Scientific Practices,* ed. Michael Bravo and Sverker Sörlin (Canton, Mass.: Science History Publications, 2002), pp. 73–122; Urban Wråkberg, "Contested Observations and the Shaping of Geographical Knowledge," in *Narrating the Arctic,* ed. Bravo and Sörlin, pp. 155–97; Peder Roberts and Eric Paglia, "Science as National Belonging: The Construction of Svalbard as a Norwegian Space," *Social Studies of Science,* 46, no. 6 (2016), pp. 894–911; Drivenes and Jølle, *Into the Ice,* pp. 281–93; Harland, *Geology of Svalbard,* pp. 16–19; Conway, *No Man's Land,* pp. 277–304 (including a list of expeditions from 1847 to 1900); Arlov, *Short History of Svalbard,* pp. 42–49. 關於諾登基、蘭森、阿密生、Sverdrup等北極名人略傳，見Richard Vaughan, *The Arctic: A History,* rev. ed. (Stroud, UK: Sutton, 2007), pp. 223–31. 另見Jones, "Swedish Scientific Expeditions to Spitsbergen," 文中有更詳細的描述。奧斯陸的前進號博物館和長年鎮的北極探險博物館都非常出色，而又截然不同，有效地探索了早期北極探險的細節。

42 一九三三年，海牙國際法院判決，不允許挪威人在東格陵蘭島建立殖民地Eirik the Red's Land。這是挪威人不得不做的一次短暫嘗試。當時，該殖民地總督(稱為*sysselmann*)Helge Ingstad差點便被任命為斯巴瓦群第二任總督。他後來在紐芬蘭島的L'Anse aux Meadows發現了維京人的遺跡，揭示了早期諾斯人曾踏足北美洲。我感謝Wenzel Geissler幫助我了解Instad在這裡扮演的重要角色。

43 見Ulfstein, *Svalbard Treaty,* pp. 173–310；以及*Place Names of Svalbard.*

44 George Simmel, "The Ruin," in George Simmel, "Two Essays," *Hudson Review,* 11, no. 3 (1958), pp. 371–85 (「向下拖拽」，p. 381).

45 Patrick Modiano, *The Black Notebook,* trans. Mark Polizzotti (New York: Houghton Mifflin Harcourt, 2016) (「我感覺到有什麼東西咔嚓一聲，每當時間斷裂，那種輕微的暈眩感就會把你抓住」，p. 3); Roberto Bolaño, *The Spirit of Science Fiction,*

John T. Reilly, *Greetings from Spitsbergen: Tourists at the Eternal Ice 1827–1914* (Trondheim, Norway: Tapir Academic Press, 1994). 一八九七年，Martin Conway 指出了蒸汽運輸的前景，能將旅遊和紳士科學結合起來：「史匹茲卑爾根島的內部是一個幾乎不為人知的地域。現在，從倫敦出發，十天之內就可以到達，任何有六周假期的人都可自由進出，執行研究調查。冰川尚待繪製，山峰尚待攀登，大部分山谷尚待穿越，冰層絕對尚待探索。來吧，你們這些整天關在房子、辦公室的人；來吧，嘗嘗未知的樂趣吧！」Conway解釋說，如此一來，剌陂根地區就會像阿爾卑斯山那樣形成區域科學：「北極的一部分土地將得到細緻研究和精確調查，我們將逐年觀察和記錄它的變化，耐心地調查它的現象，並將記錄保存下來。」(Sir William Martin Conway, *The First Crossing of Spitsbergen: Being an Account of an Inland Journey of Exploration and Survey, with Descriptions of Several Mountain Ascents, of Boat Expeditions in Ice Fjord, of a Voyage to North-East-Land, the Seven Islands, Down Hinloopen Strait, Nearly to Wiches Land, and into Most of the Fjords of Spitsbergen, and of an Almost Complete Circumnavigation of the Main Island* [London: J. M. Dent, 1897], p. 343).

39 Hartnell, "Arctic Network Builders," p. 43, n. 93 ("trespassers"). 關於主權問題的典型著作有Mathisen, *Svalbard in International Politics*; 以及較新的Geir Ulfstein, *The Svalbard Treaty: From Terra Nullius to Norwegian Sovereignty* (Oslo: Scandinavian University Press, 1995). 國家向北擴張，企圖佔領挪威和瑞典的薩米人領土，以此為背景下而推動冷岸群島的情況，見Roald Berg, "A Norwegian Policy for the North Before World War I," *Acta Borealia,* 11, no. 1 (1994), pp. 5–18; Roald Berg, "From 'Spitsbergen' to 'Svalbard': Norwegianization in Norway and in the 'Norwegian Sea,' 1820– 1925," *Acta Borealia,* 30, no. 2 (2013), pp. 154–73. 亦見Drivenes and Jølle, *Into the Ice,* pp. 149–57 (以經濟活動為政治介入), pp. 281–93 (關於Adolf Hoel以及挪威科學的角色); Anastasia Kasiyan, "The Spitsbergen Case 1870–1920," in *Norway and Russia in the Arctic,* ed. Bones and Mankova, pp. 75–91; Albrethsen and Arlov, "Discovery of Svalbard— A Problem Reconsidered"; Arlov, "Discovery and Early Exploitation of Svalbard."

40 Berg, "Norwegian Policy for the North"; Drivenes and Jølle, *Into the Ice,* pp. 111–17, 195–278, 451–58 (「全國性狂熱」,p. 111;「見習」, p. 236).

41 Fridtjof Nansen, *In Northern Mists: Arctic Exploration in Early Times,* trans. Arthur G. Chater, 2 vols. (New York: Frederick A. Stokes Company, 1911), vol. 2 (關於冷岸群島，見pp. 166–72;「所向披靡」, p. 179,「為他國指明」, p.181). 另見Arlov,

35 Drivenes and Jølle, eds., *Into the Ice,* p. 147. 關於史匹茲卑爾根島和冷岸群島早期採礦情況，見 Frigga Kruse, *Frozen Assets: British Mining, Exploration and Geopolitics on Spitsbergen, 1904–53* (Groningen, Netherlands: Barkhuis/University of Groningen, 2013); Frigga Kruse, "Four Former British Mining Settlements on Spitsbergen," in *Mining Perspectives: The Proceedings of the Eighth International Mining History Congress 2009,* ed. Peter Claughton and Catherine Mills (Truro, UK: Cornwall and West Devon Mining Landscape World Heritage Site/Cornwall Council, 2011), pp. 104–11; Frigga Kruse, "Spitsbergen—Imperialists Beyond the British Empire," in *LASHIPA,* ed. Hacquebord, pp. 61–70; Cameron Hartnell, "Arctic Network Builders: The Arctic Coal Company's Operations on Spitsbergen and Its Relationship with the Environment," Ph.D. dissertation, Michigan Technical University, 2009; Dag Avango and Anders Houltz, "'The Essence of the Adventure': Narratives of Arctic Work and Engineering in the Early 20th Century," in *LASHIPA,* ed. Hacquebord, pp. 87–104; Avango et al., "Between Markets and Geo-Politics"; Hacquebord and Avango, "Settlements in an Arctic Resource Frontier Region." 這項研究大部分與LASHIPA(Large-Scale Industrial Exploitation of Polar Areas)，即極地大規模工業開發研究項目有關，或者是其直接成果。這是一項令人印象深刻的歷史考古計畫，由Dag Avango擔任召集人。另見Drivenes and Jølle, *Into the Ice,* pp. 146–71; Arlov, *Short History of Svalbard*; Susan Barr, David Newman, and Greg Nesteroff, *Ernest Mansfield 1862–1924: "Gold, or, I'm a Dutchman"* (Trondheim, Norway: Akademika, 2012); Reymert, *Ny-Ålesund*; Lelf Johnny Johannessen, *Hiorthhamn: Coal Mining Under Difficult Conditions* (Longyearbyen, Norway: Sysselmannen på Svalbard, 1997); Kristin Prestvold, *Isfjorden: A Journey Through the Nature and Cultural History of Svalbard* (Longyearbyen, Norway: Sysselmannen på Svalbard, 2003).

36 Arlov, *Short History of Svalbard,* pp. 50–59. 另見Hartnell, "Arctic Network Builders," pp. 118–23, 文中指出，美國北極煤炭公司為了吸引挪威非技術工人到史匹茲卑爾根島工作，支付了他們在大陸所能賺取的雙倍工資；但該公司後來發現，必須有安全工作環境的良好聲譽，才能維持穩定勞動力。

37 在此大量參考了Drivenes and Jølle, *Into the Ice,* pp. 158–69, for this account ("We could hear the mountain," p. 163). See also Per Kyrre Reymert, *Longyearbyen: From Company Town to Modern Town* (Longyearbyen, Norway: Sysselmannen på Svalbard, 2013), pp. 18–25.

38 關於史匹茲卑爾根島早期的旅遊，見Ryall, "The Arctic Playground of Europe";

述「賞金」的演變過程，並指出，要找到足夠的「英國」水手上捕鯨船，實際上相當困難；因此，一七八二年議會通過法案，勉強允許船隻在設得蘭島和奧克尼島僱傭船員，「不過，每五十噸的負重只能招請兩人，並且從漁場回來後，必須讓他們在同一地點上岸」(*Account of the Arctic Regions*, vol. 1, p. 82). 實際上，英國的過度捕獵得到國家支持。船隻只由英國出生的水手駕駛，將獲得大量補貼。這是一項將捕鯨作為海軍訓練場的政策，靈感來自於荷蘭人支持捕鯨，並將此視為訓練水手的形式，以建立國家海軍(Allen and Keay, "Saving the Whales," pp. 401, 428).

31 Allen and Keay, "Bowhead Whales in the Eastern Arctic," p. 91.

32 Muscovy Company, "A Commission for Jonas Poole"：「我們會讓他們花點時間去找鉛礦，或任何其他可能有價值的礦物」(pp.26–7)；Jonas Poole,"A Voyage Set Forth by the Right Worshipfull Sir Thomas Smith," in *Hakluytus Posthumus,* ed. Purchas, vol. 14 (「是海煤」，p. 19).

33 關於瑞典在國家野心和競爭背景下的探險，尤其請參閱以下精彩文章：Mary Katherine Jones, "Swedish Scientific Expeditions to Spitsbergen, 1758–1908," *Tijd-Schrift voor Skandinavistiek,* 29, nos. 1 & 2 (2008), pp. 219–35; 關於冷岸群島在板塊構造理論史上的重要性，見W. Brian Harland, *The Geology of Svalbard* (Bath, UK: Geological Society, 1997), pp. 21, 37.

34 關於冷岸群島，有大量傑出地質學研究，我在此特別參考了Audun Hjelle, *The Geology of Svalbard* (Oslo: Norsk Polarinstitutt, 1993); Harland, *Geology of Svalbard*; David Worsley, *The Geological History of Svalbard: Evolution of an Arctic Archipelago* (Stavanger, Norway: Statoil, 1986); Winfried K. Dallmann, ed., *Geoscience Atlas of Svalbard* (Oslo: Norsk Polarinstitutt, 2015); Karsten Piepjohn, Rolf Stange, Malte Jochmann, and Christiaane Hübner, *The Geology of Longyearbyen* (Longyearbyen, Norway: LoFF, 2012). 關於冷岸群島地層源於勞拉西亞的說法，見D. G. Gee and A. M. Teben'kov, "Svalbard: A Fragment of the Laurentian Margin," *Memoirs of the Geological Society of London,* 30 (2004), pp. 191–206. 關於冷岸群島的泥盆紀晚期熱帶森林，見Christopher M. Berry and John E. A. Marshall, "Lycopsid Forests in the Early Late Devonian Paleoequatorial Zone of Svalbard," *Geology,* 43, no. 12 (2015), pp. 1043–46. 另見Johansen et al., eds., *Cruise Handbook for Svalbard,* pp. 14–19. On the Kings Bay claim, see Per Kyrre Reymert, *Ny-Ålesund: The World's Northernmost Mining Town* (Longyearbyen, Norway: Sysselmannen på Svalbard, 2016)，其中有簡明扼要的介紹。

www.geosociety.org /gsatoday/archive/24/6/article/i1052-5173-24-6-4.htm.

26 一六四〇年代，史匹茲卑爾根島周圍降溫，使沿海地區出現短暫密集活動。加上公司壟斷期結束，油價飆漲，預期產生高額利潤，海岸線上便出現了許多煉爐和帳篷，為新合作夥伴、新港口、甚至新行業的船隻提供服務（例如，大天使港貿易商船，以及比斯開灣的運鹽船等等）。海灣一度非常擁擠，以至於船員彼此競爭，甚至爭奪鯨魚。Martens描述了一六七一年七月發生的一起事件：「同一天早上，一條鯨魚出現在我們的船附近，在寬闊的港口前，我們發放四條艇去追牠；兩艘荷蘭船離我們大約半里格，其中一艘派了一條船向我們駛來；我們非常努力，小心謹慎地去抓牠，但那條魚最後在荷蘭人的漁艇面前浮上來，被那裡的人用漁叉擊中。於是，荷蘭人就把我們口中的麵包奪走了」("Voyage into Spitzbergen and Greenland," p. 9). 關於荷蘭人如何在捕鯨業上靈活運用商船，見de Vries and van der Oude, *First Modern Economy,* p. 258. 關於捕鯨（和採礦）業發展年表的詳細說明，見Hacquebord and Avango, "Settlements in an Arctic Resource Frontier Region."

27 從第一手描述可知，解魚和分離、儲存脂肪的技巧，十八世紀期間並沒有發生重大變化，見Scoresby, *Account of the Arctic Regions,* vol. 2, pp. 295–311; Martens, "Voyage into Spitzbergen and Greenland," pp. 105–32. 關於海岸站的廢棄，見Hacquebord and Avango, "Settlements in an Arctic Resource Frontier Region," p. 30.

28「剩下的肉和骨頭，是白熊的盛宴。白熊游到船上來，伴隨許多大海鷗，牠們遠遠就聞香而來；但白熊卻因此被射殺，並被剝掉秀麗的白皮毛」(Dietz, Master Johann Dietz, p. 122).

29 由於必須面對植物油的競爭，因而無法藉由限制供應來應付價格下降，見C. de Jong, "The Hunt of the Greenland Whale: A Short History and Statistical Sources," in *Historical Whaling Records: Including the Proceedings of the International Workshop on Historical Whaling Records, Sharon, Massachusetts, September 12–16, 1977,* ed. Michael F. Tillman and Gregory P. Donovan [Cambridge, UK: International Whaling Commission, 1983]; de Vries and van der Oude, *First Modern Economy*, pp. 259–64; Robert C. Allen and Ian Keay, "Saving the Whales: Lessons from the Extinction of the Eastern Arctic Bowhead," *Journal of Economic History*, 64, no. 2 [2004], pp. 400–432; Jackson, *British Whaling Trade*, pp. 33–34.

30 Vaughan, "Historical Survey," pp. 125–26; Richards, *Unending Frontier,* pp. 599–600, 605–7; Hacquebord, "History of Early Dutch Whaling," p. 145; Jackson, *British Whaling Trade,* pp. 29–154; Allen and Keay, "Saving the Whales." Scoresby詳細敘

個矛頭」、「一艘緊接一艘」，p. 634); Johann Dietz, *Master Johann Dietz, Surgeon in the Army of the Great Elector and Barber to the Royal Court,* trans. Bernard Miall (London: George Allen & Unwin, 1923) (「把牠吊起來」，p. 121). Frederick Martens是德國外科醫生和自然學家，於一六七一年乘坐捕鯨船，在易北河出海；Dietz同樣來自漢堡，一樣是外科醫生（也是酒吧老闆），在一六八〇年代中後期從鹿特丹乘坐全副武裝的荷蘭捕鯨船出海，並對船上日常生活進行了仔細而有趣的描述(pp. 117–37)；Gray則於一六三〇年夏天乘上英國捕鯨船，去貝爾灣、史匹茲卑爾根島等地工作。除了梅爾維爾(Melville)之外，最著名的捕鯨故事或許是：Scoresby, *Account of the Arctic Regions*。關於剝皮、煉脂的詳細描述，以及荷蘭人和英國人做法的主要差異，可找到大量文獻，例如：Hacquebord, "English and Dutch Whaling Stations in Spitsbergen"; Hacquebord, Steenhuisen, and Waterbolk, "English and Dutch Whaling Trade," pp. 129–34; Conway, *No Man's Land,* pp. 38–214; Richards, *Unending Frontier,* pp. 592–96; Appleby, "Conflict, Cooperation and Competition."

25 關於斯梅倫堡的拓殖事業，以及歷史氣候變化對該站所和早期捕鯨業更廣泛的影響，請見Louwrens和Hacquebord的考古和生態學研究，如："Smeerenburg: The Rise and Fall of a Dutch Whaling Settlement on the West Coast of Spitsbergen," in *Proceedings of the International Symposium: Early European Exploitation of the Northern Atlantic 800–1700* (Groningen, Netherlands: University of Groningen, Arctic Center, 1981), pp. 79–132; "Two Centuries of Bowhead Whaling Around Spitsbergen: Its Impact on the Arctic Avifauna," in *Whaling and History II: New Perspectives,* ed. Jan Erik Ringstad (Sandefjord, Norway: Kommander Chr. Christensens Hvalfangstmuseum, 2006), pp. 87–94; "Three Centuries of Whaling"; "English and Dutch Whaling Stations in Spitsbergen"; and "The History of Early Dutch Whaling: A Study from the Ecological Angle," in *Arctic Whaling,* ed. s'Jacob, Snoeijing, and Vaughan, pp. 135–47. 關於斯梅倫堡聚居點的扼要介紹，見：Kristin Prestvold, *Smeerenburg, Gravneset: Europe's First Oil Adventure* (Longyearbyen, Norway: Sysselmannen på Svalbard, 2001). 關於玻璃石，見Nelson Eby, Robert Hermes, Norman Charnley, and John A. Smoliga, "Trinitite: The Atomic Rock," *Geology Today,* 26, no. 5 (2010), pp. 180–85, 網址：https://online library.wiley.com/doi/full/10.1111/j.1365-2451.2010.00767.x. 關於塑礫岩的原始報告，見Patricia L. Corcoran, Charles J. Moore, and Kelly Jazvac, "An Anthropogenic Marker Horizon in the Future Rock Record," *GSA Today,* 24, no. 6 (2014), pp. 4–8, 網址：http://

彈簧，並用於服裝，如帽緣和胸衣。

荷蘭人對早期莫斯科公司的侵略作出回應，組建了自己較鬆散的貿易組織卡特爾(cartel; the Nordsche Compagnie)，將捕鯨船武裝起來，並在海軍戰艦的護送下返回史匹茲卑爾根島。隨後發生了小規模衝突，經歷充公、休戰以及劃分海岸線等事件。在一六二一年正式分為南、北捕鯨區，但此時英國人已經撤出。在Hull、York和Yarmouth等地方，獨立捕鯨人精力充沛，莫斯科公司根本無法施加控制，反被荷蘭人的擴張主義所壓倒。荷蘭人擁有巨大資本儲備、長期的北方貿易和探勘經驗，亦懂得運用「自由公海」(*mare liberum*)原則，備受歡迎。反之，莫斯科公司在捕鯨貿易的方方面面，包括狩獵、屠宰、加工、銷售，都相當笨拙，只能生產少量昂貴和低品質的鯨脂。那些獨立的捕鯨人不但精力充沛，他們對公司監管深感不滿，反對皇室特權的情緒亦日益高漲（英國內戰便是這樣引起的），詳見Bo Johnson Theutenberg, "Mare Clausum et Mare Liberum," *Arctic,* 37, no. 4 [1984], pp. 481–92). 關於Noordsche Compagnie, 見de Vries and van der Woude, *The First Modern Economy*, pp. 255–65. 關於荷蘭人捕鯨較英國優勝之處，見Louwrens Hacquebord, "English and Dutch Whaling Stations in Spitsbergen (Svalbard) in the 17th Century," in *Whaling and History III: Papers Presented at a Symposium in Sandefjord on the 18th and 19th of June 2009* (Sandefjord, Norway: Kommander Chr. Christensens Hvalfangstmuseum, 2010), pp. 59–68; Jackson, *British Whaling Trade,* pp. 12–26. See also Richards, *Unending Frontier,* pp. 592–607; Bockstoce, "From Davis Strait to Bering Strait"; Louwrens Hacquebord, Frits Steenhuisen, and Huib Waterbolk, "English and Dutch Whaling Trade and Whaling Stations in Spitsbergen (Svalbard) Before 1660," *International Journal of Maritime History,* XV, no. 2 (2003), pp. 117–34. 英國人無可奈何，只好在一六七二年對鯨脂徵收每噸九英鎊的進口稅，而當時的批發成本僅為十二英鎊左右(Jackson, Whaling Trade, p. 24).

23 Martens, "Voyage into Spitzbergen and Greenland," pp. 9–10. 研究人員從魚皮裡發現了武器，推定年代而確立弓頭鯨的壽命；見Anna Fiedt, "Whale's Age Tracked by Ancient Injury," National Public Radio, June 18, 2007, 網址：http://www.npr.org/templates/transcript/transcript.php?storyId=11155631.

24 原文引述自Martens, "Voyage into Spitzbergen and Greenland," pp. 116–27 (「當你用刺槍」、「水像塵土」，p. 125,「就像剝牛皮」，p. 127,「鯨魚受傷噴血」，p. 124); Mr. Gray, "The Manner of the Whale-Fishing in Groenland: Given by Mr. Gray to Mr. Oldenburg for the Society," in Martin Conway, "Some Unpublished Spitsbergen MSS.," *Geographical Journal,* 15, no. 6 (June 1900), pp. 628–636 (「再刺進兩或三

獲量（包括弓頭鯨）的最全面評估，請見：Frigga Kruse, “Catching Up: The State and Potential of Historical Catch Data from Svalbard in the European Arctic,” *Polar Record,* 53, no. 5 (2017), pp. 520–33; 更集中討論對人類影響的，有Frigga Kruse, “Is Svalbard a Pristine Ecosystem? Reconstructing 420 Years of Human Presence in an Arctic Archipelago,” *Polar Record,* 52, no. 5 (2016), pp. 518–34.

莫斯科公司從法國巴斯克捕鯨小鎮Saint-Jean-de-Luz聘請了六名魚叉手，為普爾和艾奇的航行服務。比斯開灣生意從八世紀開始盛行，這些人便是當時的老手。維京人沿著諾曼底和阿基坦(Aquitaine)海岸追捕北大西洋露脊鯨（*Eubalaena glacialis*），到十四世紀，巴斯克漁民已經把這裡發展成有利可圖的生意，不再是變幻莫測的海灣和開放水域，而是能支持幾十個巴斯克城鎮的產業。然後，可能是因為鯨魚遠離海岸，也可能因為全年捕獵能帶來更大利潤，他們將業務延伸至北大西洋：十四世紀到達蘇格蘭，十五世紀初到達冰島，並進入貝爾島海峽。到一五三〇年代，他們在紐芬蘭（Newfoundland）和拉布拉多（Labrador）之間建立了當時世界上最大的捕鯨中心，出口鯨脂以用於家庭照明，以及用於法國、西班牙和北歐的紡織、肥皂和製革工廠。巴斯克人身兼海員、船工、海運企業家，本來是唯一的商業捕鯨專家。直到成本上漲、收成不佳、當地造船業衰落以及外包商和保險業失去信心才開始沒落，迫使他們讓莫斯科公司等外國船主所僱用。不過，正如Gordon Jackson在*The British Whaling Trade* (London: Adam and Charles Black, 1978)書中所指出，這一政策似乎對英國人並沒有什麼好處：「荷蘭人很快就學會了巴斯克人的技術；英國人卻沒有。或者說，即便他們一開始有學會過，也很快就忘記了」(p. 24)。關於巴斯克的捕鯨史，見Jean-Pierre Proulx's excellent overview, *Basque Whaling in Labrador in the 16th Century* (Ottawa: National Historic Sites, Park Service, 1993); Selma Huxley Barkham, “The Basque Whaling Establishments in Labrador 1536–1632—A Summary,” *Arctic,* 37, no.4 (1984), pp.515–19; Scoresby, Account of the Arctic Regions, vol. 2, pp. 3–18; Richards, *Unending Frontier*, pp. 584–92; and Vicki Ellen Szabo, *Monstrous Fishes and the Mead-Dark Sea: Whaling in the Medieval North Atlantic* (Boston: Brill, 2008), 書中指出，巴斯克捕鯨人充分利用中世紀天主教教義，將鯨魚肉列為魚肉（因此可於星期五食用），從而使鯨魚肉和鯨脂在歐洲各地廣受歡迎(p. 84)。

22 British State Papers 18/65/62, 引述自Appleby, “Conflict, Cooperation and Competition” (「與其說水底捕魚」, p. 34). 鯨脂能用於燈火和後來的市政路燈，用於潤滑機器和設備，作為黃麻和羊毛生產中的乳化劑，並用於製造皮革，而且，特別被用於製造肥皂；鯨骨堅固、柔韌、幾乎沒有重量，因此被用於製作手柄、傘輻、

Way, in the Ship Called the Amitie, of Burthen Seventie Tuns; in the Which I Jonas Poole was Master, Having Fourteene Men and One Boy: A.D. 1610," in *Hakluytus Posthumus or Purchas His Pilgrimes,* ed. Samuel Purchas, vol. 14 (London: Hakluyt Society, 1906), pp. 1–23 (「無數鯨魚」, p. 14); Muscovy Company, "A Commission for Jonas Poole our Servant, Appointed Master of a Small Barke called the *Elizabeth,* of Fiftie Tunnes Burthen, for Discoverie to the Northward of *Greenland,* Given the Last Day of March 1610," in *Hakluytus Posthumus,* ed. Purchas, vol. 14, pp. 24–29 (「殺一頭」, p. 25). Conway於*No Man's Land*, pp. 30–50 對這些文本進行了深刻的背景解讀。另關於冷岸群島的動人歷史，見*The Place Names of Svalbard* (Tromsø: Norwegian Polar Institute, 2003).

21 Richard Vaughan, "Historical Survey of the European Whaling Industry," in *Arctic Whaling: Proceedings of the International Symposium, February 1983,* ed. H. K. s'Jacob, K. Snoeijing, and R. Vaughan (Groningen, Netherlands: University of Groningen, 1984), pp. 121–34 (「看不到海」、「就像魚塘」, p. 125); William Scoresby, *An Account of the Arctic Regions, with a History and Description of the Northern Whale-Fishery,* 2 vols. (Edinburgh: Archibald Constable and Co., 1820), vol. 2. 梵蒂岡駐倫敦大使把史匹茲卑爾根島描述為「眾冰之母」，引述自 John C.Appleby, "Conflict, Cooperation and Competition: The Rise and Fall of the Hull Whaling Trade in the Seventeenth Century," *The Northern Mariner/Le marin du nord*, vol.18(2008),pp.23–59, p.27. 另見John F. Richards, *The Unending Frontier: An Environmental History of the Early Modern World* (Berkeley: University of California Press, 2003)，文中指出捕鯨業的重要間接效益：「假如要拿植物油來取代歐洲經濟每年消耗的鯨魚油，將為農業造成巨大需求。數千公頃的土地將被用於種植油菜和其他油籽作物，而不是種植穀物或其他糧食」(p. 610); 然而，見Jan de Vries and Ad van der Woude, The First Modern Economy: Success, Failure, and Perseverance of the Dutch Economy,1500–1815 (New York: Cambridge University Press, 1997), pp. 255–65, 其中討論到鯨脂作為油菜籽、芝麻和亞麻油替代品的弱點。格陵蘭露脊鯨數量引自 Hacquebord, "Three Centuries of Whaling" (the lower figure); 以及 Richards, *Unending Frontier,* p. 613. 另見Robert C. Allen and Ian Keay, "Bowhead Whales in the Eastern Arctic, 1611– 1911: Population Reconstruction with Historical Whaling Records," *Environment and History,* 12 (2006), pp. 89–113, 其中估計，一六一一年至一九一一年期間，史匹茲卑爾根島漁業的原始種群為五萬二千四百七十七隻，總漁獲量為十二萬五百零七隻。關於目前對冷岸群島漁

Made Them (New York: St. Martin's Press, 2015)以及"Long-Lost Lewis Chessman Discovered in Edinburgh Family's Drawer," BBC News, June 3, 2019, 網址：https://www.bbc.com/news/uk-scotland-edinburgh-east-fife-48494885.

18 然而海象也並非完全束手就擒：「牠們是非常頑強無懼的生物；只要牠們還沒死，就會相互扶持」，德國船醫和自然學家Frederick Martens在一六七一年這樣寫道。「我們殺了十隻，其餘的都跑過來，圍著我們的船；由於牠們為數眾多，我們最後被迫划船離開，因為牠們愈聚愈多；只要我們能看到牠們，牠們就會過來追趕我們，極之凶猛」(Frederick Martens, "Voyage into Spitzbergen and Greenland" in *A Collection of Documents on Spitzbergen & Greenland: Comprising a Translation from F. Martens' Voyage to Spitzbergen; a Translation from Isaac de La Peyrère's Histoire du Groenland; and God's Power and Providence in the Preservation of Eight Men in Greenland Nine Moneths and Twelve Dayes*, ed. Adam White [London: Hakluyt Society, 1855], pp. 3–174 [「非常頑強」，p. 88;「殺了十隻」，p. 11]).

19 Conway, *No Man's Land*, p. 30; Thomas Edge, "A Briefe Discoverie of the Northerne Discoveries of Seas, Coasts, and Countries, Delivered in Order As They Were Hopefully Begun, and Have Ever Since Happily Beene Continued by the Singular Industrie and Charge of the Worshipfull Societie of Muscovia Merchants of London, with the Ten Severall Voyages of Captaine Thomas Edge the Authour," in *Hakluytus Posthumus*, ed. Purchas, vol. 13, pp. 4–34. 海象數量引自Louwrens Hacquebord, "Three Centuries of Whaling"; 目前數目，見IUCN紅皮書中的Atlantic walrus頁面，網址：http://www.iucnredlist.org/details/15108/0; Kit M. Kovacs, Jon Aars, and Christian Lydersen, "Walruses Recovering After 60+ Years of Protection in Svalbard, Norway," *Polar Research*, 33 (2014), 網址：http:// www.polarresearch.net/index.php/polar/article/view/26034, 此調查顯示，儘管受到氣候引起的海洋生態系統變化影響，群體卻很容易恢復，特別是自從一九八〇年代以來（挪威水域保護法於一九五二年生效），直至二〇一二年，估計已有三千八百八十六隻；另見Ian Gjertz and Øystein Wiig, "Past and Present Distribution of Walruses in Svalbard," *Arctic*, 47 (1994), pp. 34–42. An overview of the history of walrus hunting can be found in John Miller and Louise Miller, *Walrus* (London: Reaktion Books, 2014), pp. 73–108.

20 Jonas Poole, "A Voyage Set Forth by the Right Worshipfull Sir Thomas Smith, and the Rest of the Muscovie Company, to Cherry Iland: and for a Further Discoverie to be Made Towards the North-Pole, for the Likelihood of a Trade or a Passage that

Zemlja, and Franz Josef Land," *Årbok 1970* (Tromsø, Norway: Norsk Polarinstitutt, 1972), pp. 199–212; Jasinski, "Russian Hunters on Svalbard"; Conway, *No Man's Land,* pp. 233–62; Avango et al., "Between Markets and Geo-Politics"; Tatjana A. Schrader, "Pomor Trade with Norway," *Acta Borealia,* 5, nos. 1/2 (1988), pp. 111–18. 關於十九世紀後期波莫爾人的生活，其中一個重要史料來源是大天使港州一位前總督的作品：Alexander Platonovich Engelhardt, *A Russian Province of the North,* trans. Henry Cooke (London: Archibald Constable & Co., 1899). 關於挪威獵人，見Drivenes and Jølle, eds., *Into the Ice,* pp. 138–46. Per Kyrre Reymert and Oddleif Moen, *Fangsthytter på Svalbard 1794–2015* (Longyearbyen, Norway: Svalbard Museums, 2015), 記錄了整個群島的狩獵小屋，繪影繪聲；另見Odd Lønø, *Norske fangstmenns overvintringer på Svalbard og Jan Mayen 1795–1973,* ed. Sander Solnes and Per Kyrre Reymert (Longyearbyen, Norway: Svalbard Museums, 2014). 關於女性拓荒者，見Susan Nicol, "Women Over-Winterers in Svalbard, 1898–1941," *Polar Record,* 43, no. 224 (1994), pp. 49–53; Ingrid Urberg, "Svalbard's Daughters: Personal Accounts of Svalbard's Female Pioneers," *Nordlit,* 22 (Fall 2009), pp. 167–91.

17 Jonas Poole, "Divers Voyages to Cherie Iland, in the Yeeres 1604. 1605. 1606. 1608. 1609," in *Hakluytus Posthumus,* ed. Purchas, vol. 13, pp. 265–93, (「咆哮聲」、「眾多海怪」，p. 267;「有些海象被打傷」，p. 268;「異常溫馴」，p. 276); Storå, "Russian Walrus Hunting in Spitsbergen"; James Lamont, *Yachting in the Arctic Seas, or, Notes of Five Voyages of Sport and Discovery in the Neighborhood of Spitzbergen and Novaya Zemlya* (London: Chatto & Windus, 1876). 例如，Lamont寫道：「船在離岸邊稍遠地方著陸，以免驚嚇牠們；十六個人沿著岸邊匍匐前進，一旦抵達海洋和滿是海象的灣岸中間，便立即刺殺身邊的動物。海象雖然在水中活躍凶猛，但在岸上卻極度笨重無力；前面的海象很快便屈服在襲擊者的長槍之下。前往海濱的通道很快就被已死和垂死的屍體給堵住，以至於後面不幸的動物無法通過。想到每一擊長槍都能賺二十美元，對於那些沒有多少錢或根本沒錢的人來說，這場面想必是非常刺激的；我的知情人在講述這些細節時，眼睛還閃閃發光呢。他說海象們任由他們擺布，他們戳啊，刺啊，宰啊，殺啊，直到大部分長槍都不利了，自己也鮮血淋漓，疲憊不堪為止。他們上了船，磨好槍，吃過晚飯，然後又回到他們血淋淋的工作裡去；直到殺了九百頭海象，他們才懂得收手，大喊『好了！夠了！』(pp. 316–17).

關於路易斯棋子在挪威背景下的詳細歷史，見Nancy Marie Brown, *Ivory Vikings: The Mystery of the Most Famous Chessmen in the World and the Woman Who*

Okhuizen, "Dutch Pre-Barentsz Maps and the Pomor Thesis About the Discovery of Spitsbergen," *Acta Borealia,* 22, no. 1 (2005), pp. 21–41; Jens Petter Nielsen, "John Tradescant's Diary of His Voyage to Russia June/September 1618: A Source of Information About Russian Sea Mammal Hunting on the Svalbard Archipelago?," *Acta Borealia,* 22, no. 1 (2005), pp. 43–47. 關於早期試圖藉由定居聲稱主權的情況，見：Louwrens Hacquebord, "Whaling Stations as Bridgeheads for Exploration of the Arctic Regions in the Sixteenth and Seventeenth Century," in *International Conference on Shipping, Factories and Colonization, Brussels, 24–26 November 1994,* ed. J. Everaert and J. Parmentier (Groningen: University of Groningen, 1997), pp. 289–97.

最近關於北極高緯度地區氣溫的報告，如：Thomas Nilsen, "Early June Heat Wave over Northern Europe," *Barents Observer,* June 9, 2019, 網址：https://thebarentsobserver.com/en/ecology/2019/06/northern-european-heat-wave-comes-end; Ed Struzik, "How Thawing Permafrost is Beginning to Transform the Arctic," *Yale Environment 360,* January 21, 2020, 網址：https://e360.yale.edu/features/how-melting-permafrost-is-beginning-to-transform-the-arctic; and, for Svalbard, Tamara Worzewski, "Seven Degrees of Separation," *Icepeople,* October 25, 2019, 網址：http://icepeople.net/2019/10/25/seven-degrees-of-separation-long yearbyens-climate-change-may-be-the-fastest-in-the-world-but-the-wide-ranging-impacts-tell-the-real-tale-part-one-of-a-seven-part-series/.

16 姑勿論波莫爾人何時到達，到一八五三年後，他們就不再來了。從一七九五年起，挪威捕獵者就注意到：他們在史匹茲卑爾根島工作，並在一八二一年開始大量捕獵。波莫爾人在白海港口被冰雪阻隔，直到晚春才能動身，比對手晚了整整兩個月到達群島，最有利可圖的狩獵場都已被人佔光。一八二二至二三年，波莫爾人在貝爾灣殺死了一千一百頭海象，但這是他們最後一次漁獲。隨著利潤下降，大天使港商行重新將注意力轉向新地島的白鯨與挪威北部的黑麥、木材和鱈魚貿易。詳見 Jens Petter Nielsen, "The Russian and Norwegian Hunting Industry on Svalbard Until ca. 1850: Two Different PolarTraditions,"in *Norway and Russia in the Arctic,* ed. Stian Bones and Petia Mankova, *Speculum Boreale*, no. 12 (Tromsø: University of Tromsø, 2010), pp. 7–16; Jens Petter Nielsen, "Russian-Norwegian Relations in Arctic Europe: The History of the 'Barents Euro-Arctic Region,'" *East European Quarterly,* XXXV, no. 2 (2001), pp. 163–81; Nils Storâ, "Russian Walrus Hunting in Spitsbergen," *Études/Inuit/Studies,* 11, no. 2 (1987), pp. 117–37; Odd Lønø, "The Catch of Walrus *(Odobenus rosmarus)* in the Areas of Svalbard, Novaja

關於「勘曼特」，見Siri Sverdrup Lunden, "*Grumant* or *Broun*? Previous Russian Names for Spitsbergen," *Scando-Slavica,* 26, no. 1 (1980), pp. 139–48.

15 挪威學者和相關學者認為，從波莫爾小木屋上取下的木料，其年代為十六世紀，有可能是附近海灘打撈的漂流木，也有可能是幾十年前在白海上砍伐的木材，然後轉運到那裡來用作建築。他們指出，在巴倫支和哈德遜的日記中並未提到俄國人的小屋和船隻，也沒有發現任何波莫爾人習慣豎立在聚居點的木十字架。事實上，直到巴倫支抵達後整整一個世紀，才開始有人目睹和提到俄國人出現在史匹茲卑爾根島或其水域。(Marek E. Jasinski, "Russian Hunters on Svalbard and the Polar Winter," *Arctic,* 44, no. 2 [1991], pp. 156–62; M. I. Belov, "Excavations of a Russian Arctic Town," *Polar Geography,* 1, no. 4 [1977], pp. 270–85; Alexei V. Kraikovski, "Productivity and Profitability of Spitsbergen Hunting in the Late 18th Century," in *LASHIPA,* ed. Hacquebord, pp. 17–32). 以下兩篇論文則依政治脈絡來對首次抵達的爭議加以概述：Thor Bjørn Arlov, "The Discovery and Early Exploitation of Svalbard: Some Historiographical Notes," *Acta Borealia,* 22, no. 1(2005),pp.3–19; 以及Svend Erik Albrethsen and Thor Bjørn Arlov, "The Discovery of Svalbard—A Problem Reconsidered," *Fennoscandia Archaeologica,* V (1988), pp. 105–10. 在這問題上，俄方的關鍵學者是當代考古學家斯塔科夫(Vadim F. Starkov)，儘管持續飽受批評，但他對俄人先抵波莫爾的看法始終如一。見Vadim F. Starkov, "Russian Arctic Seafaring and the Problem of the Discovery of Spitsbergen," *Fennoscandia Archaeologica,* III (1986), pp. 67–72; Vadim F. Starkov, "Russian Sites on Spitsbergen and the Problem of Chronology," *Fennoscandia Archaeologica,* V (1988), pp. 111–16; Vadim F. Starkov, "Soviet Archeological Expedition Studies on the Archipelago of Svalbard: Results and Prospects," *Acta Borealia,* 6, no. 2 (1989), pp. 42–46; Vadim F. Starkov, "Methods of Russian Heritage Site Dating on the Spitsbergen Archipelago," *Acta Borealia,* 22, no. 1 (2005), pp. 63–78; J. V. Tsivka, A. V. Tkachenko, Vadim F. Starkov, and V. I. Rjabkov, *Glacial El Dorado: Spitsbergen* (Moscow: Penta, 2001). 對此，早期有系統的回應有Anatol Heintz, "Russian Opinion About the Discovery of Spitsbergen," *Årbok 1964* (Tromsø, Norway: Norsk Polarinstitutt, 1966), pp. 93–118. 最近，考古學家Tora Hultgreen提出了波莫爾人另一個抵達日期，是十八世紀初，見Tora Hultgreen, "When Did the Pomors Come to Svalbard?," *Acta Borealia,* 19, no. 2 (2002), pp. 125–45; Tora Hultgreen, "The Chronology of the Russian Hunting Stations," *Acta Borealia,* vol. 22, no. 1 (2005), pp. 79–91. 也有學者提出第三個日期，如Jasinski, "Russian Hunters on Svalbard." 其他關於斯塔科夫的評論包括：Edwin

Cornell University Press, 1994), pp. 1–45; Janet Martin, *Treasure of the Land of Darkness: The Fur Trade and Its Significance for Medieval Russia* (Cambridge, UK: Cambridge University Press, 1986); Alexander Etkind, *Internal Colonization: Russia's Imperial Experience* (Cambridge, UK: Polity, 2011); Julia Lajus, Alexei Kraikovski, and Alexei Yurchenko, "The Fisheries of the Russian North, c.1300–1850," in *A History of the North Atlantic Fisheries,* vol. 1, *From Early Times to the Mid-Nineteenth Century,* ed. David J. Starkey, Jón Th. Thór, and Ingo Heidbrink (Bremen: Hauschild Verlag, 2009), pp. 41–64.

12 見Alexei Kraikovski, " 'The Sea on One Side, Trouble on the Other': Russian Marine Resource Use Before Peter the Great," *Slavonic and East European Review,* 93, no.1 (2015), pp. 39–65; Margarita Dadykina, Alexei Kraikovski, and Julia Lajus, "Mastering the Arctic Marine Environment: Organizational Practices of Pomor Hunting Expeditions to Svalbard (Spitsbergen) in the Eighteenth Century," *Acta Borealia,* 34, no. 1 (2017), pp. 50–69; Alexei Kraikovski, Yaroslava Alekseeva, Margarita Dadykina, and Julia Lajus, "The Organization of Pomor Hunting Expeditions to Spitsbergen in the 18th Century," in *LASHIPA: History of Large Scale Resource Exploitation in Polar Areas,* ed. Louwrens Hacquebord (Groningen, Netherlands: Barkhuis/University of Groningen, 2012), pp. 1–15; Lajus et al., "Fisheries of the Russian North." 大多數作者都不是僅從地理角度考察北俄羅斯，而是把它視為歷史、文化區域，其中包括Karelia、Kola半島、大天使港和Vologda諸省；其中，波莫爾地區毗鄰白海，隨著時間推移，「波莫爾」的名稱已用來泛指白海沿岸全體居民。關於波莫爾人身份認同的轉變，見Yuri Shabayev and Valeri Sharapov, "The Izhma Komi and the Pomor: Two Models of Cultural Transformation," *Journal of Ethnology and Linguistics,* 5, no.1 (2011), pp. 97–122. 值得注意的是，波莫爾獵人在史匹茲卑爾根島上的收入相對較少：只有百分之一的波莫爾探險隊會去那裡；大多數人在白海內航行，例如去新地島(Dadykina et al., "Mastering the Arctic," p. 54).「修道院提供組織結構，參與當地經濟所有主要部門，是俄羅斯拓殖北方的『骨幹』」(Kraikovski, "The Sea," p. 54, n. 65).

13 Sigismund Bacstrom, "Account of a Voyage to Spitsbergen in the Year 1780," *Philosophical Magazine,* 3 (1799), pp. 140–52 (「長長的鬍子」, p. 147). 柏斯參懷著善意，描述了他在斯梅倫堡附近與俄羅斯獵隊的一些親切社交活動。

14「根據一六九七年的捕鯨者記錄，該季節有幾艘俄羅斯船隻現身史匹茲卑爾根島海域。但他們只是順便一提，並不以此為奇。」(Conway, *No Man's Land,* p. 233)

Marine Mammal Commission, *Status of Marine Mammals in the North Atlantic: The Beluga Whale* (Tromsø: NAMMCO, n.d.), 網址：http://iea-archive.uoregon.edu/indicators/NA MMCOBelugaWhales1992-2002Data.pdf; 以及較不樂觀的報告：Environmental Investigation Agency, *Endangered Belugas and the Growing Threats of Climate Change, Arctic Shipping and Industrialization: Why Arctic Nations Should Implement a Ten-Year Moratorium on Increased Arctic Shipping* (Washington, DC: Environmental Investigation Agency, 2014), 網址：https://content.eia -global.org/assets/2014/10/Beluga_Report.pdf.

7 Ian Gjertz and Øystein Wiig, "Distribution and Catch of White Whales (*Delphinapterus leucas*) at Svalbard," *Meddelelser om Grønland, Bioscience,* vol. 39 (Copenhagen: The Commission for Scientific Studies in Greenland, 1994), pp. 93–97.

8 春季捕撈時雄鯨較多，因此相對來說，夏獵對群體繁殖的影響較大。見Odd Lønø and Per Øynes, "White Whale Fishery at Spitsbergen," *Norsk Hvalfangst-Tidende,* 50 (1961), pp. 267–287, esp. pp. 285–86.

9 Gjertz and Wiig, "Distribution and Catch of White Whales." 另見Lønø and Øynes, "White Whale Fishery at Spitsbergen," 其中詳細介紹了一九五〇年代狩獵方法的第一手資料，包括使用增壓式水底炸藥。

從白鯨身上能獲得各種商品，特別是從額前提取異常細膩的鯨蠟。鯨魚藉著調整隆額的形狀和方向，便能微調回聲定位。鯨蠟提煉出來後，用於手錶和其他敏感設備；而且燃燒時火焰特別明亮穩定，曾被用作為燈塔裡的燈油，一直到二十世紀初換成電燈為止。此外，白鯨皮相當耐用、柔軟、光滑無毛、富有彈性（「比其他水陸動物身上獲得的都好，屬於皮革中的上品」），鹽漬後運往蘇格蘭，製成皮帶、皮鞋、鞋帶，還有馬具和機械帶（"Beluga Skins," *Harness Herald,* XXVIII, no. 2 [1917], p. 18 ）。其他細節見Richard Ellis, *Men and Whales* (New York: Alfred A. Knopf, 1991), p. 331; Philip Hoare, *Leviathan, or, The Whale* (London: Fourth Estate, 2008); Charles Hugh Stevenson, *Utilization of the Skins of Aquatic Animals* (Washington, DC: Government Printing Office, 1903), pp. 340–42; Suzan Dionne and Claire Gourbilière, "St. Lawrence Beluga," in *Encyclopedia of French Cultural Heritage in North America,* 網址：http://www.ameriquefrancaise.org/en/article-294/St._Lawrence_Beluga.html#note11.

10 Gjertz and Wiig, "Distribution and Catch of White Whales"; Lønø and Øynes, "White Whale Fishery at Spitsbergen."

11 Yuri Slezkine, *Arctic Mirrors: Russia and the Small Peoples of the North* (Ithaca, NY:

Nordlit, 35 (2015), pp. 29–45, 當中尤其提到刺坡根島作為富人遊賞地的悠久歷史。經典的政治史有 Trygve Mathisen, *Svalbard in International Politics 1871–1925: The Solution of a Unique International Problem* (Oslo: Norsk Polarinstitutt, 1954) 和 *Svalbard in the Changing Arctic* (Oslo: Gyldenal Norsk Forlag, 1954)，可視為戰後地緣政治背景下，研究冷岸群島的大量文獻的前奏。最近的文獻涉及氣候變遷對極地冰海和東北航道的潛在影響，關於這一主題的一般性介紹有 Alun Anderson, *After the Ice: Life, Death, and Geopolitics in the New Arctic* (Washington, DC: Smithsonian Books, 2009). 關於北極主權問題，文獻眾多，例如：Michael Byers with James Baker, *International Law and the Arctic* (Cambridge, UK: Cambridge University Press, 2013); Jon D. Carlson, Christopher Hubach, Joseph Long, Kellen Minteer, and Shane Young, "Scramble for the Arctic: Layered Sovereignty, UNCLOS, and Competing Maritime Territorial Claims," *SAIS Review,* 33, no. 2 (2013), pp. 21–43; Wojciech Janicki, "Why Do They Need the Arctic? The First Partition of the Sea," *Arctic,* 65, no. 1 (2012), pp. 87–97. 至於後殖民主義和文化理論取向方面，有 Adriana Craciun, "The Scramble for the Arctic," *Interventions,* 11, no. 1 (2009), pp. 103–14. 以挪威的野心為出發點，對史匹茲卑爾根島、冷岸群島所進行的廣泛、詳細和可靠的歷史研究，則有：Einar-Arne Drivenes and Harald Dag Jølle, eds., *Into the Ice: The History of Norway and the Polar Regions* (Copenhagen: Gyldendal Akademisk, 2006), 是英語縮寫版，原為三卷本的 *Norske polarhistorie* (Copenhagen: Gyldendal Akademisk, 2004). 此外還有許多通俗記載，提供了廣泛的歷史考察，如：Bjørn Fossli Johansen, ed., with Kristin Prestvold and Øystein Overrein, *Cruise Handbook for Svalbard,* Polarhåndbok no. 14 (Tromsø: Norsk Polarinstitutt, 2011); Joanna Kavenna, *The Ice Museum: In Search of the Lost Land of Thule* (London: Penguin, 2006); Sarah Wheeler, *The Magnetic North: Notes from the Arctic Circle* (London: Jonathan Cape, 2009); Robert McGhee, *The Last Imaginary Place.*

6 T. A. Jefferson, L. Karczmarski, K. Laidre, G. O'Corry-Crowe, R. R. Reeves, L. Rojas-Bracho, E. R. Secchi, E. Slooten, B. D. Smith, J. Y. Wang, and K. Zhou, "*Delphinapterus leucas,*" in *IUCN Red List of Threatened Species* (Geneva: IUCN, 2012), 網址：http://dx.doi.org/10.2305/IUCN.UK.2012 .RLTS.T6335A17690692.en; Boris Culik, *Odontocetes, the Toothed Whales:* "Delphinapterus leucas" (Bonn: UNEP/CMS Secretariat, 2010), 網址：http://www.cms.int/reports/small_cetaceans/index.htm. 俄羅斯於一九九九年頒佈商業捕撈白鯨的禁令；在西格陵蘭，二〇〇四年確定了三百二十頭白鯨的配額，供原住民捕獵。詳情和區域性討論見 North Atlantic

4 Abacuk Pricket, "A Larger Discourse of the Same Voyage, and the Successe Thereof," in *Hakluytus Posthumus,* ed. Purchas, vol. 13, pp. 377–410 ("they let fall the Main-sayle, and out with their Top-sayles, and flye as from an Enemy," p. 399). 另見Sir William Martin Conway, *No Man's Land: A History of Spitsbergen from Its Discovery in 1596 to the Beginning of the Scientific Exploration of the Country* (Cambridge, UK: Cambridge University Press, 1906), pp. 22–30. Conway爵士雖誤將船員John Playse列作與事者，但他對這次航行的總結相當準確：「這次航行就這樣結束了。僅就史匹茲卑爾根島本身而言，這次航行的歷史意義並沒有人們所認為的那麼重要。畢竟並沒有發現新陸地，也沒有抵達更高的緯度。然而，一個重要成果是到達鯨魚灣，目睹出沒的鯨魚數量」(p.30)。關於此次航行、兵變以及後來八名倖存兵變者（原有船員二十三人）被無罪釋放的詳盡研究和動人描述，見Peter C. Mancall, *Fatal Journey: The Final Expedition of Henry Hudson* (New York: MJF Books, 2009).

5 正如我在本章稍後將會指出，這段煉油、積存的歷史可能早就存在。波莫爾(Pomor)獵人從大天使港(Arkhangel'sk)出發前來，甚至比哈德遜和巴倫支更早。然而，邁入前工業化（以及後來完全工業化）以後，露脊鯨的捕獵才急轉劇烈，這一點幾乎沒有什麼爭議。

有關冷岸群島的社會史，Arlov曾以英語進行扼要概述（但略為過簡），見Thor B. Arlov, *A Short History of Svalbard,* Polarhåndbok no. 4 (Oslo:Norsk Polarinstitutt,1994). 某些學者對Arlov所回顧的煉油史進行了更詳細的研究，尤其重要的有：Louwrens Hacquebord, "Three Centuries of Whaling and Walrus Hunting in Svalbard and Its Impact on the Arctic Ecosystem," *Environment and History,* 7, no. 2 (2001), pp. 169–85; Louwrens Hacquebord and Dag Avango, "Settlements in an Arctic Resource Frontier Region," *Arctic Anthropology,* 46, nos. 1–2 (2009), pp. 25–39; Dag Avango, Louwrens Hacquebord, Ypie Aalders, Hidde De Haas, and Ulf Gustafsson, "Between Markets and Geo-Politics: Natural Resource Exploitation on Spitsbergen from 1600 to the Present Day," *Polar Record,* 47, no. 240 (2011), pp. 29–39. 關於史匹茲卑爾根島的探索和發現，各方面都有詳盡的學術文獻，William Barr關於科學探險的記錄工作尤其寶貴。首次勘探時期的原始文獻，見Martin Conway, Early Dutch and English Voyages to Spitsbergen in the Seventeenth Century (London: Hakluyt Society, 1904). 另見Conway自己在群島上的歷史*No Man's Land*；以及Anka Ryall對這位精力充沛的英國藝術史家和探險家的生活和歷史學的有趣討論："The Arctic Playground of Europe: Sir Martin Conway's Svalbard,"

25 Thordarson and Hoskuldsson, *Iceland,* p. 31。海克拉的木刻畫出自於一五五三年版Sebastian Münster所著*Cosmographia*一書。

26 Elena Poniatowska, *Nothing, Nobody: The Voices of the Mexico City Earthquake* (Philadelphia: Temple University Press, 1995).

27 Pliny, *Natural History,* vol. X, trans. D. E. Eichholz (Cambridge, Mass.: Harvard University Press, 1962), XXXVI.126–27. 譯文略有修改。

28 Ibid., XXXVII.60.

29 Halldór Laxness, *Under the Glacier,* trans. Magnus Magnusson (New York: Vintage, 2004), p. 141. 該書首次出版於一九六八年。作者捕捉到斯內斐冰川的新時代神秘感，認定它為全球脈輪地理中的地球七大「能量之地」之一。還有另一個當代的闡釋，見Rúna Guðrún Bergmann, *The Magic of Snæfellsj*ökull (Reykjavík: Isis-Iceland, 2014). 斯內斐冰川的規模現正迅速縮小，目前預計將在本世紀消失；見Larissa Kyzer, "Snæfellsjökull Could Be Gone in Thirty Years," *Iceland Review*, April 28, 2019, 網址：https:// www.icelandreview.com/news/snaefellsjokull-could-be-gone-in-thirty-years/.

30 施古生最著名的是他在海地的雷公墨研究，為白堊紀末期氣候變化的奇虛樂隕石坑(Chicxulub)，提供了隕石撞擊的證據，並發現了被一八一五年Tambora火山爆發掩埋的人口中心。完整的描述，見Haraldur Sigurðsson, *Eldur Niðri* (Stykkishólmur: Útgefandi Vulkan, 2011). 感謝Sigmar Matthiasson對該文本的翻譯工作。

之五　鯨脂石

1 關於幾個世紀以來對北極無冰環境的猜測，見John K. Wright, "The Open Polar Sea," *Geographical Review,* 43, no. 3 (1953), pp. 338–65. 另見Bernard Saladin d'Anglure, "The Route to China: Northern Europe's Arctic Delusions," *Arctic,* 37, no. 4 (1984), pp. 446–52 ，其中特別有提到哈德遜。

2 Charles T. Beke, ed., *A True Description of Three Voyages by the North-East Towards Cathay and China Undertaken by the Dutch in the Years 1594, 1595 and 1596, by Gerrit de Veer,* trans. William Philip (Burlington, Vt.: Ashgate/Hakluyt Society, 2010), pp. 74, 73, 128–29.

3 Henry Hudson and John Playse, "Divers Voyages and Northerne Discoveries of That Worthy Irrecoverable Discoverer Master Henry Hudson; His Discoverie Toward the North Pole, Set Forth at the Charge of Certaine Worship-full Merchants of London, in May 1607," in *Hakluytus Posthumus*, ed. Purchas, vol. 13, pp. 294–313, esp. p. 305.

Pyle, and Jenni Barclay (London: Geological Society, 2003), pp. 401–14. Andrew Dugmore and Orri Vesteinsson,「Black Sun, High Flame, and Flood: Volcanic Hazards in Iceland,」in *Surviving Sudden Environmental Change: Answers from Archaeology,* ed. J. Cooper and P. Sheets (Boulder: University Press of Colorado, 2012), pp. 67–90, 作者認為，火山對冰島的社經史影響被誇大了，因為火山噴發一般都發生在遠離民居的地方。當然，海馬伊是個例外，天然港灣是重要資源，人們於是被吸引到西民火山系統裡頭。關於拉基火山噴發的社會、文化歷史，以及十八世紀籠罩冰島的一連串災難，詳見Karen Oslund, *Iceland Imagined: Nature, Culture, and Storytelling in the North Atlantic* (Seattle: University of Washington Press, 2011), pp. 30–60, 文中指出，丹麥的殖民政策加深了拉基火山爆發的影響，因此，這些事件在冰島民族主義的發展中扮演著重要角色。

21 Thordarson and Hoskuldsson, *Iceland,* pp. 13–15. Dugmore and Vesteinsson, "Black Sun, High Flame," 則注意到一五〇〇年以前的統計代表數不足，並建議從二百零五宗改成三百宗，詳見Thor Thordarson and Gudrun Larsen, "Volcanism in Iceland in Historical Time: Volcano Types, Eruption Styles and Eruptive History," *Journal of Geodynamics,* 43 (2007), pp. 118–52. 另一更激進的觀點認為，冰島的火山噴發頻率會因「反彈」而大幅增加；所謂「反彈」，即由於冰川融化導致陸地面積上升，目前估計每年上升四十毫米，見Jeffrey Kluger, "How Climate Change Leads to Volcanoes (Really)," *Time,* Jan. 29, 2015.

22 Immanuel Kant, *Critique of Judgment,* trans. J. H. Bernard (New York: Hafner Press, 1914) (「一切都顯得渺小」，見§25, p. 109；「想像力不足」，見§26, p. 112).

23 詳見Robert Doran的近作：*The Theory of the Sublime from Longinus to Kant* (Cambridge, UK: Cambridge University Press, 2015). 關於十八世紀對於崇高地理的敘述，見Cian Duffy, *The Landscapes of the Sublime, 1700–1830: Classic Ground* (New York: Palgrave Macmillan, 2013); 此外，作為有用的資料手冊，見Cian Duffy and Peter Howell, *Cultures of the Sublime: Selected Readings, 1750–1830* (New York: Palgrave Macmillan, 2011); 另見Chloe Chard, "Rising and Sinking on the Alps and Mount Etna: The Topography of the Sublime in the Eighteenth Century," *Journal of Philosophy and the Visual Arts,* 1, no. 1 (1989), pp. 60–69. 關於冰島的崇高景致，見Karl Benediktsson and Katrín Anna Lund, eds., *Conversations with Landscape* (Farnham, UK: Ashgate, 2010), 特別是Emily Brady, "The Sublime, Ugliness and 'Terrible Beauty' in Icelandic Landscapes," pp. 125–36.

24 Dronke, "Voluspá," p. 22.

thórsson, Th. Einarsson, H. Kristmannsdóttir, and N. Oskarsson, "The Eruption on Heimaey, Iceland," *Nature,* 241 (Feb. 1973), pp. 372–75; John McPhee, "Cooling the Lava," in *The Control of Nature* (New York: Farrar, Straus and Giroux, 1989), pp. 95–179. 這裡的描述除了參考上述和其他資料外，還有我跟海馬伊居民的對話，最主要有Ragnar Óskarsson（羅格納）、Helga Hallbergsdóttir和Ingibergur Óskarsson等人—— Óskarsson更是*1973 í bátana*臉書社群管理者.

17 Einarsson, *Heimaey Eruption*, p. 14.

18 Ólafur Egilsson, *The Travels of Reverend Ólafur Egilsson Captured by Pirates in 1627,* ed. and trans. Karl Smári Hreinsson and Adam Nichols (Keflavik: Saga Academía, 2011), pp. 20, 34. 感謝羅格納多方幫忙，包括送這本精彩的書給我。

19 可想而知，關於冰島地質學各方面，都有傑出的專業和通俗文學作品。全面和易懂的英文介紹，可見Einarsson, *Geology of Iceland*; Ari Trausti Gudmundsson and Halldór Kjartansson, *Earth in Action: The Essential Guide to the Geology of Iceland* (Reykjavík: Vaka-Helgafell, 1996); Ari Trausti Gudmundsson, *Living Earth: Outline of the Geology of Iceland,* trans. Georg Douglas (Reykjavík: Mál og menning, 2007); Thor Thordarson and Armann Hoskuldsson, *Iceland (Classic Geology in Europe)* (Edinburgh: Terra, 2002). 關於海克拉被稱作「地獄之門」的典故，見Mary C. Fuller, "The Real and the Unreal in Tudor Travel Writing," in *Companion to Tudor Literature and Culture,* ed. Kent Cartwright (Oxford, UK: Blackwell, 2009), pp. 475–88, 其中有提到Arngrímur Jónsson的*Briefe Commentarie of the True State of Island* (1593)一書。Jónsson是冰島人,「他提醒讀者，雖然像Sebastian Münster和Gemma Frisius等大陸地理學家愛用某些說法，把冰島想像成遙遠的野蠻人，但事實上，冰島卻是一個由斯堪的納維亞殖民者居住的、有文化修養的新教國家。例如，Frisius和Münster聲稱，在冰島，死者的靈魂在近海冰層和當地的火山中飽受折磨，而火山更是通往冥界的地道。Jónsson向『他的』讀者保證，冰島的地形雖不尋常，但並不會比墨西哥更加奇怪」(Fuller, "The Real and the Unreal," pp. 478–79).

20 Thor Thordarson and Steve Self, "The Laki (Skaftár Fires) and Grímsvötn Eruptions in 1783–1785," *Bulletin of Volcanology,* 55, no. 4 (1993), pp. 233–63; Claire S. Witham and Clive Oppenheimer, "Mortality in England during the 1783–4 Laki Craters Eruption," *Bulletin of Volcanology,* 67, no. 1 (2004), pp. 15–26; John P. Grattan, Michael Durand, and S. Taylor,「Illness and Elevated Human Mortality Coincident with Volcanic Eruptions,」in *Volcanic Degassing,* ed. Clive Oppenheimer, David M.

Linguistic Turn (Chur, Switzerland: Harwood Academic Publishers, 1995, pp. 75–98. Byock (p. 164) quotes from the telling opening of Laxness's *Paradise Reclaimed*: in the mid-nineteenth century, "Icelanders were said to be the poorest people in Europe, just as their fathers and grandfathers and great-grandfathers had been, all the way back to the earliest settlers; but they believed that many long centuries ago there had been a Golden Age in Iceland, when Icelanders had not been mere farmers and fishermen as they were now, but royal-born heroes and poets who owned weapons, gold, and ships" (Halldór Laxness, *Paradise Reclaimed,* trans. Magnus Magnusson [New York: Vintage, 2002], p. 3).

13 關於板塊運動的詳細、簡明和圖文並茂的最新描述，見Wolfgang Frisch, Martin Meschede, and Ronald Blakey, *Plate Tectonics: Continental Drift and Mountain Building* (Heidelberg: Springer, 2011), pp. 48–51. 冰島和北大西洋火成岩省是否可以用地函熱柱模型，抑或更直接地與板塊構造有關，目前已有相當多的爭論；相關綜合介紹，見Gillian R. Foulger, *Plates vs Plumes: A Geological Controversy* (London: Wiley-Blackwell, 2010)；也有人質疑熱柱模型的說法，詳見網站：www.mantleplumes.org

14 Þorleifur Einarsson, *Geology of Iceland: Rocks and Landscape,* trans. Georg Douglas (Reykjavík: Mál og menning, 1994), p. 236. 現有資料表明，所有居住在冰島的自由人都能參與阿爾庭議會，儘管可能有一些社會地位的要求。原則上，所有男性人口都會參加年度大會，並就憲法和法律表達同意。阿爾庭通常被譽為冰島有史以來首個國家議會，Gunnar Karlsson卻力排眾議，不為國族情感所動，堅決認為反而正是因為這議會「起了無意中的作用，才創造了一個相當類似於國家的種族社群。」他同時指出：「幾個世紀以來，唯有冰島這地方曾建立起一個基督教的、有文化的社會，卻沒有出現任何君主形式，也沒有統一的行政權力。換言之，這社會試圖在沒有統治者的情況下維護法律和秩序，這樣的例子實屬罕見。」(Karlsson, *History of Iceland*, p. 21).

15 關於速特西地質學和生態學的全面介紹，見Sturla Friðriksson, *Surtsey: Ecosystems Formed* (Reykjavík: Surtsey Research Society, 2005).

16 關於岩漿爆發、隨後的救援任務和控制熔岩的行動，現有大量文獻記載。例如，見Þorleifur Einarsson, *The Heimaey Eruption in Words and Pictures,* trans. Alan Boucher (Heimskringla: Reykjavík, 1974); Richard S. Williams, Jr., and James G. Moore, *Man Against Volcano: The Eruption on Heimaey, Vestmannaeyjar, Iceland* (Denver, Colo.: United States Geological Survey, 1983); S. Thorarinsson, S. Stein-

「純中之純」的雅利安人。因此，冰島傳奇對瓦格納來說非常重要，《伏松加傳奇》(*Völsunga Saga*)是神話的基礎。吉斯利(Gísli Pálsson)和Sigurður Örn Guðbjörnsson寫道：「人們當時認為，冰島人是最最純潔的，在嚴峻的天擇壓力下，在相對孤立的環境中繁衍世代，文化綿延幾個世紀。」(“Make No Bones About It: The Invention of Homo islandicus,” *Acta Borealia: A Nordic Journal of Circumpolar Societies*, 28, no. 2 [2011], pp. 119–141, p. 138. 托馬斯・曼(Thomas Mann)的女兒Erika Mann是演員兼作家，由於其特殊性傾向，父親便把她嫁給人，幫她逃離德國。一九三六年，W. H. Auden告訴Erika Mann說：「我九點搭上了去Mývatn的公車，坐滿了納粹，他們不停地談論「Die Schönheit des Islands」(冰島人的純靚)、雅利安的血純，「 Die Kinder sind so reizend: schöne blond Haare und blaue Augen. Ein echt Germanischer Typus」(孩子們多可愛，多標緻的金髮碧眼，是正宗的日耳曼人)這文法大概不對，但聽起來是這樣。真好笑，當他們說這最後一句話時，我們在路上不朽經過一對黑嘛嘛的小孩 (W. H. Auden, “W.H.A. to E.M.A.—No. 2,” in W. H. Auden and Louis MacNeice, *Letters from Iceland* [London: Faber and Faber, 1937], p. 134). 關於中世紀冰島文學在民族主義話語中的作用，見Gunnar Karlsson, “Icelandic Nationalism and the Inspiration of History,” in *The Roots of Nationalism: Studies in Northern Europe*, ed. Rosalind Mitchison (Edinburgh: John Donald, 1980), pp. 77–89; Jesse L. Byock, “Modern Nationalism and the Medieval Sagas,” in *Northern Antiquity: The Post-Medieval Reception of Edda and Saga*, ed. Andrew Wawn (London: Hisarlik Press, 1994), pp. 163–87; Gísli Pálsson, “Sagas, History, and Social Life,” in Gísli Pálsson, *The Textual Life of Savants: Ethnography, Iceland, and the Linguistic Turn* (Chur, Switzerland: Harwood Academic Publishers, 1995, pp. 75–98. 其中Byock（p・164）引用了樂斯內《重獲天堂》開篇中的一段話：在十九世紀中葉，「冰島人被指為歐洲最貧窮的人，就像他們的父輩、祖輩和曾祖輩一樣，一直到最早的定居者；然而他們自己相信，在漫長的世紀以前，冰島曾出現過一個黃金時代，當時冰島人並不像現在這樣只是農民和漁民，而是系出皇室的英雄和詩人，擁有武器、黃金和船隻。」(Halldór Laxness, *Paradise Reclaimed*, trans. Magnus Magnusson [New York: Vintage, 2002], p. 3).

Nationalism and the Inspiration of History,” in *The Roots of Nationalism: Studies in Northern Europe*, ed. Rosalind Mitchison (Edinburgh: John Donald, 1980), pp. 77–89; Jesse L. Byock, “Modern Nationalism and the Medieval Sagas,” in *Northern Antiquity: The Post-Medieval Reception of Edda and Saga*, ed. Andrew Wawn (London: Hisarlik Press, 1994), pp. 163–87; Gísli Pálsson, “Sagas, History, and Social Life,” in Gísli Pálsson, *The Textual Life of Savants: Ethnography, Iceland, and the*

Iceland and the North (Toronto: University of Toronto Press, 2014)。作者重新描繪了，位處冰島南部和西民群島的凱爾特基督教社區，如何在維京人到來之前近一個世紀，把愛爾蘭、蘇格蘭大陸、赫布里底群島和其他大西洋前哨站聯繫起來。關於愛爾蘭人出海探索、觀察候鳥和中世紀暖期，見Robert McGhee, *The Last Imaginary Place: A Human History of the Arctic World* (Oxford, UK: Oxford University Press, 2005), pp. 78–82.

11 Snorri Sturluson, "Gylfaginning" in *The Prose Edda,* trans. and ed. Anthony Faulkes (London: Everyman, 1987), pp. 7–58 ("At the end of the world," p. 9);「諸神的黃昏」段落以及後來故事，載於pp. 51–58. 關於斯諾里生平的通俗簡介，見Nancy Marie Brown, *Song of the Vikings: Snorri and the Making of Norse Myths* (New York: Palgrave Macmillan, 2012).

12「再一次／她看見出現／汪洋中的大地／又再綠了／懸河奔瀉／蒼鷹縱馳／層巒間／獵魚」(Snorri, "Voluspá," in Ursula Dronke, trans. and ed., *The Poetic Edda, vol. II: The Mythological Poems* (New York: Clarendon Press, 1969), pp. 7–24, p. 21; Ursula Dronke, trans. and ed., "Voluspá," in *The Poetic Edda* (Oxford: Clarendon Press, 1997), pp. 7–24, 引文在p. 23. 如Valdimar Hafstein所稱，〈巫之預言〉乃「埃達詩之母」，有大量專業文獻，我只是不揣略作簡評 (Valdimar Tr. Hafstein, "Groaning Dwarves at Granite Doors: Fieldwork in Völuspá," *Arkiv för nordisk filologi,* 118 [2003], pp. 29–45).

一八一二年和一八一五年，格林兄弟在德國出版了第一本童話集《兒童與家庭故事》(*Kinderund Hausmärchen*)，歐洲從此風行收集民族神話和傳說，中世紀文學於國家始有其重要性。一八五二年，Jón Árnason和Magnús Grímsson出版《冰島童話》(*Íslenzk Æfintýri*)，這是浪漫派民族主義浪潮的一部分。在脫離丹麥的獨立運動早期，這是一套堪稱為冰島本土傳說的文本依據。以新的黃金文化作為歷史基礎，這對於民族身份的獨特表達至關重要，亦不可避免地激起一系列的政治可能性。施古臣(Jón Sigurðsson)，今天被譽為冰島國父，本身便是中世紀文學學者，參與位於哥本哈根的馬努生基金會(Arnamagnaean Foundation)的工作，終生編彙傳奇故事。他是Jón Árnason和Magnús Grímsson的堅定支持者，被選入新的Alþingi，即丹麥於一八四三年恢復的國民議會，擁有有限的協商權，這是立法自治的第一步。再來是一八七四年頒佈新憲法和地方自治法，最終於一九四四年實現全面獨立。獨立運動利用了冰島文化過去的創新獨特性，以及冰島人民與世隔絕而表現出的純潔性。這種獨特性恰好吸引了當地種族純潔意識形態，與德國納粹氣味相投：對某些人來說，冰島是「原鄉」(Urheimat)，冰島人才是真正的、

2013, 網址：http:// www.grimsbytelegraph.co.uk/Look-boys-yelled-skipper/story-20029627-detail/story.html，其中介紹了最近安裝在格林斯比中央大會堂的靄冰號紀念櫥窗。

2 見Björn Þorsteinsson, *Tiu þorskastrið, 1415-1976* (Reykjavík: Sögufélagi, 1976). Þorsteinsson指出，冰島漁場的國際衝突始於十五、十六世紀，丹麥皇室當時試圖建立永久性貿易前哨，藉此控制冰島的貿易。

3 描寫冰島農村生活，最有名的當然莫過於樂斯內(Halldór Laxness)的*Independent People* (trans. J. A. Thompson (New York: Vintage, 1997))。這是一部以二十世紀初為背景的駭人史詩，以嚴肅的現實主義，描寫了偏僻養羊場的日常鬥爭，又因周遭景物而浸透著無限生命力。

4 Gunnar Karlsson, *The History of Iceland* (Minneapolis: University of Minnesota Press, 2000); Jón R. Hjálmarsson, *History of Iceland: From the Settlement to the Present Day* (Reykjavík: Forlagið, 2007); Guðmundur Hálfdanarson, *Historical Dictionary of Iceland* (Lanham, Md.: Rowman & Littlefield, 2008), pp. 44–46, 65–67. 還有Kirsten Hastrup的三部曲：*Culture and History in Medieval Iceland: An Anthropological Analysis of Structure and Change* (Oxford, UK: Clarendon, 1985); *Nature and Policy in Iceland 1400–1800: An Anthropological Analysis of History and Mentality* (Oxford, UK: Clarendon, 1990); 以及A *Place Apart: An Anthropological Study of the Icelandic World* (Oxford, UK: Clarendon, 1998)，是人類學家對冰島歷史長河雄心勃勃的描述。

5 相關影像紀錄，見Peter Chapman, *Grimsby: The Story of the World's Greatest Fishing Port* (Derby, UK: Breedon Books, 2002).

6 關於迪泊隆熔岩的詳細介紹，見Haraldur Sigurðsson, "Djúpalónsperlur og Bennorít," 網址：https://vulkan.blog.is/blog/vulkan /entry/1181586/; 我感謝Haraldur Sigurðsson就這一主題給我意見，感謝Einar Johanesson的翻譯。引文源自Seamus Heaney, "Sandstone Keepsake," in Heaney, *Station Island*, p. 20.

7 Great Britain Board of Trade, "Wreck Report."

8 關於吉斯利的親自描述，見Gísli Pálsson, *Down to Earth: A Memoir* (Goleta, Calif.: punctum books, forthcoming).

9 Haraldur Bessason and Robert J. Glendinning, eds., *The Book of Settlements (Landnámabók),* trans. Hermann Pálsson and Paul Edwards (Winnipeg: University of Manitoba, 1972), pp. 19–21.

10 見Kristján Ahronson, *Into the Ocean: Vikings, Irish, and Environmental Change in*

名索引：*The Megalithic European: The 21st Century Traveller in Prehistoric Europe* (London: Thorsons, 2004). 二〇一六年，瑪格麗被提名蘇格蘭遺產天使獎，以表彰她對歷史環境的終身貢獻。

32 相關說明和圖表，詳見Ron Curtis and Margaret Curtis, *Callanish: Stones, Moon & Sacred Landscape* (Callanish: R&M Curtis, 1994); Ponting and Ponting, *New Light on the Stones of Callanish.*

33 比如Cole Henley便說過：「卡蘭奈斯場址的位置和方向與特定天文事件相關，這是毫無疑問的。然而，卻不一定像以前所認為的那樣，就是該場址的唯一或主要功能……更有可能的是，這些場址的建立，是基於一整套宇宙學觀念，而那些天文聯繫只不過是整個框架的一部分。」(Cole Henley, "Choreographed Monumentality: Recreating the Center of Other Worlds at the Monument Complex of Callanish, Western Lewis," in *Set in Stone: New Approaches to Neolithic Monuments in Scotland,* ed. Vicki Cummings and Amelia Pannett [Oxford: Oxbow Books, 2005], pp. 95–106).

34 Richards, *Building the Great Stone Circles,* p. 268. 值得注意，他引用了Henley "Choreographed Monumentality" 一文，注意到卡蘭尼什和馬肖（Maeshowe）墓道（也許還有出現在愛爾蘭的類似結構）之間佈局相似之處，從而提出當中存在宇宙學和建築學交流。

35 例如，見Vicki Cummings, *A View From the West: The Neolithic of the Irish Sea Zone* (Oxford, UK: Oxbow Books, 2009); Anna Ritchie, ed., *Neo-lithic Orkney in Its European Context* (Cambridge, UK: McDonald Institute for Archaeological Research, 2000); Henley, "Choreographed Monumentality."

36 句子出自Han Kang的*Human Acts*。這是一個關於個人和政治死亡的冥想，令人難忘：「悄無聲息，不費吹灰之力，柔腸忽而寸斷。不是此時此刻，我根本不知它竟在那裡。」(Han Kang, *Human Acts,* trans. Deborah Smith [London: Portobello Books, 2016], p. 207)。

之四　磁鐵礦

1 Great Britain Board of Trade, "Board of Trade Wreck Report for S.T. 'Epine', 1948," Sept. 17, 1948, 網址：http://www.plimsoll.org/resources/SCC Libraries/WreckReports/14174.asp. 另見"Trawlers of Grimsby: Histories of the Ships That Made Grimsby Famous," 網址：http:// homepage.ntlworld.com/grimsby.trawlers/trawlers.htm, 以及 "Look After the Boys, Yelled the Skipper," *Grimsby Telegraph,* Nov. 4,

(Cambridge, UK: Cambridge University Press, 1988), pp. 423–41 ("my eyes," p. 424); Alexander Thom, *Megalithic Sites in Britain* (Oxford, UK: Oxford University Press, 1967), p. 122.

26 Richard Atkinson, 引述自 Richard Hayman, *Riddles in Stone: Myths, Archaeology and the Ancient Britons* (London: Hambledon Continuum, 1997), p. 195.

27 Aby Warburg, *Images from the Region of the Pueblo Indians of North America,* trans. Michael P. Steinberg (1923; Ithaca, NY: Cornell University Press, 1995), p. 16. Thom, *Megalithic Sites in Britain* ("Whatever we do,"p. 166). 托姆在學術期刊上發表了大量關於「巨石天文學」的論文，並出版過三本專書：*Megalithic Sites in Britain*、*Megalithic Lunar Observatories* (Oxford, UK: Oxford University Press, 1974); 還有遺作 *Megalithic Remains in Britain and Brittany* (Oxford, UK: Oxford University Press, 1978). 他的作品在一九七〇至八〇年代受到廣泛注意和辯論。一直不斷參與討論的人有考古天文學家 Clive Ruggles，*Astronomy in Prehistoric Britain and Ireland* (New Haven: Yale University Press, 1988) 書中有詳細而認真的概述和評論。另見 David H. Kelley, A. F. Aveni, and Eugene F. Milone, *Exploring Ancient Skies: A Survey of Ancient and Cultural Astronomy*, 2nd ed. (New York: Springer, 2011), esp. pp. 160–204. 關於這場辯論及其歷史背景，尤見 Douglas C. Heggie, ed., *Archaeoastronomy in the Old World* (Cambridge, UK: Cambridge University Press, 1982); Ruggles, ed., *Records in Stone*; Hayman, *Riddles in Stone,* esp. pp. 174–239; Ronald Hutton, "The Strange History of British Archaeoastronomy," *Journal for the Study of Religion, Nature and Culture,* 7, no. 4 (2013), pp. 376–96.

28 例如，見 Ruggles, *Astronomy in Prehistoric Britain and Ireland,* pp. 49–78; Jacquetta Hawkes, "God in the Machine," *Antiquity,* 41, no. 163 (1967), pp. 174–80.

29 詳見 Hutton, "Strange History."

30 引述自 John Michell, *A Little History of Astro-Archaeology: Stages in the Transformation of a Heresy,* updated and enlarged ed. (London: Thames & Hudson, 1989), p. 119. Aubrey Burl 指出，當卡蘭尼什建成時，勾陳一（北極星）才剛剛從真北方向上升了大約二十度，即從南行 (south row) 的南北對準線沿地平線上升了大約五英里，再過三千年才到達它現在的位置。(Aubrey Burl, *From Carnac to Callanish: Prehistoric Stone Rows of Britain, Ireland and Brittany* [New Haven: Yale University Press, 1993], p. 13).

31 Cope, *The Modern Antiquarian.* 另見克柏的重要網站：http://the modernantiquarian.com；BBC 拍攝的電視片：*The Modern Antiquarian* (2000) 以及他第二本地

stream Books, 2007).

22 司各特曾清晰地剖析這段歷史：「在歐洲，沒有任何一個國家像蘇格蘭王國一樣，在半個世紀或更多的時間裡，經歷了如此徹底的變化……一七四五年起義的影響：詹姆斯黨一向不願意跟英國人打交道，也不願意採用英國人的習俗，長期以來一直以保持古老的蘇格蘭禮儀和習俗為榮；自從他們被徹底鏟除後，高地酋長的父權被摧毀，低地貴族和男爵的繼承管轄權被廢除。財富逐漸湧入，結合商業擴展，使蘇格蘭人今天與他們的祖先天差地別，就像英國人現在也截然有別於伊麗莎白女王時代那樣」("A Postscript, Which Should Have Been a Preface," 即 *Waverley*的結尾部分。*Waverley*是司各特第一部大獲成功的小說，於一八一四年出版。見 Walter Scott, *Waverley, or, 'Tis Sixty Years Since* [London: J. M. Dent, 1906], p. 476). 不過，Murray Pittock討論到司各特的民族主義，而且很快便指出：「司各特以詹姆斯派作比喻，固然有懷古浪漫的興味，但與此同時，他卻非常堅定地認為它並不現實。詹姆斯派不過是童年故事，英式作風才是成年人的責任。」(Murray Pittock, *Scottish and Irish Romanticism* [Oxford, UK: Oxford University Press, 2008], p. 187). 關於高地傳統，可參閱Hugh Trevor-Roper的經典文章："The Invention of Tradition: The Highland Tradition of Scotland," in Eric Hobsbawm and Terence Ranger, *The Invention of Tradition* (Cambridge, UK: Cambridge University Press, 1983), pp. 15–42. 另見Fiona Stafford的精闢論述："Scottish Romanticism and Romanticism in Scotland" in *A Companion to European Romanticism,* ed. Michael Ferber (Oxford, UK: Blackwell, 2008), pp. 49–66.

23 這是赫布里底群島的第二次人口大遷移。第一次是在英法北美戰爭（一七五四至六三年期間），英國取得勝利之後而引發的。如一七七三年六月，單天就有七百多人離開路易斯。離開的居民往往是佃農，迫於低工資和租金上漲，於是決定到北美洲碰碰運氣。本來都是流離失所的人，到了別的地方卻掉過頭來驅趕別人。

24 Margaret and Gerald Ponting, "Decoding the Callanish Complex: Some Initial Results," in *Astronomy and Society in Britain During the Period 4000–1500 B.C.,* ed. C. L. N. Margaret and A. W. R. Whittle (Oxford, UK: British Archaeological Reports, 1981), pp. 63–110; Ponting and Ponting, *New Light;* Gerald Ponting, *Callanish & Other Megalithic Sites of the Outer Hebrides* (Glastonbury: Wooden Books, 2002); Ashmore, *Calanais.*

25 Ponting and Ponting, *New Light,* p. 56; Gerald Ponting, "Biography," 網址：http://home.clara.net/gponting/index-page13.html; Margaret Ponting, "Megalithic Callanish," in *Records in Stone: Papers in Memory of Alexander Thom,* ed. C. L. N. Ruggles

人，他的不安是有道理的。尤其這時候，渣甸（一八四三年去世）和馬地臣兩人同時佔據惠格黨議員席位，把持議會。(Benjamin Disraeli, *Sybil, or The Two Nations* [London: Henry Colburn, 1845], book II, pp. 105–6). 另見 Patrick Ashmore, *Calanais: The Standing Stones* (Edinburgh: Historic Scotland, 2002); Ian Armit, *The Archaeology of Skye and the Western Isles* (Edinburgh: Edinburgh University Press, 1996), pp. 81–84. 關於馬地臣對清除泥炭一事的自述，請見 Cosmo Innes, "Notice of the Stone Circle of Callernish in the Lewis, and of a Chamber Under the Circle Recently Excavated. Communicated in a Letter to Mr. Innes by Sir James Matheson, Bart.," *Proceedings of the Society of Antiquaries of Scotland*, 3 (1862), pp. 110–12.

19《南京條約》出現在中國教科書裡，至今仍被描述為極不光彩的事件，為一個世紀的屈辱拉開序幕。直到一九四九年十二月，蔣介石戰敗出逃，僅比人民解放軍早了幾個小時奔抵成都機場，穿過跑道，登上最後一班飛機飛往臺北。

20 關於弗蘭姬的攝影作品，請參考 *The Franki Raffles Archive*，網址：http://www.frankirafflesarchive.org，這是由 Alistair Scott 主導的長期項目；此外有展覽目錄：Franki Raffles, *Observing Women at Work* (Glasgow: Glasgow School of Art, 2017)；另見 Marine Benoit-Blain 的評鑒文章："Franki Raffles, photographe engagée: la photographie féministe en Écosse dans les années 1980 et 1990," *Les Cahiers de l'École du Louvre,* 10 (2017), 網址：http://cel.revues.org/555.

馬地臣夫人是最早被攝影協會（蘇格蘭攝影協會）接納的女性之一，也是其中一位最早公開展出作品的人；許多作品現收藏於巴黎奧賽博物館。見 Quentin Bajac, "Fragments of Lady Matheson's Work Reconsidered," in *Studies in Photography* (1999/2000), pp. 22–25; Roddy Simpson, *The Photography of Victorian Scotland* (Edinburgh: Edinburgh University Press, 2012).

21 關於這個問題，T.M.Devine 曾作過令人印象深刻的學術研究，特別是 T. M. Devine, *The Great Highland Famine: Hunger, Emigration and the Scottish Highlands in the Nineteenth Century* (Edinburgh: Birlinn, 1988); T. M. Devine, "Highland Landowners and the Potato Famine," in *Exploring the Scottish Past: Themes in the History of Scottish Society,* ed. T. M. Devine (Edinburgh: Tuckwell Press, 1995), pp. 159–81; T. M. Devine, "The Emergence of the New Elite in the Western Highlands and Islands, 1800–60," in *Improvement and Enlightenment: Proceedings of the Scottish Historical Studies Seminar, University of Strathclyde 1987–88*, ed. T. M. Devine (Edinburgh: John Donald, 1989), pp. 108–36. 另見 James Hunter, *Scottish Exodus: Travels Among a Worldwide Clan* (Edinburgh: Clan MacLeod Heritage Trust/Main-

這些言論提出質疑。」(pp. 146 –47).

14 Breu, "Shamans? Hippies?," pp. 6–7.

15「……恍如那亙古潮流藏匿我心」，見 Karl Ove Knausgaard, *My Struggle, book 2, A Man in Love,* trans. Don Bartlett (New York: Farrar, Straus and Giroux, 2014), p. 547.

16 英國人乘著工業革命浪潮，把機械零件和紡織品等製成品出口到印度殖民地市場，獲得額外利潤，完成商業三角關係。

17 Michael Greenberg, *British Trade and the Opening of China, 1800–1842* (Cambridge, UK: Cambridge University Press, 1951), p. 104. 相關文獻眾多，可參閱 John Fairbank, *Trade and Diplomacy on the China Coast: The Opening of the Treaty Ports, 1842–1854* (Stanford, Calif.: Stanford University Press, 1969); Timothy Brook and Bob Tadashi Wakabayashi, eds., *Opium Regimes: China, Britain, and Japan 1839–1952* (Berkeley: University of California Press, 2000), esp. pp. 1–54; J. Y. Wong, *Deadly Passions: Imperialism and the Arrow War 1856–60 in China* (Cambridge, UK: Cambridge University Press, 1998), esp. pp. 347–55, 376–79; Zheng Yangwen, *The Social Life of Opium in China* (Cambridge, UK: Cambridge University Press, 2005), pp. 71–115; Jonathan Spence, "Opium Smoking in Ch'ing China," in *Conflict and Control in Late Imperial China,* ed. Frederick Wakeman, Jr., and Carolyn Grant (Berkeley: University of California Press, 1976), pp. 143–73; 以及較通俗的版本：Julia Lovell, *The Opium War: Drugs, Dreams, and the Making of Modern China* (London: Picador, 2012). 關於馬地臣其人，見 W. E. Cheong, *Mandarins and Merchants: Jardine Matheson & Co., a China Agency of the Early Nineteenth Century* (London: Curzon Press, 1979); Alain le Pichon, ed., *China Trade and Empire: Jardine, Matheson & Co. and the Origins of British Rule in Hong Kong, 1827–1843* (Oxford, UK: Oxford University Press, 2006); Richard J. Grace, *Opium and Empire: The Lives and Careers of William Jardine and James Matheson* (Montreal: McGill-Queen's University Press, 2014); Benjamin Cassan, "William Jardine: Architect of the First Opium War," *Historia,* 14 (2005), pp. 106–17.

18 P. P. Thoms, *The Emperor of China v. The Queen of England* (London: P. P. Thoms, 1853), p. 3, 引自 Lovell, *Opium War,* p. 29. 英國人 Disraeli 於一八四五年創作階級制度小說 *Sybil*，描述一位有抱負的政治家名叫 McDruggy：「一個可怕的人！一個蘇格蘭人，比 Croesus 國王還富有……剛從廣州歸來，每個口袋都裝滿一百萬鴉片生意。他譴責政府腐敗，一天到晚高喊自由貿易。」這位 Disraeli 是托利黨

12 Ibid., p. 216.

13 Giovanna Breu, "Shamans? Hippies? They're All Creative to the World's Leading Historian of Religions," *People,* 9, no. 12 (March 17, 1978). 戰後，避難到美國之前，埃利亞德一向積極支持羅馬尼亞的法西斯主義，並在離開羅馬尼亞後很長一段時間內繼續鼓吹極右運動，詳見Norman Manea, *On Clowns: The Dictator and the Artist* (New York: Grove Press, 1992), pp. 91–124; Alexandra Laignel-Lavastine, *Cioran, Eliade, Ionesco: L'Oubli du fascisme* (Paris: Presses Universitaires de France, 2002); Philip Ó Ceallaigh, " 'The Terror of History': On Saul Bellow and Mircea Eliade," *Los Angeles Review of Books,* Aug. 11, 2018; 隨後，Ó Ceallaigh和Bryan Rennie之間的意見交流："Mircea Eliade and Anti-Semitism: An Exchange," *Los Angeles Review of Books,* Sept. 13, 2018; Elisa Heinämäki, "Politics of the Sacred: Eliade, Bataille and the Fascination of Fascism," *Distinktion: Journal of Social Theory,* 10, no. 2 (2009), pp. 59–80.

和其他許多人一樣，埃利亞德身為法西斯主義運動份子，令我深感不安。他和海德格(Martin Heideggar)、西奧蘭(Emil Cioran)、施密特(Carl Schmitt)等人一樣，在學術界不僅被視為正常人，而且常常是重要的知識份子。我們今天在閱讀他們時，竟然很少考慮到思想和政治行動之間的關聯——彷彿這只是偶然或附帶的，彷彿思想成熟的當代讀者，只應關心精神層面，而非被這些俗事所干擾。關於這問題，亦出現過不少有價值的反思，特別是針對海德格。他是這些人物當中最重要的一位，特別是二〇一四年出版《黑色筆記》以後，又再圍繞著他燃起了激烈辯論。相關文獻汗牛充棟，同時極具爭議，尤其值得參考的是Richard Bernstein's "Heidegger's Silence? Ethos and Technology," in Richard J. Bernstein, The New Constellation: The Ethical-Political Horizons of Modernity/Postmodernity (Cambridge, Mass.: MIT Press, 1992), pp. 79–141。作者反對哈貝馬斯(Jürgen Habermas)的傳統論點（即只有將海德格的思想從其「意識形態脈絡」抽離出來，才能「讓它變得有用」)。他指出：「沒錯，海德格對納粹暴行幾乎保持沉默，他對他自己支持國家社會主義『運動』中的罪責亦三緘其口，強調這一點的確是「正確」的……但當我們注意到海德格式話語中的「深層法則」時，他的『緘默』便變得響亮，震耳欲聾，令人髮指」(p. 136) 。我感謝Joe Lemelin向我介紹這篇文章。另見Dominick LaCapra, "Heidegger's Nazi Turn," in LaCapra, *Representing the Holocaust: History, Theory, Trauma* (Ithaca, NY: Cornell University Press, 1994), pp. 137–68。其中作者指出，「《存有與時間》顯然為海德格在一九三三至三四年間的著作和演講鋪路，但正如德希達所暗示的，其間蘊藏著不正當的傾向，我們應對

and Brittany; Chris Scarre, *The Megalithic Monuments of Britain and Ireland* (London: Thames & Hudson, 2007); Graham and Anna Ritchie, *Scotland: Archaeology and Early History* (London: Thames & Hudson, 1981). 我跟隨理查茲而用了蓋爾語的地名「卡蘭奈斯」(Calanais)。這名字最近才被蘇格蘭文物局所採納，然而頗有爭議。遺址以前叫「卡蘭尼什」(Callanish)，不但更為人熟悉，而且來自古諾斯語。

8 Martin, *A Description of the Western Isles*, pp. 17–18. Charles W. J. Withers 為該書寫了導言，是對馬丁生平和工作的寶貴描述。關於史隆其人，見 James Delbourgo 的精采作品：*Collecting the World: Hans Sloane and the Origins of the British Museum* (Cambridge, Mass.: Harvard University Press, 2017).

9 見 J. G. Scott, "The Stone Circles at Temple Wood, Kilmartin, Argyll," *Glasgow Archaeological Journal,* 15 (1988), pp. 53–124, esp. 98, 103. 寺林南面也有石圈，顯然是在第一個石圈退役後立即建造的，現在也被石頭所覆蓋。不過這些是田地石頭，是十九世紀農業改良時被放置在石圈內的。(Historic Scotland, "Temple Wood, Southern Circle," site interpretation marker, viewed June 24, 2010).

10 在一篇精彩的文章中，巴列法夫談到猶太文本傳統中的魔法和記憶。他指出，公元六世紀編輯的巴比倫塔木德告誡人們，閱讀墳墓上的銘文會導致遺忘，但可以放置一塊石頭來遮擋部分文字。他還指出，儘管猶太人好學不倦，但古人似乎沒有嚴肅地探討記憶問題。他說：「這可能是因為重視其他別的面向，而抵銷了記憶的好處，例如：不斷探討，或者創新闡釋，他們不僅僅是背誦文本而已，還要為文本發掘新意義」(Avriel Bar-Levav,"Reading Grave Inscriptions and Looking at the Sky: Some Aspects of Magic and Memory in Jewish Culture," in *Memoria: Wege jüdischen Erinnerns: Festschrift für Michael Brocke,* ed. Birgit Klein and Christiane E. Müler [Berlin: Metropol Verlag, 2005], pp. 41–52, p. 41). 另見 Avriel Bar-Levav, "We Are Where We Are Not: The Cemetery in Jewish Culture," *Jewish Studies,* 41 (2002),pp.15–46; Falk Wiesemann,"Jewish Burials in Germany—Between Tradition, the Enlightenment and the Authorities," *Leo Baeck Institute Year Book,* 37, no. 1 (1992), pp. 17–31; Claudia Albert and Burkhardt Baltzer, "Jüdische Assimilation im Spiegel der Grabsteine auf dem Friedhof Berlin-Weißensee," *Zeitschrift für* Semiotik, 11, nos. 2–3 (1989), pp. 201–16; 以及較通俗的文獻：David J. Wolpe, "Why Stones Instead of Flowers?," in *Jewish Insights on Death and Dying,* ed. Jack Riemer (Syracuse, NY: Syracuse University Press, 2002), pp. 128–30. 我非常感謝巴列法夫、Nathaniel Deutsch 和 Oz Frankel 跟我通信詳談，就這主題給我幫忙。

11 Eliade, *Patterns*, p. 216.

Luath Press, 2005).

2 Colin Richards, ed., *Building the Great Stone Circles of the North* (Oxford, UK: Windgather Press, 2013), p. 172.

3 見Angus, *The Outer Hebrides*, p. 13, 作者指出：「片麻岩只是總稱，它指一系列來源相似的岩石，但絕非完全一樣。」這裡既不是指元沉積岩（源自沉積物），也不是指正片麻岩（源自火成岩）。另見J. R. Mendum, A. J. Barber, R.W. H. Butler, D. Flinn, K. M. Goodenough, M. Krabbendam, R. G. Park, and A. D. Stewart, *Lewisian, Torridonian and Moine Rocks of Scotland,* Geological Conservation Review Series, no. 34 (Peterborough, UK: Joint Nature Conservation Committee, 2009); R. G. Park, A. D. Stewart, and D. T. Wright, "The Hebridean Terrane," in *The Geology of Scotland,* ed. Nigel Trewin, 4th ed. (London: Geological Society, 2002), pp. 45–61; C. Friend and P. Kinney, "A Reappraisal of the Lewisian Gneiss Complex: Geochronological Evidence for Its Tectonic Assembly from Disparate Terranes in the Proterozoic," *Contributions to Mineralogy and Petrology,* 142, no. 2 (2001), pp. 198–218; Charles Hiscock, "From the Butt to Barra," *Journal of the Bath Geological Society,* no. 29 (2010), pp. 18–25; Goodenough and Merritt, *Outer Hebrides.*

4 Seamus Heaney, "Shelf Life: 1. Granite Chip," in Seamus Heaney, *Station Island* (London: Faber and Faber, 1984), p. 21.

5 反之，見Nicholas Wade, "World's Oldest Fossils Found in Greenland," *New York Times,* Sept. 1, 2016, p. A12, 將可看見另一個較溫和的冥古宙版本。

6 Richards, ed., *Building the Great Stone Circles* ("a process of unwrapping," p. 234). 關於其他較少為人所知的地點，見Gerald Ponting and Margaret Ponting, rev. with G. Ronald Curtis, The Stones Around Callanish: A Guide to the "Minor" Megalithic Sites of the Callanish Area (II to XIX) (Callanish: G&M Ponting, 2000)

7 關於理查茲和同事們在路易斯和奧克尼的傑出研究，最新一期已收在Richards, ed., *Building the Great Stone Circles* (「欺騙和幻象的感覺」，見p. 252). 至於我在這裡所參考的調查報告，見Colin Richards, George Demetri, Charles French, Robert Nunn, Rebecca Rennell, Maui Robertson, Lee Wellerman, and Joanna Wright, "Expedient Monumentality: Na Dromannan and the High Stone Circles of Calanais, Lewis," in *Building the Great Stone Circles,* ed. Richards, pp. 226–53. 另見Gerald Ponting and Margaret Ponting, *New Light on the Stones of Callanish* (Callanish: G&M Ponting, 1984); Patrick Ashmore, *Calanais: The Standing Stones* (Edinburgh: Historic Scotland, 2002); Aubrey Burl, *A Guide to the Stone Circles of Britain, Ireland*

A Zest for Life: The Story of Alexander Keiller (Swindon, UK: Morven Books, 1999).

49 James Hilton, "Reminiscences of Caddington," *Middlesex and Hertfordshire Notes and Queries,* 1 (1895), p. 150. 另見Herbert Maxwell, "Growing Stones," *Notes and Queries,* 8th ser., 8 (1895), p. 432; Walter Johnson, *Folk-Memory, or, the Continuity of British Archaeology* (Oxford, UK: Clarendon Press, 1908), pp. 130–31.

50 Theophrastus, *On Stones,* trans. Earle R. Caley and John F. C. Richards (Columbus: Ohio State University Press, 1956), p. 46; Pliny, *Natural History*, vol. X, trans. D. E. Eichholz (Cambridge, Mass.: Harvard University Press, 1962), XXXVII.164. 另見普林尼有關「鷹石」(XXXVI.139)以及「孕石」("cyitis", XXXVII.154)的討論；還有他所說的「西奧弗拉圖和Mucianus都認為，有些石頭會生出其他石頭 (XXXVI.134)；以及他關於大理石的意見：「成就斐然的自然科學家Papirius Fabianus拍胸脯保證……大理石實際上生於採石場；而且，採石工也斷言，山坡上的傷痕會自動填平。如果這是真的，那麼我們便有理由期待足夠的大理石，以應付奢侈品的需求」(XXXVI.125). Marbode of Rennes, *De lapidibus,* ed. John M. Riddle, trans. C. W. King (Wiesbaden: Franz Steiner Verlag, 1977), p. 64; Dorothy Wyckoff, *Albertus Magnus: Book of Minerals* (Oxford, UK: Clarendon Press, 1967), p. 87. 當代的石頭傳說與中世紀信仰多有呼應，見Robert Simmons and Naisha Ahsian, *The Book of Stones: Who They Are and What They Teach* (Berkeley, Calif.: North Atlantic Books/Heaven and Earth Publishing, 2007). 想進一步了解中世紀的石頭文學，可參考Jeffrey Jerome Cohen, *Stone: An Ecology of the Inhuman* (Minneapolis: University of Minnesota Press, 2015).

51 Ritchie, "Stones of Stenness," pp. 32–33.

之三　片麻岩

1 這裡和以下一段敘述參考了Stewart Angus的出色作品：*The Outer Hebrides: The Shaping of the Islands* (Cambridge, UK: White Horse Press, 1997). 另見Kathryn Goodenough and Jon Merritt, *The Outer Hebrides: A Landscape Fashioned by Geology* (Battleby, Firth: Scottish National Heritage, 2011); Derek Flinn, "The Glaciation of the Outer Hebrides," *Geographical Journal,* 13, no. 2 (1978), pp. 195–99, 該報告藉由對羊背岩的研究表明，雖然早期冰帽以蘇格蘭大陸為中心，覆蓋路易斯島，但新近的冰帽卻以路易斯和哈里斯(Harris)以南為中心，此情況可追溯至二萬二千年前，當時冰帽向大陸流動，而不是遠離大陸；關於該群島的人類生態學概況，另見Francis Thompson, *Lewis and Harris: History and Pre-History* (Edinburgh:

所通過的《五英里法》：*The Making of the English Working Class* (Harmondsworth, UK: Penguin, 1968), p. 70. 斯圖克雷認為，阿夫伯里的毀石行動是出於對石頭腳下農田的貪欲。但這是一項苦差事，所換回來的土地或建築材料根本不足回報。一些沙爾森石頭被納入村落建築和牆體，卻被認為太潮濕，因此不獲青睞。照Gillings和Pollard所說，更有可能的是，破壞是由英國政府策動的，而斯圖克雷本人也脫不開責任。包括奧布里在內，他們每一個都與英國國教聖公會有很強的聯繫（在國王查里一世被處決前不久，奧布里才與他一起訪視阿夫伯里，作過一趟有名的出巡；斯圖克雷則於一七二六年被授以聖公會牧師之職）；不止如此，他們公開提倡保護文物，令這些文物變作地方宗教和反國教(Nonconformist)的象徵，後來才成了聖公會當局的標的。Pollard與Gillings從集體行動角度來探討毀石事件，使討論變得更複雜，請見其"Breaking Megaliths," in *Written on Stone: The Cultural Reception of British Prehistoric Monuments*, ed. Joanne Parker (Newcastle upon Tyne, UK: Cambridge Scholars Publishing), pp. 36–48. 他們寫道：「毀石絕非無知和貪婪所造成的脫軌行為，而更像是反映了村裡日常生活中一個固有而重要的面向。毀石不是一小撮不務正業的人所進行的卑鄙活動，而是通過共同勞動和參與行動，不僅使村民參與其中，更在許多方面界定了村莊。」(p. 46)

48 伯爾注意到，早在公元四五二年開始，教會就多次頒佈法令，明確禁示石頭崇拜：「值得注意的是，這時候沒有一塊石頭被砸碎。每一塊都被虔誠地處理、掩蓋，沙爾森完好無缺。」(*Prehistoric Avebury,* pp. 32–33);（「上帝的工作」，見p. 34). William Long, *Abury Illustrated (from the Wiltshire Archaeological and Natural History Magazine) with Additions* (Devizes, UK: E. Bull, 1858)（「相信石頭」，見p. 29). 另見Gillings and Pollard, *Avebury,* p. 132：「我們看到阿夫伯里的文物被重新種植，沙爾森回歸原地。」在別處，Gillings和Pollard認為：如上文所述，佔領阿夫伯里，「牽涉到沙爾森的存在和能動性，必須與它們進行複雜和不斷變化的協商；人類擬定計畫，或和地景有所接觸時，這種材料都發揮了特殊作用」(Joshua Pollard and Mark Gillings, "The World of the Grey Wethers," in *Materialitas: Working Stone, Carving Identity*, ed. Blaze O'Connor, Gabriel Cooney, John Chapman, Michael J. Allen, and David McOmish (Oxford, UK: Oxbow Books, 2010), pp. 29–41, p. 40.

凱勒(Alexander Keiller)在二十世紀三、四十年代重新豎立沙爾森，被埋葬的石塊終於重見天日。當時他買下了阿夫伯里遺址，將其修復到更完整的狀態，比起當初奧布里、斯圖克雷或其後的業餘古物學家大軍所看見的，有過之而無不及。這位凱勒是果醬大亨，但也是魯莽的駕駛人、自學成才的考古學家，總之是英國考古史上一位耐人尋味的人物。Lynda J. Murray曾為他作傳，扼要而生動，見其

一樣」，見p. 60); Peter J. Ucko, Michael Hunter, Alan J. Clark, and Andrew David, *Avebury Reconsidered: From the 1660s to the 1990s* (London: Unwin Hyman, 1991). 關於石頭的破壞，尤見Mark Gillings, Rick Peterson, and Joshua Pollard, "The Destruction of the Avebury Monuments," in *Monuments and Material Culture: Papers in Honour of an Avebury Archaeologist, Isobel Smith,* ed. Rosamund M. J. Cleal and Joshua Pollard (Salisbury, UK: Hobnob Press, 2004), pp. 139–63. 有些石頭就這樣倒下了，雖然通常有四分之一到三分之一的長度是扎在地底下的。

40 Gillings and Pollard, *Avebury,* pp. 37–38. 阿夫伯里的年代斷定差異很大。Gillings和Pollard採取了考古學家Julian Thomas的觀點，將土方建造定在距今約四千七百至五千年前，而石塊設置則定在距今約四千三百五十年前(ibid., pp. 42–44)。

41 J. E. Jackson, ed., *Wiltshire: Topographical Collections of John Aubrey, FRS, AD 1659–70* (Devizes, UK: Wiltshire Archaeological and Natural History Society, 1862), p. 319. 正如這些引文所示，奧布里堪稱才華橫溢。現在人們最熟悉的，莫過於他《生活札記》中那些生動記錄。後人亦為他作過傳記小說，見Ruth Scurr, *John Aubrey, My Own Life* (New York: New York Review Books, 2015).

42 奧布里並不知道阿夫伯里石圈比德魯伊早了至少一千年，才會提出它和巨石陣屬於「異教……是德魯伊的廟宇。」(Jackson, ed., *Wiltshire,* p. 317). 關於奧布里的考古研究，見Hayman, *Riddles in Stone*, pp. 46–57.

43 Aubrey, *Monumenta Britannica* (「厲害多了」，見p. 21). 關於兩人在這些場址的研究情況，詳見Aubrey Burl, From Carnac to Callanish: The Prehistoric Stone Rows and Avenues of Britain, Ireland, and Brittany (New Haven: Yale University Press, 1993).

44 關於斯圖克雷，尤見David Boyd Haycock, *William Stukeley: Science, Religion, and Archaeology in Eighteenth-Century England* (Woodbridge, UK: Boydell Press, 2002); Stuart Piggott, *William Stukeley: An Eighteenth-Century Antiquary* (London: Thames & Hudson, 1985).

45 見Gillings and Pollard, *Avebury,* p. 132 ，以上是他們的論點。另見Hayman, *Riddles in Stone*, pp. 58–73，其中簡述了斯圖克雷對於阿夫伯里和巨石陣的複雜德魯伊教信仰。

46 William Stukeley, *Abury, a Temple of the British Druids* (New York: Garland, 1984), p. iv. 斯圖克雷的片面譴責最近一直受到批評，特別是因為他選擇性地忽視了有錢人在背後的操作。

47 Ibid., pp. 150–52. 另見E. P. Thompson對其歷史背景的著名討論，包括英國國會

Stenness, pp. 5, 30–31.

33 Hossack, Kirkwall in the Orkneys, pp. 396–97.

34 Peterkin, Notes on Orkney and Zetland, p. 20.

35 Letter from Malcolm Laing to Capt. Edmeston, Jan. 6, 1815, in Hossack, *Kirkwall in the Orkneys,* p. 400.

36 關於上述和其他例子，見Leslie V. Grinsell, *Folklore of Prehistoric Sites in Britain* (Newton Abbot, UK: David & Charles, 1976), pp. 64–65, 以及Richard Hayman, *Riddles in Stone: Myths, Archaeology and the Ancient Britons* (London: Hambledon Continuum, 1997), pp. 14–24. Letter from Capt. William Mackay to Capt. Edmeston, 30 December 1814, Orkney Library & Archives, Kirkwall, collection reference D2/17/4 (「對地主負責」)。我感謝David Mackie提供這封信，以及他在文件檔案上的慷慨幫助。

37 蘇格蘭的勞務佃農制由來已久，在這制度下，佃戶(tenant)從領主那裡承租土地，然後要求勞務佃農付出勞力，提供諸如海帶製作和貨物運輸等服務；見William P. L. Thomson, *The Little General and the Rousay Crofters: Crisis and Conflict on an Orkney Estate* (Edinburgh: John Donald, 1981), pp. 38–40. 十九世紀農業改良中，包括勞務佃農制的沒落，它被農莊(crofting)取代。在農莊中，佃戶實際上變成了直接從地主那裡租用土地，成為受僱勞動者。正如Thomson指出，並非所有勞務佃農都實現了這一轉變：有些人成了沒有土地的農工，有些人則被剝奪了土地。關於農莊化的主題，James Hunter提出其關鍵的獨特觀點，見其*The Making of the Crofting Community* (Edinburgh: John Donald, 1976). 高地清洗可比作美國印第安人的土地剝奪，關於兩者間的比較，見Colin G. Calloway, *White People, Indians, and Highlanders: Tribal Peoples and Colonial Encounters in Scotland and America* (Oxford, UK: Oxford University Press, 2008), pp. 175–91.

38 Peterkin, Notes on Orkney and Zetland ("suffered," p. 21). 縱火案和縱火恐嚇是農村工人的固定策略，專門用來對抗圈地和土地剝奪。在蘇格蘭土地「改良」以前，已廣泛用於十八世紀英格蘭農業革命期間，偶爾取得成功。E. P. Thompson曾對此作過描述，繪影繪聲，堪稱經典，見其"The Crime of Anonymity," in Douglas Hay et al., *Albion's Fatal Tree: Crime and Society in Eighteenth-Century England* (New York: Pantheon, 1975), pp. 255–344.

39 不足為奇，關於阿夫伯里村的文獻數量可觀，種類繁多。在此特別參考了Mark Gillings and Joshua Pollard, *Avebury* (London: Duckworth, 2004); Aubrey Burl, *Prehistoric Avebury,* rev. ed. (New Haven: Yale University Press, 2002) (「戰爭紀念碑

versity of Chicago Press, 1986); Bruno Latour, *We Have Never Been Modern,* trans. Catherine Porter (Cambridge, Mass.: Harvard University Press, 1993).

24 歐美大陸是阿瓦隆尼亞（Avalonia, 包括後來成為英格蘭、威爾士和愛爾蘭的大部分地區）、波羅的大陸（斯堪的納維亞半島和西北歐將由此出現）和勞倫西亞（Laurentia, 將形成蘇格蘭以及北美東北部）之間的爆炸產物聯合而成。勞拉西亞(Laurasia)分為勞倫西亞和歐亞大陸，在北大西洋創造了一個我們更常見的地理環境，加速了現代昆蟲、鳥類、哺乳類和開花植物的近親之間的趨異演化。

關於巨神洋縫線(Iapetus Suture)的準確位置有很多爭論。例如，見：S. P. Todd, F. C. Murphy, and P. S. Kennan, "On the Trace of the Iapetus Suture in Ireland and Britain," *Journal of the Geological Society,* 148, no. 5 (Oct. 1991), pp. 869–80. 關於巨神洋的閉合時間、性質的複雜面向，可在以下著作中找到扼要說明：W. J. Barclay, M. A. E. Browne, A. A. McMillan, E. A. Pickett, P. Stone, and P. and P. R. Wilby, *The Old Red Sandstone of Great Britain,* Geological Conservation Review Series, no. 31 (Peterborough, UK: Joint Nature Conservation Committee, 2005), pp. 13–16.

25 Alan McKirdy, *Orkney and Shetland: A Landscape Fashioned by Geology* (Perth: Scottish National Heritage, 2010); Nigel Trewin, ed., *The Geology of Scotland,* 4th ed. (London: Geological Society, 2002); Barclay et al., *Old Red Sandstone.*

26 G. H. Collins, "Geology of the Stones of Stenness, Orkney," in Ritchie, *Stones of Stenness,* app. 5, pp. 44–45.

27 Julio Cortázar, "The Distances," in *Blow-Up and Other Stories,* trans. Paul Blackburn (New York: Pantheon, 1967) ("a springing up," p. 27).

28 Collins, "Geology of the Stones of Stenness," pp. 44–45.

29 Colin Richards, "Wrapping the Hearth: Constructing House Societies and the Tall Stones of Stenness, Orkney," in *Building the Great Stone Circles,* ed. Richards, pp. 64–89 (「密集的龐大建築場址」，見 p. 68).

30 Mircea Eliade, *The Sacred and the Profane: The Nature of Religion* (New York: Harcourt Brace, 1959), pp. 50–54. 另見 Richards, "Wrapping the Hearth," pp. 80–83.

31 Colin Richards, "Wrapping the Hearth," p. 76.

32 Scott, *The Pirate* (「萊恩，十七世紀蘇格蘭才子，出色的歷史學家」，見 p. iii). 關於奧丁石被毀壞的故事，見 Alexander Peterkin, *Notes on Orkney and Zetland: Illustrative of the History, Antiquities, Scenery, and Customs of Those Islands* (Edinburgh: Macredie, Skelly, and Company, 1822), pp. 19–23; B. H. Hossack, *Kirkwall in the Orkneys* (Kirkwall: William Peace & Son, 1900), pp. 396 –400; Ritchie, Stones of

21 見Colin Richards, John Brown, Siân Jones, and Allan and Tom Muir, "Monumental Risk: Megalithic Quarrying at Staneyhill and Vestra Fiold, Mainland, Orkney," in *Building the Great Stone Circles of the North,* ed. Colin Richards (Oxford, UK: Windgather Press, 2013). 西菲鄂丘的「大規模遺跡 ，過去從未被提及過」，相關的早期描述，見George Anderson and Peter Anderson, *Guide to the Highlands and Islands of Scotland, Including Orkney and Zetland* (Edinburgh: William Tait, 1862), p. 665; RCAHMS, Inventory of Orkney, p. 269.

22 在《海盜》的最後一個尾注中，司各特將奧克尼石列入「哥特」(Gothic)陣營，駁斥當時蘇格蘭古物學的說法。他不認為這是凱爾特或德魯伊過去的重新發現，不能以此作為民族支柱。他寫道：「斯滕尼斯的立石，篤定地反駁了那些古物學家的觀點。他們認為，那些所謂的德魯伊石圈，確實是該祭司種族所特有的東西。但事實上，我們有充分的理由相信，這習俗在斯堪的納維亞半島的普遍程度，與在高盧或英國不相上下，與奧丁神話和德魯伊迷信同樣相關。我們有充分的理由認為，德魯伊人根本從未佔領過奧克尼群島的任何部分，而傳統和歷史應將斯滕尼斯之石歸於斯堪的納維亞人。」(Scott, *The Pirate,* p. 453, n. BB). 關於凱爾特文化復興的內部辯論，見Sweet, *Antiquaries,* pp. 138–39, 225–29. 關於上述段落與斯滕尼斯的關係，見Ritchie, "Stones of Stenness," pp. 5–6.

23 顯然，我在這裡介紹的宇宙進化論故事，過去兩百年來主導著西方科學傳統，是一個為人熟悉的版本。關於這種說法的出現、發展以及地質學上的時間尺度區別，有大量的歷史著作可資參考，例如，見：Claude C. Albriton, Jr., *The Abyss of Time: Changing Conceptions of the Earth's Antiquity After the Sixteenth Century* (New York: Dover, 1980); William B. N. Berry, *Growth of a Prehistoric Time Scale Based on Organic Evolution* (London: Blackwell Scientific, 1987); Rachel Lauden, *From Mineralogy to Geology: The Foundations of a Science, 1650–1830* (Chicago: University of Chicago Press, 1987); Martin S. Rudwick的重要著作*Bursting the Limits of Time: The Reconstruction of Geohistory in the Age of Revolution* (Chicago: University of Chicago Press, 2005) 以及*Worlds Before Adam: The Reconstruction of Geohistory in the Age of Reform* (Chicago: University of Chicago Press, 2008), 以及後來出版的簡明版：*Earth's Deep History: How It Was Discovered and Why It Matters* (Chicago: University of Chicago Press, 2014). 還有大量其他的行星史，往往是原住民的版本，它們提供宇宙起源的說法，與西方地球科學截然不同。它們曾被列入神話或傳說範疇，對於普遍適用的現代科學而言，更一度被視為陳舊和偏狹。關於這一歷史過程的簡明、重要介紹，見Steven Shapin, *The Scientific Revolution* (Chicago: Uni-

邊。在那裡，他們用更多的巫術來對抗芬福克：在地上畫出九個十字架，用九個鹽環圈住周邊。九，是一個超自然的數字：既是世界樹(Yggdrasil)所延伸的世界數量，也是奧丁倒掛在樹上的天數。見See Walter Traill Dennison, “Orkney Folk-Lore: Sea Myths,” *Scottish Antiquary, or, Northern Notes and Queries,* 7, no. 27 (1893),pp.112–20. 另見Marwick, *Orkney Anthology,* pp.318–19, 337; Ritchie, “Stones of Stenness,” pp. 31–34; 關於奧克尼歷史和傳說的這個和其他方面，可參考一流的網站*Orkneyjar—The Heritage of the Orkney Islands*：http://www.orkneyjar.com. 以及Hilda Ellis Davison, *The Lost Beliefs of Northern Europe* (New York: Routledge, 1993), pp.68–69; Eleazar M. Meletinsky, *The Poetics of Myth,* trans. Guy Lanoue and Alexandre Sadetsky (New York: Routledge, 1998), p. 453. 關於奧克尼、設得蘭和斯堪的納維亞民俗之間的關係，見Bo Almqvist, “Scandinavian and Celtic Folklore Contacts in the Earldom of Orkney,” in Almqvist, *Viking Ale: Studies on Folklore Contacts Between the Northern and the Western Worlds* (Aberystwyth: Boethius Press, 1991), pp. 1–29.

17 Challands et al., “Beyond the Village,” p. 212. 它們「像謎一般沉默……提出的問題雖多，但永遠無法給出答案，甚至無法說一句對或錯，」詳見Spyros Papapretos, *On the Animation of the Inorganic: Art, Architecture, and the Extension of Life* (Chicago: University of Chicago Press, 2012).

18 Challands et al., “Beyond the Village”; Duncan Garrow, John Raven, and Colin Richards, “The Anatomy of a Megalithic Landscape,” in *Dwelling Among the Monuments,* ed. Richards, pp. 249–59.

19 關於這一類「民族誌推估」，見Anna C. Roosevelt’s “Resource Management in Amazonia Before the Conquest: Beyond Ethnographic Projection,” in *Resource Management in Amazonia: Native and Folk Strategies,* ed. Darrell A. Posey and William Balée (New York: New York Botanical Garden, 1989), pp. 30–62. 這篇論文極具開創性，它談到亞馬遜派考古學家的類似做法。但這些考古學家從當前的定居點作推斷，忽略了殖民入侵和人口崩阤的事實。

20 Challands et al., “Beyond the Village,” p. 215. Nick Card根據最近在布羅德加內斯(Ness of Brodgar)的發掘，對整個遺址提出了重新解釋：「布羅德加的石環不太像是場址的重心，這些石圈或許只是真正祭祀中心的外圍。它們構成一個巨大的祭祀構造群，現在發現的不過是零碎的部分。現在我們愈來愈清楚，在鼎盛時期，石群必定是完全佔據了整個景觀。」(http://www.orkneyjar .com/archaeology/nessofbrodgar/excavation-background-2/a-neolithic-focal -point/).

Villains of All Nations, p. 11. 奧卡迪人長期跟海盜打交道。一五七七年，Dionyse Settle與弗羅比雪一同出海，記錄了北上航行時停留奧克尼島的情況：「我們上岸時，當地人從他們的破屋子裡逃出來，不斷尖叫么喝，跟鄰居警告有敵人來了。經溫和調停後，終於勸服他們回到房子去。他們似乎經常被海盜或其他外敵嚇到，才會突然怕起來。(Dionyse Settle, "A True Report of Captaine Frobisher, His Last Voyage into the West and Northwest Regions, This Present Yeere 1577, with a Description of the People There Inhabiting," in *Three Voyages of Martin Frobisher,* ed. Stefansson and McCaskill, vol. 2, pp. 11–25).

16 見Christine E. Fell, "Gods and Heroes of the Northern World," in *Northern World,* ed. Wilson, pp. 31–46:「奧丁比較像是陰險小人，常常用強大的力量來作惡而非助人，製造紛爭，違背誓言，出賣信任他的人。」(pp. 37–38) 。Vicki Ellen Szabo的中世紀北大西洋捕鯨史相當出色，其中寫道：「奧克尼島、設得蘭島、法羅群島、冰島、格陵蘭島以及在紐芬蘭島的挪威人聚居地，雖然種族上是異質的，由斯堪的納維亞世界各地人口所組成，卻被來自挪威的精英所支配。這些領土成為整個北大西洋更大的文化連續體的一部分，共享文化傳統、經濟，有時還共享社會和政治制度。這些領地還表現出一套共同的拓殖傳統，這是在諾斯本土的地理和生態環境中所形成的。」(Vicki Ellen Szabo, *Monstrous Fishes and the Mead-Dark Sea: Whaling in the Medieval North Atlantic* [Boston: Brill, 2008], p. 77)。關於諾斯人在這些島嶼上的謀生方式，見Jane Harrison, "Mounds, Middens, and Social Landscapes: Viking-Norse Settlement of the North Atlantic, c. AD 850–1250," in *Northscapes: History, Technology, and the Making of Northern Environments,* ed. Dolly Jørgensen and Sverker Sörlin (Vancouver, BC: UBC Press, 2013), pp. 85–109.

十九世紀，奧克尼古物學家Walter Traill Dennison收集了其他關於奧丁石的敘述，更具瓦格納風格。據他所說，這是奧克尼皮科特人(Picts)被諾斯人征服的「昏暗、模糊的記憶」，蘊含著一段「種族殘餘被根除的神話歷史」，或許可追溯到八世紀維京人的入侵，以及九世紀末至十三世紀中葉那些挪威頭領(*jarls*)的統治。這是關於索羅代爾(Thorodale)的故事：他是奧克尼島的英雄，從那些兩棲類的芬福克(Finfolk)巫師手中贏得了Eynhallow（聖島），為被綁架的年輕妻子報了仇。對他們來說，那是Hildaland，隱藏的土地，是隱形的水上避暑勝地。Dennison敘述道：「九個月來，每逢午夜月圓之時，〔索羅代爾〕便跪著斯丹尼斯的奧丁石；九個月來，在月圓之夜，他透過奧丁石上的孔洞看去，希望自己能獲得力量，能看見Hildaland。」當被施法的島嶼終於出現時，索羅代爾和三個兒子毫不畏懼地划船過去，經過鯨魚撲騰、赤裸美人魚和噴火怪物，到達岸

oct/06/orkney-temple-centre-ancient-britain?CMP=twt_gu.

12 有關奧丁石，見Ernst Walker Marwick, *An Orkney Anthology: The Selected Works of Ernst Walker Marwick,* vol. 1, ed. John D. M. Robertson (Edinburgh: Scottish Academic Press, 1991), pp. 42–43; 307–38; J. N. Graham Ritchie,"The Stones of Stenness, Orkney," *Proceedings of the Society of Antiquaries of Scotland,* vol. 107 (1978), pp. 1–60; Adrian Challands, Mark Edmonds, and Colin Richards, "Beyond the Village: Barnhouse Odin and the Stones of Stenness," in *Dwelling Among the Monuments,* ed. Richards, pp. 205–27. 北羅納賽的石頭在當地似乎也相當重要。「據《統計記述》的作者記載，『他曾在每年的第一天看到五十名居民聚集在那裡，在月光下起舞；除了他們自己的聲音，沒有其他音樂伴奏。』」(Royal Commission on the Ancient and Historical Monuments of Scotland [RCAHMS], *Twelfth Report with an Inventory of the Ancient Monuments of Orkney and Shetland, vol. II, Inventory of Orkney* (Edinburgh: Her Majesty's Stationery Office, 1946), pp. 50–51.）

13 Mircea Eliade, *Patterns in Comparative Religion,* trans. Rosemary Sheed (London: Sheed & Ward, 1958), p. 25. 穿孔石在*Notes and Queries*中經常出現，可見它曾引起了十九世紀古物學家極大興趣，例如見*Notes and Queries,* 8th ser., 7 (1895), pp. 413–14, 我們看到許多軼聞的交流，其中達成了以下共識：這種石頭是「對付Pharisees[妖精]的護身符」(413)，至少是它的易攜版，經常掛在床頭或馬廄裡，可防止做噩夢。

14 Eliade, *Patterns,* p. 212. 埃利亞德使用「聖顯」的概念，既指這一類靈驗物件，也指具類似效力的神話和符號。

15「這賊首膽大包天，他不僅上岸，在斯特羅姆內斯村中舉辦舞會，而且在真實身份被揭穿之前，博得了一名女子的青睞，並跟這位稍有薄產的少女訂定婚約。」(Sir Walter Scott, *The Pirate* [Edinburgh: Archibald Constable & Co., 1822], p. ii [「倨傲如故」，見p. iii]); Arthur L. Haywood, ed., *Lives of the Most Remarkable Criminals,* vol. 3 (London, 1735), p. 603, 引自Marcus Rediker, *Villains of All Nations: Atlantic Pirates in the Golden Age* (Boston: Beacon Press, 2004) (「他神色自若」，見p. 11); Nigel Rigby, "Gow's Romances," in Daniel Defoe, *The Pirate Gow* (Greenwich, UK: National Maritime Museum, 2009), p. 109. 這傳說家傳戶曉，已成奧克尼島導遊故事的一部分。高夫像許多黃金時代後期被拘捕的海盜一樣，曾進行了漫長而慘烈的出逃；更兩度被絞：第一根繩索斷了後，毋須任何攙扶，又以相當的氣勢重登絞臺，之後被塗上柏油，屍身留在格林威治的絞架上，俯瞰泰晤士河，慢慢腐爛。在Rediker關於黃金時代海盜的出色描述中，亦曾提到這一次絞刑事件，見

續不斷的文明線，將源頭追溯至特洛伊陷落，布魯圖斯抵達阿爾比恩〔Albion，即大不列顛〕。關於古物研究和節福里的廣泛討論，見T. D. Kendrick的經典名著*British Antiquity* (London: Methuen, 1950).

5 John Aubrey, *Monumenta Britannica, or, A Miscellany of British Antiquities,* ed. John Fowles (Sherbourne, UK: Dorset Publishing Company, 1980), pp. 508–9.

6 Marc Atkins and Iain Sinclair, *Liquid City* (London: Reaktion Books, 1999), p. 168.

7 E. O. Gordon, *Prehistoric London: Its Mounds and Circles* (Muskogee, Okla.: Artisan Publishers, 2003 [1914]), p. 8.

8 見William P. L. Thomson, *The New History of Orkney,* 3rd ed. (Edinburgh: Birlinn, 2008); David M. Wilson, "The Viking Adventure," in *The Northern World: The History and Heritage of Northern Europe, AD 400–1100,* ed. David M. Wilson (New York: Harry N. Abrams, 1987), pp.169–82. 奧克尼島可能也是維京人征服赫布里底群島的中轉站。

9 他的意思是說，島上有兩個最大的石圈，較小規模的遺跡卻沒幾個。(Aubrey Burl, *A Guide to the Stone Circles of Britain, Ireland and Brittany*, rev. ed. [New Haven: Yale University Press, 2005], p. 145).

關於英倫諸島的歷史遺跡，另一個主要索引是Julian Cope, *The Modern Antiquarian: A Pre-Millennial Odyssey Through Megalithic Britain* (London: Thorsons, 1998).

10 奧克尼島的考古學發展迅速，詳見Nick Card, "Colours, Cups and Tiles: Recent Discoveries at the Ness of Brodgar," *Past—The Newsletter of the Prehistoric Society,* 66 (2010), pp. 1–16; Nick Card, Jane Downes, Julie Gibson, and Susan Ovenden, "Bringing a Landscape to Life? Researching and Managing 'The Heart of Orkney' World Heritage Site," *World Archaeology,* 39, no. 3 (2007), pp. 417–35; Colin Renfrew, *Investigations in Orkney* (Society of Antiquaries/Thames & Hudson, 1979); Colin Renfrew, ed., *The Prehistory of Orkney* (Edinburgh: Edinburgh University Press, 1985); Colin Richards, ed., *Dwelling Among the Monuments: An Examination of the Village of Barnhouse, Maeshowe Passage Grave and Surrounding Monuments at Stenness, Orkney* (Cambridge, UK: McDonald Institute for Archaeological Research, 2003); Anna Ritchie, ed., *Orkney in Its European Context* (Cambridge, UK: McDonald Institute for Archaeological Research, 2001).

11 引自Robin McKie, "Neolithic Discovery: Why Orkney Is the Centre of Ancient Britain," *The Observer,* Oct. 6, 2012, 網址：http://www.guardian.co.uk/science/2012/

也在別處寫過他們的營地，以及與戰人交鋒的方式。他們懂得用鐵；在海丁頓(Hedington)的田野、Bromham、Bowden等地，仍能看見炭屑堆，就是熔鐵以後的殘渣……我想，他們要比美洲人少兩三分野蠻。直到約翰王的時代，這個島上依然還有狼……正是羅馬人征服了他們，並使他們文明起來的。」(John Edward Jackson, ed., *Wiltshire: The Topographical Collections of John Aubrey, F.R.S., 1659–70* [Devizes, UK: Wiltshire Archaeological and Natural History Society, 1862], pp, 4–5)

關於倫敦石，見John Clark, "London Stone: Stone of Brutus or Fetish Stone—Making the Myth," Folklore, 121, no. 1 (2010), pp. 38–60; John Clark, "Jack Cade at London Stone," Transactions of the London and Middlesex Archaeological Society, 58 (2007), pp. 169–89; Thomas Pennant, Some Account of London (1790; London: printed for J. Faulder, 1813), p. 5; Mor Merrion [Richard Williams Morgan], "Stonehenge," Notes and Queries, 3rd ser., vol. 1 (1862), p. 3; Hugh Raffles, "London Stone Redux," in Techniques of Assemblage: The Empirical Baroque, ed. John Law and Evelyn Ruppert (London: Mattering Press, 2016), pp. 224–41. 布萊克(William Blake)認為，德魯伊是將習俗編寫成法律和懲罰的編纂者，敲響了原始耶路撒冷的喪鐘，因此，正如John B. Beer指出，倫敦石是「一塊真正的反視覺岩石，所有距離都是從這一點開始測量的，它因此是抽象計算世界中的參照點。」(John B. Beer, Blake's Visionary Universe [Manchester, UK: University of Manchester Press, 1969], p. 182). 有關布萊克與斯圖克雷那些別開生面的探討，見John Michell, *Megalithomania: Artists, Antiquarians and Archaeologists at the Old Stone Monuments* (London: Thames & Hudson, 1982), pp. 14–15, 24–25.

這裡收錄了兩幅肖像畫，由懷特(John White)所畫，關於這位畫家，請見Hugh Honour, *The New Golden Land: European Images of America from the Discoveries to the Present Time* (New York: Pantheon, 1975), 71–78; Christian F. Feest, "John White's New World," in Kim Sloan, *A New World: England's First View of America* (Chapel Hill: The University of North Carolina Press, 2007), pp. 65–77; Paul Hulton and David Beers Quinn, *The American Drawings of John White, 1577–1590, With Drawings of European and Oriental Subjects* (London: The British Museum/University of North Carolina Press, 1964); 以及Sam Smiles, "John White and British Antiquity: Savage Origins in the Context of Tudor Historiography," in Kim Sloan, ed., *European Visions: American Voices* (London: The British Museum, 2009), pp.106–112, 其中，作者將坎登和懷特放進人文主義的背景，以對抗稱霸史學的「傑福里傳統」。基於傑福里(Geoffrey of Monmouth)於十二世紀所著的《不列顛諸王錄》，這傳統呈現一條連

An Account of the Antiquitys and Remarkable Curiositys in Nature or Art, Observ'd in Travels Thro' Great Brittan (London: printed for the author, 1724) (「*lapis milliaris*」，見p. 112); Charles Dickens, *All the Year Round: A Weekly Journal,* new ser., 39 (Oct. 2, 1886) (「理論中心」，見p. 210)。凱撒寫道：「所有的不列顛人，都用大青來為自己染上藍色，使他們戰鬥中的外表更加可怕。」(Julius Caesar, "Second Expedition to Britain," in *The Gallic War,* trans. H. J. Edwards, Loeb Classical Library 72 [Cambridge, Mass.: Harvard University Press, 1917], p. 253). On the antiquarians, see, *inter alia,* Rosemary Sweet, *Antiquaries: Discovering the Past in Eighteenth-Century Britain* (Cambridge, UK: Cambridge University Press, 2004); Graham Parry, *The Trophies of Time: English Antiquarians of the Seventeenth Century* (Oxford, UK: Oxford University Press, 2007); Angus Vine, *In Defiance of Time: Antiquarian Writing in Early Modern England* (Oxford, UK: Oxford University Press, 2010).

3 William Camden, *Annales: The True and Royall History of the Famous Empresse Elizabeth Queene of England France and Ireland &c., True Faith's Defendresse of Diuine Renowne and Happy Memory, Wherein All Such Memorable Things As Happened During Hir Blessed Raigne . . . Are Exactly Described* (London: Benjamin Fisher, 1625) (「在眼睛周圍」，見p. 365). 加比利號的船長Christopher Hall寫道：「他們貌似韃靼人。」加比利號是一五七七年弗羅比雪遠航巴芬島的三艘船之一。與當時其他類似的言論一樣，這一點被認為是大西洋和太平洋之間存在北方通道的證據，引起各方關注(Christopher Hall, "The First Voyage of M. Martine Frobisher, to the Northwest, for the Search of the Straight or Passage to China," in *The Three Voyages of Martin Frobisher,* ed. Vilhjalmur Stefansson and Eloise McCaskill, 2 vols. [London: Argonaut Press, 1938], vol. 1, pp. 149–54, quotation p. 153). 關於更廣泛的討論，見Mary B. Campbell, The Witness and the Other: Exotic European Travel Writing, 400–1600 (Ithaca, NY: Cornell University Press, 1988). 關於阿娜，以及弗羅比雪的其他俘虜，見下文〈鐵〉一章。

4 奧布里對威爾特郡(Wiltshire)的描述，大概寫於一六五九至一六七〇年之間。它值得我們更詳盡地引述：「我們來想像一下，在古不列顛人的時代，這是怎樣的一個郡。根據土壤性質，這裡是酸性的樹林土地，適合橡木的產出。我們大可就此推論，這北部區域的樹林是一片陰暗淒涼之所：野蠻的居民形同野獸，皮膚是其唯一的衣著……他們的信仰已有凱撒大帝詳加描述。他們的祭司是德魯伊(Druid)：我假定他們的一些寺廟已經被修復了，如奧伯里(Aubury)、巨石陣等，還有別的不列顛墓地。在凱撒大帝的妙筆下，我們已知道他們如何戰鬥。我

52 John Playfair, "Biographical Account of the Late James Hutton, F.R.S. Edin.," *Transactions of the Royal Society of Edinburgh,* V, pt. III (1805), pp. 39–99 (「頭腦似乎」，見p. 73).

53 George W. Stocking, Jr., *Race, Culture, and Evolution: Essays in the History of Anthropology* (Chicago: University of Chicago Press, 1982), pp. 29–41 (「自然法則冷酷無情」，見p. 35, 引自居維葉在一八一五年檢查Sarah Bartmann後的描述，見其*Discours sur les révolutions du globe* [Paris: Passard, 1864], pp. 221–22;「對野蠻人呈現出」，見p. 31). 另見George W. Stocking, Jr., Victorian Anthropology (New York: Free Press, 1987), pp. 25–27. 關於居維葉在種族多源理論興起的角色，見Claude Blanckaert, "On the Origins of French Ethnology: William Edwards and the Doctrine of Race," in Bones, Bodies, Behavior: Essays on Biological Anthropology, ed. George W. Stocking, Jr. (Chicago: University of Chicago Press, 1982), pp. 18–55, 特別是pp. 27–34. 關於居維葉如何藉由〔捷克裔人類學家〕Aleš Hrdlička而對美國人類學種族理論產生長久影響，Robert Oppenheim提出其有用而客觀的看法，見其An Asian Frontier: American Anthropology and Korea, 1882–1945 (Lincoln: University of Nebraska Press, 2016), pp. 223–58. 這些問題在稍後〈鐵〉一章中有詳細探討。一九〇二年和一九一四年，Hrdlička分別代表AMNH和海耶的美國印第安人博物館，對他在美國博物館中檢查過的大量萊納普人的頭蓋骨和骨架進行研究，其中一些更是他從新澤西州米尼辛克附近的一個墳堆中取走的；見Aleš Hrdlička, "The Crania of Trenton, New Jersey, and Their Bearing Upon the Antiquity of Man in That Region," Bulletin of the American Museum of Natural History, XVI (1902), pp. 23–62; 以及 Aleš Hrdlička, Physical Anthropology of the Lenape or Delawares, and of the Eastern Indians in General. Bureau of American Ethnology, Bulletin 62 (Washington, DC: Government Printing Office, 1916).

54 關於阿提卡監獄暴動，見Heather Ann Thompson, *Blood in the Water: The Attica Prison Uprising of 1971 and Its Legacy* (New York: Pantheon, 2016).

之二　砂岩

1 *London,* 導演為Patrick Keiller, BFI Films, 1994.

2 William Camden, *Britannia; or, A Chorographical Description of the Flourishing Kingdoms of England, Scotland, and Ireland, and the Islands Adjacent, from the Earliest Antiquity, Translated from the Edition Published by the Author in 1607 by Edward Gough,* 4 vols. (London: J. Stockdale, 1806), p. 80; William Stukeley, *Itinerarium Curiosum, or,*

45 Franz Boas to George Hunt, April 14, 1897, Jesup Expedition Correspondence, AMNH Division of Anthropology, Accession Number: 1897–43.

46 安德森在"Introduction"中更詳細地講述了這個故事，其中還包括對奧奈羅德和斯金納生活的詳細描述。安德森寫道：他們兩位的目的是「促成奧奈羅德保存他〔對斯金納〕所透露的一切，同時避免反彈，轉移敏感問題，以免招致進一步的譴責。這並不是說，面對認真的探索者，達科他州人不輕易透露他們的傳統。相反，是白人文化的積極滲透阻礙了第一手知識，破壞了原住民傳統的繼續實踐。然而諷刺的是，它允許以第二或第三人稱敘述傳統故事，只要有經過白人社會的世界觀過濾過就好。斯金納和奧奈羅德盡力繞過這些限制。」(p.34) 在斯金納離世的當時，他們已經為一份關於達科他州錫塞頓－瓦佩頓的手稿工作了十一年。但這份手稿早已遺失，沒有在斯金納的遺物中找到。

47 "Indian Life Reservation," *New York Sun*, Jan. 21, 1926 (「這些後來的阿爾岡昆人」), 引自：http://myinwood.net/inwoods-indian-life-reservation/.

48 Dorothy Menkin, 引自 Jeff Kisseloff, *You Must Remember This: An Oral History of Manhattan from the 1890s to World War II* (Baltimore: Johns Hopkins University Press, 2000) (「她很有個性」，見 p. 232). 羅伯特・摩西自己披露了驅逐事件的經過：「在英伍德公園哈德遜橋的引道上，有一棵巨大、古老、腐爛的鬱金香樹，據說在哥倫布發現美洲時就在那裡。當年亨利・哈德森抵達時，它也俯瞰著半月號沿河而上。其實還有其他的樹，但大多都衰敗不堪。中間有一個窯洞，一位印第安公主在那裡教做陶瓷，她的經濟來源很可疑。她有個無所事事的兒子。兩人都在領救濟金，支票經由樹上的郵筒送到公主手上。抗議聲浪相當嚇人，我們被指騷擾公主、窯洞、老鬱金香樹和其他動植物。抗議者包括會客廳裡的保護主義者，他們顯然連英伍德丘都還沒爬過，卻制止開闢公園道和橋樑，懷著浪漫的想像，視之為神聖不可侵犯。我們為救援部隊提供了巧妙的新拔樹裝置，配上一台電驢發動機，與此同時也清理了一條道路，拯救了好樹，並在一九三五年開始著手修橋。」(Robert Moses, *Public Works: A Dangerous Trade* [New York: McGraw-Hill, 1970], pp. 186–87)。可是摩西並沒有提到，他之所以讓公園道的路線穿越英伍德丘，其實是為了藉「開闢公園道路」的名目，以獲取大量聯邦補貼。關於他的「西城改善工程」的全部影響，見 Robert A. Caro, *The Power Broker: Robert Moses and the Fall of New York* (New York: Vintage, 1975), 特別是 pp. 499–575.

49 New York *Evening Sun*, Nov. 1890, 引自 Skinner, *Archeological Investigations*, p. 160.

50 關於這些考古學分期，詳見 Cantwell and Wall, *Unearthing Gotham*, pp. 35–116.

51 Bolton, *Washington Heights, Manhattan*, p. 14.

給白人地主。關於「小黃鼠狼」，見Anderson, "Introduction," pp. 45–46。斯金納給館長的信，見June 26, 1914, AMNH Division of Anthropology Correspondence 1908-26, Box 43, File 390-391, Folder 19 (「我有一個機會」)。

39 引自Anderson, "Introduction," p. 30。一九二四年的《斯奈德法案》(Snyder Act) 允許在美國出生的原住民獲得完全的公民身份，但讓各州自行實施。一直等到一九六二年，這法案在美國才正式全面推行。新墨西哥州最後亦終於修改憲法，讓法案得以實施。不言而喻，今天的印第安人，特別是農村地區的印第安人，極易受到選民的欺壓，並不斷有人試圖推翻一九六五年的《投票權法》。

40 Alanson Skinner to John V. Satterlee, May 14, 1914, AMNH Division of Anthropology Correspondence 1908–26, Box 43, File 390–391, Folder 19 (「我有跟你說」)。一九〇七年九月，斯金納剛滿二十一歲，他寫信詢問鮑亞士可否加入他在哥倫比亞大學的班級。「我年紀尚輕，受僱於美國自然史博物館，我非常渴望以人類學作為我一輩子的工作。」他解釋說，由於他在高中時視力出問題，所以一直沒有完成大學入學考試，因此需要得到批准才能報名當旁聽生；他還明顯地感到不好意思，補充說：「還有一件事讓我很煩惱，那就是費用。我已經成年，自食其力，但在這裡工作薪資非常少，如果不負債，我將相當難以支付這些費用。」我找不到鮑亞士的回函，但斯金納確實在這時期和他在一起，在哥倫比亞大學上課 (Alanson Skinner to Franz Boas, Sept. 16, 1907, Franz Boas Papers, American Philosophical Society Library, Mss.B.B61).

41 現在是史密森尼美國印第安人國家博物館的一部分。關於海耶和他的博物館，見Ira Jacknis, "A New Thing? The NMAI in Historical and Institutional Perspective," *American Indian Quarterly,* 30, nos. 3, 4 (2006), pp. 511–42; Mary Jane Lenz, "George Gustav Heye: The Museum of the American Indian," in *Spirit of a Native Place: Building the National Museum of the American Indian,* ed. Duane Blue Spruce (Washington, DC: National Museum of the American Indian/National Geographic Society, 2004), pp. 87–115; Kevin Wallace的彩圖："Slim-Shin's Monument," *The New Yorker,* Nov. 19, 1960, pp. 104–46; Edmund Carpenter, *Two Essays: Chief and Greed* (North Andover, Mass.: Persimmon Press, 2005).

42 引自Anderson, "Introduction," p. 34.

43 Alanson Skinner, *Archeological Investigations on Manhattan Island, New York City* (New York: Museum of the American Indian/Heye Foundation, 1920), pp.123–218 (「可能是」，見pp.146–47；「漫無目的」和「幾百件」，見p. 147)。

44 Ibid. (「嚴重切割」，見p. 149;「古代曼哈頓」，見p. 154).

在一九三四年的《印第安人重組法》中。他寫道：「在科學的支持下，那個時代的人類學家藉由編排、捏造、鑒定和編輯，確定什麼是印第安人，什麼不是印第安人，從而鞏固了一個非常狹隘的真實印第安人的形象。這種科學介入，一方面助長了那些羨慕印第安人的人的反現代慾望，使人渴望一種異國情調的真實性，繼而欣賞鎳幣上的印第安人頭像或柯蒂斯肖像；而另一方面，它也控制和排除了傳統美國印第安人實踐和世界觀中的任何變異、文化變化或多樣性。終究而言，這種人類學幫忙了種族滅絕政策。因為通過紀錄和搶救失傳的語言、宗教和信仰習俗、親屬關係和部落組織，或使用注音記號，人類學家動用了科學力量來進一步鞏固該限制性觀點，使真正的印第安人身份只能通過特定部落人口的種族、語言和文化來構成，任何脫離這些狹隘界限的，都不能成為真正的印第安人。(Lee D. Baker, *Anthropology and the Racial Politics of Culture* [Durham, NC: Duke University Press, 2010], pp. 115–16).

36 "Museum Notes," *American Museum Journal,* 14 (1914), p. 119. 關於奧奈羅德和斯金納，詳見Laura L. Anderson *Being Dakota: Tales and Traditions of the Sisseton and Wahpeton* (St. Paul: Minnesota Historical Society Press, 2003)，書中關於兩人的"Introduction"非常重要。鮑亞士認識到三個有價值的田野數據來源：一、知識淵博的業餘愛好者，如傳教士和商人（雖然對於傳教士，他有點不確定）；二、訓練有素的人類學家，漸漸在美國各大學出現；三、族人研究人員。亨特(Hunt)和奧奈羅德屬於最後一類。作為重要的群體，他們名義上是專業民族學家的助手，但往往是大量材料的收集者和組織者，然後以其合伙人的名義發表。關於鮑亞士和亨特的關係，請參閱Judith Berman引人入勝的文章：" 'The Culture As It Appears to the Indian Himself': Boas, George Hunt, and the Methods of Ethnography," in Volksgeist *as Method and Ethic: Essays on Boasian Ethnography and the German Anthropological Tradition,* ed. George W. Stocking, Jr. (Madison: University of Wisconsin Press, 1996), pp. 215–56.

37「這些人……現正積極從事農業，幾乎放棄了一切與舊印第安人生活有關的東西。然而，我們還是能獲得一些非常古老和不尋常的標本，因為他們把這些過去的物品當作信物而保存下來」，以上是AMNH館刊的報導 ("Museum Notes," *American Museum Journal,* 14 [1914], p. 272).

38《印第安人犯罪法》是所謂種族滅絕政策的一部分，其中包括一八八七年的《道斯法》(Dawes Act)，積極推行同化。該政策持續到一九三四年，直至頒佈《印第安人重組法》，結束分派土地，建立部落自治新機制(Baker, *Anthropology and Racial Politics,* pp. 1–2) 。在這一時期，估計有百分之九十五的原住民土地被讓渡

例如，見Bolton, *New York City in Indian Possession,* pp. 238–40。許多關於前歐洲時期紐約的早期文獻中，都將曼哈頓萊納普人分為卡納西（居於島嶼下方）和瑞卡瓦萬（住在哈林區北部）。Eric Sanderson則提出了三個社區：曼哈頓人在下曼哈頓和海港島群；瑞卡瓦萬在現在的哈林和上東區；維希加吉，最大的群體，則在曼哈頓北部和布朗克斯西部，主要據點在索卡樸(Shorakapok) (Sanderson, *Mannahatta,* pp. 106–10)。早期美國歷史學家常常把曼哈頓的居住者簡稱為曼哈頓人。Robert Grumet舉例指出，「曼哈頓」和「維希加吉」原為地名，後來歐洲人卻用來指稱較大的族群 (Grumet, *Munsee Indians,* 309–10, n. 6).

34 「緊急歷史學家」，見《紐約時報》，一九二二年一月二十二日。令人驚訝的是，關於卡爾弗和博爾頓，或一九一八年五月成立的N-YHS實地勘探委員會的活動，幾乎沒有什麼探討。有關討論，見Diana di Zerega Wall, *Touring Gotham's Archaeological Past: Eight Self-Guided Walking Tours Through New York City* (New Haven: Yale University Press, 2004), pp. 77–101; Jacob W. Gruber, "Artifacts Are History: Calver and Bolton in New York," in *The Scope of Historical Archaeology: Essays in Honour of John L. Cotter,* ed. David G. Orr and Daniel G. Crozier (Philadelphia: Temple University Press, 1984), pp. 13–27. 除了博爾頓的文本，亦請見William L. Calver, "Recollections of Northern Manhattan," *New-York Historical Society Quarterly,* 32 (1948), pp. 20–31; Reginald Pelham Bolton, "The Indians of Washington Heights," in *Indians of Greater New York and the Lower Hudson,* ed. Wissler, pp. 77–109; Reginald Pelham Bolton, *Washington Heights, Manhattan, Its Eventful Past* (New York: Dyckman Institute, 1924); Alanson Skinner, *The Indians of Manhattan Island and Vicinity,* Guide Leaflet Series no. 41 (New York: American Museum of Natural History, 1909); Alanson Skinner, "The Lenapé Indians of Staten Island," in *Indians of Greater New York and the Lower Hudson,* ed. Wissler, pp. 3–62. 由於在紐約遇到了大量與革命戰爭有關的遺跡和物品，卡爾弗和博爾頓的興趣便不再只限於「尋找原住民居住的遺跡」，而「對十八世紀國內和軍事遺跡愈加迷戀」，以及對上曼哈頓軍事營地遺跡亦有所關注。例如，見Richard J. Koke, "Introduction," in William Louis Calver and Reginald Pelham Bolton, *History Written With Pick and Shovel* (New York: New-York Historical Society, 1950), p. 3.

35 Edward S. Curtis, "A Plea for Haste in Making Documentary Records of the American Indian," *American Museum Journal,* 14 (1914), pp. 163–65. 人類學家李貝克(Lee Baker)提出了一個重要的觀察，認為鮑亞士等人在這一時期關注搶救文化，以及對真實文化的追求，實際上強制規限了「真正印第安人」的概念。這一問題體現

物，只是為了表示他們對分享土地使用權的贊賞」(p. 220)。此外，「德拉瓦和芒西的西遷故事講起來令人心酸。他們被迫放棄了萊納普霍京相對完整的家園，被分散安置到遠在德克薩斯州、奧克拉荷馬州、威斯康辛州和加拿大安大略省的地方。他們在尋求永久新居所的過程中，經常被人連根拔起，迫使他們將營地不斷向西移動。許多保留地被買走，很快又被出售，甚至簽訂條約以後又被廢除」(p. 233)。Bolton, *Indian Paths* 雖憑著早期學者的眼光和研究資源，卻能較為詳細地描述了在紐約發生的事。最近的學術研究則大多承接 Richard White 所撰 *Middle Ground* 一書的餘緒，大大偏離了「衰落」的說法，而強調印第安人成功地維護了主權，以及他們創造性地、務實地管理文化和政治交往空間的能力。關於 White 在早期美國歷史學家當中的貢獻，可參閱最近的 Andrew Lipman, "No More Middle Grounds?," *Reviews in American History,* 44, no. 1 (2016), pp. 24–30；當然，還有 Richard White 自己的 *The Middle Ground: Indians, Empires, and Republics in the Great Lakes Region, 1650–1815* (Cambridge, UK: Cambridge University Press, 1991)。Merwick 的 *The Shame and the Sorrow* 對荷蘭人的殖民情懷進行了令人回味的探索。在關於美國移民史的大量文獻之中，*William Cronon* 的 *Changes in the Land: Indians, Colonists, and the Ecology of New England* (New York: Hill and Wang, 1983) 仍然是易懂的生態學描述，細緻入微地分析東北地區的早期糾葛。

31 參閱 David Treuer, *Heartbeat of Wounded Knee: Native America from 1890 to the Present* (New York: Riverhead Books, 2019)。這本書「堅定地、毫不羞恥地講述印第安人的生活，而不是印第安人的死亡」(p. 1)；Tommy Orange, *There There* (New York: Alfred A. Knopf, 2018) (「煥然一新」，見 p. 8)。

32 Orange, *There There* (「沒有迷失方向」，見 pp. 8–9); Program of First United Lenape Nations Pow Wow and Standing Ground Symposium, Nov. 18, 2018, Park Avenue Armory, New York City (「第一屆聯合」). 關於原住民研究的政治議題，見 Audra Simpson, *Mohawk Interruptus: Political Life Across the Borders of Settler States* (Durham, NC: Duke University Press, 2014); Andrea Smith and Audra Simpson, eds., *Theorizing Native Studies* (Durham, NC: Duke University Press, 2014); Orin Starn, "Here Come the Anthros (Again): The Strange Marriage of Anthropology and Native America," *Cultural Anthropology,* 26, no. 2 (2011), pp. 179–204.

33 如果說曼哈頓確實是被「賣掉」了，那麼交易雙方似乎不僅是對財產有不同看法而已。事實上，荷蘭人和卡納西人進行交易時，就發現他們在這地區的權力並不穩固。我們之所以認識到這一點，是因為荷蘭人幾十年後還願意與拒絕接受協議的瑞卡瓦萬 (Rechgawawanc) 重複交易。至於六十盾的交易故事，證據並不可靠。

中討論過這段著名的文字。關於基夫特戰爭，詳見Midtrød, *Memory of All Ancient Customs;* Lipman, *Saltwater Frontier,* pp. 125–64，作者提到一六三六年至一六三八年，佩科特人(Pequot)跟英國人的戰爭。在這十年中間，也有超過兩千名萊納普人和一百名殖民者喪生。把這兩場戰事作一比較，確實很有見地，Otto, *Dutch-Munsee Encounter;* Meuwese, *Brothers in Arms,* pp.236–49; Kraft, *The Lenape,* pp. 195–240; Hìtakonanu'laxk, *Grandfather Speaks,* pp. 18–32; Robert S. Grumet, *Historic Contact: Indian People and Colonists in Today's Northeastern United States in the Sixteenth Through Eighteenth Centuries* (Norman: University of Oklahoma Press, 1995), pp. 211–30.

26 Alden T. Vaughan, *Transatlantic Encounters: American Indians in Britain, 1500–1776* (Cambridge, UK: Cambridge University Press, 2006), pp. 102–4; Rachel Doggett, *New World of Wonders: European Images of the Americas 1492–1700* (Washington, DC: Folger Shakespeare Library, 1992), p. 62. 然而，基夫特並沒有安全抵達歐洲。一六四七年九月，輪船載著他從新阿姆斯特丹返回，卻在威爾士附近沉沒，連同最堅定反對他的Jan de Vries一起淹死。關於後者，人們對他的印象是：他不僅捍衛印第安人，保護黑奴和自由黑人，還在聚居地的荷蘭改革教會中娶了一位黑人婦女(見Moore, "A World of Possibilities," pp. 47–48)。

27 其中也有區域差異，例如在德拉瓦谷的萊納普人，他們的社會組織直至十八世紀依然保持相對穩定。見Soderlund, *Lenape Country;* Marshall Joseph Becker, "Lenape Land Sales, Treaties, and Wampum Belts," *Pennsylvania Magazine of History and Biography,* 108, no. 3 (1984), pp. 351–56.

28 Hodges, *Root and Branch,* p. 36 (「已準備好」); Harris, *In the Shadow of Slavery,* p. 28.

29 紐約總督和議會，一六七六年二月六日，引自James Riker, *Harlem (City of New York): Its Origins and Early Annals* (New York: Printed for the Author, 1881), p. 369。另見Grumet, *Munsee Indians,* p. 310, n. 6; Reginald Pelham Bolton, *New York City in Indian Possession,* in *Indian Notes and Monographs,* ed. F. W. Hodge, vol. II (New York: Museum of the American Indian/ Heye Foundation, 1919–20), pp. 221–363, 特別是pp. 244–45。

30 Midtrød, *Memory of All Ancient Customs* (「不能算是」，見p. 144)。Kraft, *The Lenape,* pp. 195–240討論了萊納普人與歐洲殖民者的初次相遇以及由此產生的剝奪和遷移：「殖民者認為，商業貿易作為合法的交易手段，可以藉著商品以換取印第安人對土地的永久和專屬所有權；但美國原住民卻以為，殖民者當初提供禮

River Valleys: The Odyssey of the Delaware Indians (Philadelphia: University of Pennsylvania Press, 2007); Otto, *Dutch-Munsee Encounter;* Donna Merwick, *The Shame and the Sorrow: DutchAmerindian Encounters in New Netherland* (Philadelphia: University of Pennsylvania Press, 2006); Tom Arne Midtrød, *The Memory of All Ancient Customs: Native American Diplomacy in the Colonial Hudson Valley* (Ithaca, NY: Cornell University Press, 2012); Mark Meuwese, *Brothers in Arms, Partners in Trade: Dutch-Indigenous Alliances in the Atlantic World, 1595–1674* (New York: Brill, 2012), pp. 228–85; Grumet, *Munsee Indians;* Robert S. Grumet, *The Lenapes* (New York: Chelsea House, 1989). 關於萊納普的土地出售，見Robert Grumet, "The Selling of Lenapehoking," *Bulletin of the Archaeological Society of New Jersey,*44, no.1(1989), pp.1–6; Andrew Lipman, "Buying and Selling Staten Island: The Curious Case of the 1670 Deed to Aquehonga Manacknong," *Commonplace,* 15, no. 2 (2015), 網址：http://www.common-place-archives.org/vol -15/no-02/tales/#.XOBETdNKjOQ。

24 Heckewelder, "Indian Tradition" (「一天比一天熟」，見p. 74); Christopher Moore, "A World of Possibilities: Slavery and Freedom in Dutch New Amsterdam," in *Slavery in NewYork,* ed. Ira Berlin and Leslie M.Harris (New York: New Press/New-York Historical Society, 2005), pp. 42–48 (「第一個合法解放」，見p. 45); Leslie M. Harris, *In the Shadow of Slavery: African Americans in New York City, 1626–1863* (Chicago: University of Chicago Press, 2003), pp. 23–25. 我感謝Rhea Rahman提醒我注意這段歷史。關於荷蘭殖民地非洲人歷史的詳細情況，請見：Harris, *In the Shadow of Slavery,* pp. 13–26; Thelma Wills Foote, *Black and White in Manhattan: The History of Racial Formation in Colonial New York City* (Oxford, UK: Oxford University Press, 2004), pp. 29–52; Graham Russell Hodges, *Root and Branch: African Americans in New York & East Jersey, 1613–1863* (Chapel Hill: University of North Carolina Press, 1999), pp. 6–33; Moore, "A World of Possibilities," pp. 29–56.

25 他繼續說：「有些被扔進了河裡，父母努力營救，士兵卻不讓他們上岸，讓父母和孩子一起淹死。這包括五到六歲的孩子，還有一些年邁體衰的老人。某些人為了逃避進攻，躲在鄰近的草叢裡，等天亮了，便出來討一塊麵包，並獲准取暖，就這樣被當場冷血殺害，扔進火裡或水裡。某些人來到我們鄉下，有的被砍掉了手，有的被砍掉了腿，有的把內臟抱在懷裡，還有別的人身上有非常可怕的創傷和切口，可謂慘絕人寰。」(David Piertersz. de Vries，"Korte historiael ende journaels aenteyckeninge [1655]," in Jameson, *Narratives of New Netherland,* pp. 183–234 [quote on p. 228])。Merwick在其*The Shame and the Sorrow,* pp. 143–44

系統管理中使用火，見Eric W. Sanderson, *Mannahatta: A Natural History of New York City* (New York: Abrams, 2009), pp. 123–29; Wallace and Burrows, *Gotham,* pp. 8–9. 歐洲航海家們一再將管理中的生態系統誤認為荒野。美國原住民不知不覺地創造了景觀，激起殖民主義的慾望，這確實是痛苦的諷刺，詳見Hugh Raffles, *In Amazonia: A Natural History* (Princeton: Princeton University Press, 2002), pp. 105–9.

20 Juet, "The Third Voyage of Master Henrie Hudson Toward Nova Zembla"：「這地方的人」和「我們抓起」，見p. 365；「兩艘獨木舟」、「兩三個人」和「一百多人」，見p. 372。

21「萊納普」、「德拉瓦」、「芒西」已成籠統名稱。在十七世紀末、十八世紀和十九世紀的動蕩和遷徙中，以地方為基礎的社區失去其個別身份，人們便將剩下的群體合併。有關討論，例如見Robert S. Grumet, *The Munsee Indians: A History* (Norman: University of Oklahoma Press, 2009), pp. 12–14; Herbert C. Kraft, *The Lenape: Archaeology, History, and Ethnography* (Newark: New Jersey Historical Society, 1986), pp. xv, 120 (「把自己看作」，見p. 161); Hìtakonanu'laxk (Tree Beard), *The Grandfather Speaks: Native American Folk Tales of the Lenapé People* (New York: Interlink Books, 1994), pp. 2–40 (「阿爾岡昆人的祖先」，見p. 2;「能夠跟我們人類分享」，見p. 33;「萬物有靈」，見p. 33); Andrew Lipman, *The Saltwater Frontier: Indians and the Contest for the American Coast* (New Haven: Yale University Press, 2015)(「無形關係」，見p. 47;「美麗禮物」，見p. 106). 至於該地區考古學和前哥倫布時代自然史的相關通俗讀物，可參閱Betsy McCully, *City at the Water's Edge: A Natural History of New York* (New Brunswick, NJ: Rutgers University Press, 2006), pp. 45–61; Cantwell and Wall, *Unearthing Gotham,* pp. 119–20; Sanderson, *Mannahatta,* pp. 104–35; Bolton, *Indian Life of Long Ago;* Sidney Horenstein, "Inwood Hill and Isham Park: Geology, Geography, and History," *Transactions of the Linnean Society of New York,* X (2007), pp. 1–54. Burrows and Wallace的*Gotham*一書令人印象深刻，是一部詳細且可讀性高的城市歷史，對本章提出的許多問題進行了概述；關於該地區的早期佔領問題，見pp. 3–13。至於維拉扎諾大橋，則在一九六四年通車，當時是世界上最長的吊橋。

22 Bolton, *Indian Paths*, p. 82.

23 關於這一時期哈德遜和德拉瓦河谷的原住民事蹟，見Lipman, *Saltwater Frontier;* Jean R. Soderlund, *Lenape Country: Delaware Valley Society Before William Penn* (Philadelphia: University of Pennsylvania Press, 2015); Amy C. Schutt, *Peoples of the*

York," in *Collections of the New-York Historical Society,* 2nd ser., vol. 1, no. 3 [1841], pp. 69–74)。

在曼哈頓的萊納普人，在什麼程度上可能或不可能在一六〇九年之前與歐洲人有直接或間接（通過貨物貿易）接觸是有爭議的。例如，Burrows和Wallace認為，「到了一六〇〇年，用海狸和其他皮毛來交換歐洲人的商品，至少已經成為大西洋沿岸一些印第安人的例行公事，萊納普人無疑也是其中一份子」，而且「荷蘭商人聲稱早在一五九八年就『經常光顧』哈德遜河谷下游；然而，歷史學家Paul Otto卻認為，「哈德遜河谷下游的印第安人，對歐洲人到底是誰，或到底是些什麼，幾乎沒有概念」(Burrows and Wallace, Gotham, p. 12; Paul Otto, *The Dutch-Munsee Encounter in America: The Struggle for Sovereignty in the Hudson Valley* [New York: Bergahn Books, 2006], pp. 36–47, esp. p. 38)。

我們可在大副朱特(Juet)的記錄中看到哈德遜的航行敘述：「第三次航行，船主哈德遜走向新地島，在回程時，經過Farre Hands而到達新大陸，並向四十四度和十分航行，然後到鱈魚角，所以是向三十三度；沿著海岸向北，四十二度半，再向四十三度沿河而上」，載於*Hakluytus Posthumus or Purchas His Pilgrimes,* ed. Samuel Purchas, vol. 13 (Glasgow: James MacLehose and Sons, 1906), pp. 333–74；朱特所載沿著現今哈德遜河航行的記錄，見pp.361-73。關於這段歷史的敍述有很多，可參閱Anne-Marie Cantwell and Diana diZerega Wall, *Unearthing Gotham: The Archaeology of New York City* (New Haven: Yale University Press, 2003), pp. 119–40; Paul Otto, "The Origins of New Netherland: Interpreting Native American Responses to Henry Hudson's Visit," *Itinerario,* 18, no. 2 (1994), pp. 22–39; Paul Otto, "Common Practices and Mutual Misunderstandings: Henry Hudson, Native Americans, and the Birth of New Netherland," *de Halve Maen,* 72, no. 4 (1999), pp. 75–83; Evan Haefeli, "On First Contact and Apotheosis: Manitou and Men in North America," *Ethnohistory,* 54, no. 3 (2007), pp. 407–43。所有這些敍述，都試圖將荷蘭人的記載與萊納普人的口述歷史聯繫起來解讀。Haefeli寫道：「原住民，無論是在北美還是在其他地方，從來沒有把歐洲人誤認為是神。這是不可能的，因為他們不知道基督教所設想的神。然而，原住民卻（正確地）認識到，歐洲人的危險和強大」(p. 434)。

19 關於半月號的到來，見Reginald Pelham Bolton, "The Indians of Washington Heights," in *The Indians of Greater New York and the Hudson,* ed. Clark Wissler, Anthropological Papers of the American Museum of Natural History, vol. III (New York: American Museum of Natural History, 1909), pp. 81–83. 關於萊納普人在生態

數人回到了荷蘭，但也有許多人前往加勒比海地區，其中一組二十三人，包括十三名兒童，航行到新阿姆斯特丹。這地方屬於荷蘭新近成立的殖民地：新尼德蘭。在那裡，他們遇到了總督斯杜維桑(Peter Stuyvesant)。他敦促猶太人隔離自己，認為他們是「欺詐的種族……褻瀆基督聖名，是可恨的敵人」，並說服當地鄉紳「為了這個弱小的、新發展的地方和整個土地的利益……應當以友好的方式要求他們離開。」塞法爾人於是向阿姆斯特丹的長老會求助。長老會中有些人是荷蘭西印度公司的股東，管治新尼德蘭。這些人於是去信給公司董事，不僅提起自己持有股份，還說到猶太人對荷蘭共和國長期忠誠。斯杜維桑受到譴責，新來的人留了下來。雖然不能擁有土地或武器，也不能投票、參加兵役、擔任公職或公開禮拜，但被允許進行貿易。該市的第一座猶太會堂於一七三〇年啟用，然而，即使如此，一七三七年紐約議會還是取消了猶太人在法庭上投票和充當證人的權利，而以色列餘民公墓也屢屢遭到襲擊。例如一七四三年，一群暴徒蜂擁而至，從送葬隊奪取屍體，強行模擬改宗。見Samuel Oppenheim, *The Early History of the Jews in New York, 1654–1664: Some New Matter on the Subject* (New York: American Jewish Historical Society, 1909) (「欺詐的種族」，見pp. 5–23；阿姆斯特丹的猶太教區主任(parnassim)寫給西印度公司的請願書，見pp. 9-11)；此外，見Howard B. Rock, *Haven of Liberty: New York Jews in the New World* (New York: NYU Press, 2013), pp. 5–23; Jacob R. Marcus, *The Colonial American Jew, 1492–1776,* 3 vols. (Detroit: Wayne State University Press, 1970), vol. 1, pp. 215–28, and vol. 3, pp. 1123–27; Max J. Kohler, "Civil Status of the Jews in Colonial New York," *Publications of the American Jewish Historical Society,* no. 6, 1897, pp. 81–106; 還有David Brion Davis的扼要說明："The Slave Trade and the Jews," *New York Review of Books,* March 2, 1995.

18 見Jonas Michaëlius, "Letter of Reverend Jonas Michaëlius (1628)," in J. Franklin Jameson, *Narratives of New Netherland* (New York: Scribner, 1909), pp. 122–33 (「不知體面、化外的野蠻人」，見p. 126); Adriaen van der Donck, *Description of the New Netherlands,* Collections of the New-York Historical Society, 2nd ser., vol. 1, pt. 5 (New York: New-York Historical Society, 1841), pp. 125–242 (「在深沉而莊嚴的驚訝中」，見p. 137)。荷蘭人把van der Donck關於遭遇哈德遜的描述作為依據，對新尼德蘭提出領土主權。此外，一八〇〇年左右，摩拉維亞傳教士海克威德(John Heckewelder)在俄亥俄州收集到更詳細、在某些方面截然不同的描述。這位傳教士講的是芒西語(Munsee)，跟van der Donck有所不同(John Heckewelder, "Indian Tradition of the First Arrival of the Dutch at Manhattan Island, Now New

land," *Mineralogical Record,* 28 (1997), pp. 457–73.

8 Ibid. 亦見Wendell E. Wilson, "Lawrence H. Conklin: A Half-Century of Dealing in Minerals," *Mineralogical Record,* 38 (2007), pp. 199–208.

9 詳見James G. Manchester, "The Minerals of New York City and Its Environs," *Bulletin of the New York Mineralogical Club,* 3, no. 1 (1931), pp. 26–29; James G. Manchester, "The Minerals of Broadway," *Bulletin of the New York Mineralogical Club,* 1, no. 3 (1914), pp. 25–52; John H. Betts, Charles Merguerian, J. Mickey Merguerian, and Nehru E. Cherukupalli, "Stratigraphy, Structural Geology and Metamorphism of the Inwood Marble Formation, Northern Manhattan, NYC, NY," in *Eighteenth Annual Conference on Geology of Long Island and Metropolitan New York, 9 April 2011, State University of New York at Stony Brook, NY*, ed. G. N. Hanson, Long Island Geologists Program with Abstracts, 網址：https://pbisotopes.ess.sunysb.edu/lig/Conferences/abstracts11/merguerian-2011.pdf; Conklin, "Kingsbridge"。

10 我們經常提到，曼哈頓天際線有兩群高樓大廈，反映了基岩深度的變化。可是，依據Jason Barr, Troy Tassier, and Rossen Trendafilov, "Depth to Bedrock and the Formation of the Manhattan Skyline, 1890–1915," *Journal of Economic History,* 71, no. 4 (2011), pp. 1060–77，該文認為在不同的基岩深度上，固然有建造成本的差異，但在決定高樓大廈的位置時，卻不如所謂的商業因素重要。例如，建商會選擇靠近發達的通勤基礎設施和服務區域，或成熟的商業社區，等等。

11 Manchester, "Minerals of Broadway," pp. 25, 52.

12 該俱樂部發表《公報》，早期每一卷都刊有〈紐約礦物學俱樂部〉的說明。

13 Manchester, "Minerals of New York City and Its Environs," p. 52.

14 Betts, "Minerals of New York City," fig. 3及p. 215.

15 英伍德大理石也曾被磨成粉末，用作溫和的研磨劑或灰泥，或用於製作油漆和肥皂。詳見Manchester, "Minerals of New York City and Its Environs," p. 15。

16 關於西曼大宅和其他許多關於英伍德的內容，請參閱Cole Thompson的*My Inwood*。該網站載有該地區歷史的重要資料。

17 以色列餘民墓園一直使用到一八三三年。埋葬在那裡的第一批猶太人是阿姆斯特丹的本地人，他們隨荷蘭西印度公司航行到巴西東北部乾旱的累西腓(Recife)。在那裡，他們主要通過自己的塞法爾委員會進行管理，就像他們在荷蘭時一樣。這些猶太人的祖先，在一四九二年被西班牙驅逐而定居在葡萄牙；後來又遭到強制改宗和葡萄牙宗教裁判的迫害，十六世紀上半葉逃到荷蘭。不出所料，當葡萄牙人在一六五四年攻佔累西腓時，當地塞法爾人又被迫再次收拾行囊。大多

1200。菲利普斯是當時紐約最富有的人，約佔該地總財富百分之十四，持久的收入不平等格局早已形成 (Edwin G. Burrows and Mike Wallace, *Gotham: A History of New York City to 1898* [New York: Oxford University Press, 2000], p. 88)。

4 「還有一條已知的、可能是非常古老的小路，從曼哈頓南端一直往上延伸，到達島嶼另一方的國王橋，並在那裡與通往莫霍克地區 (Mohawk) 的狹長路徑相連。這條小路被稱為『Weckquaes-geek』，後來變成了包厘街 (The Bowery)。從這裡出發，沿著以前的布魯明黛道，從第十四街到第二十三街，然後不規則地沿島而上，便到所謂的波士頓郵路。到了哈林區之後（在那裡很容易擺渡到莫里斯尼亞 (Morrisania)），就能繼續在現在的聖尼古拉斯大道，一直走到一六八街，然後沿著以前的國王橋道（現在的百老匯大道）的路線，到達國王橋。在那裡，小路通向『涉水地』。這是斯杜溪的一個淺灘，人們可以在退潮時蹚水而過，離開曼哈頓島」(Reginald Pelham Bolton, *Indian Life of Long Ago in the City of New York* [New York: Boltons Books, 1934], pp. 61–62). See also Reginald Pelham Bolton, *Indian Paths in the Great Metropolis* (New York: Museum of the American Indian/Heye Foundation, 1922)；另見 Burrows and Wallace, *Gotham,* pp. 6–8，其中有更廣泛的敘述，跨越五個行政區。

5 本事件曾被《紐約時報》多次報導，如三月十二日：〈大理石山地區併入布朗克斯〉、三月十一日：〈里昂斯策劃大理石山政變〉、三月十日：〈大理石山不容布朗克斯併吞 (Anschluss)〉。儘管得到紐約市長菲奧雷洛·拉瓜迪亞 (Fiorello La Guardia) 的支持，里昂斯最終不得不在當地的阻力面前退縮。這問題分別在一九七一年和一九八四年又短暫地死灰復燃，法院最終裁定該地區患有精神分裂。關於當代美國對歐洲重大事件的反應，特別是難民危機，今天在美國明顯地有所共鳴，詳見 David S. Wyman 的大作 *The Abandonment of the Jews: America and the Holocaust 1941– 1945* (New York: Pantheon, 1984)；或 Hugh Raffles, "Against Purity," *Social Research: An International Quarterly,* 84, no. 1 (2017), pp. 171–82，其中有扼要說明。

6 見 Patrick Modiano, *Dora Bruder,* trans. Joanna Kilmartin (Berkeley: University of California Press, 2014), p. 113：「外牆規規矩矩，窗戶方方正正，混凝土是失憶症的顏色。」一九八四年六月，紐約議會投票最終解決了邊界問題，以回應法官允許一位大理石山居民拒絕參加曼哈頓陪審團的決定。見《紐約時報》，一九八四年五月十六日：〈法官裁決重新引發大理石山爭議〉；以及六月二十八日：〈法案將澄清大理石山的地位〉。

7 Lawrence H. Conklin, "Kingsbridge, an Early Quarrying District on Manhattan Is-

注釋

楔子

1 James Hutton, "Theory of the Earth, or, An Investigation of the Laws Observable in the Composition, Dissolution, and Restoration of Land upon the Globe," *Transactions of the Royal Society of Edinburgh,* I, pt. II (1788), pp. 209–304 ("no vestige," p. 223). 關於Hall, 見J. S. Flett, "Experimental Geology," *Scientific Monthly,* 13, no. 4 (1921), pp. 308–16.

之一　大理石

1 我必須感謝好友Baptiste Lanaspeze和Pascal Ménoret陪同，在二〇一三年六月沿著百老匯大道從炮台公園到斷頭谷的難忘步行，激發了撰寫本章的靈感。
英伍德地縫從上曼哈頓延伸到威徹斯特郡。從一八二二年到一九三〇年，人們從威徹斯特郡的塔卡霍鎮(Tuckahoe)開採出更白的大理石，用於建造市政建築，名聞遐邇。新監獄的大部分建築群則是由該郡奧辛寧市(Ossining)的囚犯開採的大理石建成的。詳見Diane S. Kaese and Michael F. Lynch, "Marble in (and Around) the City: Its Origins and Use in Historic New York City Buildings," *Common Bond,* 22, no. 2 (2008), p. 7。

2 關於該運河及其歷史的詳細記載，請參考William A. Tieck, *Riverdale, Kingsbridge, Spuyten Duyvil, New York City: A Historical Epitome of the Northwest Bronx* (Old Tappen, NJ: Fleming H. Revel Company, 1968), pp. 127–40; Gary Hermalyn, "The Harlem River Ship Canal," *Bronx County Historical Society Journal,* 20 (1983), pp. 1–23. 一八九五年的開鑿工程，實際上是一次彆扭的急轉彎，目的是保護約翰遜鑄鐵廠的昂貴房地產；目前看到整條直直的大道則是在一九三八年完成的。

3 見Mark Boonshoft, "The Material Realities of Slavery in Early New York," New York Public Library Early American Manuscripts Project，網址：https:// www.nypl.org/blog/2016/04/12/slavery-early-nyc。另見Peter Eisenstadt, ed., The Encyclopedia of New York State (Syracuse, NY: Syracuse University Press, 2005), pp.952-54, 1199-

左岸科學人文　358

石頭記　一位人類學家關於沉積、斷裂和失落的遐想

The BOOK of UNCONFORMITIES
Speculations on Lost Time

作　　者　修・萊佛士（Hugh Raffles）
譯　　者　伍啟鴻
總 編 輯　黃秀如
責任編輯　林巧玲
行銷企劃　蔡竣宇

出　　版　左岸文化／遠足文化事業股份有限公司
發　　行　遠足文化事業股份有限公司（讀書共和國出版集團）
　　　　　231新北市新店區民權路108-2號9樓
電　　話　（02）2218-1417
傳　　真　（02）2218-8057
客服專線　0800-221-029
E-Mail　rivegauche2002@gmail.com
左岸臉書　facebook.com/RiveGauchePublishingHouse
法律顧問　華洋法律事務所　蘇文生律師
印　　刷　呈靖彩藝有限公司
初版一刷　2023年10月

定　　價　550元
I S B N　978-626-7209-49-3
　　　　　9786267209523 (PDF)
　　　　　9786267209530 (EPUB)

石頭記：一位人類學家關於沉積、斷裂和失落的遐想／
修・萊佛士（Hugh Raffles）著；伍啟鴻譯.
－初版.－新北市：左岸文化，
遠足文化事業股份有限公司，2023.08
　面；　公分.－（左岸科學與人文；358）
譯自：The book of unconformities : speculations on lost time.
ISBN 978-626-7209-49-3（平裝）
1.CST: 人類學 2.CST: 原住民族 3.CST: 北極
390　　　　　　112009666

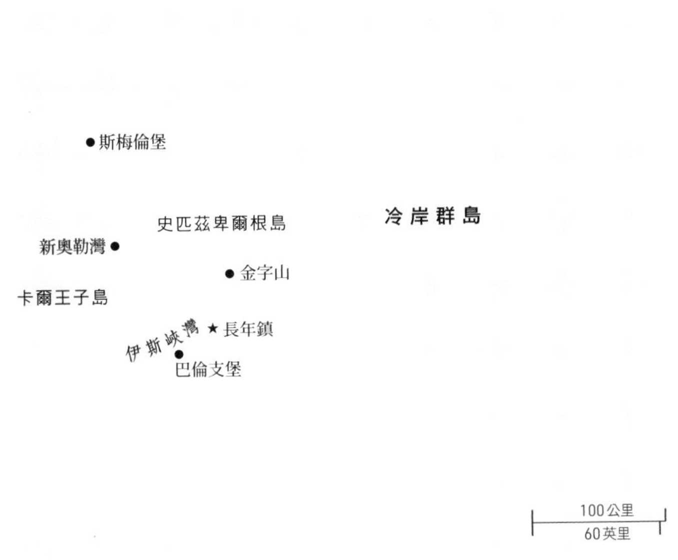

●斯梅倫堡
史匹茲卑爾根島
冷岸群島
新奧勒灣●
●金字山
卡爾王子島
伊斯峽灣
★長年鎮
●巴倫支堡
100公里
60英里

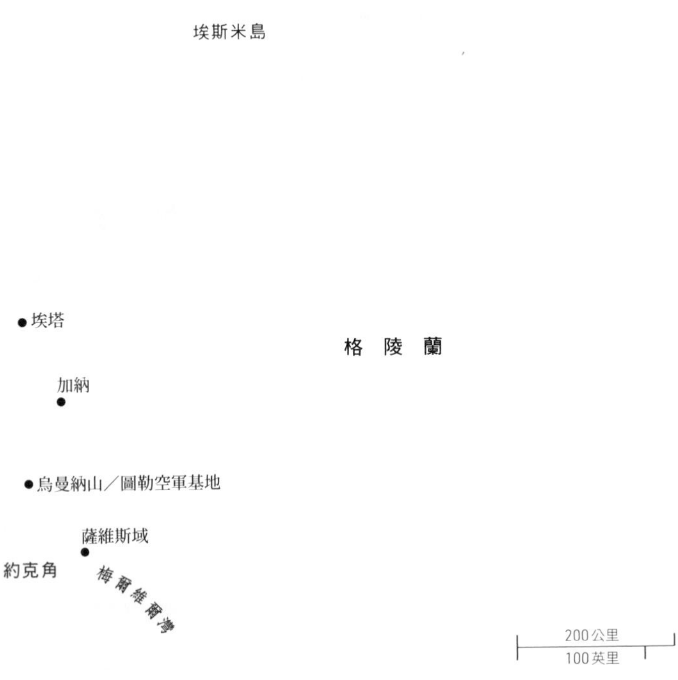

埃斯米島
●埃塔
格　陵　蘭
加納
●烏曼納山／圖勒空軍基地
薩維斯域
約克角
梅爾維爾灣
200公里
100英里

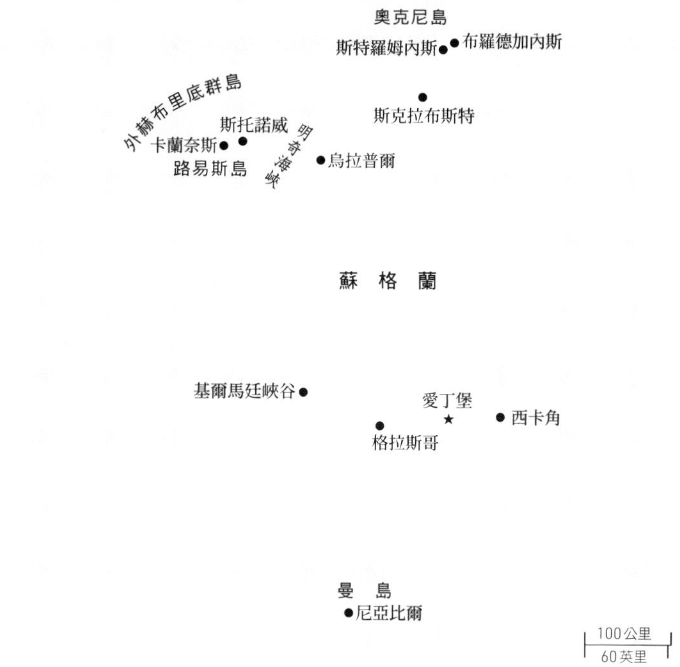
奧克尼島
斯特羅姆內斯
布羅德加內斯
外赫布里底群島
斯托諾威
明奇海峽
斯克拉布斯特
卡蘭奈斯
路易斯島
烏拉普爾
蘇 格 蘭
基爾馬廷峽谷
愛丁堡
西卡角
格拉斯哥
曼 島
尼亞比爾
100公里
60英里

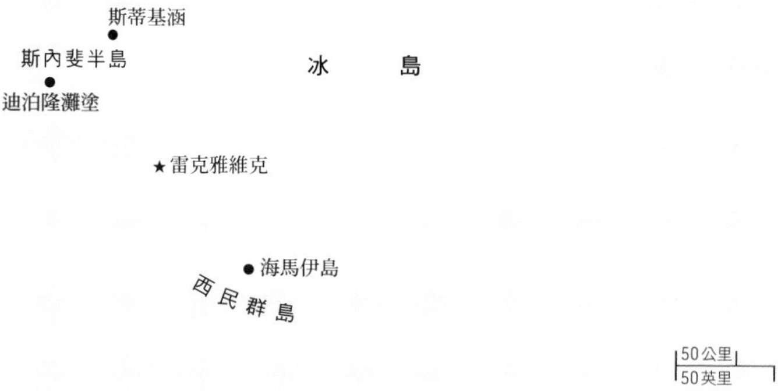
斯蒂基涵
斯內斐半島
迪泊隆灘塗
冰 島
雷克雅維克
海馬伊島
西民群島
50公里
50英里